改訂新版

電気電子回路基礎

編著　山本 伸一
著　伊藤 國雄
西尾 公裕

電気書院

はじめに

ここまで懇切丁寧で順序良く理解しやすい（しかも予備知識を必要としない）ように工夫された電気回路や電子回路の教科書は他にあるでしょうか？

本書「電気電子回路基礎」は、電気回路や電子回路の初心者向けに図表や演習問題を多用することで、易しい導入から始め徐々に高度な内容へとつながるように丁寧な説明を心掛けています。多用した問題を理解していれば、今後、さまざまな専門分野を勉強するときも非常に役立つと思われます。この度、本書は、新しく改訂することで思わずページをめくりたくなるような基礎からわかる教科書を目指しました。また、見やすく使いやすい「見開き構成」でわかりやすい紙面となるように心掛けました。これから電気回路や電子回路を学ぼうとする学生や技術者を対象として編集し、広範囲に基礎的な内容を扱うこととしました。第2章に、新たに「交流で使う複素数」「交流電力」「ベクトル軌跡」および「ダイオード」の欄を追記しました。「教員がどう教えるか」から、「学生や生徒がどのように学び、本書をどのように使い得るようになるか」に視点をシフトさせてみました。もちろん工業高校・高等専門学校・短大や大学、また専門学校で講義する内容をもとに、いずれの機関で教育を行う場合においても、十分な指導の展開ができるよう、引き続き考慮しております。文章は平易な表現を採用し、理解を容易にするよう基礎的な事項を精選し、図・表の活用に極力つとめるようにしました。特に、2色刷りのやさしい配色にすることで、視覚的にも一層理解しやすいようにしております。さらに、基礎や基本についての要点・解説や学習目標にそった例題・演習問題の解答方法の要領やその手順などを詳細に示しています。各節の終わりに、例題や演習問題をさらに追記・充実させたことは、学習の理解の徹底を図る他、自ら進んで問題解決にあたる力が自然に身につくことと思います。自分で例題や演習問題を解いてみて、改めて理解が出来たと実感するはずです。学生の皆さんが非常に良い結果を得るように強く望んでいます。

執筆にあたっては各著者が各章や節を分担執筆し、全員が原稿「第 1 章 電気回路の基礎（直流）」「第 2 章 電気・電子回路の基礎」「第 3 章 電気・電子回路の応用および発展」を通覧して検討会議を重ねることで、修正・執筆することを繰り返しました。よって、一冊の本として統一がとれたものになっていることと思います。私たちが最善を尽くして執筆した本書を日本の学生や技術者の方々にお送りできることを幸せに思うとともに、今後ともご指摘をいただくことで、可能な限り良いものにしていきたいと考えております。

最後になりますが、電気書院の近藤知之氏には本書の企画段階から原稿執筆および校正段階に至るまで、ご協力をいただき、大変お世話になりました。また、執筆を快く引き受けていただいた伊藤國雄様、西尾公裕様に心から謝意を表する次第です。

2020 年 10 月

山本 伸一

目次

・図記号について

改訂にあたりJISの電気用図記号に統一した。
本書で使用している代表的なものを以下に記す。

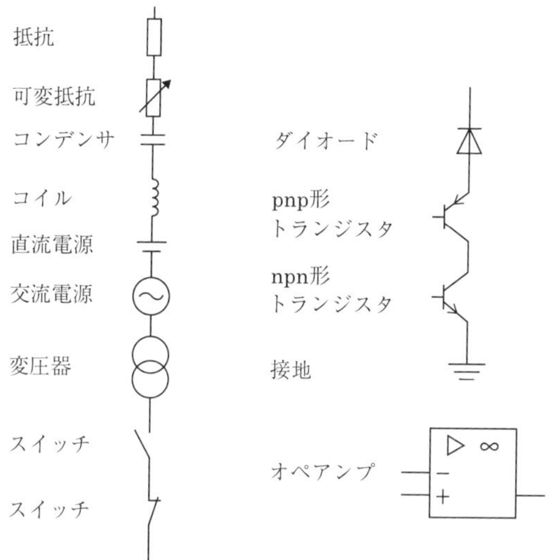

第1章 電気回路の基礎（直流）

1-1　電流と電圧

■要点■

[1] 金属導体中を電荷（電気を帯びた粒子）が流れたとき，「電流が流れた」という．電荷は負電荷（マイナス電荷）を持った電子である．電流の流れる方向は電子の流れる方向と逆方向と定義する．

[2] ある時間 t [s]（秒）の間に，導体の断面を通過する電荷量が Q [C]（クーロン）であるときの電流の大きさ I [A]（アンペア）は次の（1-1-1）式で定義される．

$$I[\mathrm{A}] = \frac{Q[\mathrm{C}]}{t[\mathrm{s}]} \tag{1-1-1}$$

すなわち [C/s] を [A] という単位で表す．

[3] 水は高い場所と低い場所の水位の差によって流れるが，電流も両端の電位の差，すなわち電位差によって流れる．電気回路ではこの電位差を電圧と呼び，単位は V [V]（ボルト）で表す．

[4] ある電荷 Q [C] が2点間を移動してその電荷によってなされる仕事が W [J]（ジュール）としたとき，この2点間の電位差 V [V] は次の（1-1-2）式で表される．

$$V[\mathrm{V}] = \frac{W[\mathrm{J}]}{Q[\mathrm{C}]} \tag{1-1-2}$$

すなわち [J/C] を [V] という単位で表す．

[5] 微小電流を表す単位としては [mA]（ミリアンペア），[μA]（マイクロアンペア），[nA]（ナノアンペア）などの補助単位がよく使われる．たとえば1 A との関係は（1-1-3）式のようになる．

$$1[\mathrm{A}] = 10^3[\mathrm{mA}] = 10^6[\mu\mathrm{A}] = 10^9[\mathrm{nA}] \tag{1-1-3}$$

微小電圧に関しても同じく [mV]（ミリボルト），[μV]（マイクロボルト），[nV]（ナノボルト）などの補助単位が使用される．また，大電流や大電圧を表す補助単位としては k（キロ），M（メガ），G（ギガ）などが使用される．これらの補助単位系に関しては付録（巻末）にまとめてある．

例題 1 - 1

1．200 秒間に 0.06 C の電荷が通過したときに流れる電流をミリアンペアおよびマイクロアンペアで答えよ．

解答

(1-1-1) 式より，

$$I[\mathrm{A}]=\frac{Q[\mathrm{C}]}{t[\mathrm{s}]}=\frac{0.06}{200}=\frac{6\times10^{-2}}{2\times10^{2}}=3\times10^{-4}[\mathrm{A}]=3\times10^{-1}[\mathrm{mA}]=3\times10^{2}[\mu\mathrm{A}]$$

したがって，答えは 0.3 ミリアンペア　もしくは　300 マイクロアンペア

2．電位が 3 V の A 点と電位が 750 mV の B 点がある．AB 間の電位差 V_{AB} をボルトおよびミリボルトで答えよ．

解答

$$V_{\mathrm{AB}}[\mathrm{V}]=V_{\mathrm{A}}-V_{\mathrm{B}}=3-0.75=2.25[\mathrm{V}]=2250[\mathrm{mV}]$$

したがって，答えは　2.25 ボルト　もしくは　2250 ミリボルト

演習問題 1 - 1

1.

(1) 3秒間に2.7 Cの電荷が通過したときに流れる電流は何ミリアンペアか求めよ.

(2) 0.5 秒間に 1.5 C の電荷が通過したときに流れる電流は何アンペアか求めよ.

(3) 300 秒間に 0.05 C の電荷が通過したときに流れる電流は何マイクロアンペアか求めよ.

(4) 3×10^{-2} 秒間に 2.7×10^{-8} C の電荷が通過したときに流れる電流は何マイクロアンペアか求めよ.

(5) 5×10^{-3} 秒間に 5.55×10^{-7} C の電荷が通過したときに流れる電流は何マイクロアンペアか求めよ.

(6) 20 ms（ミリ秒）の間に 0.16 mC の電荷が通過したときに流れる電流は何ミリアンペアか求めよ.

(7) 2.5 μs（マイクロ秒）の間に 0.05 μC の電荷が通過したときに流れる電流は何ミリアンペアか求めよ.

(8) 4 ms の間に 0.016 μC の電荷が通過したときに流れる電流は何マイクロアンペアか求めよ.

(9) 電位が 5 V の A 点と電位が 3 V の B 点がある. AB 間の電位差を求めよ.

(10) 電位が 6250 kV の A 点と電位が 35000 V の B 点がある. AB 間の電位差を求めよ.

(11) 電位が 4.5 V の A 点と電位が 850 mV の B 点がある. AB 間の電位差を求めよ.

(12) 電位が 0.085 kV の A 点と電位が 95500 mV の B 点がある. AB 間の電位差を求めよ.

(13) 電位が 0.0082 kV の A 点と電位が 2000000 μV の B 点がある. AB 間の電位差を求めよ.

2．(1) ある導体に 2 アンペアの電流を 1 時間流した．電気量としては何クーロンに相当するか．

(2) 0.2 アンペアの電流が 7 秒の間フィラメントに流れたとき 7 ジュールの熱エネルギーを発生した．電気エネルギーが 100 %熱エネルギーに変わると仮定してフィラメントの電圧を求めよ．

演習問題 1-1　解答

1．

(1) $\frac{2.7}{3}=0.9\ \mathrm{A}=900\ \mathrm{mA}$

(2) $\frac{1.5}{0.5}=3\ \mathrm{A}$

(3) $\frac{0.05}{300}=167\times10^{-6}\ \mathrm{A}=167\ \mu\mathrm{A}$

(4) $\frac{2.7\times10^{-8}}{3\times10^{-2}}=0.9\times10^{-6}\ \mathrm{A}=0.9\ \mu\mathrm{A}$

(5) $\frac{5.55\times10^{-7}}{5\times10^{-3}}=111\times10^{-6}\ \mathrm{A}=111\ \mu\mathrm{A}$

(6) $\frac{0.16\times10^{-3}}{20\times10^{-3}}=8\times10^{-3}\ \mathrm{A}=8\ \mathrm{mA}$

(7) $\frac{0.05\times10^{-6}}{2.5\times10^{-6}}=0.02\ \mathrm{A}=20\ \mathrm{mA}$

(8) $\frac{0.016\times10^{-6}}{4\times10^{-3}}=4\times10^{-6}\ \mathrm{A}=4\ \mu\mathrm{A}$

(9) $5-3=2\ \mathrm{V}$

(10) $6250\times10^{3}-35000=6250000-35000=6215000\ \mathrm{V}=6215\ \mathrm{kV}$

(11) $4.5-850\times10^{-3}=4.5-0.85=3.65\ \mathrm{V}$

(12) $0.085\times10^{3}-95500\times10^{-3}=85-95.5=-10.5\ \mathrm{V}$

(13) $0.0082\times10^{3}-2000000\times10^{-6}=8.2-2=6.2\ \mathrm{V}$

2．

(1) $2\times60\times60=7200\ \mathrm{C}$

(2) $0.2\times7\times V=7\ \mathrm{J}$ より $V=\frac{7}{1.4}=5\ \mathrm{V}$

1-2　オームの法則

■要点■

[1] 電流は電源の＋端子から流れ出して負荷を通って－端子へ入り込む．これは 1-1 節で述べたように電子が，－端子から負荷を通って＋端子へ移動するためである．電源の中では電流は－端子から＋端子に向かって流れる．

[2] 直流電源は一方向にしか電流を流すことができない．起電力 E[V] の直流電源は図 1-2-1 のように表示する．

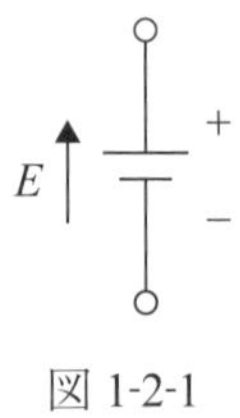

図 1-2-1

[3] 直流電源と負荷を接続した回路を電気回路と呼ぶ．電気回路を流れる電流は負荷にかかる電圧に比例する．図 1-2-2 のように負荷にかかる電圧を V[V]，流れる電流を I[A] とすると，負荷の大きさ R は $R=\dfrac{V}{I}$ となる．この R は電流の通りにくさを表すもので，これを抵抗と呼び単位は [Ω]（オーム）で表す．

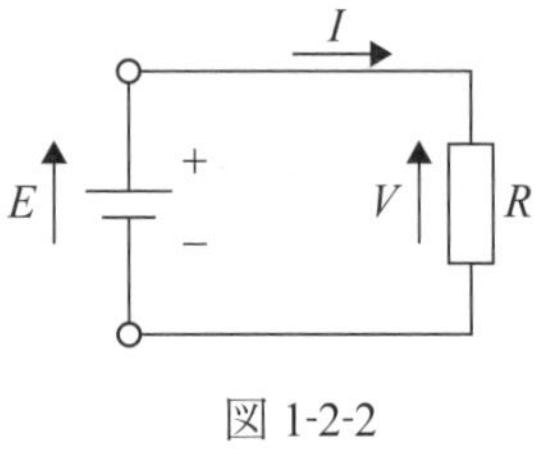

図 1-2-2

上式を書き直して

$$I=\frac{V}{R}[\mathrm{A}] \tag{1-2-1}$$

としたものをオームの法則と呼ぶ．

なお，抵抗の逆数 $G=\dfrac{1}{R}$ をコンダクタンスと呼び，単位として [S]（ジーメンス）で表す．

[4] 図 1-2-2 の抵抗 R で消費される電力 P はその電流と電圧の式で表される．すなわち

$$P = IV\,[\mathrm{W}] \tag{1-2-2}$$

となり，その単位は [W]（ワット）で表す．

(1-2-2)式を(1-2-1)式を用いて書き直すと

$$P = IV = I^2R = \frac{V^2}{R} \tag{1-2-3}$$

となる．

[5] いくつかの抵抗をつなぐ方法としては図 1-2-3(a) のように一列につなぐ直列接続と，図 1-2-3(b) のように抵抗の両端を一緒につなぐ並列接続，および図 1-2-3(c) のように直列と並列を組み合わせてつなぐ，直並列接続がある．

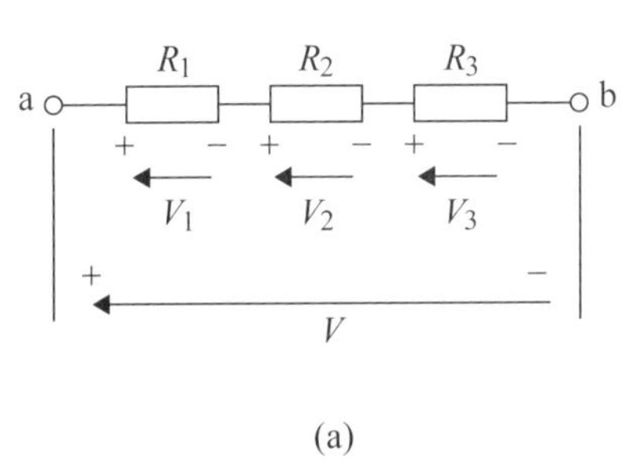

(a)

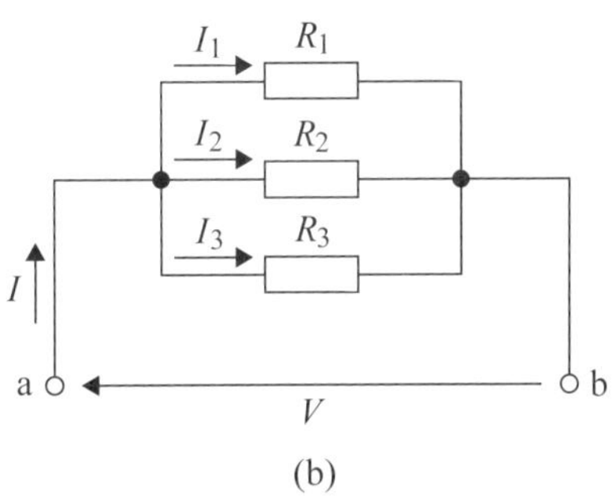

(b)

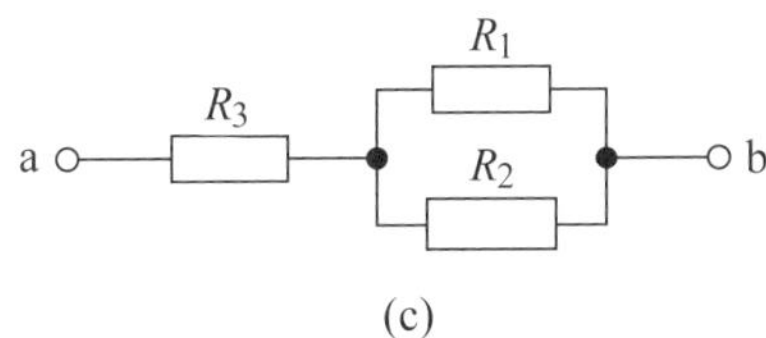

(c)

図 1-2-3

[6] R_1, R_2,……, R_n の n 個の抵抗を直列に接続した場合の合成抵抗は各抵抗の和に等しい．すなわち

$$R = R_1 + R_2 + \cdots + R_n \tag{1-2-4}$$

[7] $R_1, R_2, \cdots\cdots, R_n$ の n 個の抵抗を並列に接続した場合の合成抵抗は各々の抵抗の逆数の和の逆数となる．すなわち

$$\frac{1}{R}=\frac{1}{R_1}+\frac{1}{R_2}+\cdots+\frac{1}{R_n} \tag{1-2-5}$$

特に R_1 と R_2 の 2 個の並列合成抵抗は

$$R=\frac{R_1R_2}{R_1+R_2} \tag{1-2-6}$$

となる．

[8] 図 1-2-3(a) で R_1, R_2, R_3 の各抵抗にかかる電圧 V_1, V_2, V_3 は a-b 間の電圧を V とすると

$$V_1=\frac{R_1}{R_1+R_2+R_3}V \qquad V_2=\frac{R_2}{R_1+R_2+R_3}V \qquad V_3=\frac{R_3}{R_1+R_2+R_3}V \tag{1-2-7}$$

となる．すなわち，全体の電圧は直列接続された各抵抗の比に分割される．これを直列抵抗による分圧と呼ぶ.

[9] 図 1-2-3(b) で R_1, R_2, R_3 の各抵抗に流れる電流 I_1, I_2, I_3 は a-b 間に流れる全電流を I とすると

$$I_1=\frac{V}{R_1}=\frac{R}{R_1}I \qquad I_2=\frac{V}{R_2}=\frac{R}{R_2}I \qquad I_3=\frac{V}{R_3}=\frac{R}{R_3}I \tag{1-2-8}$$

となる．すなわち，全電流は並列接続された各抵抗の逆数の比で分配される．これを並列抵抗による分流と呼ぶ.

例題 1-2

1．図 1-2-4 のように，3 つの抵抗を直列に接続しその両端に 60 V を印加する．

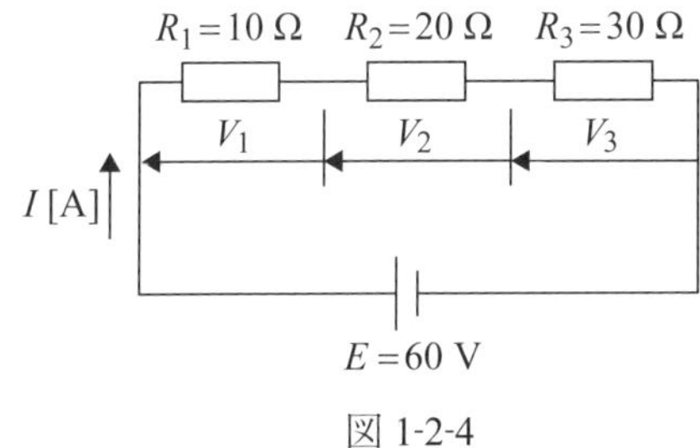

図 1-2-4

(1) 全抵抗はいくらになるか．

(2) 電流 I[A] はいくらになるか．

(3) 各抵抗の端子間にかかる電圧 V_1, V_2, V_3 はそれぞれいくらになるか．

解答

(1) (1-2-4)式より，直列回路全抵抗 $R = R_1 + R_2 + R_3 = 10 + 20 + 30 = 60\ \Omega$

(2) オームの法則(1-2-1)式より，$I = \dfrac{E}{R} = \dfrac{60\ \mathrm{V}}{60\ \Omega} = 1\ \mathrm{A}$

(3) $V_1 = R_1 \times I = 10 \times 1 = 10\ \mathrm{V}$，$V_2 = R_2 \times I = 20 \times 1 = 20\ \mathrm{V}$，$V_3 = R_3 \times I = 30 \times 1 = 30\ \mathrm{V}$

2．図 1-2-5 のように，2 つの抵抗を並列に接続しその両端に 50 V を印加する．

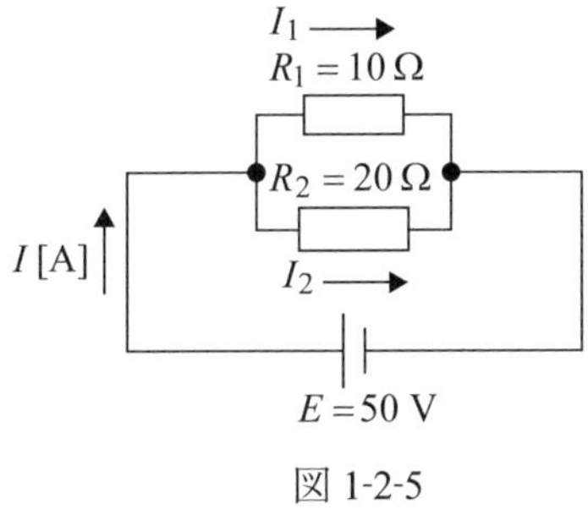

図 1-2-5

(1) 全抵抗はいくらになるか．

(2) 電流 I[A] はいくらになるか．

(3) 各抵抗に流れる電流 I_1, I_2 はそれぞれいくらになるか．

解答

(1) 並列回路全抵抗は(1-2-6)式より，

$$R=\frac{R_1\times R_2}{R_1+R_2}=\frac{10\times 20}{10+20}=\frac{200}{30}=6.67\ \Omega$$

(2) オームの法則(1-2-1)式より，　$I=\dfrac{E}{R}=\dfrac{50}{6.67}=7.5\ \mathrm{A}$

(3) $I_1=\dfrac{E}{R_1}=\dfrac{50}{10}=5\ \mathrm{A}$，　$I_2=\dfrac{E}{R_2}=\dfrac{50}{20}=2.5\ \mathrm{A}$

3．図 1-2-6 のように，3 つの抵抗を直並列に接続しその両端に 100 V を印加する．

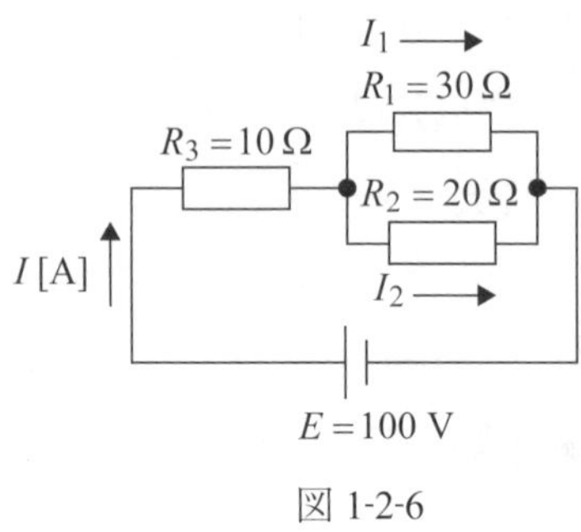

図 1-2-6

(1) 全抵抗はいくらになるか．

(2) 電流 I[A] はいくらになるか．

(3) 各抵抗に流れる電流 I_1, I_2 はそれぞれいくらになるか．

解答

(1) 直並列回路の全抵抗を計算する．

$$R=R_3+\frac{R_1\times R_2}{R_1+R_2}=10+\frac{30\times 20}{30+20}=10+\frac{600}{50}=10+12=22\ \Omega$$

(2) オームの法則(1-2-1)式を用いる．

$$I=\frac{E}{R}=\frac{100}{22}=4.55\ \mathrm{A}$$

(3) (1-2-6)式と分流の式(1-2-8)を用いる．

$$I_1=I\times\frac{R_2}{R_1+R_2}=4.55\times\frac{20}{30+20}=4.55\times\frac{20}{50}=1.82\ \mathrm{A}$$

$$I_2=I\times\frac{R_1}{R_1+R_2}=4.55\times\frac{30}{30+20}=4.55\times\frac{30}{50}=2.73\ \mathrm{A}$$

演習問題 1-2

1．(1) ある抵抗に 60 V の電圧を加えたら，5 A の電流が流れた．この抵抗の値を答えよ．

(2) ある抵抗に 8 kV の電圧を加えたら，200 A の電流が流れた．この抵抗の値を答えよ．

(3) ある抵抗に 5 V の電圧を加えたら，2 mA の電流が流れた．この抵抗の値を答えよ．

(4) ある抵抗に 0.4 kV の電圧を加えたら，800 mA の電流が流れた．この抵抗の値を答えよ．

(5) ある抵抗に 0.6 kV の電圧を加えたら，20 μA の電流が流れた．この抵抗の値を答えよ．

(6) ある抵抗に 1.5 kV の電圧を加えたら，3000 μA の電流が流れた．この抵抗の値を答えよ．

(7) 30 Ω の抵抗に 7 A の電流を流すには，いくらの電圧を加えればよいか．

(8) 25 kΩ の抵抗に 4 A の電流を流すには，いくらの電圧を加えればよいか．

(9) 50 Ω の抵抗に 3 mA の電流を流すには，いくらの電圧を加えればよいか．

(10) 250 kΩ の抵抗に 6 μA の電流を流すには，いくらの電圧を加えればよいか．

(11) 30 kΩ の抵抗に 70 μA の電流を流すには，いくらの電圧を加えればよいか．

(12) 60 MΩ の抵抗に 2 μA の電流を流すには，いくらの電圧を加えればよいか．

(13) 5 Ω の抵抗に 20 V の電圧を加えたら何アンペアの電流が流れるか．

(14) 30 kΩ の抵抗に 1.2 kV の電圧を加えたら何ミリアンペアの電流が流れるか．

(15) 50 MΩ の抵抗に 1.2 kV の電圧を加えたら何マイクロアンペアの電流が流れるか．

(16) 200 MΩ の抵抗に 6 kV の電圧を加えたら何マイクロアンペアの電流が流れるか．

(17) 4 kΩ の抵抗に 800 mV の電圧を加えたら何ミリアンペアの電流が流れるか．

2．⑴ 演図 1-2-1 の回路について，以下の問に答えよ．

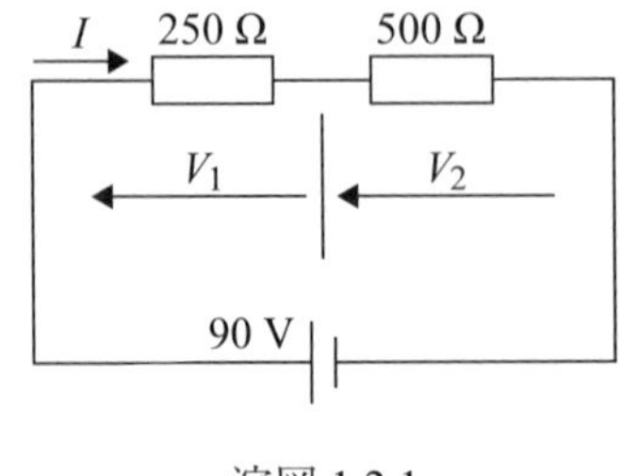

演図 1-2-1

(i) 合成抵抗を求めよ．

(ii) この回路には何ミリアンペアの電流 I が流れるか答えよ．

(iii) 各抵抗の両端の電圧 V_1 および V_2 はいくらになるか求めよ．

⑵ 演図 1-2-2 の回路について，以下の問に答えよ．

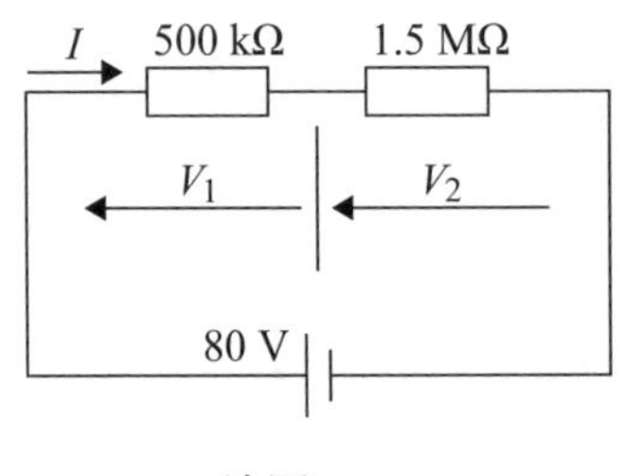

演図 1-2-2

(i) 合成抵抗を求めよ．

(ii) この回路には何マイクロアンペアの電流 I が流れるか答えよ．

(iii) 各抵抗の両端の電圧 V_1 および V_2 はいくらになるか求めよ．

⑶ 100 Ω, 200 Ω, 300 Ω の抵抗を直列に接続し，その両端に 120 V の電圧を加えたとして，以下の問に答えよ．

(i) 合成抵抗を求めよ．

(ii) 回路には何ミリアンペアの電流が流れるか答えよ．

(iii) 各抵抗の端子間にかかる電圧はいくらになるか求めよ．

(4) 2 kΩ, 500 Ω, 1.5 kΩ の抵抗を直列に接続し，その両端に 80 V の電圧を加えたとして，以下の問に答えよ．

(i) 合成抵抗を求めよ．

(ii) 回路には何ミリアンペアの電流が流れるか答えよ．

(iii) 各抵抗の端子間にかかる電圧はいくらになるか求めよ．

(5) 30000 Ω, 20.5 kΩ, 0.0105 MΩ の抵抗を直列に接続し，その両端に 18.3 V の電圧を加えたとして，以下の問に答えよ．

(i) 合成抵抗を求めよ．

(ii) 回路には何ミリアンペアの電流が流れるか答えよ．

(iii) 各抵抗の端子間にかかる電圧はいくらになるか求めよ．

(6) 以下の問に答えよ．

(i) 2 kΩ の抵抗 3 個，5 kΩ の抵抗 2 個，7 kΩ の抵抗 4 個を直列に接続したときの合成抵抗を求めよ．

(ii) 3000 Ω の抵抗 2 個，2.5 kΩ の抵抗 3 個，0.005 MΩ の抵抗 4 個を直列に接続したときの合成抵抗を求めよ．

(iii) 5 kΩ の抵抗 10 個を直列に接続したときの合成抵抗を求めよ．また，これは 1 個の抵抗の何倍になるか答えよ．

3．(1) 演図 1-2-3 の回路について，以下の問に答えよ．

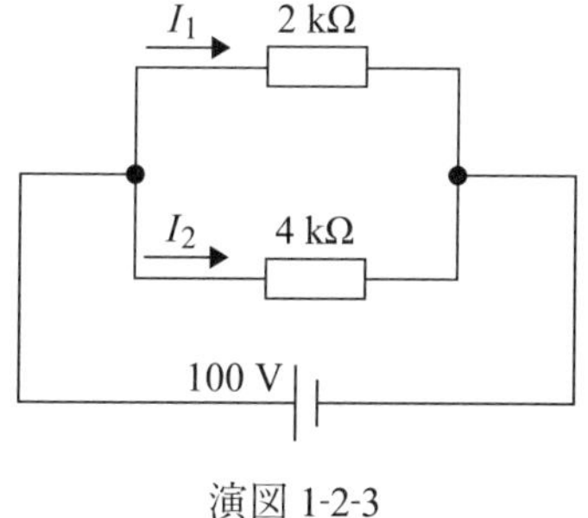

演図 1-2-3

(i) 合成抵抗を求めよ．

(ii) 各抵抗に流れる電流 I_1, I_2 は，それぞれ何ミリアンペアか求めよ．

(2) 演図 1-2-4 の回路について，以下の問に答えよ．

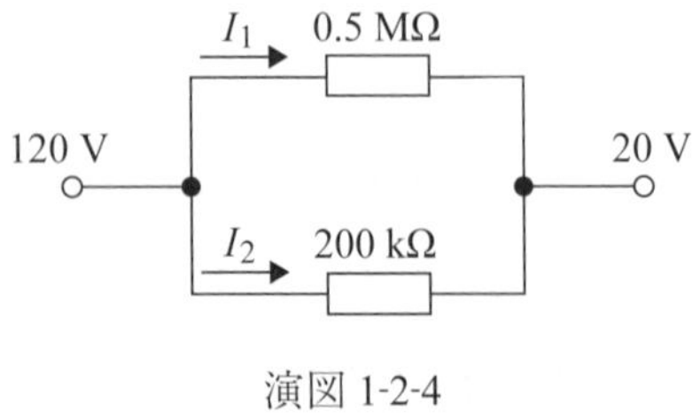

演図 1-2-4

(i) 合成抵抗を求めよ．

(ii) 各抵抗に流れる電流 I_1, I_2 は，それぞれ何マイクロアンペアか求めよ．

(3) 2000 kΩ, 6 MΩ の抵抗を並列に接続し，その両端に 30 V の電圧を加えたとして，以下の問に答えよ．

(i) 合成抵抗を求めよ．

(ii) 各抵抗には，何マイクロアンペアの電流が流れるか求めよ．

(4) 演図 1-2-5 の回路について，以下の問に答えよ．

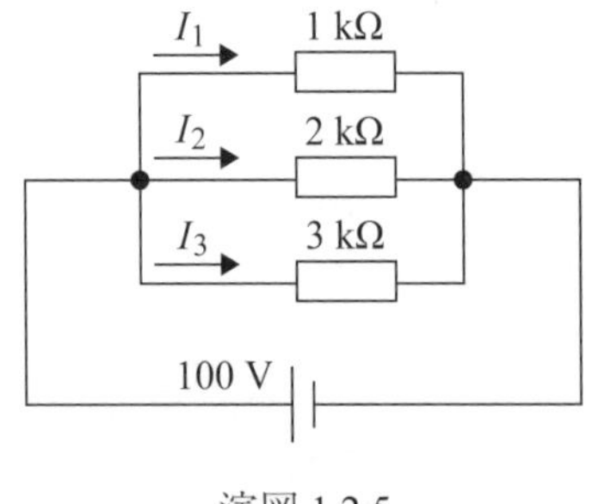

演図 1-2-5

(i) 合成抵抗を求めよ．

(ii) 各抵抗に流れる電流 I_1, I_2, I_3 は，それぞれ何ミリアンペアか求めよ．

(5) 演図 1-2-6 の回路について，以下の問に答えよ．

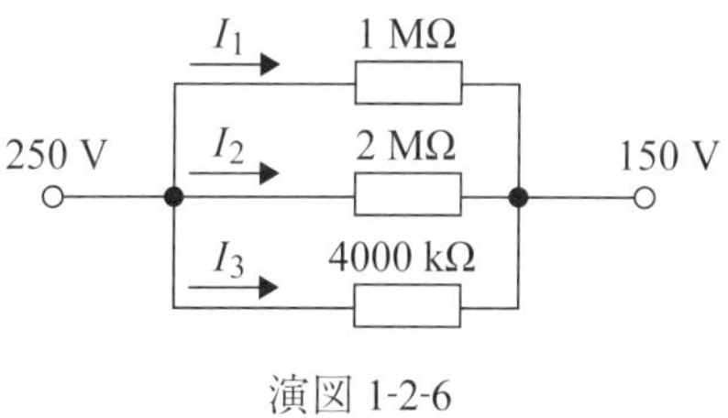

演図 1-2-6

(i) 合成抵抗を求めよ．

(ii) 各抵抗に流れる電流 I_1, I_2, I_3 は，それぞれ何マイクロアンペアか求めよ．

(6) 1000 kΩ, 2000 kΩ, 5 MΩ の抵抗を並列に接続し，その両端に 100 V の電圧を加えたとして，以下の問に答えよ．

(i) 合成抵抗を求めよ．

(ii) 各抵抗には，何マイクロアンペアの電流が流れるか答えよ．

(7) 20 kΩ, 40000 Ω, 0.08 MΩ の抵抗を並列に接続し，その両端に 8 V の電圧を加えたとして，以下の問に答えよ．

(i) 合成抵抗を求めよ．

(ii) 各抵抗には，何マイクロアンペアの電流が流れるか答えよ．

4．(1) 演図 1-2-7 の回路について，以下の問に答えよ．

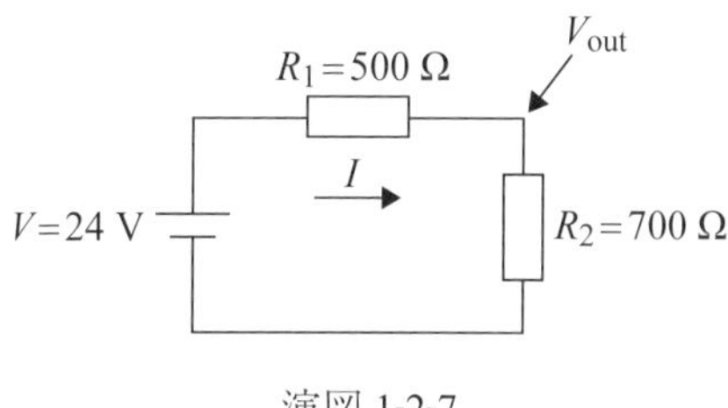

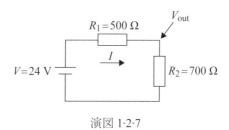

演図 1-2-7

(i) この回路の電圧 V_{out} を求めよ．

$$V_{out}=\frac{R_2}{R_1+R_2}V$$

(ii) この回路に流れる電流 I は何ミリアンペアか求めよ．

⑵ 演図 1-2-8 の回路について，以下の問に答えよ．

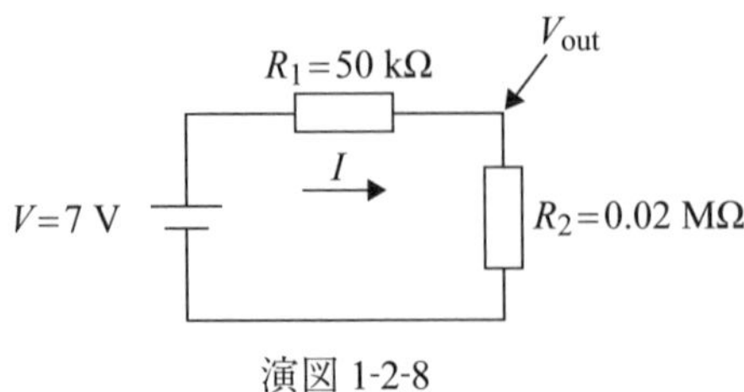

演図 1-2-8

(i) この回路の電圧 V_{out} を求めよ．

(ii) この回路に流れる電流 I は何マイクロアンペアか求めよ．

⑶ 演図 1-2-9 の回路について，以下の表を完成せよ．

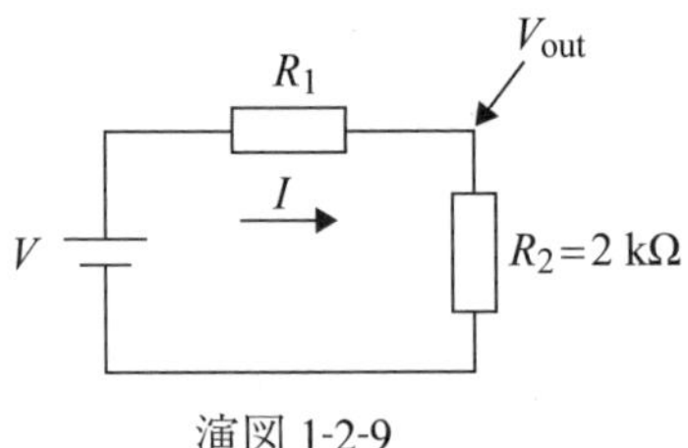

演図 1-2-9

$\dfrac{V}{V_{out}}$	2	3	5	11	21
$R_1[\mathrm{k\Omega}]$					

⑷ 演図 1-2-10 の回路について，以下の表を完成せよ．

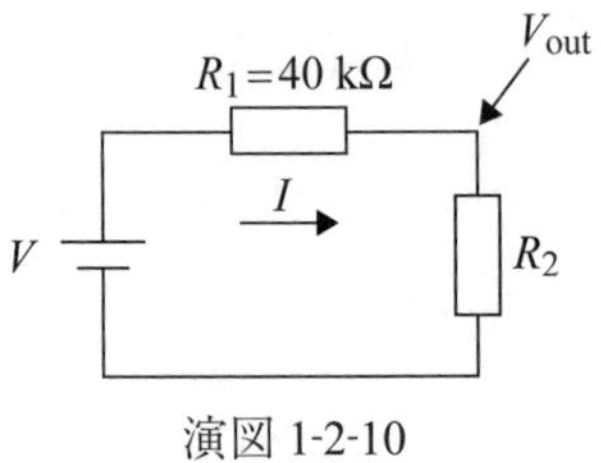

演図 1-2-10

$\dfrac{V}{V_{out}}$	2	3	5	11	21
$R_2[\mathrm{k\Omega}]$					

⑸ 演図 1-2-11 の回路について，以下の表を完成せよ．

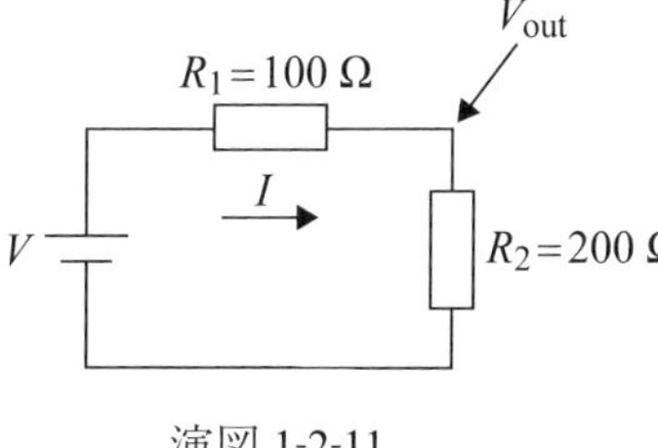

演図 1-2-11

V[V]	0	3	6	9	12
V_{out}[V]					
I[mA]					

⑹ 演図 1-2-12 の回路について，以下の表を完成せよ．

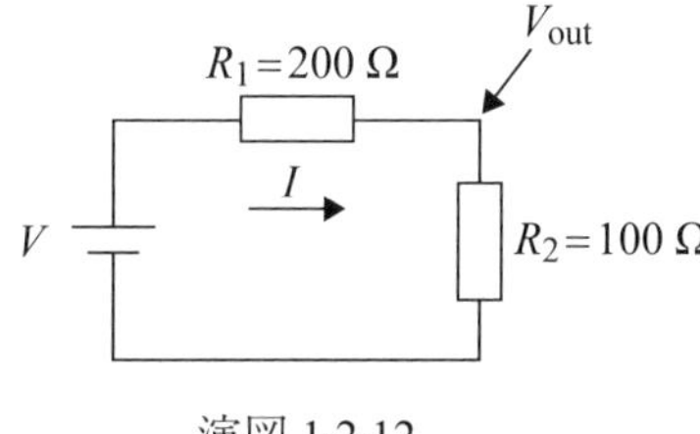

演図 1-2-12

V[V]	0	3	6	9	12
V_{out}[V]					
I[mA]					

5．(1) 演図 1-2-13 の回路について，以下の問に答えよ．

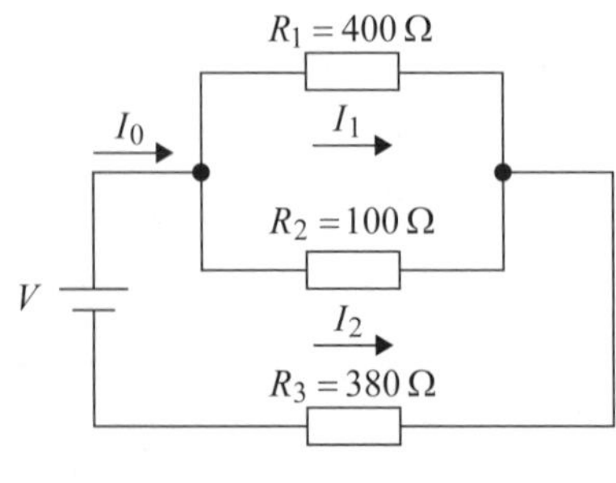

演図 1-2-13

(i) 電圧 V を変化させて，5 mA の電流 I_0 を流した． 電流 I_1 を求めよ．

$$I_1 = \frac{R_2}{R_1 + R_2} I_0$$

(ii) 電圧 V を変化させて，10 mA の電流 I_0 を流した． 電流 I_2 を求めよ．

(2) 演図 1-2-14 の回路について，以下の問に答えよ．

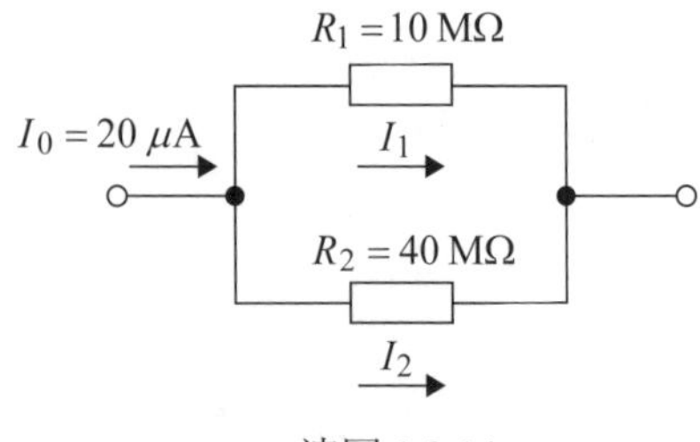

演図 1-2-14

(i) 電流 I_1 は何マイクロアンペアか求めよ．

(ii) 電流 I_2 は何マイクロアンペアか求めよ．

(3) 演図 1-2-15 の回路について，以下の表を完成させよ．

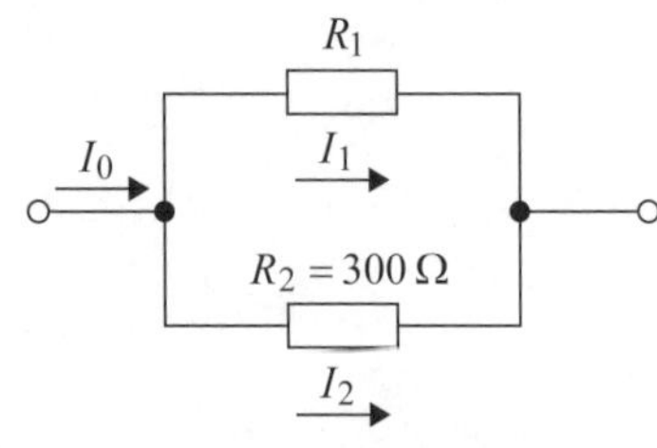

演図 1-2-15

$$R_1 = R_2\left(\frac{I_0}{I_1} - 1\right)$$

$\frac{I_0}{I_1}$	2	3	5	11	21
R_1[Ω]					

(4) 演図 1-2-16 の回路について，以下の表を完成させよ．

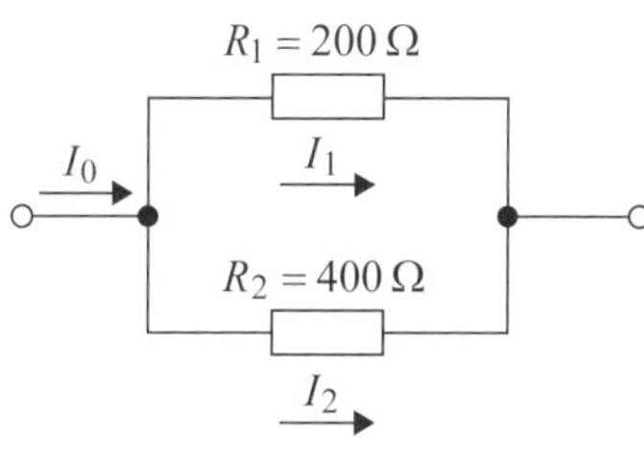

演図 1-2-16

I_0[mA]	0	3	6	9	12
I_1[mA]					
I_2[mA]					

(5) 演図 1-2-17 の回路について，以下の表を完成させよ．

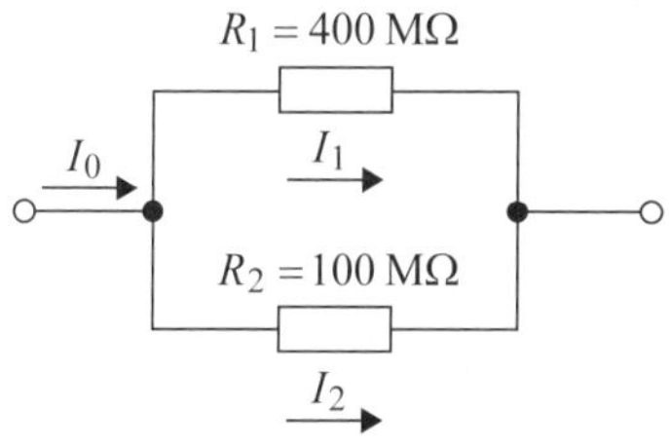

演図 1-2-17

I_0[μA]	0	2	4	6	8
I_1[μA]					
I_2[μA]					

6．(1) 演図 1-2-18 の回路において，電圧 V を変化させた．以下の問に答えよ．

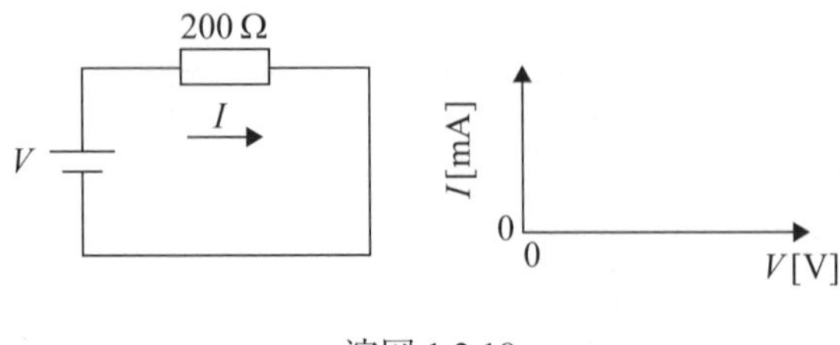

演図 1-2-18

(i) 以下の表を完成させよ．

V[V]	0	2	4	6	8	10
I[mA]						

(ii) 上の表を基に，横軸を電圧 V，縦軸を電流 I としたグラフを描け．

(2) 演図 1-2-19 の回路において，電圧 V を変化させた．以下の問に答えよ．

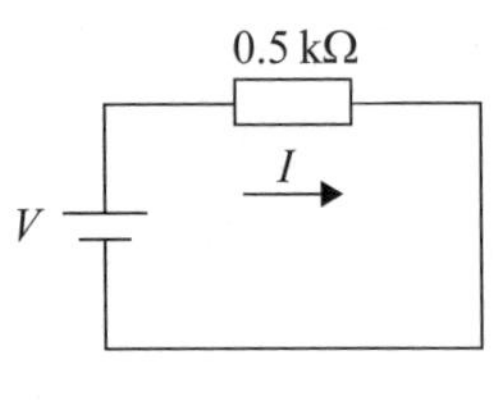

演図 1-2-19

(i) 以下の表を完成させよ．

V[mV]	0	2	4	6	8	10
I[μA]						

(ii) 横軸を電圧 V，縦軸を電流 I としたグラフを描け．

(3) 演図 1-2-20 の回路において，電圧 V を変化させた．以下の問に答えよ．

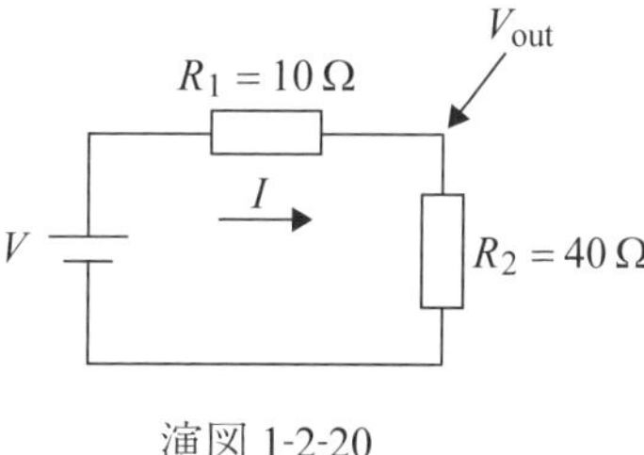

演図 1-2-20

(i) 以下の表を完成させよ．

V[V]	0	2	4	6	8	10
V_{out}[V]						
I[mA]						

(ii) 横軸を電圧 V，縦軸を電圧 V_{out} としたグラフを描け．

(iii) 横軸を電圧 V，縦軸を電流 I としたグラフを描け．

(4) 演図 1-2-21 の回路において，電流 I_0 を変化させた．以下の問に答えよ．

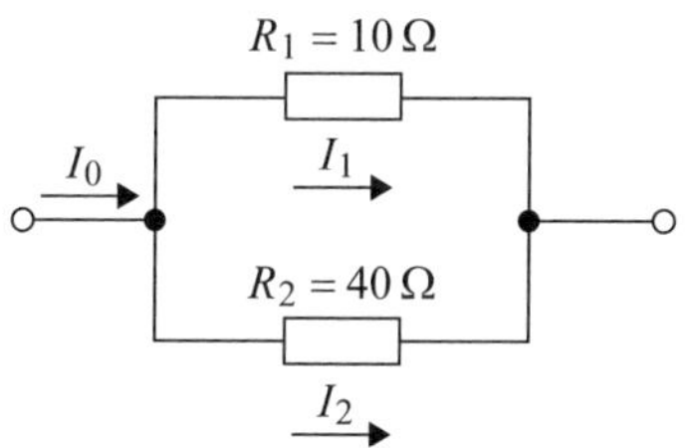

演図 1-2-21

(i) 以下の表を完成させよ．

I_0[mA]	0	2	4	6	8	10
I_1[mA]						
I_2[mA]						

(ii) 横軸を電流 I_0，縦軸を電流 I_1 としたグラフを描け．

(iii) 横軸を電流 I_0，縦軸を電流 I_2 としたグラフを描け．

7．(1)　演図 1-2-22 に示される直列接続の合成抵抗 R は，以下の式で表される．この式を導出せよ．［　　］に適切な式を記述せよ．

$$R = R_1 + R_2$$

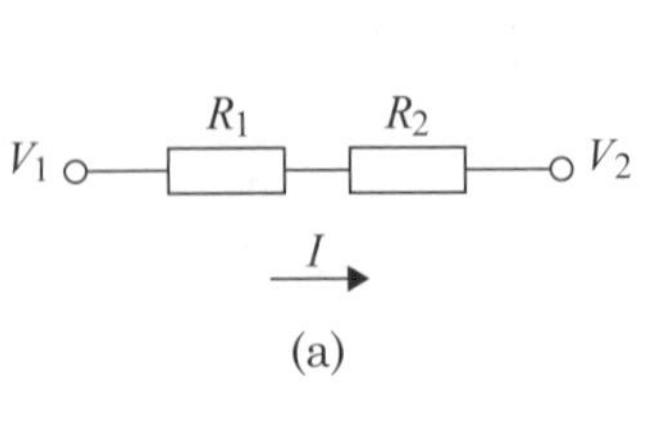

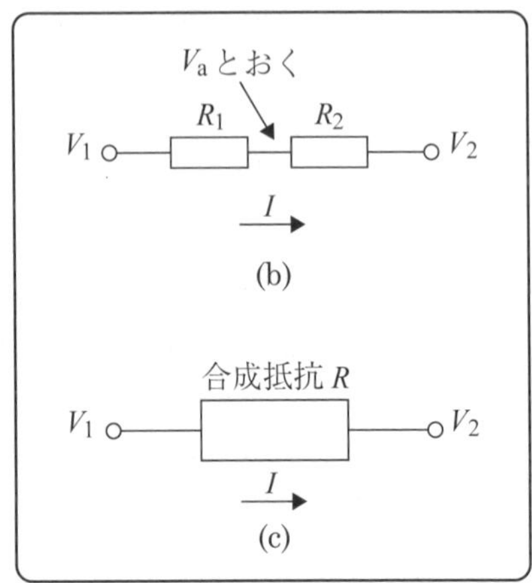

演図 1-2-22

演図 1-2-22(b) のように，抵抗 R_1 と R_2 を接続した接点を V_a とおく．

R_1 に関して，オームの法則を適用すると，

$$V_1 - V_a = \boxed{} \qquad (1\text{-}2\text{-}9)$$

R_2 に関して，オームの法則を適用すると，

$$V_a - V_2 = \boxed{} \qquad (1\text{-}2\text{-}10)$$

(1-2-9) 式 + (1-2-10) 式

$$V_1 - V_2 = \boxed{} \qquad (1\text{-}2\text{-}11)$$

演図 1-2-22(c) のように，R_1 および R_2 の合成抵抗を R とおく．

R に関して，オームの法則を適用すると，

$$V_1 - V_2 = \boxed{} \qquad (1\text{-}2\text{-}12)$$

(1-2-11)式と(1-2-12)式を比較すると，

$$R = \boxed{}$$

(2) 演図 1-2-23 に示される直列接続の合成抵抗 R は，以下の式で表される．この式を導出せよ．

$$R = R_1 + R_2 + R_3$$

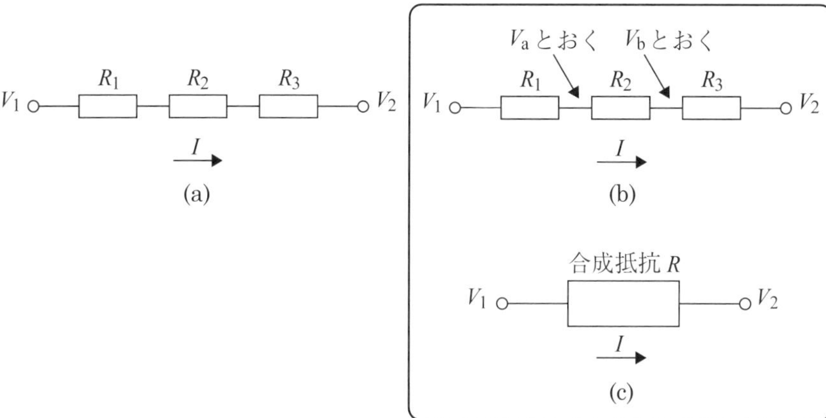

演図 1-2-23

演図 1-2-23(b) のように，抵抗 R_1 と R_2 を接続した接点を V_a とおく．

R_2 と R_3 を接続した接点を V_b とおく．

R_1 に関して，オームの法則を適用すると，

$$V_1 - V_a = \boxed{} \quad (1\text{-}2\text{-}13)$$

R_2 に関して，オームの法則を適用すると，

$$V_a - V_b = \boxed{} \quad (1\text{-}2\text{-}14)$$

R_3 に関して，オームの法則を適用すると，

$$V_b - V_2 = \boxed{} \quad (1\text{-}2\text{-}15)$$

(1-2-13)式 +(1-2-14)式 +(1-2-15)式

$V_1 - V_2 =$ □　　(1-2-16)

演図 1-2-23(c) のように，R_1, R_2, R_3 合成抵抗を R とおく．

R に関して，オームの法則を適用すると，

$V_1 - V_2 =$ □　　(1-2-17)

(1-2-16)式と(1-2-17)式を比較すると，

$R =$ □

8．(1) 演図 1-2-24 に示される直列接続の合成抵抗 R は，以下の式で表される．この式を導出せよ．

$R = R_1 + R_2 + R_3 + R_4$

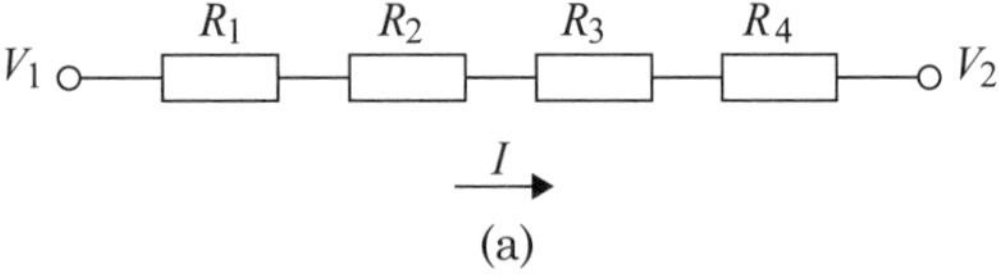

(a)

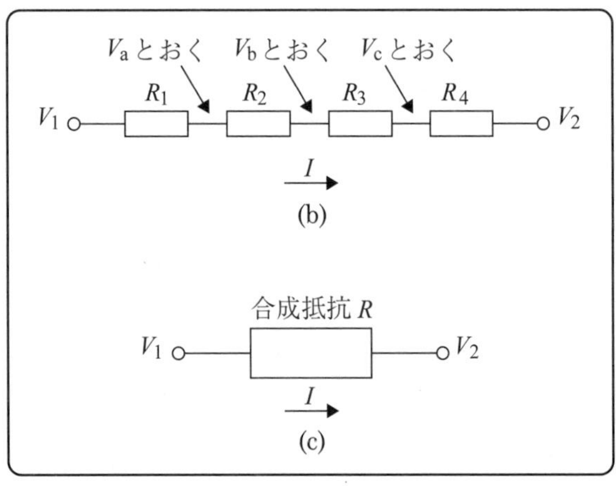

演図 1-2-24

演図 1-2-24(b) のように，R_1 と R_2 を接続した接点を V_a とおく．

R_2 と R_3 を接続した接点を V_b とおく．

R_3 と R_4 を接続した接点を V_c とおく．

R_1 に関して，オームの法則を適用すると，

$$V_1 - V_a = \boxed{} \qquad (1\text{-}2\text{-}18)$$

R_2 に関して，オームの法則を適用すると，

$$V_a - V_b = \boxed{} \qquad (1\text{-}2\text{-}19)$$

R_3 に関して，オームの法則を適用すると，

$$V_b - V_c = \boxed{} \qquad (1\text{-}2\text{-}20)$$

R_4 に関して，オームの法則を適用すると，

$$V_c - V_2 = \boxed{} \qquad (1\text{-}2\text{-}21)$$

(1-2-18)式＋(1-2-19)式＋(1-2-20)式＋(1-2-21)式

$$V_1 - V_2 = \boxed{} \qquad (1\text{-}2\text{-}22)$$

演図 1-2-24(c) のように，R_1, R_2, R_3, R_4 合成抵抗を R とおく．

R に関して，オームの法則を適用すると，

$$V_1 - V_2 = \boxed{} \qquad (1\text{-}2\text{-}23)$$

(1-2-22)式と(1-2-23)式を比較すると，

$$R = \boxed{}$$

(2) 演図 1-2-25 に示される直列接続の合成抵抗 R は，以下の式で表される．この式を導出せよ．

$$R = R_1 + R_2 + R_3 + R_4 + R_5$$

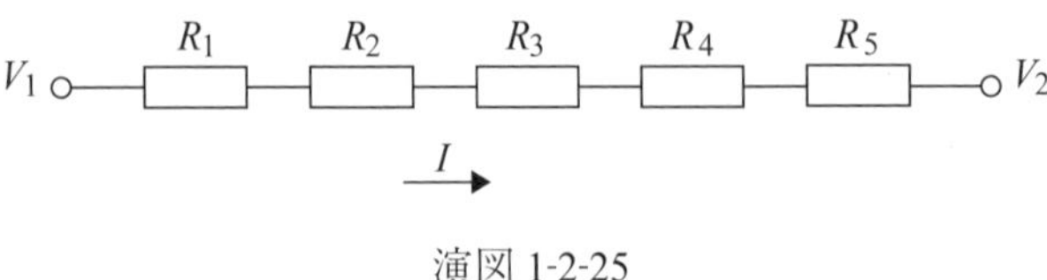

演図 1-2-25

9．(1) 演図 1-2-26 に示される並列接続の合成抵抗 R は，以下の式で表される．この式を導出せよ．

$$R = \frac{1}{\dfrac{1}{R_1} + \dfrac{1}{R_2}}$$

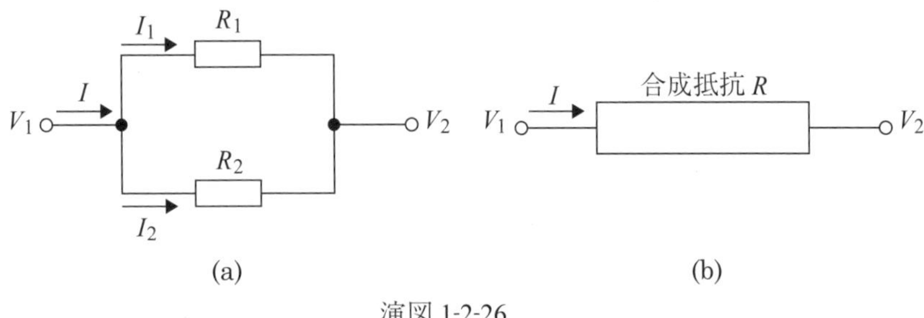

演図 1-2-26

R_1 に関して，オームの法則を適用すると，

$I_1 =$ [　　　　　　] (1-2-24)

R_2 に関して，オームの法則を適用すると，

$I_2 =$ [　　　　　　] (1-2-25)

電流 I, I_1, I_2 には，以下の関係がある．

$I =$ [　　　　　　] (1-2-26)

(1-2-24)，(1-2-25)式→(1-2-26)式

$I=$ □

この式を整理すると，(1-2-28)式と比較しやすい形になる．

$I=$ □　(1-2-27)

演図 1-2-26(b) のように，R_1 および R_2 の合成抵抗を R とおく．

R に関して，オームの法則を適用すると，

$I=$ □　(1-2-28)

(1-2-27)式と(1-2-28)式を比較すると，

$\frac{1}{R}=$ □

よって，

$R=$ □

(2) 演図 1-2-27 に示される並列接続の合成抵抗 R は，以下の式で表される．この式を導出せよ．

$$R=\frac{1}{\frac{1}{R_1}+\frac{1}{R_2}+\frac{1}{R_3}}$$

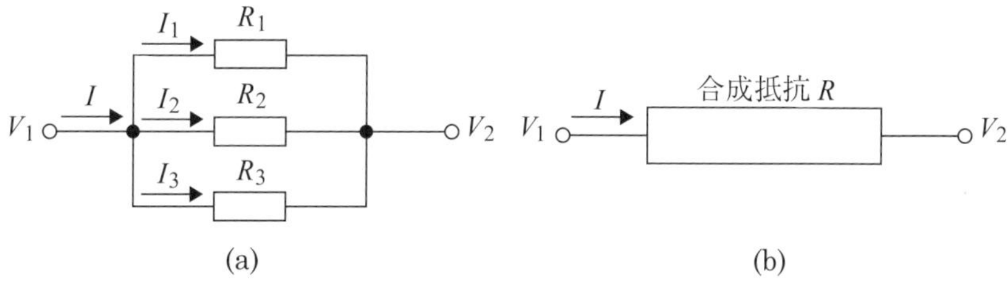

演図 1-2-27

R_1 に関して，オームの法則を適用すると，

$$I_1 = \boxed{} \tag{1-2-29}$$

R_2 に関して，オームの法則を適用すると，

$$I_2 = \boxed{} \tag{1-2-30}$$

R_3 に関して，オームの法則を適用すると，

$$I_3 = \boxed{} \tag{1-2-31}$$

電流 I, I_1, I_2, I_3 には，以下の関係がある．

$$I = \boxed{} \tag{1-2-32}$$

(1-2-29)，(1-2-30)，(1-2-31)式→(1-2-32)式((1-2-34)式と比較しやすい形)

$$I = \boxed{} \tag{1-2-33}$$

演図 1-2-27 のように，R_1, R_2, R_3 の合成抵抗を R とおく．

R に関して，オームの法則を適用すると，

$$I = \boxed{} \tag{1-2-34}$$

(1-2-33)式と(1-2-34)式を比較すると，

$$\frac{1}{R} = \boxed{}$$

よって，

$$R = \boxed{}$$

10. (1) 演図 1-2-28 に示される並列接続の合成抵抗 R は，以下の式で表される．この式を導出せよ．

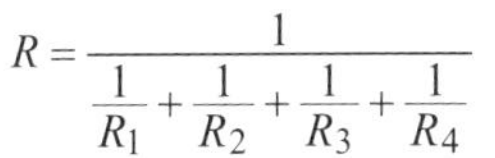

$$R=\frac{1}{\frac{1}{R_1}+\frac{1}{R_2}+\frac{1}{R_3}+\frac{1}{R_4}}$$

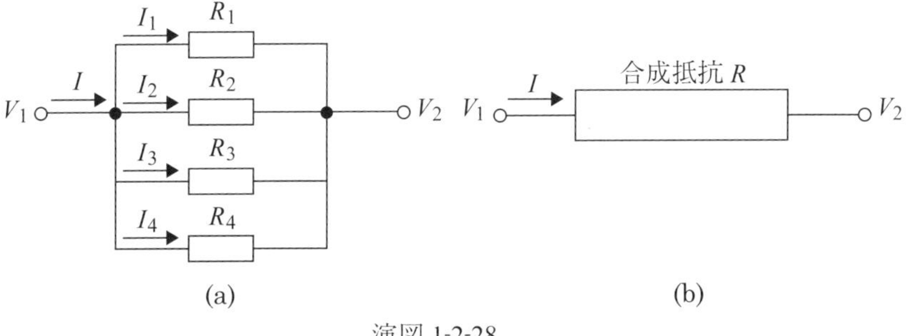

演図 1-2-28

R_1 に関して，オームの法則を適用すると，

$$I_1=\boxed{} \tag{1-2-35}$$

R_2 に関して，オームの法則を適用すると，

$$I_2=\boxed{} \tag{1-2-36}$$

R_3 に関して，オームの法則を適用すると，

$$I_3=\boxed{} \tag{1-2-37}$$

R_4 に関して，オームの法則を適用すると，

$$I_4=\boxed{} \tag{1-2-38}$$

電流 I, I_1, I_2, I_3, I_4 には，以下の関係がある．

$$I=\boxed{} \tag{1-2-39}$$

（1-2-35），（1-2-36），（1-2-37），（1-2-38）式→（1-2-39）式（（1-2-41）式と比較しやすい形）

$$I=\boxed{} \tag{1-2-40}$$

演図 1-2-28(b) のように，R_1, R_2, R_3, R_4 の合成抵抗を R とおく．

R に関して，オームの法則を適用すると，

$$I=\boxed{} \tag{1-2-41}$$

（1-2-40）式と（1-2-41）式を比較すると，

$$\frac{1}{R}=\boxed{}$$

よって，

$$R=\boxed{}$$

(2) 演図 1-2-29 に示される並列接続の合成抵抗 R は，以下の式で表される．この式を導出せよ．

$$R=\frac{1}{\dfrac{1}{R_1}+\dfrac{1}{R_2}+\dfrac{1}{R_3}+\dfrac{1}{R_4}+\dfrac{1}{R_5}}$$

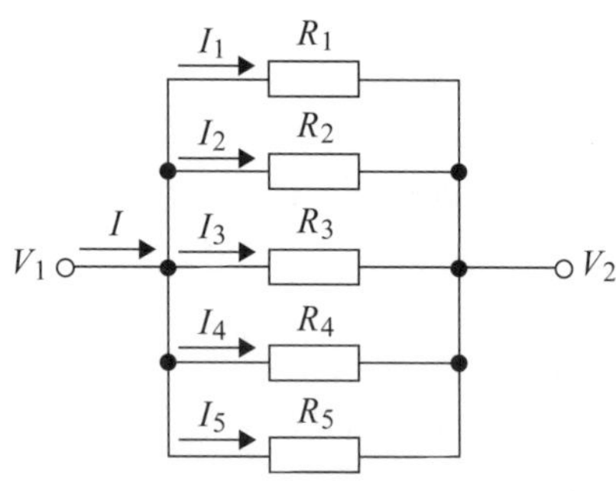

演図 1-2-29

11. (1) 演図 1-2-30 の回路の R_3, I_1, I_2 を求めよ.

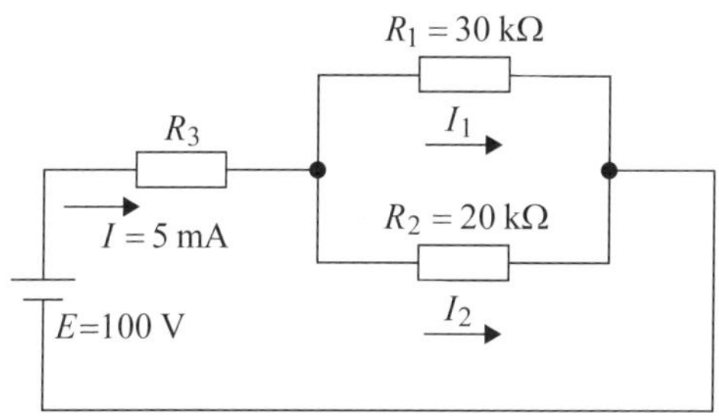

演図 1-2-30

(2) 演図 1-2-31 の回路において，抵抗 R に流れる電流が 5 A であった．抵抗 R の値を求めよ．

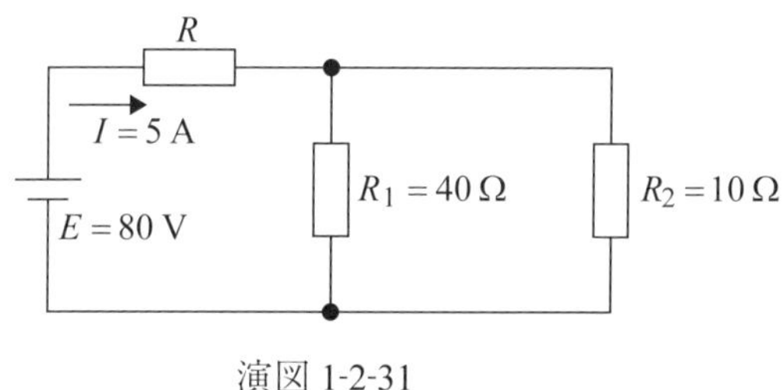

演図 1-2-31

(3) 演図 1-2-32 の回路において，a-b 間の電圧 V_{ab} および b-c 間の電圧 V_{bc} を求めよ．また，回路に流れる電流 I, I_1, I_2 を求めよ．

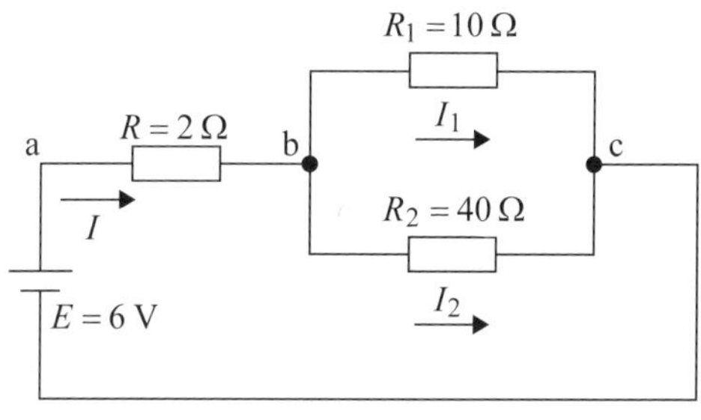

演図 1-2-32

⑷ 演図 1-2-33 において，端子 a-b 間の合成抵抗を求めよ．

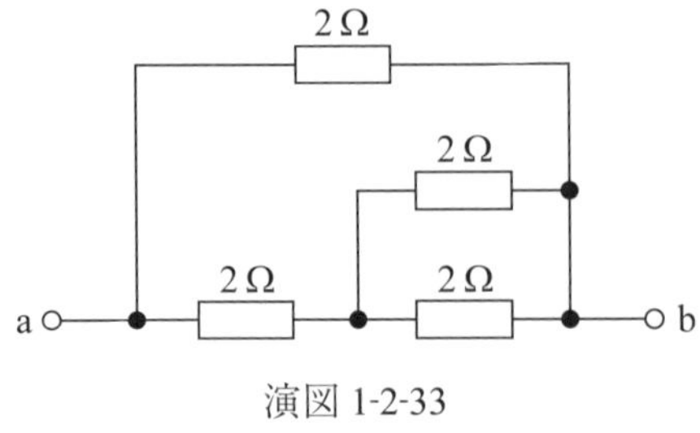

演図 1-2-33

⑸ 起電力 1.5 V，内部抵抗 0.4 Ω の電池を演図 1-2-34 のように a-b 間に接続した．a-b 間の電圧 V_{ab} および c-b 間の電圧 V_{cb} を求めよ．また，a-c 間の電圧降下を求めよ．

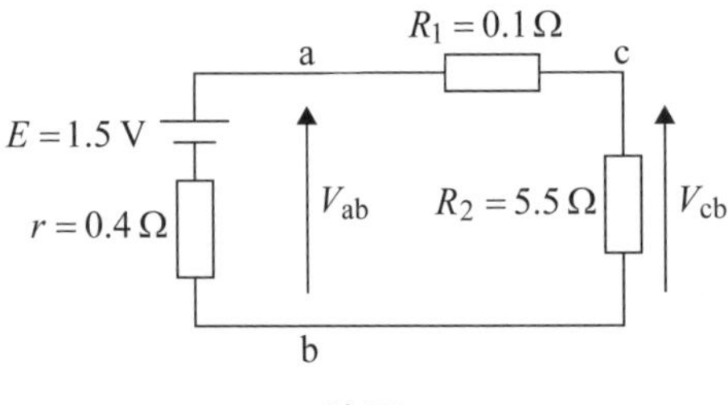

演図 1-2-34

⑹ 演図 1-2-35 のように 100 V の電源と電熱器の負荷との間を 0.4 Ω の抵抗をもつ電線 2 本によって接続し，5 A の電流を流したとすれば，電線によって何ボルトの電圧降下を生じることになるか求めよ．また，負荷の端子間電圧 V_L は何ボルトになるか求めよ．

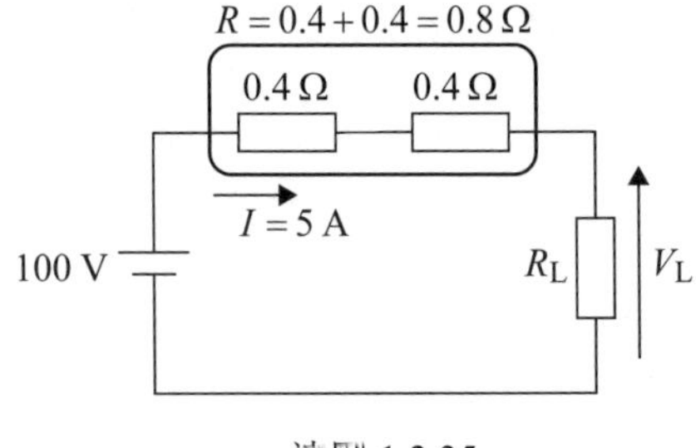

演図 1-2-35

演習問題 1-2　解答

1.

(1) $\dfrac{60}{5}=12\,\Omega$

(2) $\dfrac{8\times10^3}{200}=\dfrac{8000}{200}=40\,\Omega$

(3) $\dfrac{5}{2\times10^{-3}}=2.5\times10^3\,\Omega=2.5\,\mathrm{k\Omega}$

(4) $\dfrac{0.4\times10^3}{800\times10^{-3}}=0.5\times10^3\,\Omega=0.5\,\mathrm{k\Omega}$

(5) $\dfrac{0.6\times10^3}{20\times10^{-6}}=30\times10^6\,\Omega=30\,\mathrm{M\Omega}$

(6) $\dfrac{1.5\times10^3}{3000\times10^{-6}}=0.5\times10^6\,\Omega=0.5\,\mathrm{M\Omega}$

(7) $7\times30=210\,\mathrm{V}$

(8) $4\times25\times10^3=100\times10^3\,\mathrm{V}=100\,\mathrm{kV}$

(9) $3\times10^{-3}\times50=150\times10^{-3}\,\mathrm{V}=150\,\mathrm{mV}$

(10) $6\times10^{-6}\times250\times10^3=1500\times10^{-3}\,\mathrm{V}=1.5\,\mathrm{V}$

(11) $70\times10^{-6}\times30\times10^3=2100\times10^{-3}\,\mathrm{V}=2100\,\mathrm{mV}=2.1\,\mathrm{V}$

(12) $2\times10^{-6}\times60\times10^6=120\,\mathrm{V}$

(13) $\dfrac{20}{5}=4\,\mathrm{A}$

(14) $\dfrac{1.2\times10^3}{30\times10^3}=0.04\,\mathrm{A}=40\,\mathrm{mA}$

(15) $\dfrac{1.2\times10^3}{50\times10^6}=24\times10^{-6}\,\mathrm{A}=24\,\mu\mathrm{A}$

(16) $\dfrac{6\times10^3}{200\times10^6}=30\times10^{-6}\,\mathrm{A}=30\,\mu\mathrm{A}$

(17) $\dfrac{800\times10^{-3}}{4\times10^3}=0.2\times10^{-3}\,\mathrm{A}=0.2\,\mathrm{mA}$

2．

（1）（i）$250+500=750\ \Omega$

（ii）$I=\dfrac{90}{750}=0.12\ \text{A}=120\ \text{mA}$

（iii）$V_1=0.12\times 250=30\ \text{V},\ V_2=0.12\times 500=60\ \text{V}$

（2）（i）$0.5+1.5=2\ \text{M}\Omega$

（ii）$I=\dfrac{80}{2\times 10^6}=40\ \mu\text{A}$

（iii）$V_1=40\times 10^{-6}\times 500\times 10^3=20\ \text{V},\ V_2=40\times 10^{-6}\times 1.5\times 10^6=60\ \text{V}$

（3）（i）$100+200+300=600\ \Omega$

（ii）$I=\dfrac{120}{600}=0.2\ \text{A}=200\ \text{mA}$

（iii）$100\ \Omega:0.2\times 100=20\ \text{V},\ 200\ \Omega:0.2\times 200=40\ \text{V},\ 300\ \Omega:0.2\times 300=60\ \text{V}$

（4）（i）$2+0.5+1.5=4\ \text{k}\Omega$

（ii）$I=\dfrac{80}{4\times 10^3}=20\times 10^{-3}\ \text{A}=20\ \text{mA}$

（iii）$2\ \text{k}\Omega:2\times 10^3\times 20\times 10^{-3}=40\ \text{V},\ 500\ \Omega:500\times 20\times 10^{-3}=10\ \text{V},$

$1.5\ \text{k}\Omega:1.5\times 10^3\times 20\times 10^{-3}=30\ \text{V}$

（5）（i）$30+20.5+10.5=61\ \text{k}\Omega$

（ii）$I=\dfrac{18.3}{61\times 10^3}=0.3\times 10^{-3}\ \text{A}=0.3\ \text{mA}$

（iii）$30000\ \Omega:30000\times 0.3\times 10^{-3}=9\ \text{V},\ 20.5\ \text{k}\Omega:20.5\times 10^3\times 0.3\times 10^{-3}=6.15\ \text{V},$

$0.0105\ \text{M}\Omega:0.0105\times 10^6\times 0.3\times 10^{-3}=3.15\ \text{V}$

（6）（i）$2\times 3+5\times 2+7\times 4=6+10+28=44\ \text{k}\Omega$

（ii）$3\times 2+2.5\times 3+5\times 4=6+7.5+20=33.5\ \text{k}\Omega$

（iii）$5\times 10=50\ \text{k}\Omega,\ \dfrac{50}{5}=10$ 倍

3．

(1) (i) $\dfrac{1}{\dfrac{1}{2}+\dfrac{1}{4}}=\dfrac{1}{\dfrac{3}{4}}=\dfrac{4}{3}\ \mathrm{k\Omega}$

(ii) $I_1=\dfrac{100}{2\times10^3}=50\times10^{-3}\ \mathrm{A}=50\ \mathrm{mA}$　　$I_2=\dfrac{100}{4\times10^3}=25\times10^{-3}\ \mathrm{A}=25\ \mathrm{mA}$

(2) (i) $\dfrac{1}{\dfrac{1}{500}+\dfrac{1}{200}}=\dfrac{1000}{7}\ \mathrm{k\Omega}$

(ii) $I_1=\dfrac{120-20}{0.5\times10^6}=200\times10^{-6}\ \mathrm{A}=200\ \mu\mathrm{A}$　　$I_2=\dfrac{120-20}{200\times10^3}=500\times10^{-6}\ \mathrm{A}=500\ \mu\mathrm{A}$

(3) (i) $\dfrac{1}{\dfrac{1}{2}+\dfrac{1}{6}}=\dfrac{3}{2}\ \mathrm{M\Omega}$

(ii) $2000\ \mathrm{k\Omega}:\dfrac{30}{2\times10^6}=15\times10^{-6}\ \mathrm{A}=15\ \mu\mathrm{A}$

$6\ \mathrm{M\Omega}:\dfrac{30}{6\times10^6}=5\times10^{-6}\ \mathrm{A}=5\ \mu\mathrm{A}$

(4) (i) $\dfrac{1}{\dfrac{1}{1}+\dfrac{1}{2}+\dfrac{1}{3}}=\dfrac{1}{\dfrac{11}{6}}=\dfrac{6}{11}\ \mathrm{k\Omega}$

(ii) $I_1=\dfrac{100}{1\times10^3}=100\times10^{-3}\ \mathrm{A}=100\ \mathrm{mA}$　　$I_2=\dfrac{100}{2\times10^3}=50\times10^{-3}\ \mathrm{A}=50\ \mathrm{mA}$

$I_3=\dfrac{100}{3\times10^3}=\dfrac{100}{3}\times10^{-3}\ \mathrm{A}=\dfrac{100}{3}\ \mathrm{mA}$

(5) (i) $\dfrac{1}{\dfrac{1}{1}+\dfrac{1}{2}+\dfrac{1}{4}}=\dfrac{4}{7}\ \mathrm{M\Omega}$

(ii) $I_1=\dfrac{250-150}{1\times10^6}=100\times10^{-6}\ \mathrm{A}=100\ \mu\mathrm{A}$　　$I_2=\dfrac{250-150}{2\times10^6}=50\times10^{-6}\ \mathrm{A}=50\ \mu\mathrm{A}$

$I_3=\dfrac{250-150}{4\times10^6}=25\times10^{-6}\ \mathrm{A}=25\ \mu\mathrm{A}$

(6) (i) $\dfrac{1}{\dfrac{1}{1}+\dfrac{1}{2}+\dfrac{1}{5}}=\dfrac{10}{17}\ \mathrm{M\Omega}$

(ii) $1000\ \mathrm{k\Omega}:\dfrac{100}{1\times10^6}=100\times10^{-6}\ \mathrm{A}=100\ \mu\mathrm{A}$　　$2000\ \mathrm{k\Omega}:\dfrac{100}{2\times10^6}=50\times10^{-6}\ \mathrm{A}=50\ \mu\mathrm{A}$

$5\ \mathrm{M\Omega}:\dfrac{100}{5\times10^6}=20\times10^{-6}\ \mathrm{A}=20\ \mu\mathrm{A}$

(7) (i) $\dfrac{1}{\dfrac{1}{20}+\dfrac{1}{40}+\dfrac{1}{80}}=\dfrac{80}{7}\,\text{k}\Omega$

(ii) $20\,\text{k}\Omega:\dfrac{8}{20\times10^3}=400\times10^{-6}\,\text{A}=400\,\mu\text{A}$

$40000\,\Omega:\dfrac{8}{40\times10^3}=200\times10^{-6}\,\text{A}=200\,\mu\text{A}$

$0.08\,\text{M}\Omega:\dfrac{8}{80\times10^3}=100\times10^{-6}\,\text{A}=100\,\mu\text{A}$

4.

(1) (i) $V_{\text{out}}=\dfrac{700}{500+700}\times24=14\,\text{V}$

(ii) $I=\dfrac{V_{\text{out}}}{R_2}=\dfrac{14}{700}=0.02\,\text{A}=20\,\text{mA}$

(別解 1) $I=\dfrac{V}{R_1+R_2}=\dfrac{24}{500+700}=0.02\,\text{A}=20\,\text{mA}$

(別解 2) $I=\dfrac{V-V_{\text{out}}}{R_1}=\dfrac{24-14}{500}=0.02\,\text{A}=20\,\text{mA}$

(2) (i) $V_{\text{out}}=\dfrac{20}{50+20}\times7=2\,\text{V}$

(ii) $I=\dfrac{V_{\text{out}}}{R_2}=\dfrac{2}{0.02\times10^6}=100\,\mu\text{A}$

(別解 1) $I=\dfrac{V}{R_1+R_2}=\dfrac{7}{(0.05+0.02)\times10^6}=100\,\mu\text{A}$

(別解 2) $I=\dfrac{V-V_{\text{out}}}{R_1}=\dfrac{7-2}{50\times10^3}=100\,\mu\text{A}$

(3) $R_1=R_2\left(\dfrac{V}{V_{\text{out}}}-1\right)=2\left(\dfrac{V}{V_{\text{out}}}-1\right)$

$\dfrac{V}{V_{\text{out}}}=2$ を上式に代入すると，$R_1=2\times(2-1)=2\,\text{k}\Omega$ となる．

$\dfrac{V}{V_{\text{out}}}=3$ を上式に代入すると，$R_1=2\times(3-1)=4\,\text{k}\Omega$ となる．

$\dfrac{V}{V_{\text{out}}}=5$ を上式に代入すると，$R_1=2\times(5-1)=8\,\text{k}\Omega$ となる．

$\dfrac{V}{V_{\text{out}}}=11$ を上式に代入すると，$R_1=2\times(11-1)=20\,\text{k}\Omega$ となる．

$\dfrac{V}{V_{out}}=21$ を上式に代入すると，$R_1=2\times(21-1)=40\,\mathrm{k\Omega}$ となる．

以上をまとめると，以下の表を得ることができる．

$\dfrac{V}{V_{out}}$	2	3	5	11	21
$R_1[\mathrm{k\Omega}]$	2	4	8	20	40

(4) $R_2=\dfrac{R_1}{\dfrac{V}{V_{out}}-1}=\dfrac{40}{\dfrac{V}{V_{out}}-1}$

$\dfrac{V}{V_{out}}=2$ を上式に代入すると，$R_2=\dfrac{40}{(2-1)}=40\,\mathrm{k\Omega}$ となる．

$\dfrac{V}{V_{out}}=3$ を上式に代入すると，$R_2=\dfrac{40}{(3-1)}=20\,\mathrm{k\Omega}$ となる．

$\dfrac{V}{V_{out}}=5$ を上式に代入すると，$R_2=\dfrac{40}{(5-1)}=10\,\mathrm{k\Omega}$ となる．

$\dfrac{V}{V_{out}}=11$ を上式に代入すると，$R_2=\dfrac{40}{(11-1)}=4\,\mathrm{k\Omega}$ となる．

$\dfrac{V}{V_{out}}=21$ を上式に代入すると，$R_2=\dfrac{40}{(21-1)}=2\,\mathrm{k\Omega}$ となる．

以上をまとめると，以下の表を得ることができる．

$\dfrac{V}{V_{out}}$	2	3	5	11	21
$R_2[\mathrm{k\Omega}]$	40	20	10	4	2

(5) $V_{out}=\dfrac{R_2}{R_1+R_2}V=\dfrac{200}{100+200}V=\dfrac{2}{3}\times V$

$V=0\,\mathrm{V}$ を上式に代入すると，$V_{out}=0\,\mathrm{V}$ となる．

$V=3\,\mathrm{V}$ を上式に代入すると，$V_{out}=2\,\mathrm{V}$ となる．

$V=6\,\mathrm{V}$ を上式に代入すると，$V_{out}=4\,\mathrm{V}$ となる．

$V=9\,\mathrm{V}$ を上式に代入すると，$V_{out}=6\,\mathrm{V}$ となる．

$V=12\,\mathrm{V}$ を上式に代入すると，$V_{out}=8\,\mathrm{V}$ となる．

以上をまとめると，以下の表の V_{out} の数値を得ることができる．

$$I=\frac{V}{R_1+R_2}=\frac{V}{100+200}=\frac{V}{300}$$

$V=0$ V を上式に代入すると，$I=0$ A となる．

$V=3$ V を上式に代入すると，$I=0.01$ A $=10$ mA となる．

$V=6$ V を上式に代入すると，$I=0.02$ A $=20$ mA となる．

$V=9$ V を上式に代入すると，$I=0.03$ A $=30$ mA となる．

$V=12$ V を上式に代入すると，$I=0.04$ A $=40$ mA となる．

以上をまとめると，以下の表の I の数値を得ることができる．

V[V]	0	3	6	9	12
V_{out}[V]	0	2	4	6	8
I[mA]	0	10	20	30	40

(6) $V_{out}=\dfrac{R_2}{R_1+R_2}V=\dfrac{100}{200+100}V=\dfrac{1}{3}\times V$

$V=0$ V を上式に代入すると，$V_{out}=0$ V となる．

$V=3$ V を上式に代入すると，$V_{out}=1$ V となる．

$V=6$ V を上式に代入すると，$V_{out}=2$ V となる．

$V=9$ V を上式に代入すると，$V_{out}=3$ V となる．

$V=12$ V を上式に代入すると，$V_{out}=4$ V となる．

以上をまとめると，以下の表の V_{out} の数値を得ることができる．

$$I=\frac{V}{R_1+R_2}=\frac{V}{200+100}=\frac{V}{300}$$

$V=0$ V を上式に代入すると，$I=0$ A となる．

$V=3$ V を上式に代入すると，$I=0.01$ A $=10$ mA となる．

$V=6$ V を上式に代入すると，$I=0.02$ A $=20$ mA となる．

$V=9$ V を上式に代入すると，$I=0.03$ A $=30$ mA となる．

$V=12$ V を上式に代入すると，$I=0.04$ A $=40$ mA となる．

以上をまとめると，以下の表の I の数値を得ることができる．

V[V]	0	3	6	9	12
V_{out}[V]	0	1	2	3	4
I[mA]	0	10	20	30	40

5．

（1）（i）$I_1 = \dfrac{100}{400+100} \times 5 = 1\text{ mA}$

（ii）$I_2 = \dfrac{R_1}{R_1+R_2} I_0 = \dfrac{400}{400+100} \times 10 = 8\text{ mA}$

（2）（i）$I_1 = \dfrac{R_2}{R_1+R_2} I_0 = \dfrac{40}{10+40} \times 20 = 16\ \mu\text{A}$

（ii）$I_2 = \dfrac{R_1}{R_1+R_1} I_0 = \dfrac{10}{10+40} \times 20 = 4\ \mu\text{A}$　（別解）$I_2 = I_0 - I_1 = 20 - 16 = 4\ \mu\text{A}$

（3）$R_1 = R_2\left(\dfrac{I_0}{I_1} - 1\right) = 300\left(\dfrac{I_0}{I_1} - 1\right)$

$\dfrac{I_0}{I_1} = 2$ を上式に代入すると，$R_1 = 300 \times (2-1) = 300\ \Omega$ となる．

$\dfrac{I_0}{I_1} = 3$ を上式に代入すると，$R_1 = 300 \times (3-1) = 600\ \Omega$ となる．

$\dfrac{I_0}{I_1} = 5$ を上式に代入すると，$R_1 = 300 \times (5-1) = 1200\ \Omega$ となる．

$\dfrac{I_0}{I_1} = 11$ を上式に代入すると，$R_1 = 300 \times (11-1) = 3000\ \Omega$ となる．

$\dfrac{I_0}{I_1} = 21$ を上式に代入すると，$R_1 = 300 \times (21-1) = 6000\ \Omega$ となる．

以上をまとめると，以下の表を得ることができる．

$\dfrac{I_0}{I_1}$	2	3	5	11	21
R_1[Ω]	300	600	1200	3000	6000

(4) $I_1 = \frac{R_2}{R_1+R_2} I_0 = \frac{400}{200+400} I_0 = \frac{2}{3} I_0$

$I_0 = 0$ A を上式に代入すると，$I_1 = 0$ A となる．

$I_0 = 3$ mA を上式に代入すると，$I_1 = 2$ mA となる．

$I_0 = 6$ mA を上式に代入すると，$I_1 = 4$ mA となる．

$I_0 = 9$ mA を上式に代入すると，$I_1 = 6$ mA となる．

$I_0 = 12$ mA を上式に代入すると，$I_1 = 8$ mA となる．

以上をまとめると，以下の表の I_1 の数値を得ることができる．

$$I_2 = I_0 - I_1$$

$I_0 = 0$ A, $I_1 = 0$ A を上式に代入すると，$I_2 = 0$ A となる．

$I_0 = 3$ mA, $I_1 = 2$ mA を上式に代入すると，$I_2 = 1$ mA となる．

$I_0 = 6$ mA, $I_1 = 4$ mA を上式に代入すると，$I_2 = 2$ mA となる．

$I_0 = 9$ mA, $I_1 = 6$ mA を上式に代入すると，$I_2 = 3$ mA となる．

$I_0 = 12$ mA, $I_1 = 8$ mA を上式に代入すると，$I_2 = 4$ mA となる．

以上をまとめると，以下の表の I_2 の数値を得ることができる．

なお，I_2 は次式を使っても求めることができる．

$$I_2 = \frac{R_1}{R_1+R_2} I_0 = \frac{200}{200+400} I_0 = \frac{1}{3} I_0$$

I_0[mA]	0	3	6	9	12
I_1[mA]	0	2	4	6	8
I_2[mA]	0	1	2	3	4

(5) $I_1 = \frac{R_2}{R_1+R_2} I_0 = \frac{100}{400+100} I_0 = \frac{1}{5} I_0$

$I_0 = 0$ A を上式に代入すると，$I_1 = 0$ A となる．

$I_0 = 2\,\mu$A を上式に代入すると，$I_1 = 0.4\,\mu$A となる．

$I_0 = 4\,\mu$A を上式に代入すると，$I_1 = 0.8\,\mu$A となる．

$I_0 = 6\,\mu$A を上式に代入すると，$I_1 = 1.2\,\mu$A となる．

$I_0 = 8\,\mu$A を上式に代入すると，$I_1 = 1.6\,\mu$A となる．

以上をまとめると，以下の表の I_1 の数値を得ることができる．

$$I_2 = I_0 - I_1$$

$I_0 = 0$ A，$I_1 = 0$ A を上式に代入すると，$I_2 = 0$ A となる．

$I_0 = 2\,\mu$A，$I_1 = 0.4\,\mu$A を上式に代入すると，$I_2 = 1.6\,\mu$A となる．

$I_0 = 4\,\mu$A，$I_1 = 0.8\,\mu$A を上式に代入すると，$I_2 = 3.2\,\mu$A となる．

$I_0 = 6\,\mu$A，$I_1 = 1.2\,\mu$A を上式に代入すると，$I_2 = 4.8\,\mu$A となる．

$I_0 = 8\,\mu$A，$I_1 = 1.6\,\mu$A を上式に代入すると，$I_2 = 6.4\,\mu$A となる．

以上をまとめると，以下の表の I_2 の数値を得ることができる．

なお，I_2 は次式を使っても求めることができる．

$$I_2 = \frac{R_1}{R_1 + R_2} I_0 = \frac{400}{400 + 100} I_0 = \frac{4}{5} I_0$$

I_0[μA]	0	2	4	6	8
I_1[μA]	0	0.4	0.8	1.2	1.6
I_2[μA]	0	1.6	3.2	4.8	6.4

6．

(1) $I = \dfrac{V}{R} = \dfrac{V}{200}$

$V = 0$ V を上式に代入すると，$I = 0$ A となる．

$V = 2$ V を上式に代入すると，$I = 0.01$ A $= 10$ mA となる．

$V = 4$ V を上式に代入すると，$I = 0.02$ A $= 20$ mA となる．

$V = 6$ V を上式に代入すると，$I = 0.03$ A $= 30$ mA となる．

$V = 8$ V を上式に代入すると，$I = 0.04$ A $= 40$ mA となる．

$V = 10$ V を上式に代入すると，$I = 0.05$ A $= 50$ mA となる．

以上をまとめると，以下の表の I の数値を得ることができる．

V[V]	0	2	4	6	8	10
I[mA]	0	10	20	30	40	50

以上の表から以下のグラフを描くことができる.

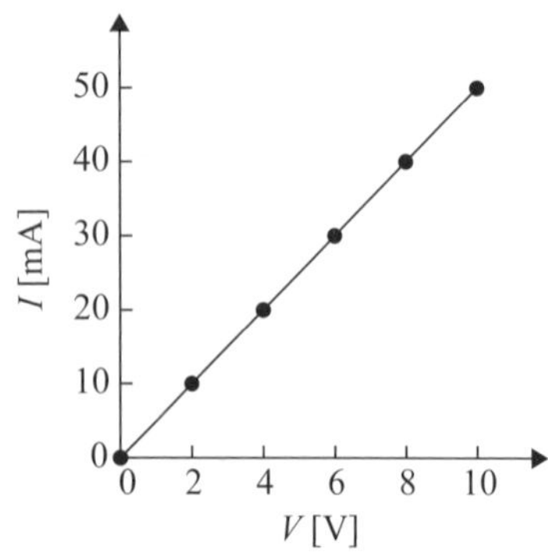

(2)　$I=\dfrac{V}{R}=\dfrac{V}{0.5\times10^3}$

$V=0$ V を上式に代入すると，$I=0$ A となる.

$V=2$ mV を上式に代入すると，$I=4\times10^{-6}$ A $=4\ \mu$A となる.

$V=4$ mV を上式に代入すると，$I=8\times10^{-6}$ A $=8\ \mu$A となる.

$V=6$ mV を上式に代入すると，$I=12\times10^{-6}$ A $=12\ \mu$A となる.

$V=8$ mV を上式に代入すると，$I=16\times10^{-6}$ A $=16\ \mu$A となる.

$V=10$ mV を上式に代入すると，$I=20\times10^{-6}$ A $=20\ \mu$A となる.

以上をまとめると，以下の表の I の数値を得ることができる.

V[mV]	0	2	4	6	8	10
I[μA]	0	4	8	12	16	20

以上の表から以下のグラフを描くことができる.

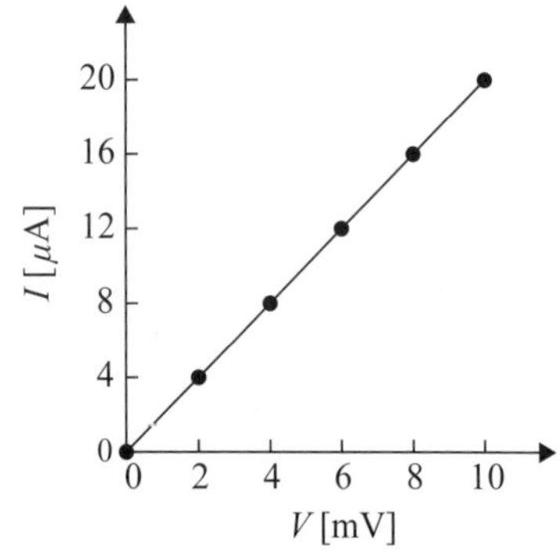

(3) (i) $V_{out} = \dfrac{R_2}{R_1 + R_2}V = \dfrac{40}{10+40}V = \dfrac{4}{5} \times V$

$V = 0$ V を上式に代入すると，$V_{out} = 0$ V となる.

$V = 2$ V を上式に代入すると，$V_{out} = 1.6$ V となる.

$V = 4$ V を上式に代入すると，$V_{out} = 3.2$ V となる.

$V = 6$ V を上式に代入すると，$V_{out} = 4.8$ V となる.

$V = 8$ V を上式に代入すると，$V_{out} = 6.4$ V となる.

$V = 10$ V を上式に代入すると，$V_{out} = 8$ V となる.

以上をまとめると，以下の表の V_{out} の数値を得ることができる.

$$I = \frac{V}{R_1 + R_2} = \frac{V}{10+40} = \frac{V}{50}$$

$V = 0$ V を上式に代入すると，$I = 0$ A となる.

$V = 2$ V を上式に代入すると，$I = 0.04$ A $= 40$ mA となる.

$V = 4$ V を上式に代入すると，$I = 0.08$ A $= 80$ mA となる.

$V = 6$ V を上式に代入すると，$I = 0.12$ A $= 120$ mA となる.

$V = 8$ V を上式に代入すると，$I = 0.16$ A $= 160$ mA となる.

$V = 10$ V を上式に代入すると，$I = 0.2$ A $= 200$ mA となる.

以上をまとめると，以下の表の I の数値を得ることができる.

V[V]	0	2	4	6	8	10
V_{out}[V]	0	1.6	3.2	4.8	6.4	8
I[mA]	0	40	80	120	160	200

(ii) 以上の表から以下のグラフ(左)を描くことができる.

(iii) 以上の表から以下のグラフ(右)を描くことができる.

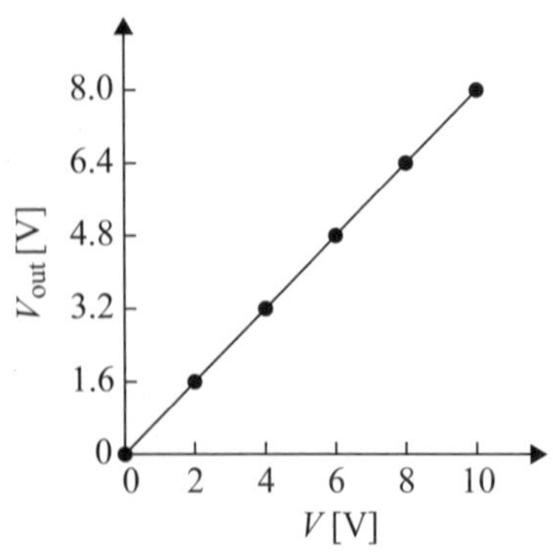

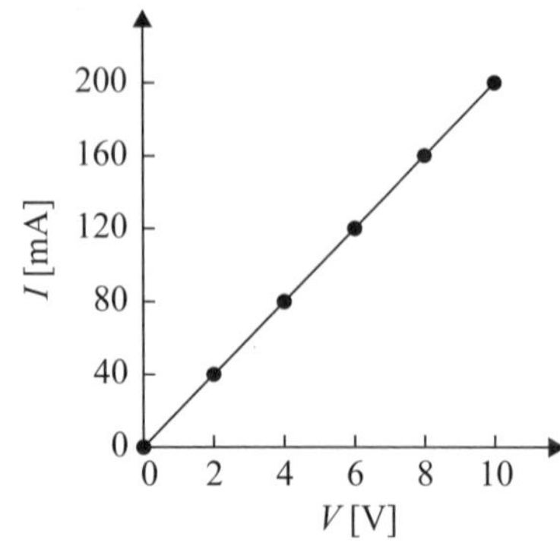

(4) (i) $I_1 = \frac{R_2}{R_1 + R_2} I_0 = \frac{40}{10+40} I_0 = \frac{4}{5} I_0$

$I_0 = 0$ A を上式に代入すると $I_1 = 0$ A となる．

$I_0 = 2$ mA を上式に代入すると $I_1 = 1.6$ mA となる．

$I_0 = 4$ mA を上式に代入すると $I_1 = 3.2$ mA となる．

$I_0 = 6$ mA を上式に代入すると $I_1 = 4.8$ mA となる．

$I_0 = 8$ mA を上式に代入すると $I_1 = 6.4$ mA となる．

$I_0 = 10$ mA を上式に代入すると $I_1 = 8$ mA となる．

以上をまとめると以下の表の I_1 の数値を得ることができる．

$$I_2 = I_0 - I_1$$

$I_0 = 0$ A, $I_1 = 0$ A を上式に代入すると $I_2 = 0$ A となる．

$I_0 = 2$ mA, $I_1 = 1.6$ mA を上式に代入すると $I_2 = 0.4$ mA となる．

$I_0 = 4$ mA, $I_1 = 3.2$ mA を上式に代入すると $I_2 = 0.8$ mA となる．

$I_0 = 6$ mA, $I_1 = 4.8$ mA を上式に代入すると $I_2 = 1.2$ mA となる．

$I_0 = 8$ mA, $I_1 = 6.4$ mA を上式に代入すると $I_2 = 1.6$ mA となる．

$I_0 = 10$ mA, $I_1 = 8$ mA を上式に代入すると $I_2 = 2$ mA となる．

以上をまとめると以下の表の I_2 の数値を得ることができる．

なお，I_2 は次式を使っても求めることができる．

$$I_2 = \frac{R_1}{R_1 + R_2} I_0 = \frac{10}{10+40} I_0 = \frac{1}{3} I_0$$

I_0[mA]	0	2	4	6	8	10
I_1[mA]	0	1.6	3.2	4.8	6.4	8
I_2[mA]	0	0.4	0.8	1.2	1.6	2

(ii) 以上の表から以下のグラフ(左)を描くことができる．

(iii) 以上の表から以下のグラフ(右)を描くことができる．

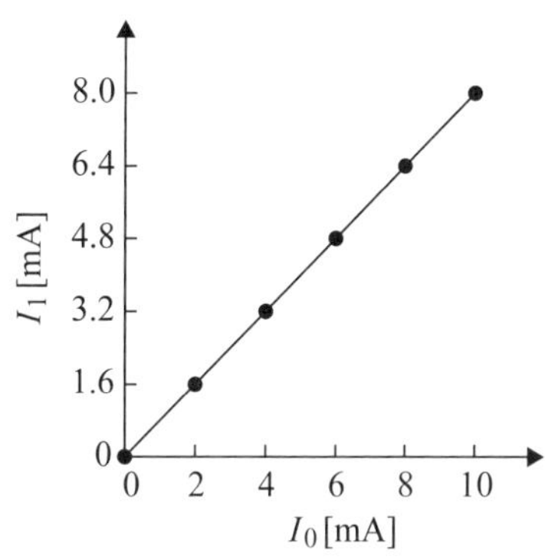

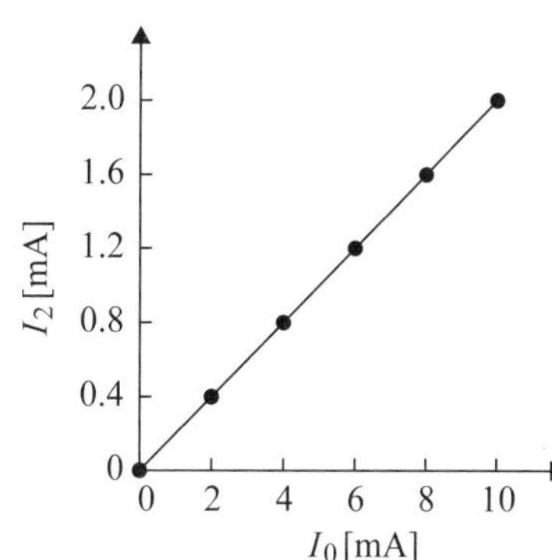

7.

(1) 演図 1-2-22(b) のように，抵抗 R_1 と R_2 を接続した接点を V_a とおく．

R_1 に関して，オームの法則を適用すると，

$$V_1 - V_a = R_1 I \tag{1-2-42}$$

R_2 に関して，オームの法則を適用すると，

$$V_a - V_2 = R_2 I \tag{1-2-43}$$

(1-2-42)式＋(1-2-43)式

$$V_1 - V_2 = (R_1 + R_2)I \tag{1-2-44}$$

演図 1-2-22(c) のように，R_1 および R_2 の合成抵抗を R とおく．

R に関して，オームの法則を適用すると，

$$V_1 - V_2 = RI \tag{1-2-45}$$

(1-2-44)式と(1-2-45)式を比較すると，

$$R = R_1 + R_2$$

（2）演図 1-2-23(b) のように，抵抗 R_1 と R_2 を接続した接点を V_a とおく．

R_2 と R_3 を接続した接点を V_b とおく．

R_1 に関して，オームの法則を適用すると，

$$V_1 - V_a = R_1 I \tag{1-2-46}$$

R_2 に関して，オームの法則を適用すると，

$$V_a - V_b = R_2 I \tag{1-2-47}$$

R_3 に関して，オームの法則を適用すると，

$$V_b - V_2 = R_3 I \tag{1-2-48}$$

（1-2-46）式 +（1-2-47）式 +（1-2-48）式

$$V_1 - V_2 = (R_1 + R_2 + R_3) I \tag{1-2-49}$$

演図 1-2-23(c) のように，R_1, R_2, R_3 の合成抵抗を R とおく．

R に関して，オームの法則を適用すると，

$$V_1 - V_2 = RI \tag{1-2-50}$$

（1-2-49）式と（1-2-50）式を比較すると，

$$R = R_1 + R_2 + R_3$$

8．

（1）演図 1-2-24(b) のように，R_1 と R_2 を接続した接点を V_a とおく．

R_2 と R_3 を接続した接点を V_b とおく．

R_3 と R_4 を接続した接点を V_c とおく．

R_1 に関して，オームの法則を適用すると，

$$V_1 - V_a = R_1 I \tag{1-2-51}$$

R_2 に関して，オームの法則を適用すると，

$$V_a - V_b = R_2 I \tag{1-2-52}$$

R_3 に関して，オームの法則を適用すると，

$$V_b - V_c = R_3 I \tag{1-2-53}$$

R_4 に関して，オームの法則を適用すると，

$$V_c - V_2 = R_4 I \tag{1-2-54}$$

(1-2-51)式＋(1-2-52)式＋(1-2-53)式＋(1-2-54)式

$$V_1 - V_2 = (R_1 + R_2 + R_3 + R_4)I \quad (1\text{-}2\text{-}55)$$

演図 1-2-24(c) のように，R_1, R_2, R_3, R_4 の合成抵抗を R とおく．

R に関して，オームの法則を適用すると，

$$V_1 - V_2 = RI \quad (1\text{-}2\text{-}56)$$

(1-2-55)式と(1-2-56)式を比較すると，

$$R = R_1 + R_2 + R_3 + R_4$$

(2) 演図 1-2-36 のように，R_1 と R_2 を接続した接点を V_a とおく．

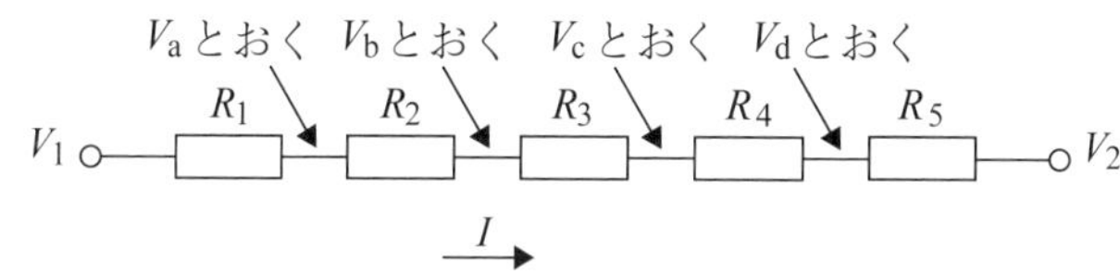

演図 1-2-36(演図 1-2-25 のつけたし)

R_2 と R_3 を接続した接点を V_b とおく．

R_3 と R_4 を接続した接点を V_c とおく．

R_4 と R_5 を接続した接点を V_d とおく．

R_1 に関して，オームの法則を適用すると，

$$V_1 - V_a = R_1 I \quad (1\text{-}2\text{-}57)$$

R_2 に関して，オームの法則を適用すると，

$$V_a - V_b = R_2 I \quad (1\text{-}2\text{-}58)$$

R_3 に関して，オームの法則を適用すると，

$$V_b - V_c = R_3 I \quad (1\text{-}2\text{-}59)$$

R_4 に関して，オームの法則を適用すると，

$$V_c - V_d = R_4 I \quad (1\text{-}2\text{-}60)$$

R_5 に関して，オームの法則を適用すると，

$$V_d - V_2 = R_5 I \quad (1\text{-}2\text{-}61)$$

(1-2-57)式＋(1-2-58)式＋(1-2-59)式＋(1-2-60)式＋(1-2-61)式

$$V_1 - V_2 = (R_1 + R_2 + R_3 + R_4 + R_5)I \quad (1\text{-}2\text{-}62)$$

演図 1-2-37 のように，R_1, R_2, R_3, R_4, R_5 の合成抵抗を R とおく．

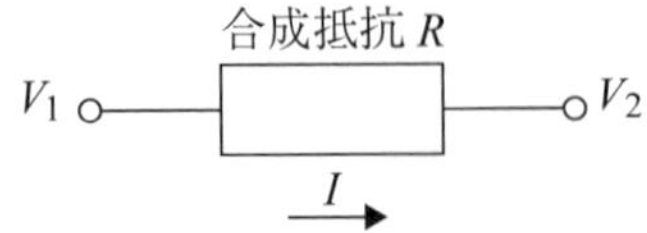

演図 1-2-37（演図 1-2-26 のつけたし）

R に関して，オームの法則を適用すると，

$$V_1 - V_2 = RI \tag{1-2-63}$$

(1-2-62) 式と (1-2-63) 式を比較すると，

$$R = R_1 + R_2 + R_3 + R_4 + R_5$$

9．

(1) R_1 に関して，オームの法則を適用すると，

$$I_1 = \frac{V_1 - V_2}{R_1} \tag{1-2-64}$$

R_2 に関して，オームの法則を適用すると，

$$I_2 = \frac{V_1 - V_2}{R_2} \tag{1-2-65}$$

電流 I, I_1, I_2 には，以下の関係がある．

$$I = I_1 + I_2 \tag{1-2-66}$$

(1-2-64)，(1-2-65) 式→(1-2-66) 式

$$I = \frac{V_1 - V_2}{R_1} + \frac{V_1 - V_2}{R_2}$$

この式を整理すると，(1-2-68) 式と比較しやすい形となる．

$$I = \left(\frac{1}{R_1} + \frac{1}{R_2}\right)(V_1 - V_2) \tag{1-2-67}$$

演図 1-2-26(b) のように，R_1 および R_2 の合成抵抗を R とおく．

R に関して，オームの法則を適用すると，

$$I = \frac{V_1 - V_2}{R} \tag{1-2 68}$$

(1-2-67) 式と (1-2-68) 式を比較すると，

$$\frac{1}{R}=\frac{1}{R_1}+\frac{1}{R_2}$$

よって，

$$R=\frac{1}{\dfrac{1}{R_1}+\dfrac{1}{R_2}}$$

(2) R_1 に関して，オームの法則を適用すると，

$$I_1=\frac{V_1-V_2}{R_1} \tag{1-2-69}$$

R_2 に関して，オームの法則を適用すると，

$$I_2=\frac{V_1-V_2}{R_2} \tag{1-2-70}$$

R_3 に関して，オームの法則を適用すると，

$$I_3=\frac{V_1-V_2}{R_3} \tag{1-2-71}$$

電流 I, I_1, I_2, I_3 には，以下の関係がある．

$$I=I_1+I_2+I_3 \tag{1-2-72}$$

(1-2-69)，(1-2-70)，(1-2-71)式→(1-2-72)式（(1-2-74)式と比較しやすい形）

$$I=\left(\frac{1}{R_1}+\frac{1}{R_2}+\frac{1}{R_3}\right)(V_1-V_2) \tag{1-2-73}$$

演図 1-2-27(b) のように，R_1, R_2, R_3 の合成抵抗を R とおく．

R に関して，オームの法則を適用すると，

$$I=\frac{V_1-V_2}{R} \tag{1-2-74}$$

(1-2-73)式と(1-2-74)式を比較すると，

$$\frac{1}{R}=\frac{1}{R_1}+\frac{1}{R_2}+\frac{1}{R_3}$$

よって，

$$R=\frac{1}{\dfrac{1}{R_1}+\dfrac{1}{R_2}+\dfrac{1}{R_3}}$$

10.

(1) R_1 に関して，オームの法則を適用すると，

$$I_1 = \frac{V_1 - V_2}{R_1} \tag{1-2-75}$$

R_2 に関して，オームの法則を適用すると，

$$I_2 = \frac{V_1 - V_2}{R_2} \tag{1-2-76}$$

R_3 に関して，オームの法則を適用すると，

$$I_3 = \frac{V_1 - V_2}{R_3} \tag{1-2-77}$$

R_4 に関して，オームの法則を適用すると，

$$I_4 = \frac{V_1 - V_2}{R_4} \tag{1-2-78}$$

電流 I, I_1, I_2, I_3, I_4 には，以下の関係がある．

$$I = I_1 + I_2 + I_3 + I_4 \tag{1-2-79}$$

(1-2-75)，(1-2-76)，(1-2-77)，(1-2-78)式→(1-2-79)式((1-2-81)式と比較しやすい形)

$$I = \left(\frac{1}{R_1} + \frac{1}{R_2} + \frac{1}{R_3} + \frac{1}{R_4}\right)(V_1 - V_2) \tag{1-2-80}$$

演図 1-2-28(b) のように，R_1, R_2, R_3, R_4 の合成抵抗を R とおく．

R に関して，オームの法則を適用すると，

$$I = \frac{V_1 - V_2}{R} \tag{1-2-81}$$

(1-2-80)式と(1-2-81)式を比較すると，

$$\frac{1}{R} = \frac{1}{R_1} + \frac{1}{R_2} + \frac{1}{R_3} + \frac{1}{R_4}$$

よって，

$$R = \frac{1}{\dfrac{1}{R_1} + \dfrac{1}{R_2} + \dfrac{1}{R_3} + \dfrac{1}{R_4}}$$

(2) R_1 に関して，オームの法則を適用すると，

$$I_1 = \frac{V_1 - V_2}{R_1} \tag{1-2-82}$$

R_2 に関して，オームの法則を適用すると，

$$I_2 = \frac{V_1 - V_2}{R_2} \tag{1-2-83}$$

R_3 に関して，オームの法則を適用すると，

$$I_3 = \frac{V_1 - V_2}{R_3} \tag{1-2-84}$$

R_4 に関して，オームの法則を適用すると，

$$I_4 = \frac{V_1 - V_2}{R_4} \tag{1-2-85}$$

R_5 に関して，オームの法則を適用すると，

$$I_5 = \frac{V_1 - V_2}{R_5} \tag{1-2-86}$$

電流 I, I_1, I_2, I_3, I_4, I_5 には，以下の関係がある．

$$I = I_1 + I_2 + I_3 + I_4 + I_5 \tag{1-2-87}$$

(1-2-82)，(1-2-83)，(1-2-84)，(1-2-85)，(1-2-86)式→(1-2-87)式（(1-2-89)式と比較しやすい形）

$$I = \left(\frac{1}{R_1} + \frac{1}{R_2} + \frac{1}{R_3} + \frac{1}{R_4} + \frac{1}{R_5}\right)(V_1 - V_2) \tag{1-2-88}$$

演図 1-2-38 のように，R_1, R_2, R_3, R_4, R_5 の合成抵抗を R とおく．

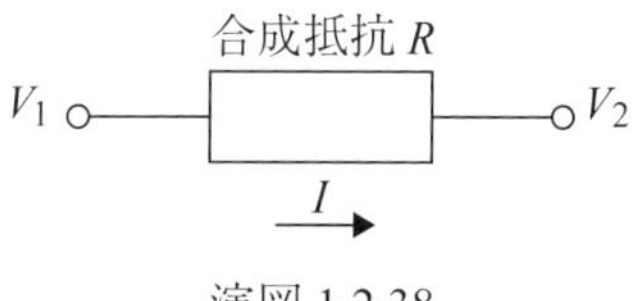

演図 1-2-38

R に関して，オームの法則を適用すると，

$$I = \frac{V_1 - V_2}{R} \tag{1-2-89}$$

(1-2-88)式と(1-2-89)式を比較すると，

$$\frac{1}{R} = \frac{1}{R_1} + \frac{1}{R_2} + \frac{1}{R_3} + \frac{1}{R_4} + \frac{1}{R_5}$$

よって，

$$R=\frac{1}{\dfrac{1}{R_1}+\dfrac{1}{R_2}+\dfrac{1}{R_3}+\dfrac{1}{R_4}+\dfrac{1}{R_5}}$$

11.

(1) $R_3=\dfrac{E}{I}-\dfrac{1}{\dfrac{1}{R_1}+\dfrac{1}{R_2}}=\dfrac{100}{5}-\dfrac{1}{\dfrac{1}{30}+\dfrac{1}{20}}=8\ \mathrm{k\Omega}$

$I_1=\dfrac{R_2}{R_1+R_2}I=\dfrac{20}{30+20}\times 5=2\ \mathrm{mA}$

$I_2=\dfrac{R_1}{R_1+R_2}I=\dfrac{30}{30+20}\times 5=3\ \mathrm{mA}$　（別解）$I_2=I-I_1=5-2=3\ \mathrm{mA}$

(2) $R=\dfrac{E}{I}-\dfrac{1}{\dfrac{1}{R_1}+\dfrac{1}{R_2}}=\dfrac{80}{5}-\dfrac{1}{\dfrac{1}{40}+\dfrac{1}{10}}=8\ \Omega$

(3) $I=\dfrac{E}{R+\dfrac{1}{\dfrac{1}{R_1}+\dfrac{1}{R_2}}}=\dfrac{6}{2+\dfrac{1}{\dfrac{1}{40}+\dfrac{1}{10}}}=0.6\ \mathrm{A}$

$V_{\mathrm{ab}}=RI=2\times 0.6=1.2\ \mathrm{V}$

$V_{\mathrm{bc}}=E-V_{\mathrm{ab}}=6-1.2=4.8\ \mathrm{V}$　（別解）$V_{\mathrm{bc}}=\dfrac{1}{\dfrac{1}{R_1}+\dfrac{1}{R_2}}\times I=\dfrac{0.6}{\dfrac{1}{40}+\dfrac{1}{10}}=4.8\ \mathrm{V}$

$I_1=\dfrac{V_{\mathrm{bc}}}{R_1}=\dfrac{4.8}{10}=0.48\ \mathrm{A}$

$I_2=\dfrac{V_{\mathrm{bc}}}{R_2}=\dfrac{4.8}{40}=0.12\ \mathrm{A}$　（別解）$I_2=I-I_1=0.6-0.48=0.12\ \mathrm{A}$

(4) 演図 1-2-33 の下側の直並列接続の合成抵抗　$2+\dfrac{1}{\dfrac{1}{2}+\dfrac{1}{2}}=3\ \Omega$

演図 1-2-33 の合成抵抗 $=\dfrac{1}{\dfrac{1}{2}+\dfrac{1}{3}}=1.2\ \Omega$

(5) $I=\dfrac{E}{r+R_1+R_2}=\dfrac{1.5}{0.4+0.1+5.5}=0.25\ \text{A}$

$V_{ab}=E-rI=1.5-0.4\times0.25=1.4\ \text{V}$

（別解）$V_{ab}=R_1I+R_2I=(R_1+R_2)I=(0.1+5.5)\times0.25=1.4\ \text{V}$

$V_{cb}=R_2I=5.5\times0.25=1.375\ \text{V}$

$V_{ac}=R_1I=0.1\times0.25=0.025\ \text{V}$

(6) 電圧降下 $=RI=0.8\times5=4\ \text{V}$

$V_L=100-RI=100-4=96\ \text{V}$

1-3　キルヒホッフの法則

■要点■

[1] 電気回路網中の任意の接続点では，その点に流入する電流の総和と流出する電流の総和は等しい．これをキルヒホッフの第 1 法則（電流に関する法則）という．

図 1-3-1 においては，接続点 O に流入する電流は I_1+I_3 であり流出する電流の総和は I_2+I_4 である．したがって第 1 法則により $I_1+I_3=I_2+I_4$ となる．

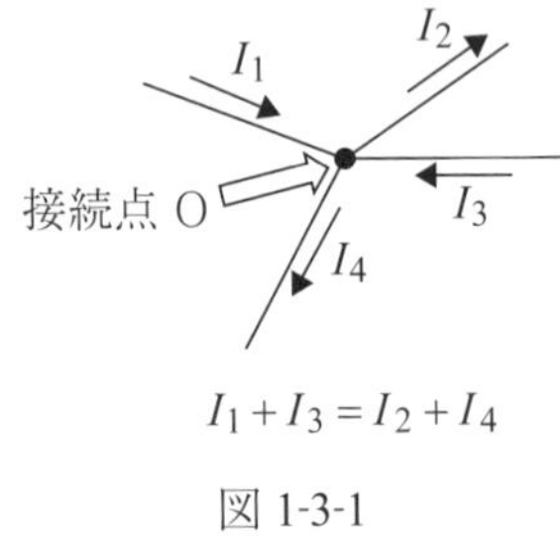

図 1-3-1

[2] 電気回路網中の任意の閉路を一定方向に一周したとき，回路の各部分の起電力の総和と電圧降下の総和とは互いに等しい．この場合，電流の正方向を定めれば，その部分に流れると仮定した正方向と一致する場合を正（＋），反対方向に流れる場合を負（－）として扱う．これをキルヒホッフの第 2 法則（電圧に関する法則）という．

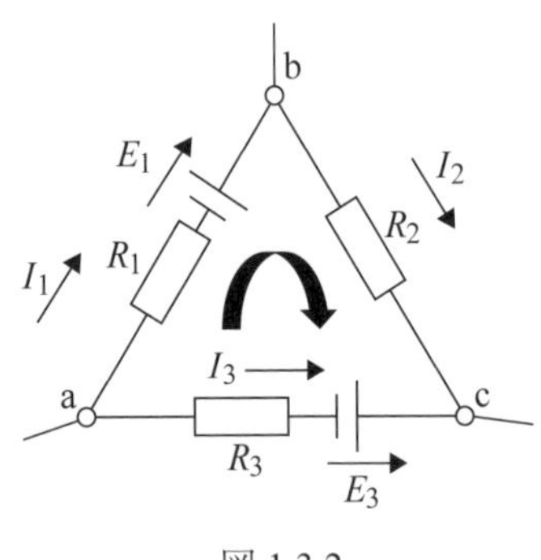

図 1-3-2

図 1-3-2 の a-b-c-a の回路網においては

区間	電圧降下	起電力
a-b	R_1I_1	E_1
b-c	R_2I_2	0
c-a	$-R_3I_3$	$-E_3$

が成り立つ．したがって，第 2 法則より

$$R_1I_1 + R_2I_2 - R_3I_3 = E_1 + (-E_3)$$

となる．

例題 1-3

図 1-3-3 の回路で $E_1 = 4$ V, $E_2 = 2$ V のとき電流 I_1, I_2, I_3 をキルヒホッフの法則を用いて求めよ．

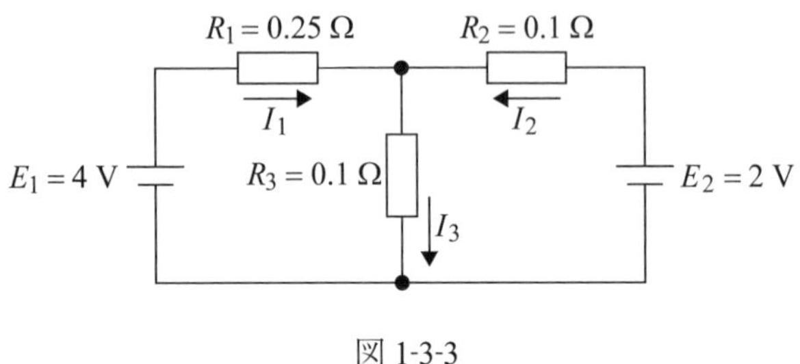

図 1-3-3

解答

図 1-3-3 においてキルヒホッフの法則を適応する．

$$I_1 + I_2 = I_3 \quad (1\text{-}3\text{-}1) \quad \rightarrow \quad I_2 = I_3 - I_1 \tag{1-3-1′}$$

$$E_1 = R_1 I_1 + R_3 I_3 \quad 4 = 0.25 I_1 + 0.1 I_3 \tag{1-3-2}$$

$$E_2 = R_2 I_2 + R_3 I_3 \quad 2 = 0.1 I_2 + 0.1 I_3 \tag{1-3-3}$$

$$\rightarrow \quad 2 = 0.1 \times (I_3 - I_1) + 0.1 I_3 = 0.2 I_3 - 0.1 I_1 \tag{1-3-3′}$$

(1-3-2)式および(1-3-3′)式より I_3 と I_1 を求めると，それぞれ $I_3 = 15$ A， $I_1 = 10$ A となり，これを(1-3-1′)に代入すると $I_2 = 5$ A となる．

演習問題 1-3

1．演図 1-3-1 に示される回路について，各抵抗に流れる電流をキルヒホッフの法則を用いて求めよ．ただし，2 種類以上の解き方で求めよ．

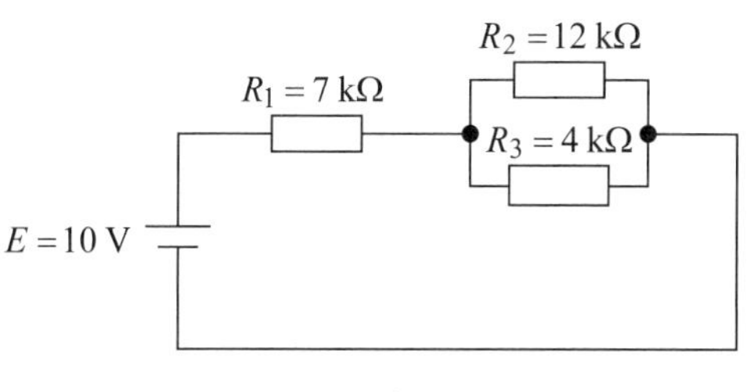

演図 1-3-1

2．演図 1-3-2 に示される回路について，各抵抗に流れる電流をキルヒホッフの法則を用いて求めよ．ただし，2 種類以上の解き方で求めよ．

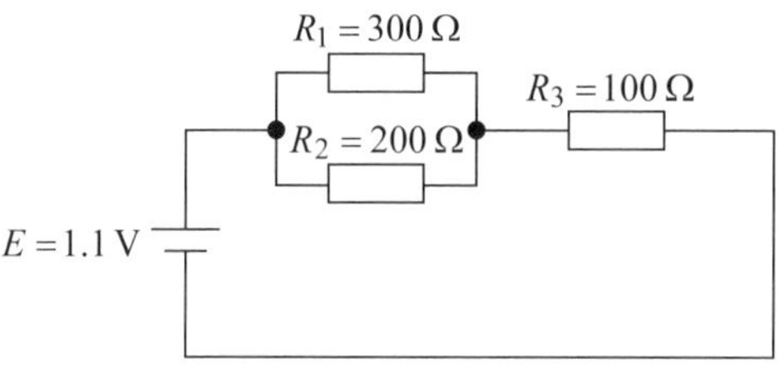

演図 1-3-2

3．演図 1-3-3 に示される回路について，各抵抗に流れる電流をキルヒホッフの法則を用いて求めよ．ただし，2 種類以上の解き方で求めよ．

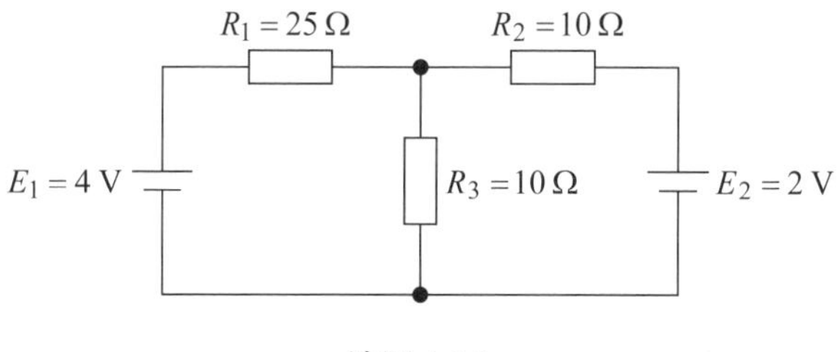

演図 1-3-3

4．演図 1-3-4 に示される回路について，各抵抗に流れる電流をキルヒホッフの法則を用いて求めよ．ただし，2 種類以上の解き方で求めよ．

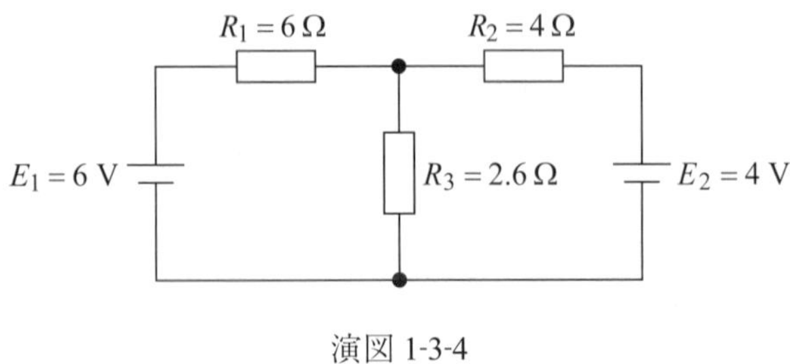

演図 1-3-4

5．演図 1-3-5 に示される回路について，各抵抗に流れる電流をキルヒホッフの法則を用いて求めよ．ただし，2 種類以上の解き方で求めよ．

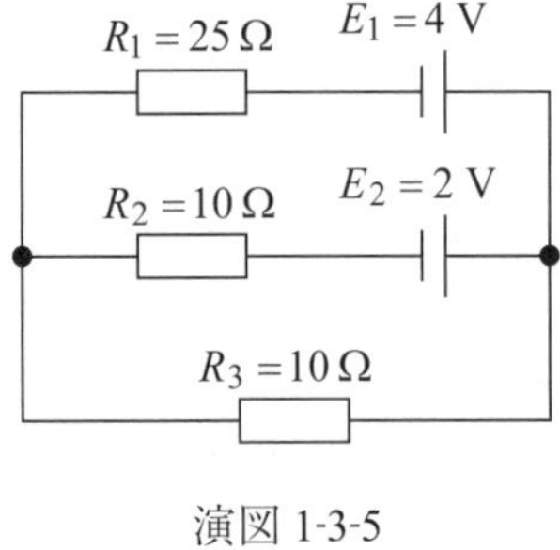

演図 1-3-5

6．演図 1-3-6 に示される回路について，各抵抗に流れる電流をキルヒホッフの法則を用いて求めよ．ただし，2 種類以上の解き方で求めよ．

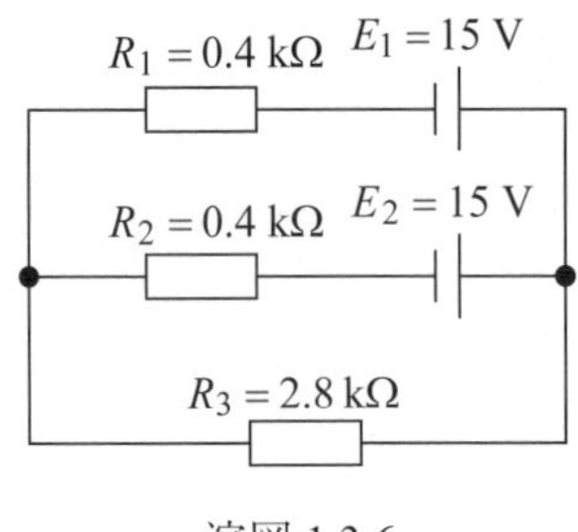

演図 1-3-6

7．演図 1-3-7 に示される回路について，各抵抗に流れる電流をキルヒホッフの法則を用いて求めよ．ただし，2 種類以上の解き方で求めよ．

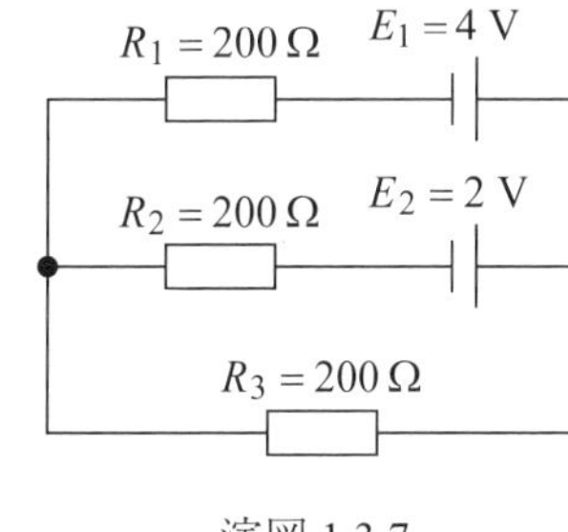

演図 1-3-7

8．演図 1-3-8 に示される回路について，各抵抗に流れる電流をキルヒホッフの法則を用いて求めよ．ただし，2 種類以上の解き方で求めよ．

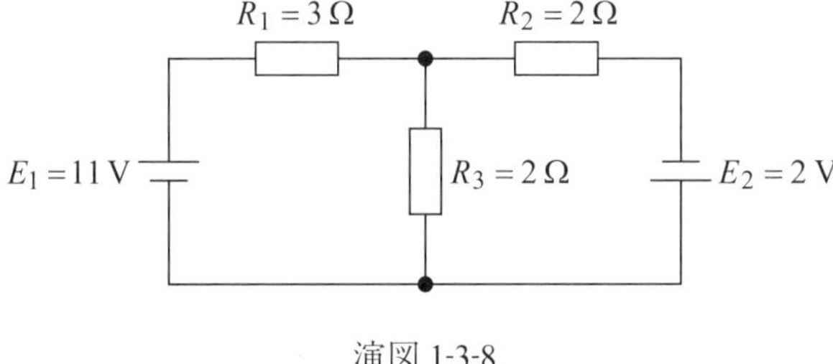

演図 1-3-8

9．演図 1-3-9 に示される回路について，各抵抗に流れる電流をキルヒホッフの法則を用いて求めよ．ただし，2 種類以上の解き方で求めよ．

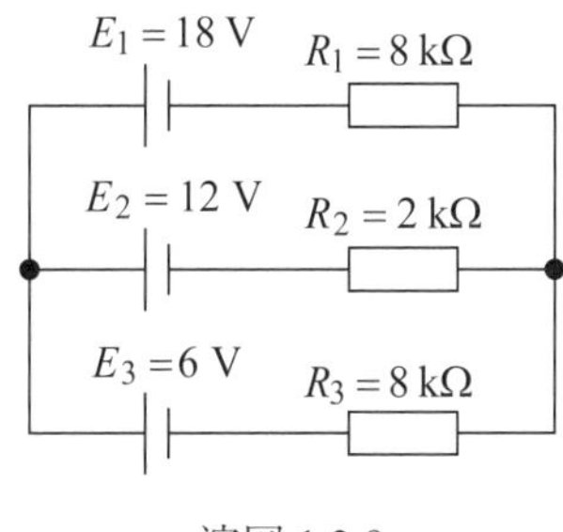

演図 1-3-9

10. 演図 1-3-10 に示される回路について，各抵抗に流れる電流をキルヒホッフの法則を用いて求めよ．ただし，2 種類以上の解き方で求めよ．

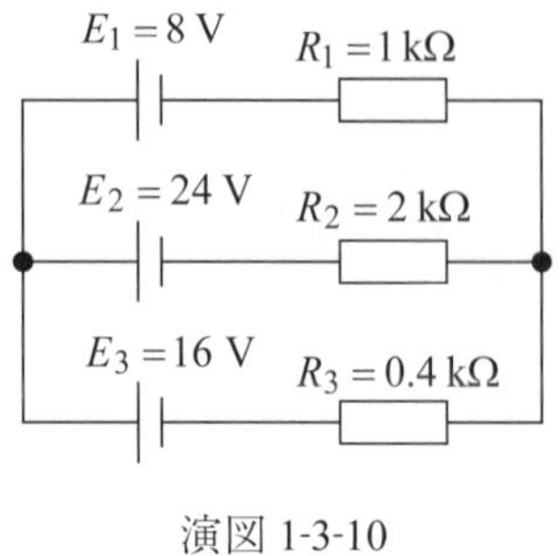

演図 1-3-10

演習問題 1-3　解答

1.

解答 1

演図 1-3-11 でキルヒホッフの第 1 法則より

$$I_1 = I_2 + I_3 \tag{1-3-4}$$

閉路①より

$$E = R_1 I_1 + R_2 I_2$$

$$10 = 7I_1 + 12I_2 \tag{1-3-5}$$

閉路②より

$$E = R_1 I_1 + R_3 I_3$$

$$10 = 7I_1 + 4I_3 \tag{1-3-6}$$

(1-3-4)-(1-3-6)式の連立方程式を解くと

$$I_1 = 1\ \text{mA} \quad I_2 = 0.25\ \text{mA} \quad I_3 = 0.75\ \text{mA}$$

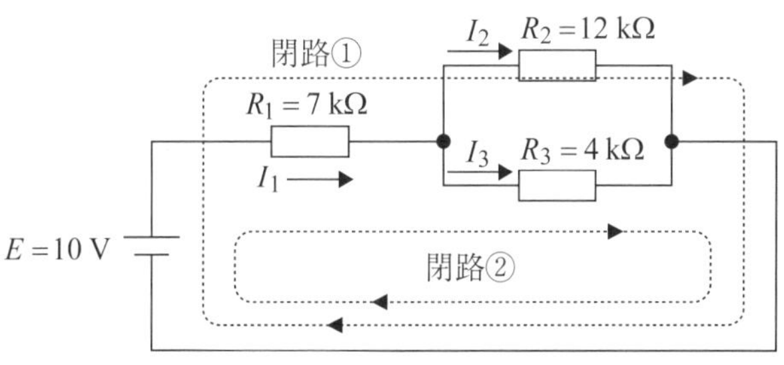

演図 1-3-11

解答 2

演図 1-3-12 でキルヒホッフの第 1 法則より

$$I_1 = I_2 + I_3 \tag{1-3-7}$$

閉路①より

$$E = R_1 I_1 + R_3 I_3$$

$$10 = 7I_1 + 4I_3 \tag{1-3-8}$$

閉路②より

$$0 = R_2 I_2 - R_3 I_3$$

$$0 = 12 I_2 - 4 I_3 \qquad (1\text{-}3\text{-}9)$$

(1-3-7)-(1-3-9)式の連立方程式を解くと

$$I_1 = 1\,\text{mA} \quad I_2 = 0.25\,\text{mA} \quad I_3 = 0.75\,\text{mA}$$

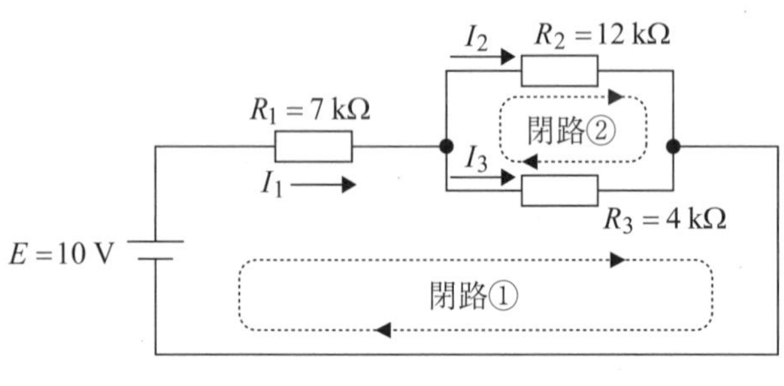

演図1-3-12

2．

解答 1

演図 1-3-13 でキルヒホッフの第 1 法則より

$$I_1 + I_2 = I_3 \qquad (1\text{-}3\text{-}10)$$

閉路①より

$$E = R_1 I_1 + R_3 I_3$$

$$1.1 = 300 I_1 + 100 I_3 \qquad (1\text{-}3\text{-}11)$$

閉路②より

$$E = R_2 I_2 + R_3 I_3$$

$$1.1 = 200 I_2 + 100 I_3 \qquad (1\text{-}3\text{-}12)$$

(1-3-10)-(1-3-12)式の連立方程式を解くと

$$I_1 = 2 \times 10^{-3}\,\text{A} = 2\,\text{mA} \quad I_2 = 3 \times 10^{-3}\,\text{A} = 3\,\text{mA} \quad I_3 = 5 \times 10^{-3}\,\text{A} = 5\,\text{mA}$$

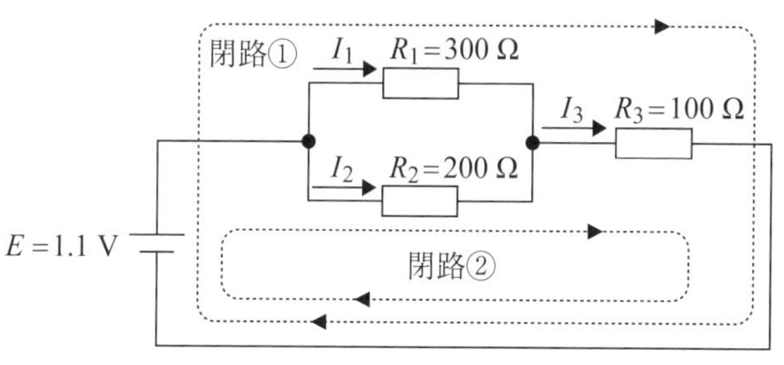

演図1-3-13

解答2

演図 1-3-14 でキルヒホッフの第 1 法則より

$$I_1 + I_2 = I_3 \tag{1-3-13}$$

閉路①より

$$E = R_2 I_2 + R_3 I_3$$

$$1.1 = 200 I_2 + 100 I_3 \tag{1-3-14}$$

閉路②より

$$0 = R_1 I_1 - R_2 I_2$$

$$0 = 300 I_1 - 200 I_2 \tag{1-3-15}$$

(1-3-13)-(1-3-15)式の連立方程式を解くと

$$I_1 = 2 \times 10^{-3}\ \mathrm{A} = 2\ \mathrm{mA} \quad I_2 = 3 \times 10^{-3}\ \mathrm{A} = 3\ \mathrm{mA} \quad I_3 = 5 \times 10^{-3}\ \mathrm{A} = 5\ \mathrm{mA}$$

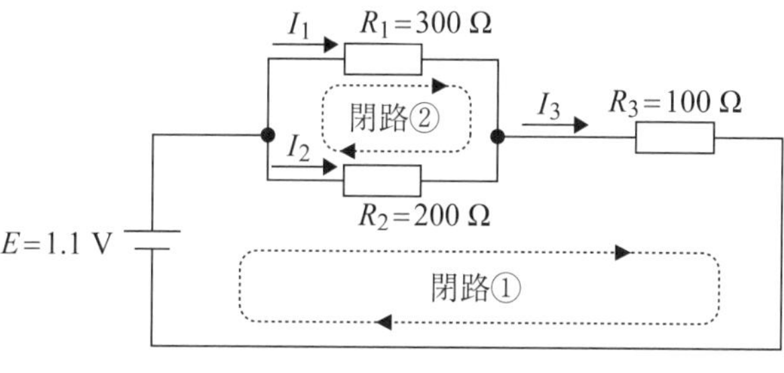

演図 1-3-14

3．

解答 1

演図 1-3-15 でキルヒホッフの第 1 法則より

$$I_1 + I_2 = I_3 \tag{1-3-16}$$

閉路①より

$$E_1 = R_1 I_1 + R_3 I_3$$

$$4 = 25 I_1 + 10 I_3 \tag{1-3-17}$$

閉路②より

$$E_2 = R_2 I_2 + R_3 I_3$$

$$2 = 10 I_2 + 10 I_3 \tag{1-3-18}$$

(1-3-16)-(1-3-18)式の連立方程式を解くと

$$I_1 = 0.1\ \mathrm{A} = 100\ \mathrm{mA} \quad I_2 = 0.05\ \mathrm{A} = 50\ \mathrm{mA} \quad I_3 = 0.15\ \mathrm{A} = 150\ \mathrm{mA}$$

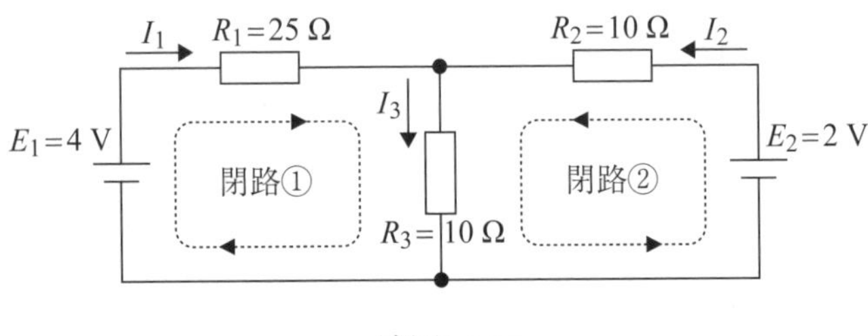

演図1-3-15

解答 2

演図 1-3-16 でキルヒホッフの第 1 法則より

$$I_1 + I_2 = I_3 \tag{1-3-19}$$

閉路①より

$$E_1 = R_1 I_1 + R_3 I_3$$

$$4 = 25 I_1 + 10 I_3 \tag{1-3-20}$$

閉路②より

$$E_1 - E_2 = R_1 I_1 - R_2 I_2$$

$$2 = 25 I_1 - 10 I_2 \tag{1-3-21}$$

(1-3-19)-(1-3-21)式の連立方程式を解くと

$$I_1 = 0.1\ \mathrm{A} = 100\ \mathrm{mA} \quad I_2 = 0.05\ \mathrm{A} = 50\ \mathrm{mA} \quad I_3 = 0.15\ \mathrm{A} = 150\ \mathrm{mA}$$

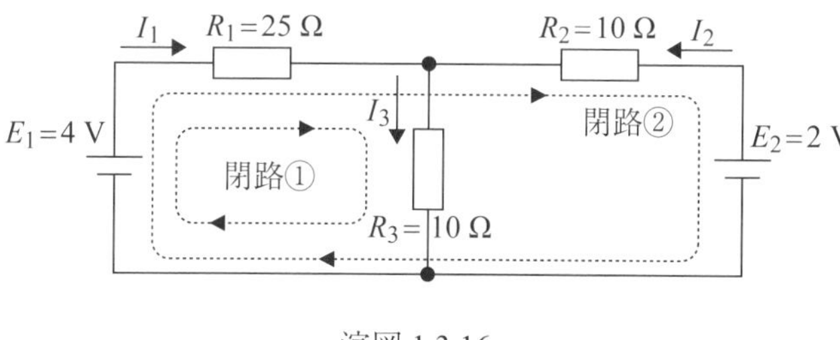

演図 1-3-16

4.

演図 1-3-17 でキルヒホッフの第 1 法則より

$$I_1 + I_2 = I_3 \qquad (1\text{-}3\text{-}22)$$

閉路①より

$$E_1 = R_1 I_1 + R_3 I_3$$

$$6 = 6I_1 + 2.6I_3 \qquad (1\text{-}3\text{-}23)$$

閉路②より

$$E_2 = R_2 I_2 + R_3 I_3$$

$$4 = 4I_2 + 2.6I_3 \qquad (1\text{-}3\text{-}24)$$

(1-3-22)-(1-3-24)式の連立方程式を解くと

$$I_1 = 0.584\ \mathrm{A} = 584\ \mathrm{mA} \quad I_2 = 0.376\ \mathrm{A} = 376\ \mathrm{mA} \quad I_3 = 0.96\ \mathrm{A} = 960\ \mathrm{mA}$$

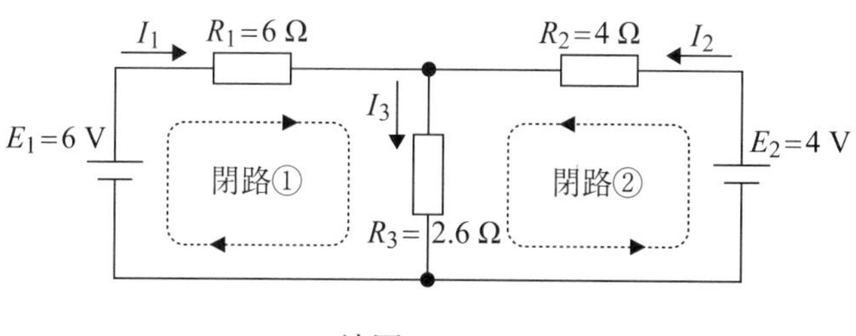

演図 1-3-17

解答２

演図 1-3-18 でキルヒホッフの第１法則より

$$I_1 + I_2 = I_3 \tag{1-3-25}$$

閉路①より

$$E_1 = R_1 I_1 + R_3 I_3$$

$$6 = 6I_1 + 2.6I_3 \tag{1-3-26}$$

閉路②より

$$E_1 - E_2 = R_1 I_1 - R_2 I_2$$

$$2 = 6I_1 - 4I_2 \tag{1-3-27}$$

(1-3-25)-(1-3-27)式の連立方程式を解くと

$$I_1 = 0.584\ \mathrm{A} = 584\ \mathrm{mA} \quad I_2 = 0.376\ \mathrm{A} = 376\ \mathrm{mA} \quad I_3 = 0.96\ \mathrm{A} = 960\ \mathrm{mA}$$

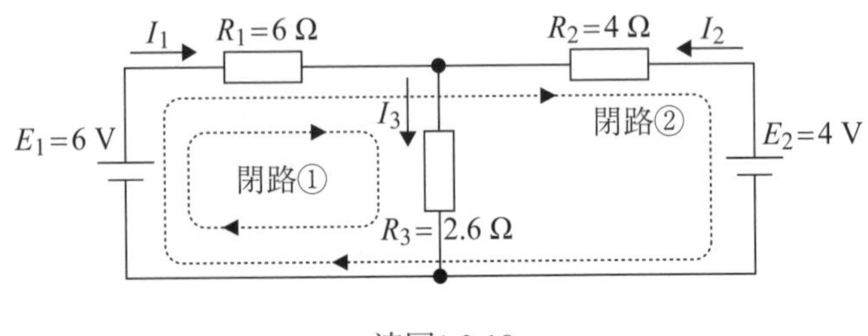

演図1-3-18

5．

解答１

演図 1-3-19 でキルヒホッフの第１法則より

$$I_1 + I_2 = I_3 \tag{1-3-28}$$

閉路①より

$$E_1 = R_1 I_1 + R_3 I_3$$

$$4 = 25I_1 + 10I_3 \tag{1-3-29}$$

閉路②より

$$E_2 = R_2 I_2 + R_3 I_3$$

$$2 = 10I_2 + 10I_3 \tag{1-3-30}$$

(1-3-28)-(1-3-30)式の連立方程式を解くと

$$I_1 = 0.1\ \mathrm{A} = 100\ \mathrm{mA} \quad I_2 = 0.05\ \mathrm{A} = 50\ \mathrm{mA} \quad I_3 = 0.15\ \mathrm{A} = 150\ \mathrm{mA}$$

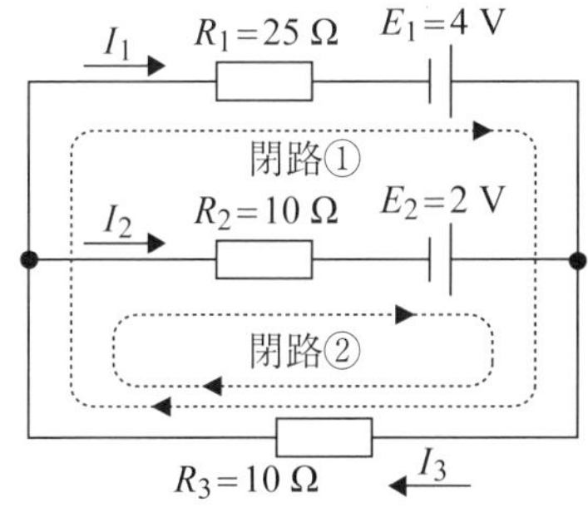

演図1-3-19

解答 2

演図 1-3-20 でキルヒホッフの第 1 法則より

$$I_1 + I_2 = I_3 \tag{1-3-31}$$

閉路①より

$$E_1 - E_2 = R_1 I_1 - R_2 I_2$$

$$2 = 25 I_1 - 10 I_2 \tag{1-3-32}$$

閉路②より

$$E_2 = R_2 I_2 + R_3 I_3$$

$$2 = 10 I_2 + 10 I_3 \tag{1-3-33}$$

(1-3-31)-(1-3-33)式の連立方程式を解くと

$$I_1 = 0.1\ \mathrm{A} = 100\ \mathrm{mA} \quad I_2 = 0.05\ \mathrm{A} = 50\ \mathrm{mA} \quad I_3 = 0.15\ \mathrm{A} = 150\ \mathrm{mA}$$

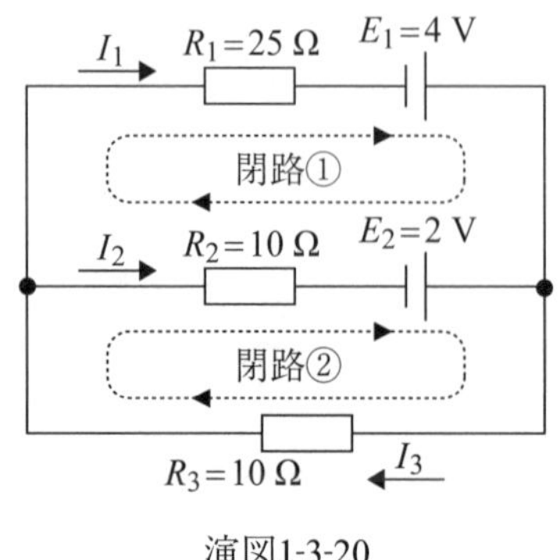

演図1-3-20

6 .

解答 1

演図 1-3-21 でキルヒホッフの第 1 法則より

$$I_1 + I_2 = I_3 \tag{1-3-34}$$

閉路①より

$$E_1 = R_1 I_1 + R_3 I_3$$

$$15 = 0.4 I_1 + 2.8 I_3 \tag{1-3-35}$$

閉路②より

$$E_2 = R_2 I_2 + R_3 I_3$$

$$15 = 0.4 I_2 + 2.8 I_3 \tag{1-3-36}$$

（1-3-34）-（1-3-36）式の連立方程式を解くと

$$I_1 = 2.5\ \mathrm{mA} \quad I_2 = 2.5\ \mathrm{mA} \quad I_3 = 5\ \mathrm{mA}$$

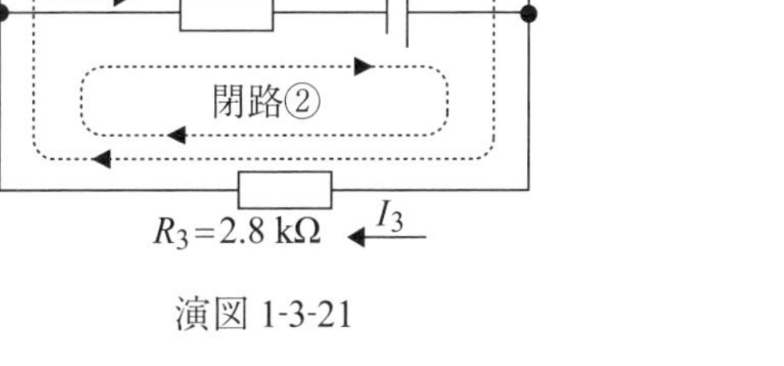

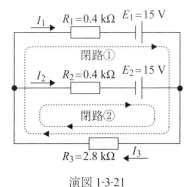

演図 1-3-21

解答 2

演図 1-3-22 でキルヒホッフの第 1 法則より

$$I_1+I_2=I_3 \tag{1-3-37}$$

閉路①より

$$E_1-E_2=R_1I_1-R_2I_2$$

$$0=0.4I_1-0.4I_2 \tag{1-3-38}$$

閉路②より

$$E_2=R_2I_2+R_3I_3$$

$$15=0.4I_2+2.8I_3 \tag{1-3-39}$$

(1-3-37)-(1-3-39)式の連立方程式を解くと

$$I_1=2.5\ \mathrm{mA}\quad I_2=2.5\ \mathrm{mA}\quad I_3=5\ \mathrm{mA}$$

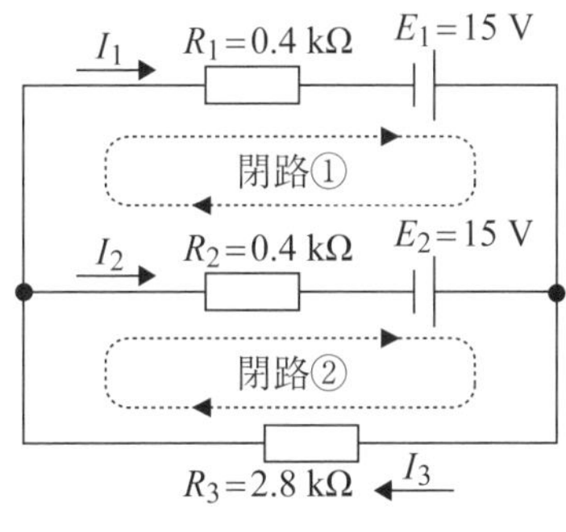

演図 1-3-22

7.

解答 1

演図 1-3-23 でキルヒホッフの第 1 法則より

$$I_1+I_2=I_3 \quad (1\text{-}3\text{-}40)$$

閉路①より

$$E_1=R_1I_1+R_3I_3$$

$$4=200I_1+200I_3 \quad (1\text{-}3\text{-}41)$$

閉路②より

$$E_2=R_2I_2+R_3I_3$$

$$2=200I_2+200I_3 \quad (1\text{-}3\text{-}42)$$

(1-3-40)-(1-3-42)式の連立方程式を解くと

$$I_1=0.01\ \text{A}=10\ \text{mA} \quad I_2=0\ \text{A} \quad I_3=0.01\ \text{A}=10\ \text{mA}$$

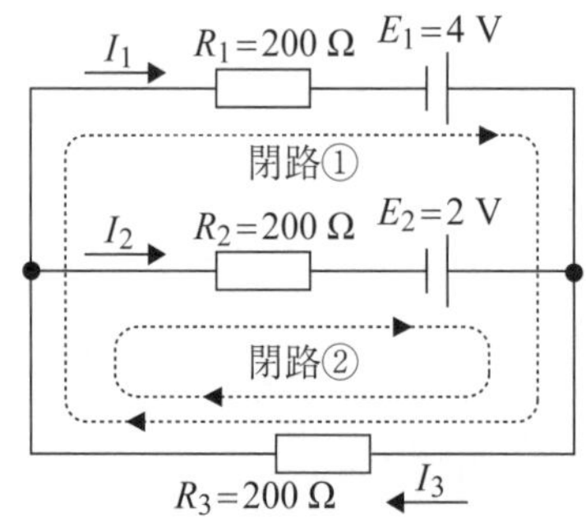

演図 1-3-23

解答 2

演図 1-3-24 でキルヒホッフの第 1 法則より

$$I_1+I_2=I_3 \quad (1\text{-}3\text{-}43)$$

閉路①より

$$E_1-E_2=R_1I_1-R_2I_2$$

$$2=200I_1-200I_2 \quad (1\text{-}3\text{-}44)$$

閉路②より

$$E_2 = R_2 I_2 + R_3 I_3$$

$$2 = 200 I_2 + 200 I_3 \qquad (1\text{-}3\text{-}45)$$

(1-3-43)-(1-3-45)式の連立方程式を解くと

$$I_1 = 0.01\ \mathrm{A} = 10\ \mathrm{mA} \quad I_2 = 0\ \mathrm{A} \quad I_3 = 0.01\ \mathrm{A} = 10\ \mathrm{mA}$$

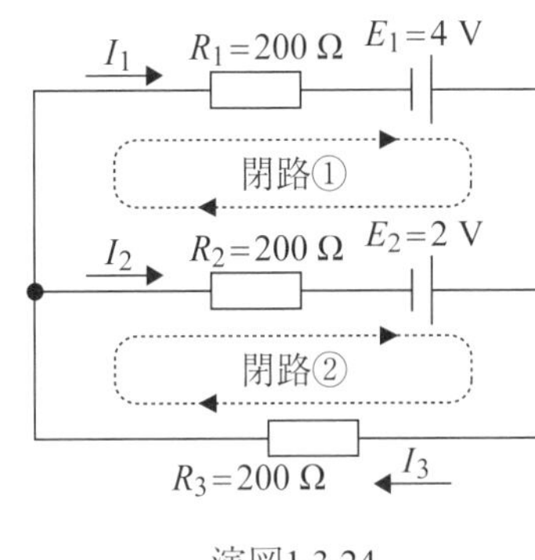

演図1-3-24

8.

解答 1

演図 1-3-25 でキルヒホッフの第 1 法則より

$$I_1 = I_2 + I_3 \qquad (1\text{-}3\text{-}46)$$

閉路①より

$$E_1 = R_1 I_1 + R_3 I_3$$

$$11 = 3 I_1 + 2 I_3 \qquad (1\text{-}3\text{-}47)$$

閉路②より

$$E_2 = R_2 I_2 - R_3 I_3$$

$$2 = 2 I_2 - 2 I_3 \qquad (1\text{-}3\text{-}48)$$

(1-3-46)-(1-3-48)式の連立方程式を解くと

$$I_1 = 3\ \mathrm{A} \quad I_2 = 2\ \mathrm{A} \quad I_3 = 1\ \mathrm{A}$$

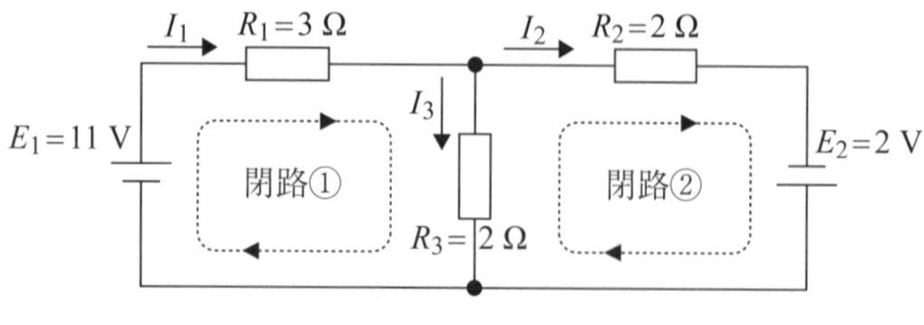

演図1-3-25

解答 2

演図 1-3-26 でキルヒホッフの第 1 法則より

$$I_1=I_2+I_3 \tag{1-3-49}$$

閉路①より

$$E_1=R_1I_1+R_3I_3$$

$$11=3I_1+2I_3 \tag{1-3-50}$$

閉路②より

$$E_1+E_2=R_1I_1+R_2I_2$$

$$13=3I_1+2I_2 \tag{1-3-51}$$

(1-3-49)-(1-3-51)式の連立方程式を解くと

$$I_1=3\ \text{A}\quad I_2=2\ \text{A}\quad I_3=1\ \text{A}$$

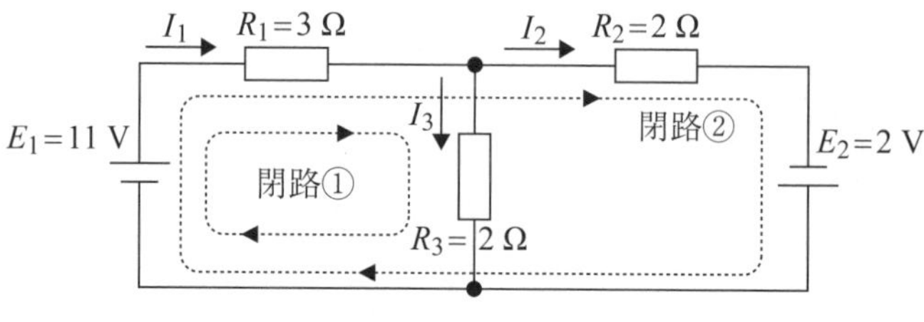

演図 1-3-26

9．

解答 1

演図 1-3-27 でキルヒホッフの第 1 法則より

$$I_1 + I_2 + I_3 = 0 \tag{1-3-52}$$

閉路①より

$$E_1 - E_2 = R_1 I_1 - R_2 I_2$$

$$6 = 8I_1 - 2I_2 \tag{1-3-53}$$

閉路②より

$$E_2 - E_3 = R_2 I_2 - R_3 I_3$$

$$6 = 2I_2 - 8I_3 \tag{1-3-54}$$

(1-3-52)-(1-3-54)式の連立方程式を解くと

$I_1 = 0.75$ mA　$I_2 = 0$ A　$I_3 = -0.75$ mA（図の向きと逆方向に流れる）

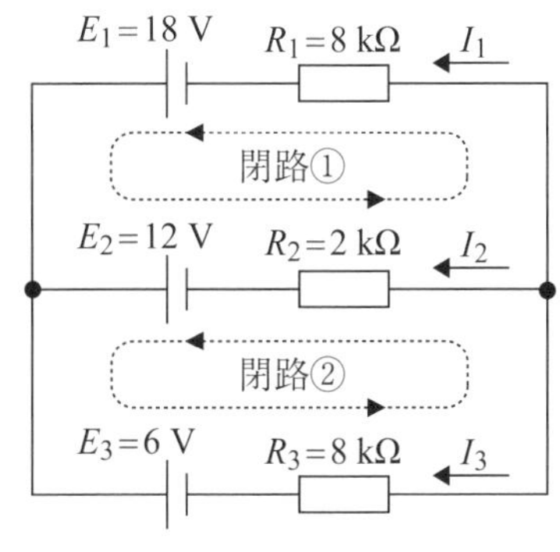

演図 1-3-27

解答 2

演図 1-3-28 でキルヒホッフの第 1 法則より

$$I_1 + I_2 + I_3 = 0 \tag{1-3-55}$$

閉路①より

$$E_1 - E_2 = R_1 I_1 - R_2 I_2$$

$$6 = 8I_1 - 2I_2 \tag{1-3-56}$$

閉路②より

$$E_1 - E_3 = R_1 I_1 - R_3 I_3$$

$$12 = 8I_1 - 8I_3 \qquad (1\text{-}3\text{-}57)$$

(1-3-55)-(1-3-57)式の連立方程式を解くと

$$I_1 = 0.75\ \mathrm{mA} \quad I_2 = 0\ \mathrm{A} \quad I_3 = -0.75\ \mathrm{mA}$$

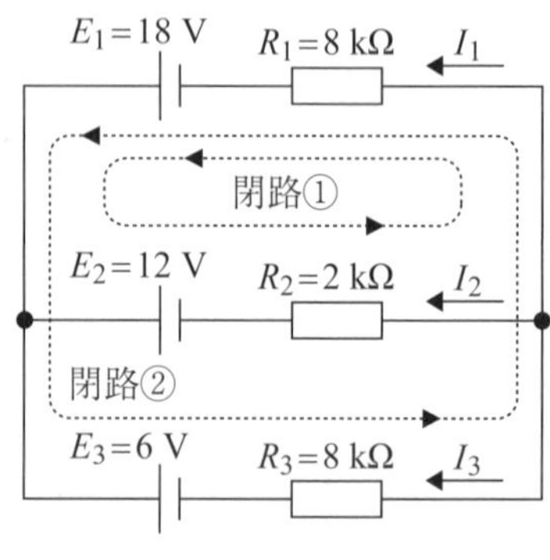

演図1-3-28

10.

解答 1

演図 1-3-29 でキルヒホッフの第 1 法則より

$$I_1 + I_2 + I_3 = 0 \qquad (1\text{-}3\text{-}58)$$

閉路①より

$$E_1 - E_2 = R_1 I_1 - R_2 I_2$$

$$-16 = I_1 - 2I_2 \qquad (1\text{-}3\text{-}59)$$

閉路②より

$$E_2 - E_3 = R_2 I_2 - R_3 I_3$$

$$8 = 2I_2 - 0.4I_3 \qquad (1\text{-}3\text{-}60)$$

(1-3-58)-(1-3-60)式の連立方程式を解くと

$$I_1 = -7\ \mathrm{mA} \quad I_2 = 4.5\ \mathrm{mA} \quad I_3 = 2.5\ \mathrm{mA}$$

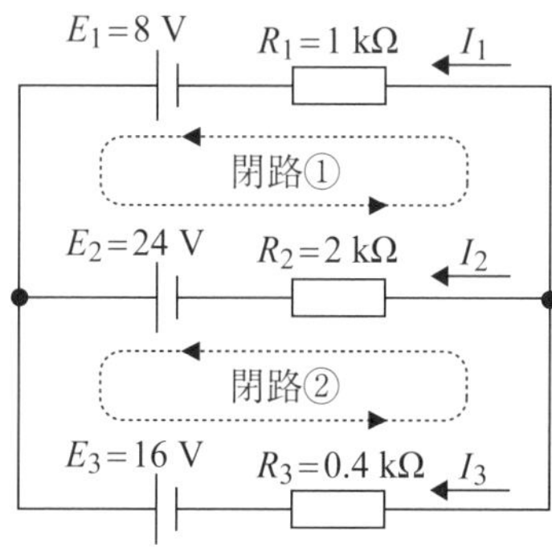

演図1-3-29

解答 2

演図 1-3-30 でキルヒホッフの第 1 法則より

$$I_1 + I_2 + I_3 = 0 \tag{1-3-61}$$

閉路①より

$$E_1 - E_2 = R_1 I_1 - R_2 I_2$$

$$-16 = I_1 - 2I_2 \tag{1-3-62}$$

閉路②より

$$E_1 - E_3 = R_1 I_1 - R_3 I_3$$

$$-8 = I_1 - 0.4 I_3 \tag{1-3-63}$$

(1-3-61)-(1-3-63)式の連立方程式を解くと

$$I_1 = -7 \text{ mA} \quad I_2 = 4.5 \text{ mA} \quad I_3 = 2.5 \text{ mA}$$

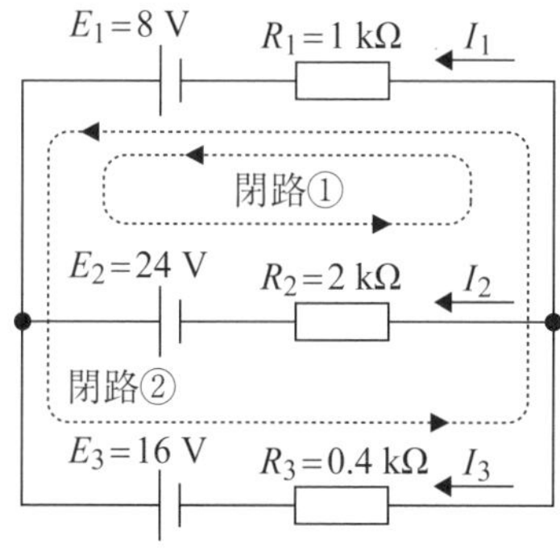

演図1-3-30

1-4　ホイートストンブリッジ

■要点■

図 1-4-1 の回路をホイートストンブリッジという．検流計 G に電流が流れないときは cd 間の電位差が 0 になるから，ac 間の電位差と ad 間の電位差が等しくなる．言い換えれば R_1 の電圧降下 R_1I_1 と R_3 の電圧降下 R_3I_2 が等しくなる．同様に cb 間と db 間の電圧降下も等しい．

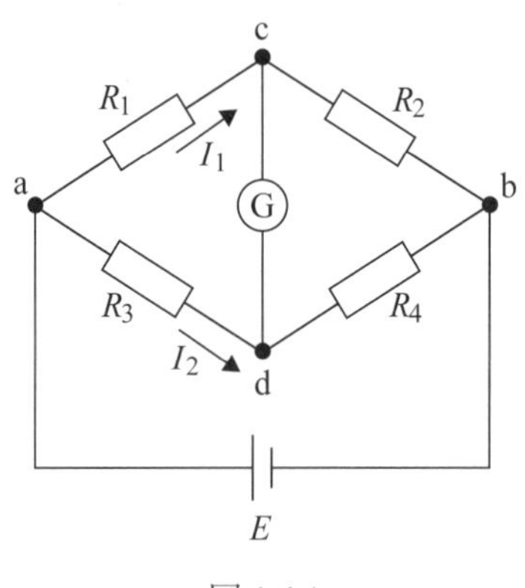

図 1-4-1

よって

$$R_1I_1 = R_3I_2 \tag{1-4-1}$$

$$R_2I_1 = R_4I_2 \tag{1-4-2}$$

この 2 式より

$$R_1R_4 = R_2R_3 \text{ または } \frac{R_1}{R_3} = \frac{R_2}{R_4} \tag{1-4-3}$$

が求まる．(1-4-3)式をブリッジの平衡条件という．ブリッジを構成する 4 個の抵抗の内 3 つの値がわかれば，残りの 1 つの値を知ることができる．

例題 1-4

1．図 1-4-1 においてブリッジが平衡している．$R_1 = 400\ \Omega$, $R_2 = 10\ \Omega$, $R_3 = 100\ \Omega$ としたとき，R_4 の値はいくらになるか．

解答

(1-4-3)式を用いて，$R_4 = \dfrac{R_2 R_3}{R_1} = 10 \times \dfrac{100}{400} = 2.5\ \Omega$ となる．

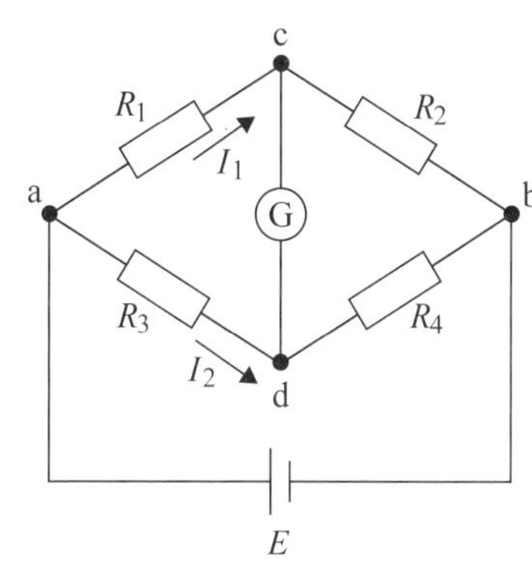

図 1-4-1（再掲）

2．図 1-4-2 に示すブリッジ回路でスイッチ K を開いても閉じても電流計 A は 30 mA を示した．

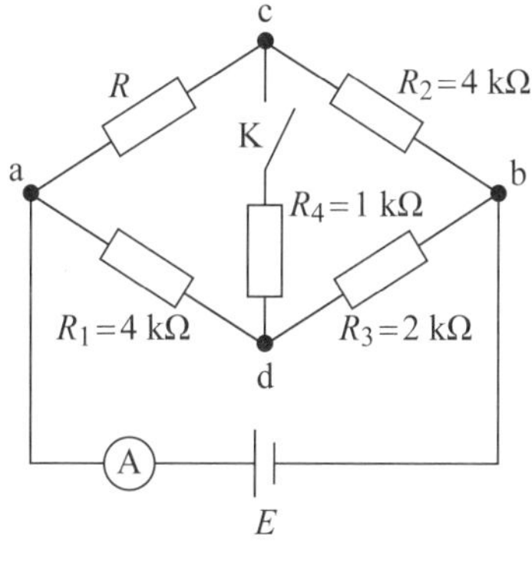

図1-4-2

(1) R の値を求めよ．

(2) 電池 E から見た合成抵抗 R_{ab} の値を求めよ．

(3) 抵抗 R 中で消費される電力 P の値を求めよ．

解答

(1) (1-4-3) 式より，$R=\dfrac{R_1R_2}{R_3}=\dfrac{4\times 4}{2}=8\ \mathrm{k\Omega}$

(2) (1-2-6) 式より，$R_{ab}=\dfrac{(R+R_2)(R_1+R_3)}{(R+R_2)+(R_1+R_3)}=\dfrac{12\times 6}{12+6}=4\ \mathrm{k\Omega}$

(3) 電源電圧 E は $R_{ab}\times I=4\times 10^3\times 30\times 10^{-3}=120\ \mathrm{V}$

a-c-b を流れる電流 I_1 は

$$I_1=\frac{E}{R+R_2}=\frac{120}{12\times 10^3}=10^{-2}\ \mathrm{A}$$

したがって，消費電力 P は (1-2-3) 式より

$$P=RI_1{}^2=8\times 10^3\times (10^{-2})^{-2}=0.8\ \mathrm{W}$$

演習問題 1-4

1．演図 1-4-1 の回路で，$R_2 = 4\ \mathrm{k\Omega}$, $R_3 = 4\ \mathrm{k\Omega}$, $R_4 = 2\ \mathrm{k\Omega}$ のとき，端子電圧 V_{ab} は 0 になった．R_1 の値を求めよ．

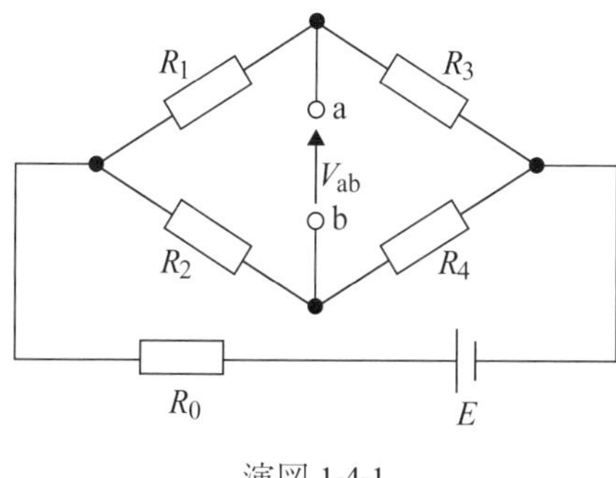

演図 1-4-1

2．演図 1-4-2 の回路について，以下の問に答えよ．

(1) $V = 14.4\ \mathrm{V}$, $R_0 = 16\ \Omega$, $R_1 = 20\ \Omega$, $R_2 = 40\ \Omega$, $R_3 = 30\ \Omega$, $R_4 = 10\ \Omega$ のとき，電流 I と端子電圧 V_{ab} の値を求めよ．

(2) 端子電圧 V_{ab} が 0 となるためには，$R_1 \sim R_4$ の間にどのような関係が必要であるか答えよ．

(3) $R_1 = 50\ \Omega$, $R_2 = 65\ \Omega$, $R_3 = 0.1\ \mathrm{k\Omega}$ のとき，端子電圧 V_{ab} は 0 になった．R_4 の値を求めよ．

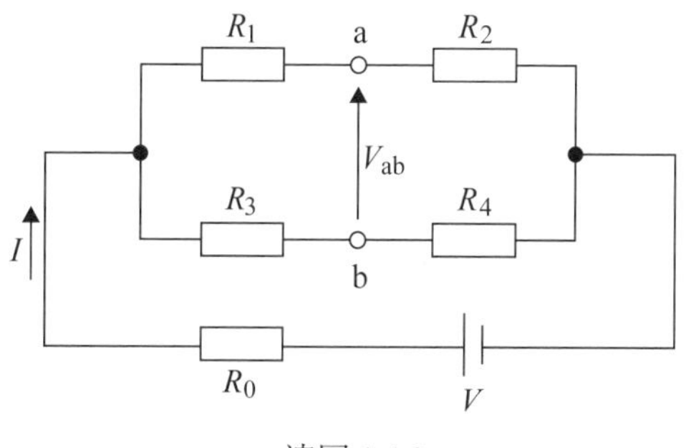

演図 1-4-2

3.　演図 1-4-3 で，スイッチ S を開閉しても端子 ab 間に流れる全電流は変化しない．このとき，抵抗 R_1 および R_2 を求めよ．

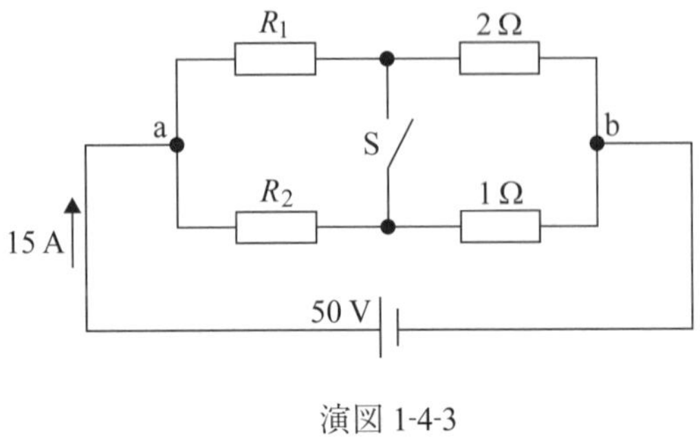

演図 1-4-3

4．演図 1-4-4 のブリッジの検流計 G の振れが 0 になった．抵抗 R の値を求めよ．

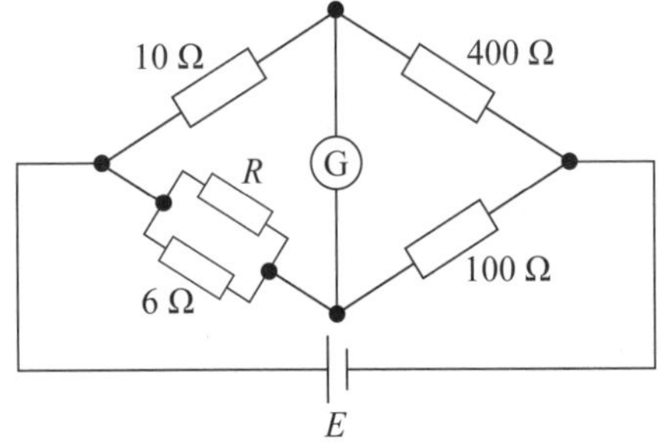

演図 1-4-4

演習問題 1-4　解答

1．

$$R_1=\frac{R_2R_3}{R_4}=\frac{4\times 4}{2}=8\ \text{k}\Omega$$

2．

(1) $$I=\frac{V}{R_0+\dfrac{1}{\dfrac{1}{R_1+R_2}+\dfrac{1}{R_3+R_4}}}=\frac{14.4}{16+\dfrac{1}{\dfrac{1}{20+40}+\dfrac{1}{30+10}}}=0.36\ \text{A}$$

抵抗 R_1 を流れる電流を I_1 とおく．抵抗 R_3 を流れる電流を I_2 とおく．

$$I_1=\frac{R_3+R_4}{(R_1+R_2)+(R_3+R_4)}\times I=\frac{30+10}{(20+40)+(30+10)}\times 0.36=0.144\ \text{A}$$

$$I_2=I-I_1=0.36-0.144=0.216\ \text{A}$$

接点 a の電位を V_{a} とおく．接点 b の電位を V_{b} とおく．

$$V_{\text{ab}}=V_{\text{a}}-V_{\text{b}}=R_2I_1-R_4I_2=0.144\times 40-0.216\times 10=5.76-2.16=3.6\ \text{V}$$

（別解）　分圧回路を使って解く方法

電流 I が分岐する接点（R_1 と R_3 を接続する点）の電位を V_1 とおく．

$$V_1=V-R_0I=14.4-16\times 0.36=8.64\ \text{V}$$

接点 a の電位を V_{a} とおく．接点 b の電位を V_{b} とおく．

$$V_{\text{ab}}=V_{\text{a}}-V_{\text{b}}=\frac{R_2}{R_1+R_2}V_1-\frac{R_4}{R_3+R_4}V_1$$

$$=\frac{40}{20+40}\times 8.64-\frac{10}{30+10}\times 8.64$$

$$=5.76-2.16=3.6\ \text{V}$$

(2) $R_1R_4=R_2R_3$

(3) $$R_4=\frac{R_2R_3}{R_1}=\frac{65\times 100}{50}=130\ \Omega$$

3．

$R_1 \times 1 = R_2 \times 2$ より

$$R_1 = 2R_2 \tag{1-4-4}$$

$$50 = \frac{1}{\frac{1}{R_1+2} + \frac{1}{R_2+1}} \times 15 \tag{1-4-5}$$

(1-4-4) 式→(1-4-5) 式

$$50 = \frac{1}{\frac{1}{2(R_2+1)} + \frac{2}{2(R_2+1)}} \times 15 = 10(R_2+1)$$

$$R_2 = 4\ \Omega,\ R_1 = 8\ \Omega$$

4．

$$10 \times 100 = 400 \times \frac{1}{\frac{1}{6} + \frac{1}{R}}$$

$$1000 = \frac{2400R}{6+R}$$

$$6000 + 1000R = 2400R$$

$$14R = 60$$

$$R = 4.29\ \Omega$$

1-5　重ね合わせの理

■要点■

回路網に 2 つ以上の起電力を含む場合，回路網中の任意の枝路に流れる電流は，電源が各々 1 つだけあって，他の電源は取り除いて短絡したときに流れる電流を重ね合わせたものに等しい．これを重ね合わせの理という．

例題 1-5

図 1-5-1 において R に流れる電流 I を重ね合わせの理を用いて求めよ．

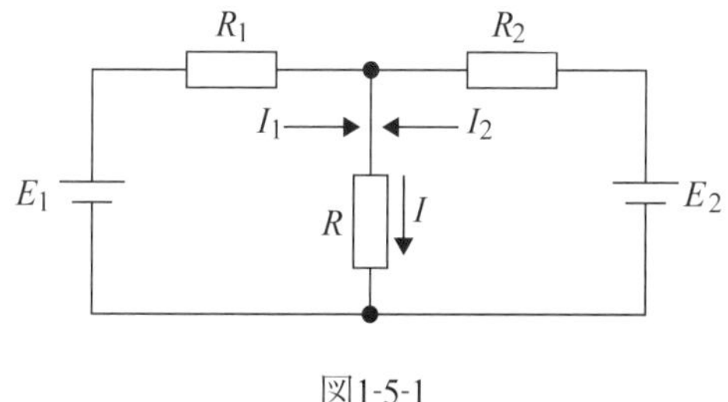

図1-5-1

解答

重ね合わせの理を用いると，図 1-5-1 は図 1-5-2(a) と (b) の 2 つに分けられる．

各枝路を流れる電流 I_1', I_2', I', I_1'', I_2'', I'' を求めると I_1, I_2, I は次式で求められる．

$$I_1 = I_1' + I_1'' \qquad (1\text{-}5\text{-}1)$$

$$I_2 = I_2' + I_2'' \qquad (1\text{-}5\text{-}2)$$

$$I = I' + I'' \qquad (1\text{-}5\text{-}3)$$

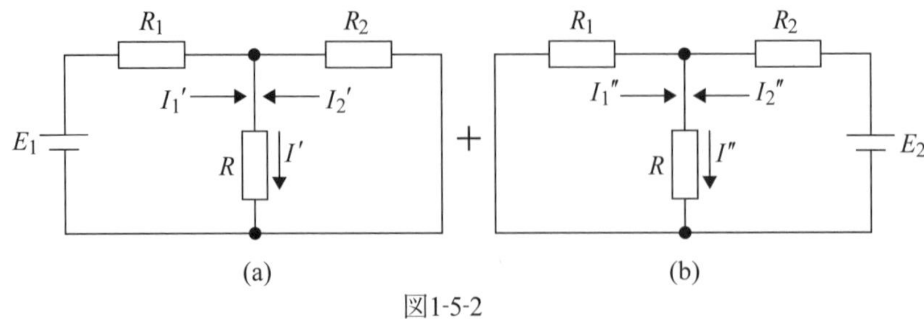

図1-5-2

図 1-5-2(a) の回路にオームの法則およびキルヒホッフの法則を用いて

$$\left(R_1+\frac{RR_2}{R+R_2}\right)I_1{}'=E_1 \quad \rightarrow \quad I_1{}'=\frac{(R+R_2)E_1}{R_1R+R_2R+R_1R_2} \tag{1-5-4}$$

$$I_2{}'=-\frac{R}{R+R_2}I_1{}'=-\frac{R}{R_1R+R_2R+R_1R_2}E_1 \tag{1-5-5}$$

$$I'=\frac{R_2}{R+R_2}I_1{}'=\frac{R_2}{R_1R+R_2R+R_1R_2}E_1 \tag{1-5-6}$$

図 1-5-2(b) の回路にオームの法則およびキルヒホッフの法則を用いて

$$\left(R_2+\frac{RR_1}{R+R_1}\right)I_2{}''=E_2 \quad \rightarrow \quad I_2{}''=\frac{(R+R_1)}{R_1R+R_2R+R_1R_2}E_2 \tag{1-5-7}$$

$$I_1{}''=-\frac{R}{R+R_1}I_2{}''=-\frac{R}{R_1R+R_2R+R_1R_2}E_2 \tag{1-5-8}$$

$$I''=I_1{}''+I_2{}''=\frac{R_1}{R_1R+R_2R+R_1R_2}E_2 \tag{1-5-9}$$

(1-5-3)式より I は

$$I=I'+I''=\frac{R_2E_1+R_1E_2}{RR_1+RR_2+R_1R_2} \tag{1-5-10}$$

演習問題 1-5

1．演図 1-5-1 で各枝路に流れる電流 I_1, I_2, I_3 を重ね合わせの理を用いて求めよ．図において，$E_1 = 18\ \mathrm{V}$, $E_2 = 12\ \mathrm{V}$, $E_3 = 6\ \mathrm{V}$, $R_1 = 8\ \Omega$, $R_2 = 2\ \Omega$, $R_3 = 8\ \Omega$ である．

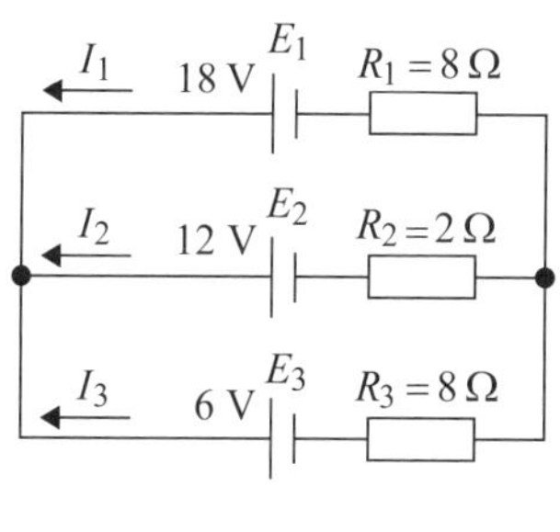

演図 1-5-1

2．演図 1-5-2 で I を重ね合わせの理を用いて求めよ．ここに $E_1 = 7\ \mathrm{V}$, $E_2 = 14\ \mathrm{V}$, $R = 10\ \Omega$, $r = 4\ \Omega$ である．

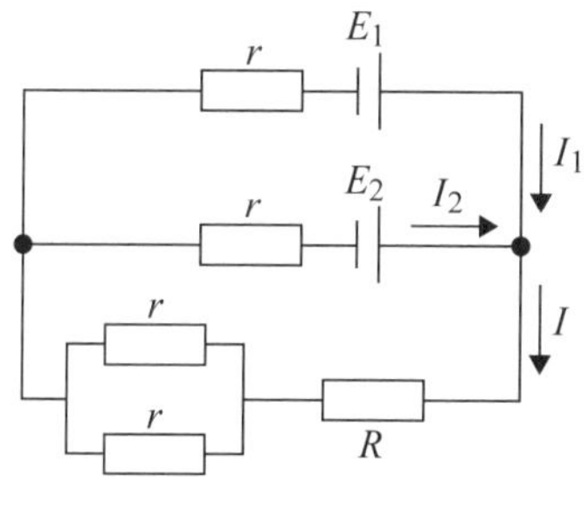

演図 1-5-2

演習問題 1-5　解答

1．重ね合わせの理を用いると，演図 1-5-1 は演図 1-5-3(a), (b), (c) の 3 つに分けられる．

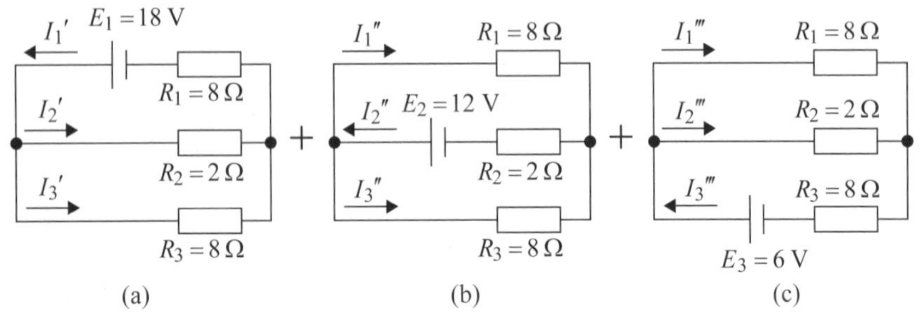

演図 1-5-3

演図 1-5-3(a) においては

$$E_1=\left(R_1+\frac{R_2R_3}{R_2+R_3}\right)I_1' \tag{1-5-11}$$

したがって，

$$I_1'=\frac{R_2+R_3}{R_1R_2+R_2R_3+R_3R_1}E_1=\frac{10}{16+16+64}\times 18=1.875\ \text{A} \tag{1-5-12}$$

$$I_2'=1.875\times\frac{R_3}{R_2+R_3}=1.875\times\frac{8}{10}=1.5\ \text{A} \tag{1-5-13}$$

$$I_3'=1.875\times\frac{R_2}{R_2+R_3}=1.875\times\frac{2}{10}=0.375\ \text{A} \tag{1-5-14}$$

同様にして図 1-5-5(b) においては

$$I_2''=\frac{R_3+R_1}{96}E_2=\frac{16}{96}\times 12=2\ \text{A} \tag{1-5-15}$$

$$I_1''=2\times\frac{R_3}{R_1+R_3}=2\times\frac{8}{16}=1\ \text{A} \tag{1-5-16}$$

$$I_3''=1\ \text{A} \tag{1-5-17}$$

同様にして図 1-5-5(c) においては

$$I_3'''=\frac{R_1+R_2}{96}E_3=0.625\ \text{A} \tag{1-5-18}$$

$$I_1''' = 0.625 \times \frac{R_2}{R_1 + R_2} = 0.125\ \text{A} \tag{1-5-19}$$

$$I_2''' = 0.5\ \text{A} \tag{1-5-20}$$

$$I_1 = I_1' - I_1'' - I_1''' = 1.875 - 0.125 = 0.75\ \text{A} \tag{1-5-21}$$

$$I_2 = I_2'' - I_2' - I_2''' = 2 - 1.5 - 0.5 = 0 \tag{1-5-22}$$

$$I_3 = I_3''' - I_3' - I_3'' = 0.625 - 0.375 - 1 = -0.75\ \text{A} \tag{1-5-23}$$

したがって，I_1 は左方向へ 0.75 A，I_2 は流れず，I_3 は右方向へ 0.75 A 流れる．

2．重ね合わせの理を用いると，演図 1-5-2 は演図 1-5-4 (a), (b) の 2 つに分けられる．

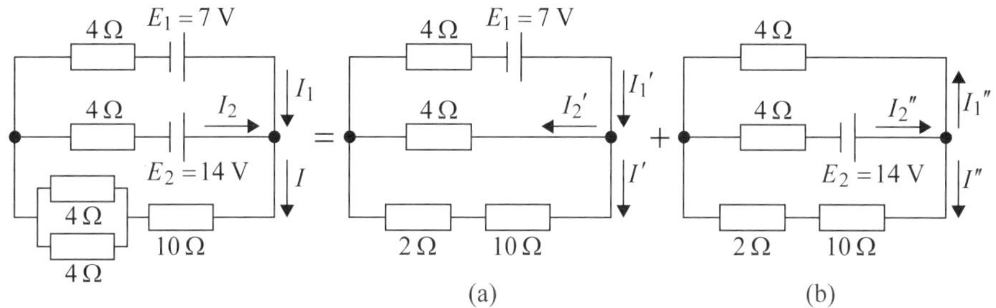

演図 1-5-4

演図 1-5-4(a) の回路において電源 E_1 から見た抵抗 R_1 は

$$R_1 = 4 + \frac{4 \times (10 + 2)}{4 + (10 + 2)} = 7\ \Omega \tag{1-5-24}$$

したがって

$$I_1' = \frac{E_1}{R_1} = \frac{7}{7} = 1\ \text{A} \tag{1-5-25}$$

$$I' = 1 \times \frac{4}{4 + 12} = 0.25\ \text{A} \tag{1-5-26}$$

演図 1-5-4(b) の回路において電源 E_2 から見た抵抗 R_2 は

$$R_2 = 4 + \frac{4 \times (10 + 2)}{4 + (10 + 2)} = 7\ \Omega \tag{1-5-27}$$

したがって，

$$I_2'' = \frac{E_2}{R_2} = \frac{14}{7} = 2\ \text{A} \tag{1-5-28}$$

$$I'' = 2 \times \frac{4}{4+12} = 0.5\ \text{A} \tag{1-5-29}$$

$I = I' + I''$ であるから，(1-5-26)，(1-5-29)式を用いて

$$I = 0.25 + 0.5 = 0.75\ \text{A}$$

となる．

1-6　テブナンの定理

■要点■

図 1-6-1(a) のように，電源を含む 1 つの回路網中の任意の端子 a-b 間の抵抗 R に流れる電流 I を求める場合，図 1-6-1(b) のように抵抗 R を除去して a-b 間を開放したとき a-b 間に現れる電圧を E_0 とし，一方図 1-6-1(c) のように回路網のすべての電源を除去して短絡したとき a-b 間から回路網を見たときの抵抗を R_0 とすると，図 1-6-1(d) のように，起電力 E_0 と内部抵抗 R_0 を直列にもつ等価電源（図で破線の枠で囲んだ部分）の a-b 端子間に抵抗 R を接続したときに流れる電流 I として求められる．これをテブナンの定理（または鳳・テブナンの定理）という．

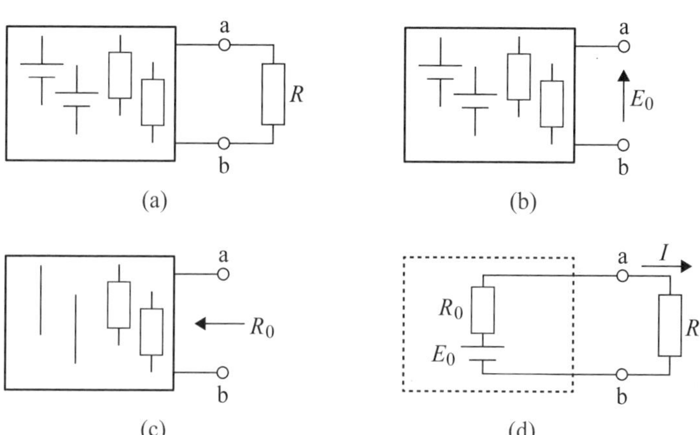

図 1-6-1

例題 1 - 6

図 1-6-2 の回路で電流 I，端子電圧 V および抵抗 R で消費される電力 P を求めよ．ただし，$E_1 = 60$ V，$E_2 = 40$ V，$R_1 = 4\ \Omega$，$R_2 = 6\ \Omega$，$R_2 = 7.6\ \Omega$ である．

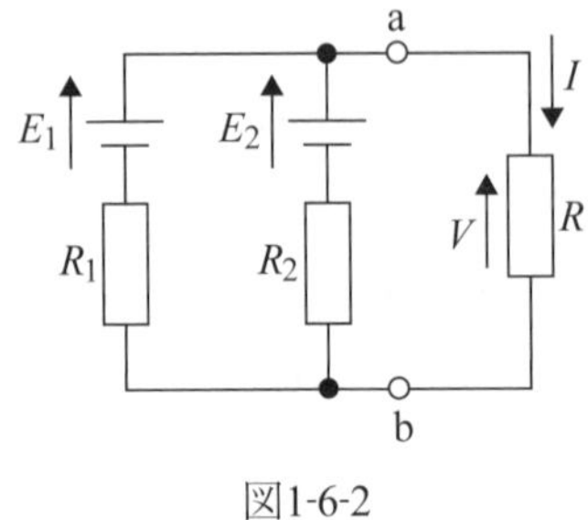

図1-6-2

解答

テブナンの定理を用いる．まず解放電圧 E_0 を求める．図 1-6-3(a) の回路において流れる電流 I' は

$$I' = \frac{E_1 - E_2}{R_1 + R_2} = \frac{60 - 40}{4 + 6} = 2\ \text{A}$$

したがって a-b 間の端子電圧 E_0 は

$$E_0 = E_2 + R_2 I' = 40 + 6 \times 2 = 52\ \text{V}$$

一方端子 a-b からみた抵抗 R_0 は図 1-6-3(b) より

$$R_0 = \frac{R_1 R_2}{R_1 + R_2} = \frac{24}{4 + 6} = 2.4\ \Omega$$

したがって，等価回路は図 1-6-3(c) のようになり，これより R に流れる電流 I を求めると

$$I = \frac{E_0}{R_0 + R} = \frac{52}{2.4 + 7.6} = 5.2\ \text{A}$$

端子電圧 V は

$$V = IR = 5.2 \times 7.6 = 39.5\ \text{V}$$

また消費電力 P は

$$P = IV = 5.2 \times 39.5 = 205.4\ \text{W}$$

となる．

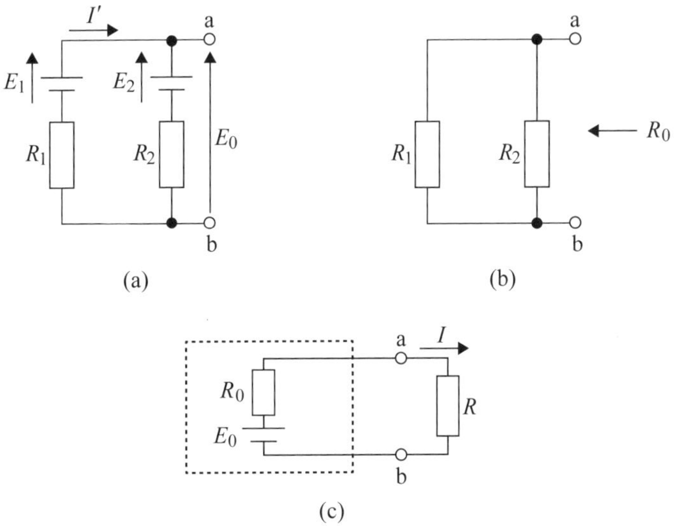

図1-6-3

演習問題 1-6

1．演図 1-6-1 のように，ある直流回路網の 2 端子 a-b 間の電圧を測ったら 12 V であり，a-b 間の抵抗を測ったら 5.2 Ω であった．a-b 間に抵抗 $R = 4.8\ \Omega$ を接続したとき，R に流れる電流 I とそのときの a-b 間の端子電圧 V の値をテブナンの定理を用いて求めよ．

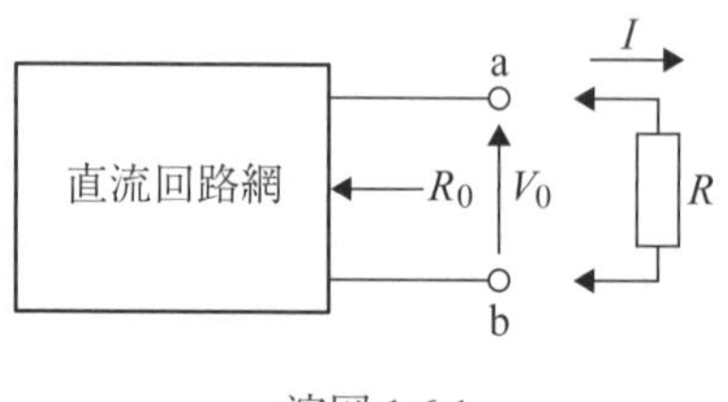

演図 1-6-1

2．演図 1-6-2 の回路で電流 I，端子電圧 V をテブナンの定理を用いて求めよ．

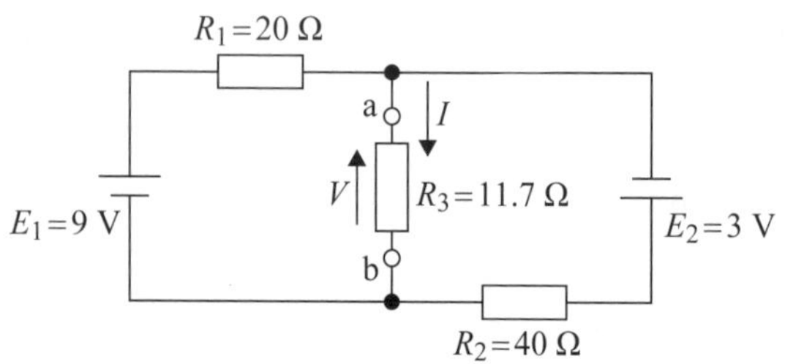

演図1-6-2

3．演図 1-6-3 の回路で電流 I，端子電圧 V をテブナンの定理を用いて求めよ．

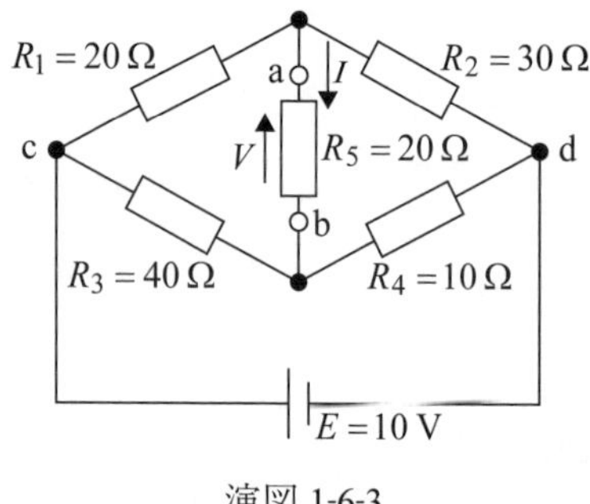

演図 1-6-3

演習問題 1-6　解答

1．等価回路は演図 1-6-4 のようになる．したがって，

$$I=\frac{V_0}{R_0+R}=\frac{12}{5.2+4.8}=1.2\ \mathrm{A}$$

$$V=RI=4.8\times1.2=5.76\ \mathrm{V}$$

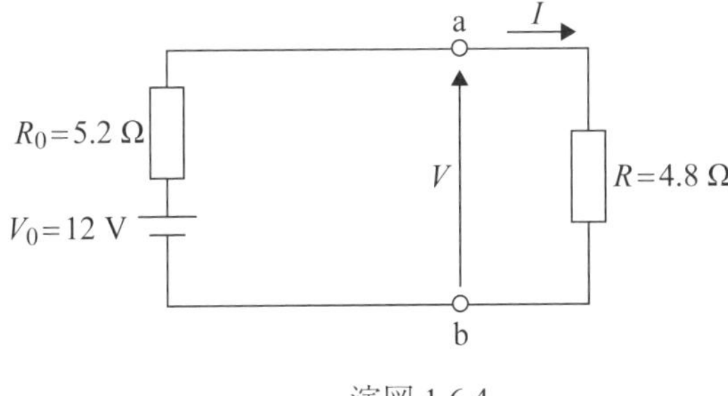

演図 1-6-4

2．まず a-b 間の抵抗 R_3 を外してその解放電圧 E_0 を求める．その回路図は演図1-6-5(a) のようになる．

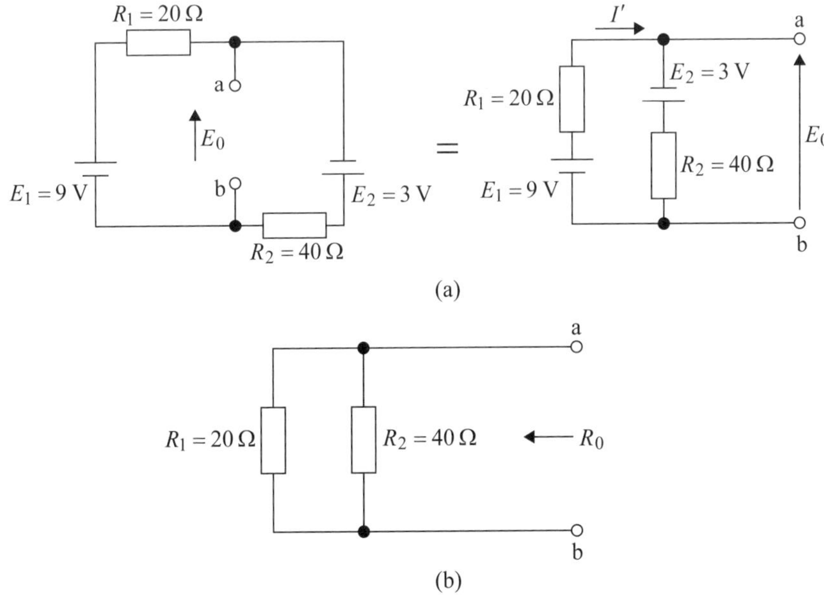

演図1-6-5

$$I' = \frac{E_1 + E_2}{R_1 + R_2} = \frac{9+3}{20+40} = 0.2\ \mathrm{A}$$

$$E_0 = -E_2 + R_2 I' = -3 + 40 \times 0.2 = 5\ \mathrm{V}$$

次に a-b 間の抵抗 R_0 を求める．演図 1-6-5(b) より

$$R_0 = \frac{R_1 R_2}{R_1 + R_2} = \frac{20 \times 40}{20+40} = 13.3\ \Omega$$

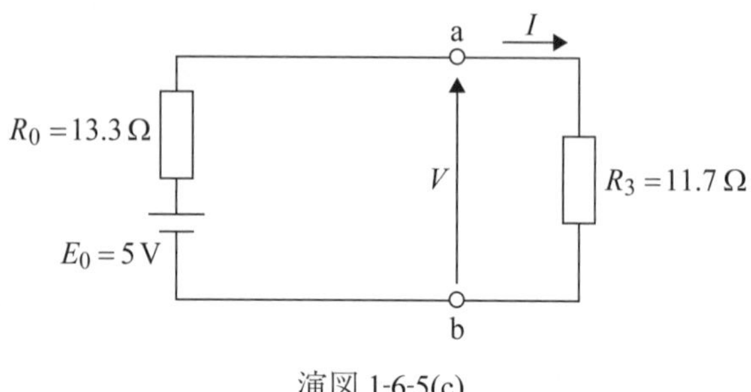

演図 1-6-5(c)

したがって，等価回路は図 1-6-5(c) のようになり，これより

$$I = \frac{5}{13.3 + 11.7} = 0.2\ \mathrm{A}$$

$$V = R_3 I = 11.7 \times 0.2 = 2.34\ \mathrm{V}$$

となる．

3．まず a-b 間の抵抗 R_5 を外してその解放電圧 E_0 を求める．その回路図は演図1-6-6(a) のようになる．

$$I' = \frac{E}{R_1 + R_2} \qquad V_\mathrm{a}(\text{d を基準として}) = I'R_2 = \frac{R_2}{R_1 + R_2}E$$

$$I'' = \frac{E}{R_3 + R_4} \qquad V_\mathrm{a}(\text{d を基準として}) = I''R_4 = \frac{R_4}{R_3 + R_4}E$$

$$E_0 = V_\mathrm{a} - V_\mathrm{b} = \left(\frac{R_2}{R_1 + R_2} - \frac{R_4}{R_3 + R_4}\right)E = \left(\frac{30}{20+30} - \frac{10}{40+10}\right) \times 10 = 4\ \mathrm{V}$$

次に a-b 間の抵抗 R_0 を求める．演図 1-6-6(b) より

$$R_0 = R_\mathrm{ab} = \frac{R_1 R_2}{R_1 + R_2} + \frac{R_3 R_4}{R_3 + R_4} = \frac{20 \times 30}{20+30} + \frac{40 \times 10}{40+10} = 20\ \Omega$$

したがって，等価回路は演図 1-6-6(c) のようになり，これより

$$I = \frac{4}{20+20} = 0.1\ \mathrm{A}$$

$$V = R_5 I = 20 \times 0.1 = 2\ \mathrm{V}$$

となる．

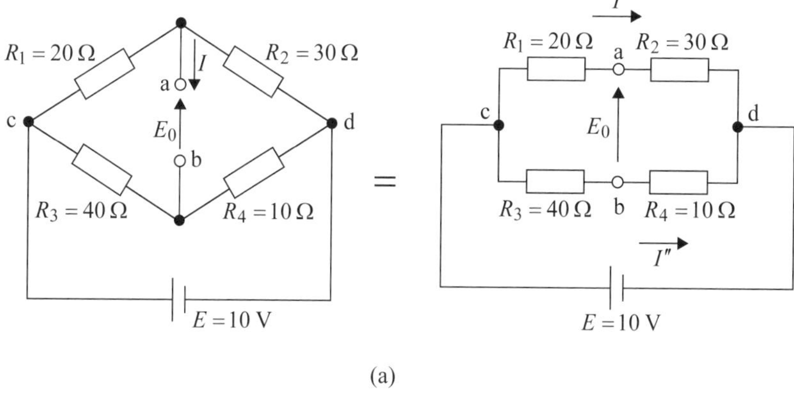

(a)

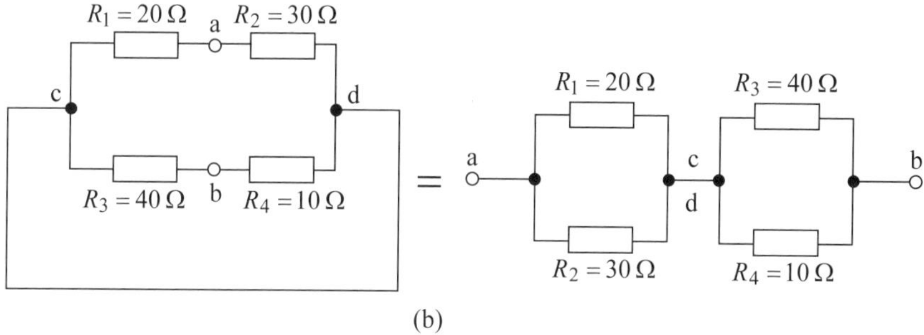

(b)

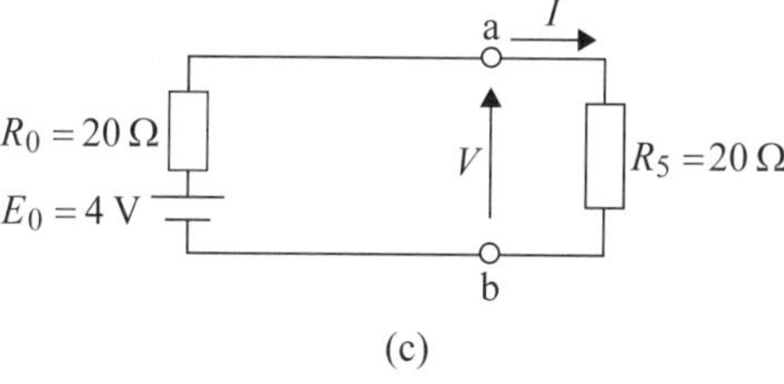

(c)

演図 1-6-6

1-7　電池の接続法と消費電力

1-7-1　電池の接続法

■要点■

[1] 図 1-7-1 は電池の直列接続である．電池を 3 つ直列に接続している．図 1-7-2 は電池の並列接続である．図 1-7-3 は電池の直並列接続である．

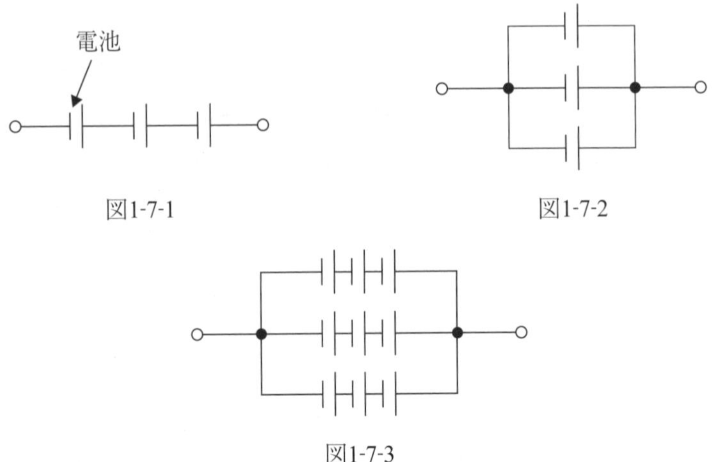

図1-7-1

図1-7-2

図1-7-3

[2] 図 1-7-4 に同一電池 3 個を直列に接続した回路を示す．起電力を E とする．電池には内部抵抗 r が存在する．電池を負荷 R に接続している．回路を流れる負荷電流を I とする．

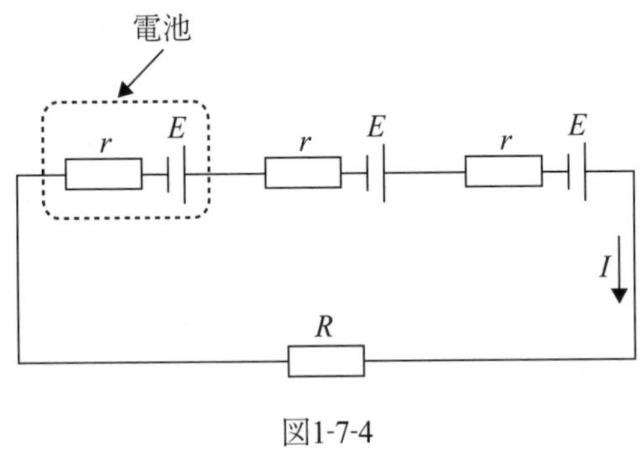

図1-7-4

図 1-7-4 の回路の等価回路を図 1-7-5 に示す．

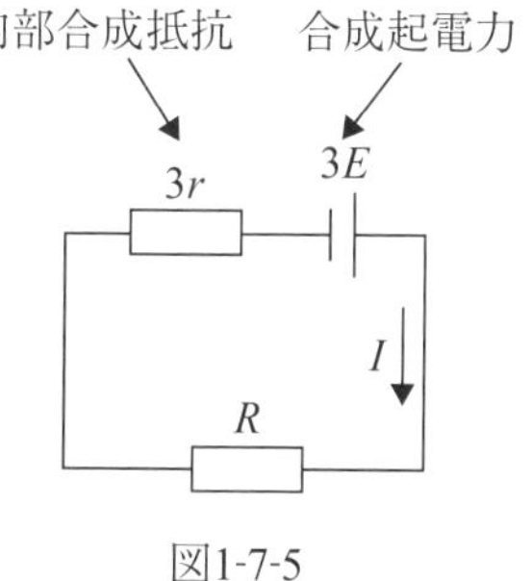

図1-7-5

等価回路より，同一電池 3 個を直列に接続したときの I は次式で表される．

$$I = \frac{3E}{3r + R} \tag{1-7-1}$$

以上より，同一電池 n 個を直列に接続したときの負荷電流 I は次式で表される．

$$I = \frac{nE}{nr + R} \tag{1-7-2}$$

［3］図 1-7-6 に同一電池 3 個を並列に接続した回路を示す．起電力を E とする．電池を負荷 R に接続している．回路を流れる負荷電流を I とする．

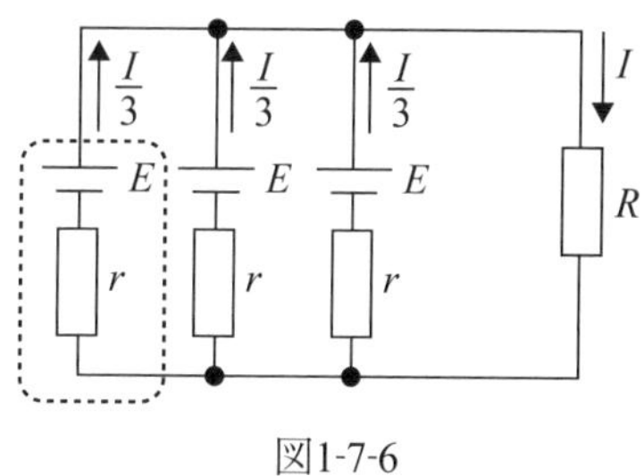

図1-7-6

図 1-7-6 の回路の等価回路を図 1-7-7 に示す．等価回路より，同一電池 3 個を並列に接続したときの I は次式で表される．

$$I = \frac{E}{\frac{r}{3} + R} \tag{1-7-3}$$

以上より，同一電池 m 個を並列に接続したときの負荷電流 I は次式で表される．

$$I=\frac{E}{\frac{r}{m}+R} \tag{1-7-4}$$

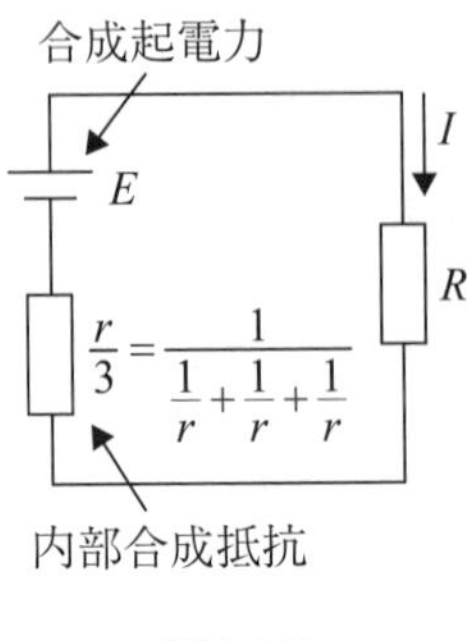

図1-7-7

1-7-2　消費電力

■要点■

[1] 図1-7-8のように，電灯や電動機などに電圧 V を加えて電流 I を流す．このとき，電灯であれば点灯し，熱を発生するが，このようなことを「仕事をする」という．仕事の量が電気エネルギーである．

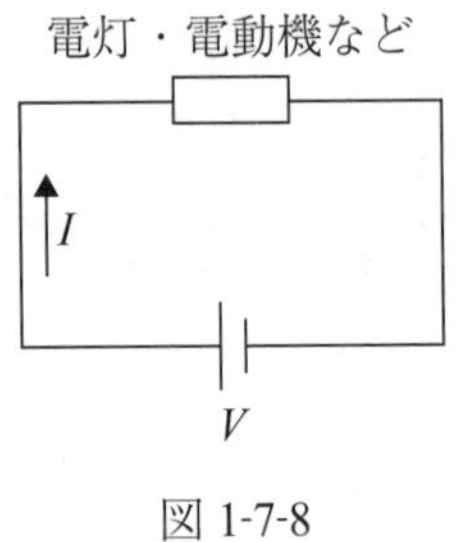

図1-7-8

[2]「2点間に1ボルト[V]の電圧を加え，1クーロン[C]の電荷が移動すると1ジュール[J]の仕事をする」という．よって，「V[V]の電圧を加えて，Q[C]の電荷が移動すると VQ[J]の仕事をする」という．

電流 I[A]が t 秒間流れるとき電荷 Q は次式で表される．

$$Q = It \tag{1-7-5}$$

よって，電気エネルギーは次式で表される．

$$\text{電気エネルギー} = VQ = VIt \tag{1-7-6}$$

[3] 電力（消費電力）とは，1秒間当たりに行われる仕事の量であり，単位はワット[W]である．1ワットとは，1秒間当たりに1ジュールの仕事をする量である．よって，[W] = [J/sec] である．

V[V] の電圧を加えて，I[A] の一定電流が t 秒間流れ，Q[C] の電荷が移動したときの電力 P は次式で表される．

$$P = \frac{VQ}{t} = \frac{VIt}{t} = VI \tag{1-7-7}$$

抵抗 R に V[V] の電圧を加えて，I[A] の一定電流が流れた場合の電力 P は次式で表される．

$$P = VI = RI^2 \tag{1-7-8}$$

$$P = VI = \frac{V^2}{R} \tag{1-7-9}$$

[4] 電力量 W は，ある電力 P で一定時間 t になされた電気的な仕事量のことであり，次式で表される．

$$W = Pt = VIt \tag{1-7-10}$$

単位は [W·s]（ワット秒）または [J]（ジュール）である．その他にも [W·h]（ワット時）などが使われる．

演習問題 1 - 7

1．同一電池 5 個を直列接続した回路図を描き，その等価回路を記述せよ．また，負荷電流 I の式を示せ．

2．同一電池 5 個を並列接続した回路図を描き，その等価回路を記述せよ．また，負荷電流 I の式を示せ．

3．起電力 9 V，内部抵抗 0.2 Ω の同一電池 12 個を直列に接続し，その端子間に負荷抵抗 R をつないだとき 2 A 流れた．この負荷抵抗の値を求めよ．

4．ある電灯に 100 V の電圧を加えると 0.5 A の電流が流れる．この電灯の電力 P を求めよ．

5．100 V の電圧を加えたとき，100 W の電力を消費する抵抗 R_1 と 200 W の電力を消費する抵抗 R_2 を直列に接続して，その両端に 300 V の電圧を加えたらいくらの電力 P を消費するか求めよ．

6．30 Ω の負荷に 6 A の電流が流れているとき，その負荷の消費電力 P はいくらになるか求めよ．

7．100 V 用 40 W の電球の抵抗 R と電流 I を求めよ．

8．ある電灯に 100 V の電圧を加えると 0.5 A の電流が流れる．この電灯を 100 V の電圧で連続して 8 時間点灯したときの消費した電力量 W を求めよ．

9．ある抵抗に 100 V の電圧を加え，0.6 A の電流を 20 分間流したときの電力量 W は何ワット時になるか求めよ．

10. 20 Ω の抵抗に 100 V の電圧を 6 時間加えたときの電力量 W を [W·h], [kW·h], [J] で示せ.

11. 200 Ω の抵抗線を 5 本並列に接続し，その端子間に 100 V の電圧を加え，2 時間連続して電流を流すと，電力量 W は何ジュールになるか求めよ.

演習問題 1-7　解答

1．演図 1-7-1 に回路図を示す．演図 1-7-2 に等価回路を示す．

$$I = \frac{5E}{5r + R}$$

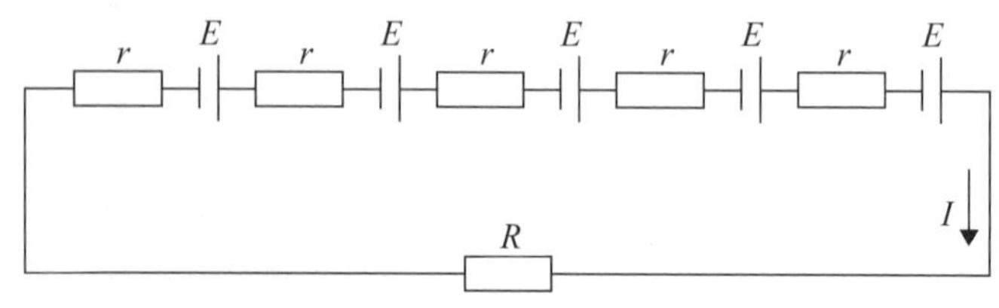

演図1-7-1

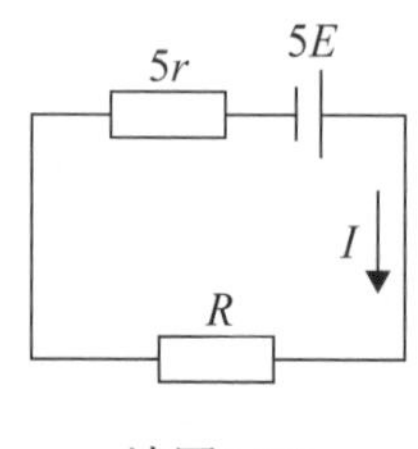

演図1-7-2

2．演図 1-7-3 に回路図を示す．演図 1-7-4 に等価回路を示す．

$$I = \frac{E}{\frac{r}{5} + R}$$

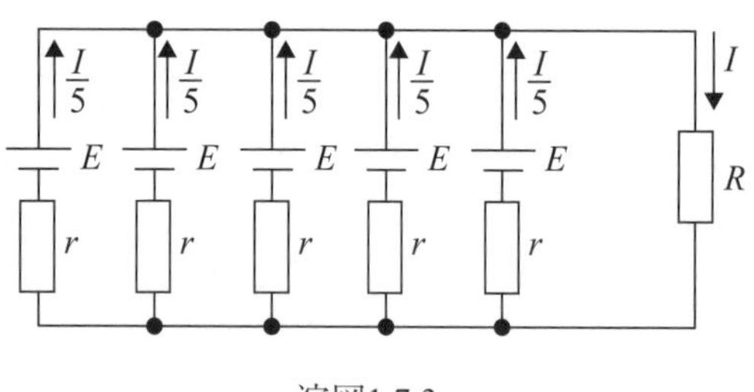

演図1-7-3

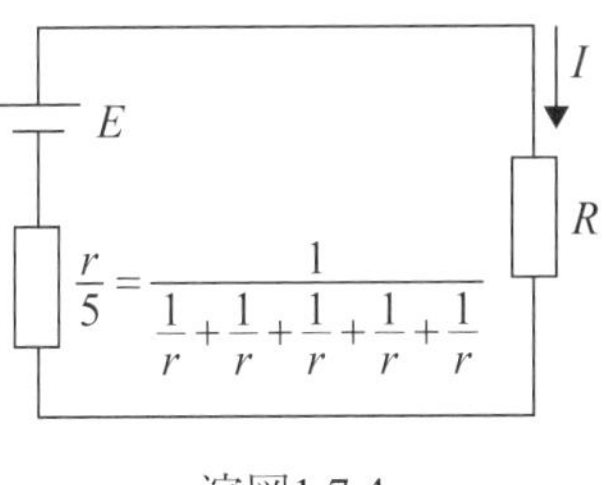

演図1-7-4

3．$I=\dfrac{nE}{nr+R}$ より，次式が得られる．

$$2=\frac{12\times 9}{12\times 0.2+R}$$

この式を解くと $R=51.6\,\Omega$ が得られる．

4．$P=VI=100\times 0.5=50\ \mathrm{W}$

5．$R_1=\dfrac{V^2}{P}=\dfrac{100^2}{100}=100\,\Omega$

$$R_2=\frac{V^2}{P}=\frac{100^2}{200}=50\,\Omega$$

$$P=\frac{V^2}{R_1+R_2}=\frac{300^2}{100+50}=600\ \mathrm{W}$$

6．$P=RI^2=30\times 6^2=1080\ \mathrm{W}=1.08\ \mathrm{kW}$

7．$R=\dfrac{V^2}{P}=\dfrac{100^2}{40}=250\,\Omega$

$$I=\frac{P}{V}=\frac{40}{100}=0.4\ \mathrm{A}$$

8．$W=VIt=100\times 0.5\times 8=400\ \mathrm{W\cdot h}$

（別解）　単位を [W·s] で答える場合　$W=VIt=100\times 0.5\times 8\times 60\times 60=1440000\ \mathrm{W\cdot s}$

9．20 分間は $\frac{20}{60}$ 時間 $=\frac{1}{3}$ 時間である．

$$W = VIt = 100 \times 0.6 \times \frac{1}{3} = 20\ \mathrm{W \cdot h}$$

10.　$W = Pt = \dfrac{V^2}{R}t = \dfrac{100^2}{20} \times 6 = 3000\ \mathrm{W \cdot h} = 3\ \mathrm{kW \cdot h}$

$[\mathrm{J}] = [\mathrm{W \cdot s}]$ より

$$W = 3000 \times 60 \times 60 = 10800000\ \mathrm{J}$$

11.　$R = \dfrac{1}{\dfrac{1}{200} + \dfrac{1}{200} + \dfrac{1}{200} + \dfrac{1}{200} + \dfrac{1}{200}} = 40\ \Omega$

$$W = Pt = \frac{V^2}{R}t = \frac{100^2}{40} \times 2 \times 60 \times 60 = 1800000\ \mathrm{J}$$

第2章　電気・電子回路の基礎

2-1　電圧と電流の時間変化（正弦波などの説明）

2-1-1　時間変化の説明

■要点■

[1] **正弦波**…交流とは時間の変化にともなって，大きさと流れる方向が変わる電流である．交流波形は無数にあるが，図 2-1-1 の波形を正弦波といい，最も広く用いられる基本的な波形である．

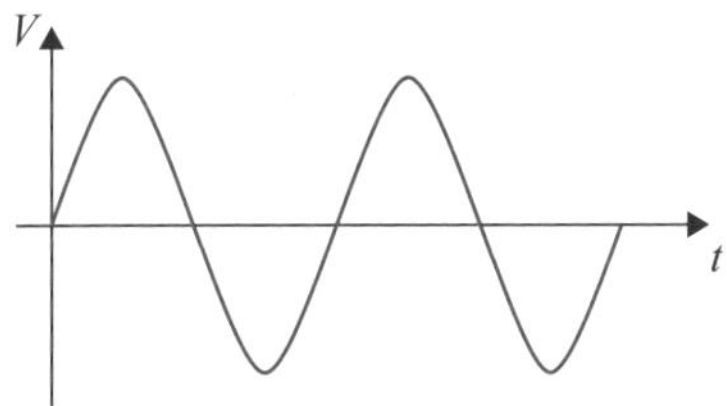

図 2-1-1　交流波形(正弦波交流)

[2] **周期と周波数**…交流の向きの変化の速さは，図 2-1-2 のように同じ変化が周期的に連続して繰り返される場合，周期または周波数で表す．周期は交流の一回の完全な変化に要する時間をいい，単位には秒 [sec] が用いられる．また，周波数は 1 秒間に繰り返しを完了する回数で表し，単位にはヘルツ [Hz] が用いられる．

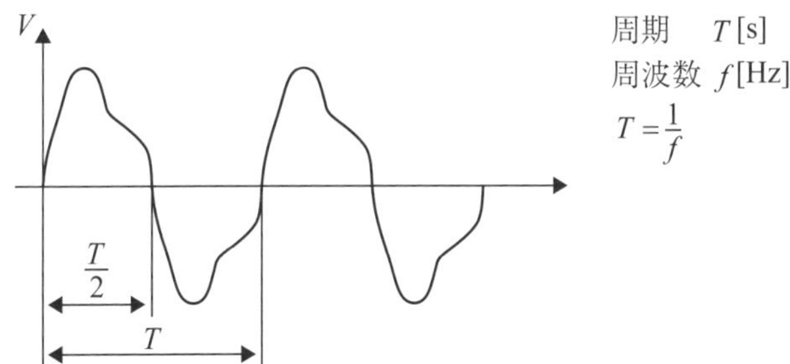

$$T = \frac{1}{f}$$

図 2-1-2　交流の周期および周波数

[3] **瞬時値と最大値**…交流の大きさは時間とともに変化するため，直流のように簡単に表すことができない．そこで交流の大きさが変化するとき，各瞬時の値を瞬時値ということにする．瞬時値の中でも最大の値を最大値または振幅という．図 2-1-3 で t_1 秒後の瞬時値は i_1, 最大値は I_m である．

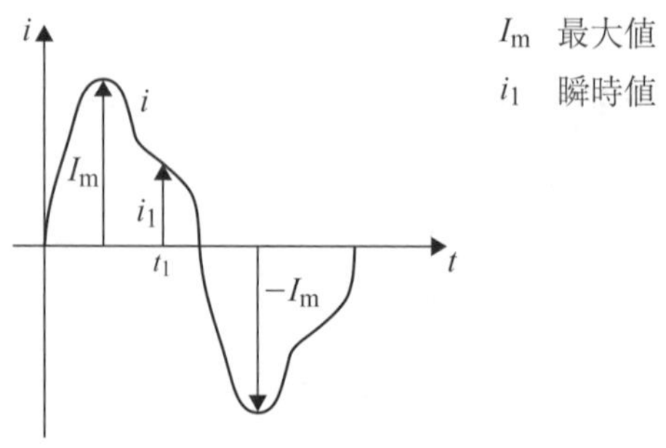

図 2-1-3　交流の瞬時値と最大値

[4] **平均値**…交流を表す場合，瞬時値はその値が時間とともに変化し，また最大値は波形の影響が含まれていない．そこで，各瞬時値を 1 周期について平均した値が考えられる．正弦波のように，正の波形と負の波形が対称な交流波形では，1 周期間の平均をとると正負の値が打ち消しあってゼロになる．この場合には，交流の正または負の半周期間の瞬時値の平均を取ることにする．これを平均値という．正弦波交流の平均値 I_{av} は，図 2-1-4 に示すように $I_{av} = \frac{2}{\pi} I_m = 0.637 I_m$ となる．

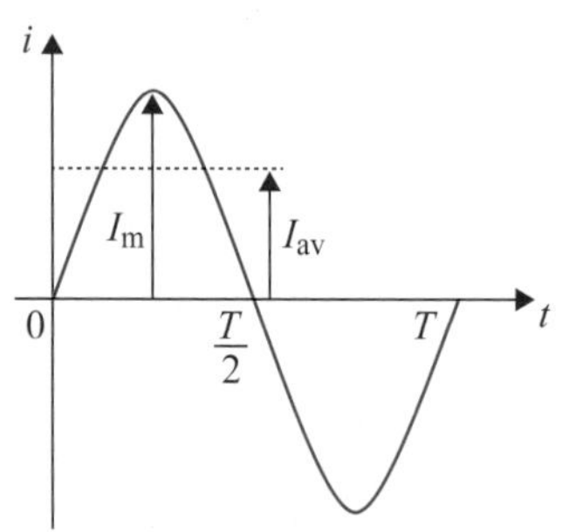

図 2-1-4　正弦波交流の平均値

［5］**実効値**…交流の大きさを表す別の方法に，実効値がある．例えば，図 2-1-5 のように特性のそろった 2 個の電球 A と B があるとする．電球 A には交流電源がつながっており，また電球 B には直流電源がつながっているとする．A, B 2 つの電球の明るさがまったく等しい場合，A, B の消費電力は等しいといえる．このとき，A に流れる交流 i [A] を，B に流れる直流電流 I [A] で表すことを考えてみることにする．つまり直流と同じ電力を得るような交流をその直流の大きさで言い表したものを，交流の実効値という．交流においては，電流の大きさが時間的に変化するので，交流電流の瞬時値 i の 2 乗の平均を求めてみる．

$$\text{電球Bの消費電力}\, I^2R = \text{電球Aの消費電力}\, i^2R\, \text{の平均値} = (i^2\text{の平均値}) \times R$$

$$I^2 = i^2\text{の平均値}$$

$$I = \sqrt{i^2\text{の平均値}}$$

この交流電流 i の瞬時値の 2 乗の平均値の平方根をとることで，平均消費電力に関する電流 I を求めた．この電流 I を実効値という．

つまり，実効値の定義は，「瞬時値 i の 2 乗を 1 周期にわたって平均したものの平方根である」といえる．

正弦波交流の最大値を I_m[A] とすると

$$I = \sqrt{i^2\text{の平均値}} = \frac{I_m}{\sqrt{2}} = 0.707\, I_m$$

となる．交流電圧 v [V] の実効値 V [V] も電流 I [A] と同じ考え方をすることができる．

$$V = \sqrt{v^2\text{の平均値}} = \frac{V_m}{\sqrt{2}} = 0.707\, V_m$$

特に断らない限り，交流の大きさは実効値で表される．例えば，家庭で用いる電圧 100 V の交流は，最大値 141 V の正弦波交流電圧である．

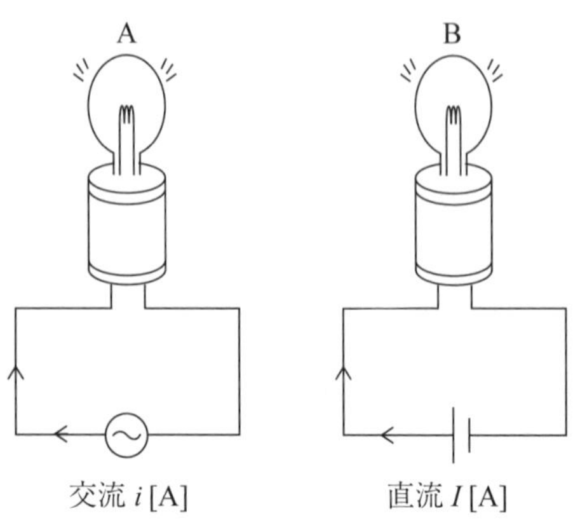

図 2-1-5

例題 2-1-1

1．周期が $\frac{1}{10}$ s の交流の周波数はいくらか．

解答

周波数 f [Hz] は 1 秒間に同じ変化を f 回繰り返すことであるから，周期 T [s] との間には，次のような関係がある．

$$f = \frac{1}{T} = \frac{1}{0.1} = 10\ \text{Hz}$$

2．周波数 500 kHz の交流の周期は何 μs か．

解答

$T = \frac{1}{f}$ であるから，

$$T = \frac{1}{500000} = 2\ \mu\text{s}$$

3．50 Hz の交流の周期はいくらか．

解答

$$f=\frac{1}{f}=\frac{1}{50}=0.02=20\ \text{ms}$$

4．電球 A に流れる交流電流 i の波形と，電力の瞬時値 i^2R[W] の波形を記入せよ．また，i^2R の平均値を示せ．

解答

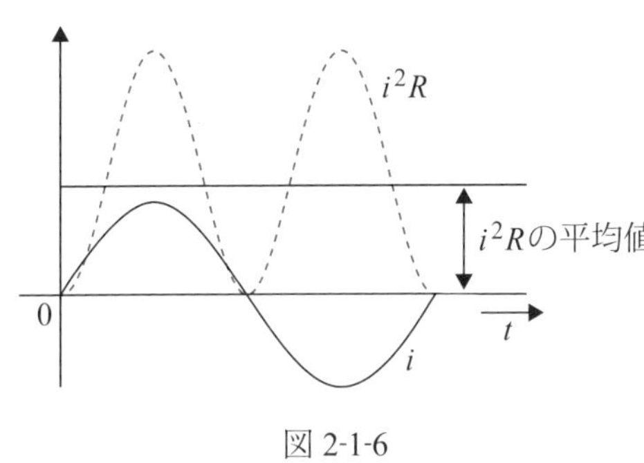

図 2-1-6

5．正弦波交流電圧 e と正弦波交流電流 i が，それぞれ次のように与えられている．お互いの位相差を求めよ．

(1)　$i=20\sin\left(\omega t+\frac{\pi}{3}\right)$ [A]

$e=80\sin\left(\omega t-\frac{\pi}{4}\right)$ [V]

(2)　$i=15\sin\left(\omega t+\frac{\pi}{3}\right)$ [A]

$e=50\cos\left(\omega t-\frac{\pi}{4}\right)$ [V]

(3)　$i=10\cos\left(\omega t-\frac{\pi}{6}\right)$ [A]

$e=40\sin\left(\omega t+\frac{\pi}{2}\right)$ [V]

(4)　$i=30\cos\left(\omega t-\frac{\pi}{3}\right)$ [A]

$e=50\sin\left(\omega t+\frac{\pi}{6}\right)$ [V]

解答

位相の異なる2つの波形の位相差は，次のようになる．位相差 =(大きい位相) −(小さい位相)

(1) $\left(\omega t+\frac{\pi}{3}\right)-\left(\omega t-\frac{\pi}{4}\right)=\frac{\pi}{3}+\frac{\pi}{4}=\frac{7}{12}\pi$ [rad]

電流 i は電圧 e に対して，$\frac{7}{12}\pi$ [rad] だけ位相が進んでいる．

(2) e を正弦関数に書き換えると，

$$e=50\cos\left(\omega t-\frac{\pi}{4}\right)$$
$$=50\sin\left(\omega t-\frac{\pi}{4}+\frac{\pi}{2}\right)$$
$$=50\sin\left(\omega t+\frac{\pi}{4}\right)$$

$$\left(\omega t+\frac{\pi}{3}\right)-\left(\omega t+\frac{\pi}{4}\right)=\frac{\pi}{12}\text{ [rad]}$$

電流 i は電圧 e に対して，$\frac{1}{12}\pi$ [rad] だけ位相が進んでいる．

(3) $\left(\omega t-\frac{\pi}{6}+\frac{\pi}{2}\right)-\left(\omega t+\frac{\pi}{2}\right)=-\frac{\pi}{6}$

電流 i は電圧 e に対して，$\frac{\pi}{6}$ [rad] だけ位相が遅れている．

(4) $\left(\omega t-\frac{\pi}{3}+\frac{\pi}{2}\right)-\left(\omega t+\frac{\pi}{6}\right)=0$

電流 i と電圧 e の位相は等しいから同相である．

2-1-2　交流で使う複素数

■要点■

[1] 複素数

複素数を定義するにあたり，虚数単位 j を採用する．

$$j=\sqrt{-1}$$

数学では虚数単位 i であるが，電流 i と区別する必要がある．

[2] 複素数の直交座標形式

複素数 $\dot{Z}$ は，図 2-1-7 上の 1 点 R で表される．

$$Z=a+jb$$ （ただし，a，b は実数とする）

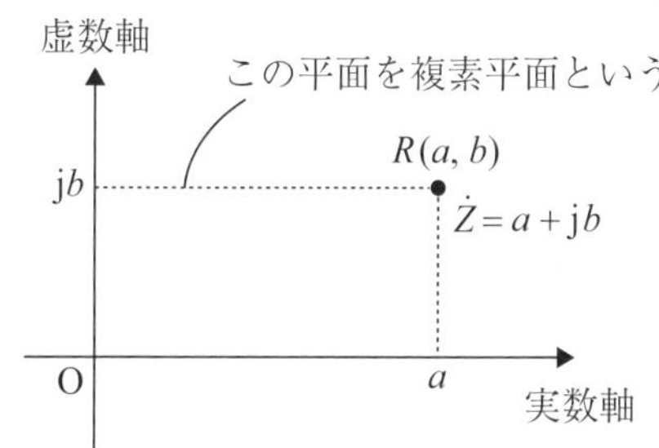

図 2-1-7　複素平面と複素数

[3] 複素数の極座標形式

複素平面上の複素数 $\dot{Z}$ は，原点 O からの距離 r と角 θ を用いて表すことができる．

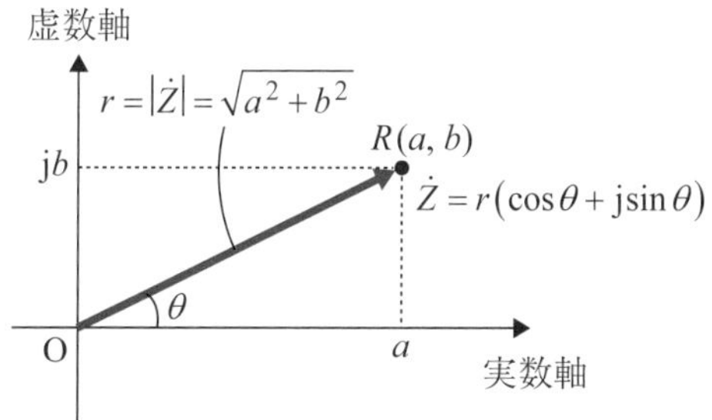

図 2-1-8　複素数の極座標形式

・$r = |\dot{Z}| = \sqrt{a^2 + b^2}$

・偏角 $\theta = \tan^{-1}\dfrac{b}{a}$

$$\begin{cases} a = r\cos\theta \\ b = r\sin\theta \end{cases}$$

・極座標形式

$$\dot{Z} = r(\cos\theta + \mathrm{j}\sin\theta)$$

[4] 複素数のフェーザ形式

複素数 $\dot{Z}$ は，大きさ r と偏角 θ をもつベクトルとみなすことができる．

$$\dot{Z} = r\angle\theta$$

をフェーザ形式という．

[5] 複素数の指数関数形式

極座標形式で示した，

$\dot{Z} = r(\cos\theta \pm \mathrm{j}\sin\theta)$ に

オイラーの公式 $\mathrm{e}^{\pm \mathrm{j}\theta} = \cos\theta \pm \mathrm{j}\sin\theta$ を代入すると

$$\dot{Z} = r\mathrm{e}^{\pm \mathrm{j}\theta}$$

となる．

この表現方法を複素数の指数関数形式という．

例題 2-1-2

1．$-\frac{\pi}{2}$ [rad] は正の角では何 rad か答えよ．さらに $\frac{\pi}{3}$ [rad] 進んだ角は何 rad か答えよ．

解答

$\frac{3}{2}\pi$ [rad]，$\frac{11}{6}\pi$ [rad]

2．正弦波 $i=10\sin\theta$ で，θ の値が $\frac{\pi}{6}$，π，$\frac{7}{6}\pi$，$\frac{7}{3}\pi$ のとき，それぞれの i の値を求めよ．

解答

5，0，－5，$5\sqrt{3}$

3．$100\sqrt{2}\sin 100\pi t$ [V] で示される正弦波交流電圧の周波数，最大値，実効値はそれぞれいくらか．

解答

50 Hz，141 V，100 V

4．$v=10\sin\omega t$ [V] より，$\frac{\pi}{6}$ [rad] だけ位相の遅れた実効値 2 A の電流を表す式はいくらか．

解答

$i=2\sqrt{2}\sin\left(\omega t-\frac{\pi}{6}\right)$ [A]

5．正弦波電圧 $\sqrt{2}V\cos(\omega t-\rho)$ [V] と電流 $\sqrt{2}I\sin(\omega t-\theta)$ [A] の位相差を rad で求めよ．

解答

$\frac{\pi}{2}-\rho+\theta$ [rad]

演習問題 2-1

1．以下の問に答えよ．

(1) 最大値 314 V であるとする．正弦波の場合，平均値はいくらか．

(2) 最大値 314 V であるとする．三角波の場合，平均値はいくらか．

(3) 定格 100 V，500 W の電気ストーブに流れる交流電流の最大値はいくらか．

2．演図 2-1-1 に示すような直流と正弦波電流を加えて得られる波形の実効値$|I|$を求めよ．

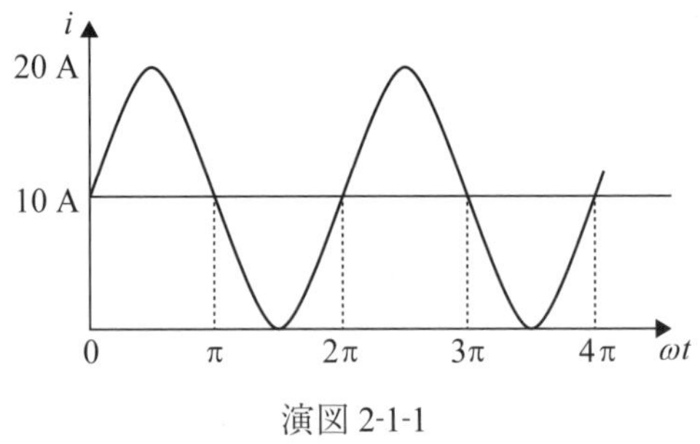

演図 2-1-1

(1) 電流 i を求めよ．

(2) 実効値$|I|$を求めよ．

3．演図 2-1-2 の波形の実効値$|E|$を求める問題である．以下の問に答えよ．

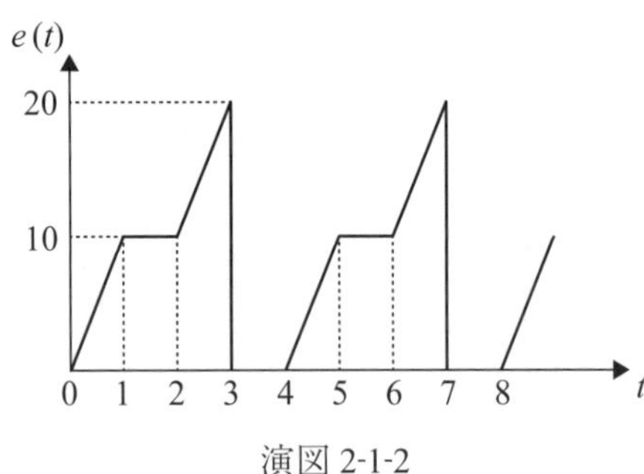

演図 2-1-2

(1) $0 \leqq t \leqq 1$ の範囲の式を求めよ．

(2) $1 \leqq t \leqq 2$ の範囲の式を求めよ．

(3) $2 \leqq t \leqq 3$ の範囲の式を求めよ．

(4) $3 \leqq t \leqq 4$ の範囲の式を求めよ．

(5) 実効値を求めよ．

4．演図 2-1-3 に示す正弦波交流電圧 $V_m \sin \omega t$ の平均値 V_a を求めよ．

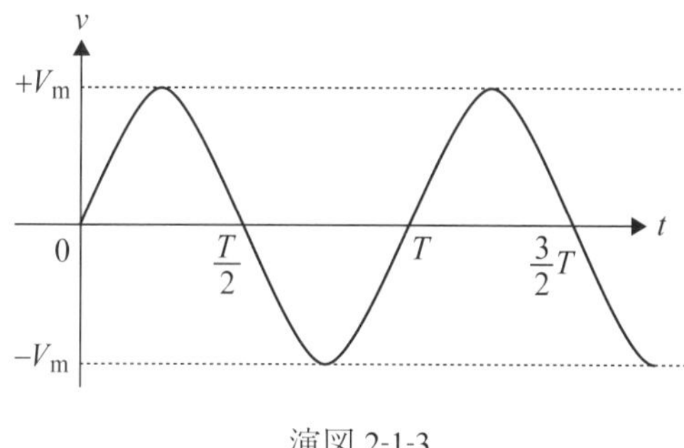

演図 2-1-3

5．演図 2-1-4 に示す正弦波交流電流 $i = I_m \sin \omega t$ の実効値 I_e を求めよ．

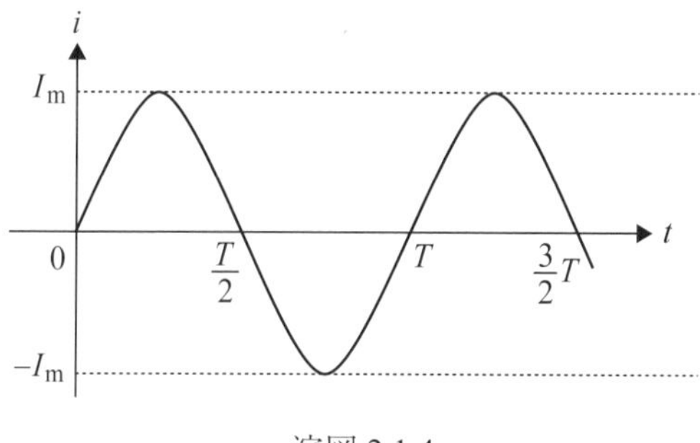

演図 2-1-4

6．ある回路の電圧および電流の瞬時値が

$$e = 100\sqrt{2}\sin\left(120\pi t + \frac{\pi}{4}\right)$$

$$i = 5\sqrt{2}\sin(120\pi t)$$

である．

電圧 e と電流 i のそれぞれの直交座標表示，フェザー表示，極座標表示を示せ．

7．演図 2-1-5 のような台形波の波形率，波高率を求めよ．ただし，波形率 = $\dfrac{\text{実効値}}{\text{平均値}}$，

波高率 = $\dfrac{\text{最大値}}{\text{実効値}}$ とする．以下の問に答えよ．

(1) $0 \leqq t \leqq \dfrac{\pi}{3}$ の範囲の式を求めよ．

(2) $\dfrac{\pi}{3} \leqq t \leqq \dfrac{2}{3}\pi$ の範囲の式を求めよ．

(3) $\dfrac{\pi}{3} \leqq t \leqq \dfrac{2}{3}\pi$ の範囲の式を求めよ．

(4) 平均値を求める式を書け．

(5) 平均値を求めよ．

(6) 実効値を求めよ．

(7) 波形率を求めよ．

(8) 波高率を求めよ．

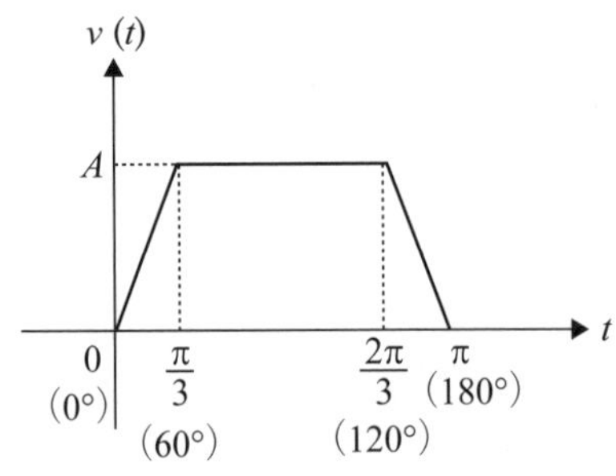

演図 2-1-5

演習問題 2-1　解答

1．

（1） 200 V

（2） 157 V

（3） 7.07 A

2．

（1） $i = 10 + 10\sin\omega t\,[\mathrm{A}]$

（2） $|I| = \sqrt{\frac{1}{2}\pi \int (10 + 10\sin\omega t)^2 \mathrm{d}(\omega t)}$ （左の計算で 0 ～ 2π までを積分する）

$= \sqrt{150}$ A

$= 12.2$ A

3．

（1） $i(t) = 10\,t$

（2） $i(t) = 10$

（3） $i(t) = 10\,t - 10$

（4） $i(t) = 0$

（5） $\sqrt{\frac{1100}{12}} = 9.6$ A

4．

$$V_a = \frac{1}{\left(\frac{T}{2}\right)} \int_0^{\frac{T}{2}} V_{\mathrm{m}} \sin\omega t \mathrm{d}t = \frac{2}{\pi} V_{\mathrm{m}} = 0.637 V_{\mathrm{m}}$$

5．

$$I_e = \sqrt{\frac{1}{T} \int_0^T I_{\mathrm{m}}{}^2 \sin^2(\omega t + \theta) \mathrm{d}t} = \frac{I_{\mathrm{m}}}{\sqrt{2}}$$

6．

$$\dot{V}=100\angle 45^\circ=100\mathrm{e}^{\mathrm{j}\frac{\pi}{4}}$$

$$=100\left(\cos\frac{\pi}{4}+\mathrm{j}\sin\frac{\pi}{4}\right)$$

$$=70.7+\mathrm{j}\,70.7\ \mathrm{V}$$

$$\dot{I}=5\angle 0^\circ=5\mathrm{e}^{\mathrm{j}0}=5\ \mathrm{A}$$

7．

(1) $v(t)=\dfrac{3A}{\pi}t$

(2) $v(t)=A$

(3) $v(t)=\dfrac{3}{\pi}A(\pi-t)$

(4) $V_{av}=\dfrac{1}{\pi}\displaystyle\int_0^{\pi}v(t)\mathrm{d}t$

$$=\frac{2}{\pi}\int_0^{\frac{\pi}{3}}\left(\frac{3}{\pi}At\right)\mathrm{d}t+\frac{2}{\pi}\int_{\frac{\pi}{3}}^{\frac{\pi}{2}}A\mathrm{d}t$$

（この波形は0から$\dfrac{\pi}{2}$までと，$\dfrac{\pi}{2}$からπまでが左右対称である．よって，積分は0から$\dfrac{\pi}{2}$まで考えればよい）

(5) $\dfrac{2}{3}A$

(6) 実効値 $=\sqrt{\dfrac{1}{\pi}\displaystyle\int_0^{\pi}v^2(t)\mathrm{d}t}$

$$=\sqrt{\frac{2}{\pi}\left\{\int_0^{\frac{\pi}{3}}\left(\frac{3A}{\pi}t\right)^2\mathrm{d}t+\int_{\frac{\pi}{3}}^{\frac{\pi}{2}}A^2\mathrm{d}t\right\}}$$

(7) 波形率 $=\dfrac{\text{実効値}}{\text{平均値}}=1.12$

(8) 波高率 $=\dfrac{\text{最大値}}{\text{実効値}}=1.34$

2-2　インピーダンスの記号表示

2-2-1　抵抗(R)回路

■要点■

[1] **抵抗回路**…図 2-2-1 の回路において，抵抗 R [Ω] だけの回路に正弦波電圧 v [V] を加えると，回路に流れる電流はどのようになるかを考えてみる．

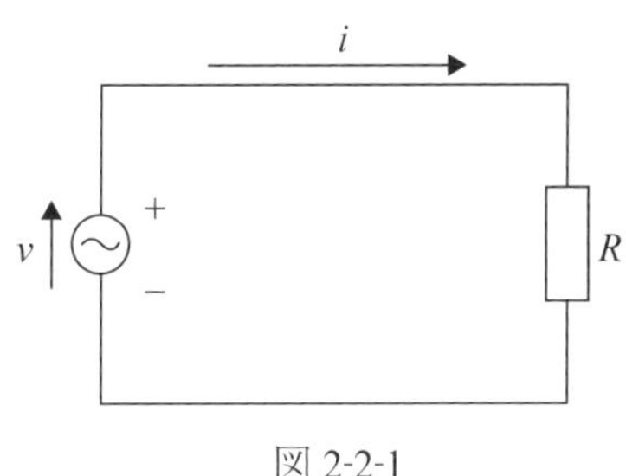

図 2-2-1

[2] **電圧と電流**…印加した電圧の実効値を V [V] とすると，瞬時値 v は，以下のようになる．

$$v = \sqrt{2}V\sin\omega t \tag{2-2-1}$$

したがって，

$$i = \frac{v}{R} = \frac{\sqrt{2}V}{R} \times \sin\omega t \tag{2-2-2}$$

$$= \sqrt{2}I\sin\omega t \tag{2-2-3}$$

また，実効値 I は，以下のようになる．

$$I = \frac{V}{R} \tag{2-2-4}$$

[3] **電圧と電流の位相差**…(2-2-1), (2-2-3)式より，電圧と電流は同相となる．この関係は，図 2-2-2 を見ても明らかである．また，ベクトル図で示すと，図 2-2-3 となる．

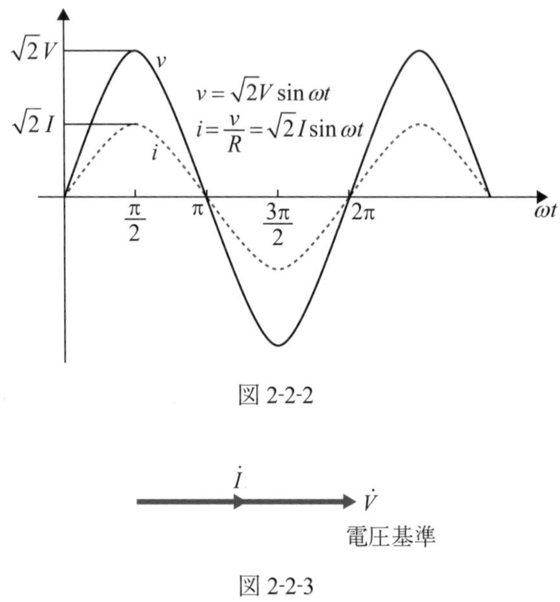

図 2-2-2

図 2-2-3

[4] **電流と周波数**…(2-2-4)式から，電流の大きさ(実効値)は電源の周波数とは無関係で一定の値となり，図 2-2-4 のようになる．

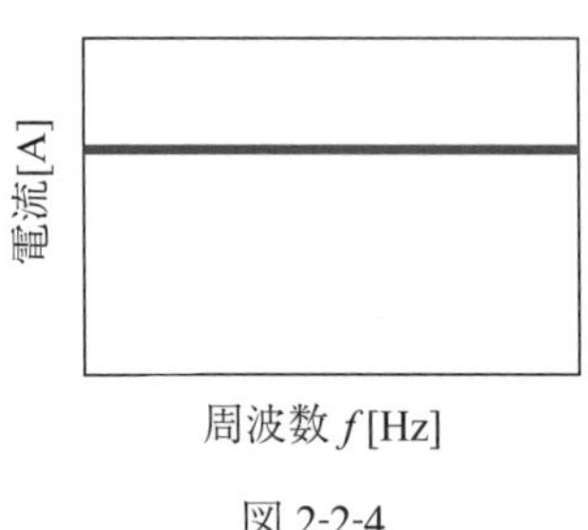

図 2-2-4

[5] インピーダンスの記号表示

(1) **抵抗回路**…抵抗 R [Ω] に電圧 $\dot{V}$ [V] を加えると，回路に流れる電流は $I=\dfrac{V}{R}$ となる．また電圧と電流は同相であることから，ベクトルで示すと以下のようになる．

$$\dot{V}=R\dot{I}$$

電圧 $\dot{V}$ を位相角 $\theta=0$ とした基準ベクトルとすると，$\dot{V}=V\angle 0$ と書くことができる．このベクトル図を図 2-2-5 に示す．

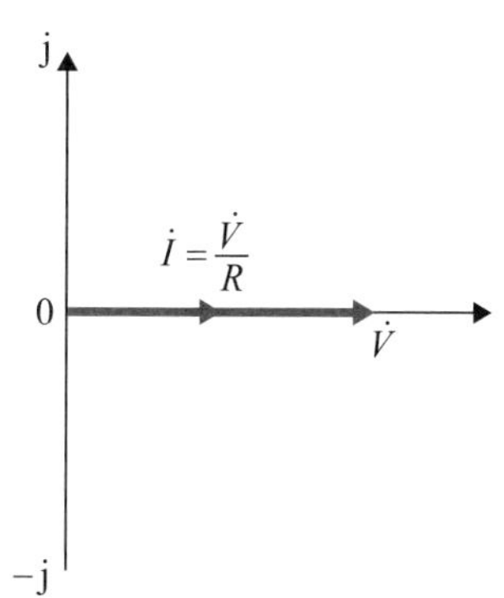

図 2-2-5　電圧と電流の関係

また，電圧 $\dot{V}$ と電流 $\dot{I}$ との比 $\dfrac{\dot{V}}{\dot{I}}$ をベクトルインピーダンスといい，記号を $\dot{Z}$ で表す．抵抗 R のインピーダンス $\dot{Z}$ [Ω] は次のようになる．

$$\dot{Z}=\frac{\dot{V}}{\dot{I}}=R$$

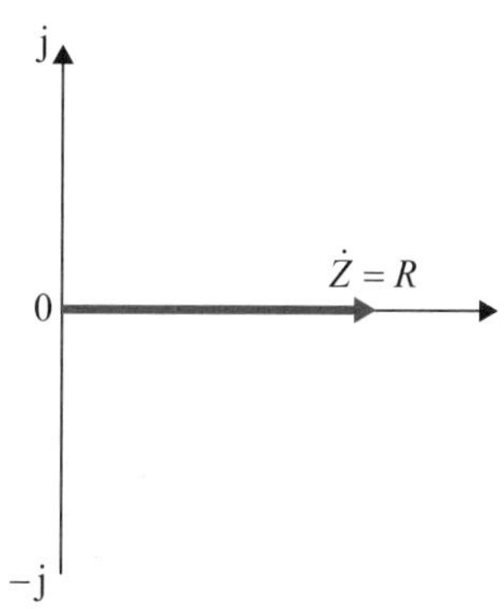

図 2-2-6　ベクトルインピーダンス

さらに，インピーダンス $\dot{Z}$ の逆数を考え，アドミタンス $\dot{Y}$ を考えてみる．$\dot{Y}=G+\mathrm{j}B$ としたとき，実数 G をコンダクタンス，虚部 B をサセプタンスといい，単位は両方とも [S]（ジーメンス）で表すことにする．

$$\dot{Y}=G+\mathrm{j}B=|\dot{Y}|\angle\theta=Y\angle\theta$$

$$Y=\sqrt{G^2+B^2}$$

$$\theta=\tan^{-1}\frac{B}{G}$$

抵抗 R だけの回路の場合，

$$\dot{Y}_{\mathrm{R}}=\frac{1}{\dot{Z}}=\frac{1}{R}$$

となる．

ゆえに，$\dot{Y}=G+\mathrm{j}B$ より，$G=\dfrac{1}{R}$，また $B=0$ となる．

例題 2-2-1

1．抵抗 5 Ω の回路に $v=100\sqrt{2}\sin\omega t$[V] の電圧を加えた場合，回路に流れる電流の実効値 I を求めよ．また，瞬時値 i を表す式を示せ．

解答

$$i=\frac{v}{R}=\frac{100\sqrt{2}}{5}\sin\omega t=20\sqrt{2}\sin\omega t\,[\mathrm{A}]$$ ゆえに $I=20$ A（実効値）

20 A，$20\sqrt{2}\sin\omega t$[A]

2．図 2-2-1 の回路で，最大値 141.4 V の電圧をある抵抗 R [Ω] に加えたところ，実効値 10 A の電流が流れた．抵抗 R の値を求めよ．

解答

$$\text{実効値電圧}=\frac{141.4\ \mathrm{V}}{\sqrt{2}}=100\ \mathrm{V}$$

$$R=\frac{100\ \mathrm{V}}{10\ \mathrm{A}}=10\ \Omega$$

3．50 Hz, 100 V の電圧を 250 Ω の白熱電球に加えたとき，電流の大きさを求めよ．また，電圧と電流のベクトル図を描け．

解答

$$I = \frac{100\ \mathrm{V}}{250\ \Omega} = 0.4\ \mathrm{A}$$

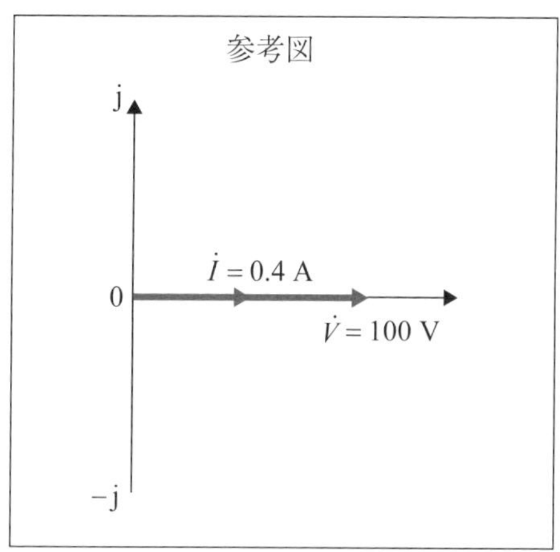

4．500 W のアイロンに電圧を加えたところ，$i = 7.07 \sin 120\pi t$[A] の電流が流れたという．加えた電圧の実効値を求めよ．また，電圧の瞬時値を表す式を示せ．

解答

$$I = \frac{7.07}{\sqrt{2}} = 5\ \mathrm{A}\ \text{（実効値）}$$

$$V = \frac{500\ \mathrm{W}}{5\ \mathrm{A}} = 100\ \mathrm{V}\ \text{（実効値）}$$

$$v = iR = 7.07 \sin 120\pi t \times 20\ \Omega = 100\sqrt{2} \sin 120\pi t\,[\mathrm{V}]$$

100 V（電圧の実効値），$100\sqrt{2} \sin 120\pi t$[V]（電圧の瞬時値）

5．$\dot{V} = 60 + \mathrm{j}80$ V の電圧を $R = 20\ \Omega$ の抵抗に加えた場合，回路に流れる電流を求めよ．

解答

$$\dot{I} = \frac{\dot{V}}{\dot{Z}} = \frac{60 + \mathrm{j}80}{20} = 3 + \mathrm{j}4 = 5\angle 53^\circ\ \mathrm{A}$$ となる．

2-2-2　インダクタンス(L)回路

■要点■

[1] **インダクタンス回路**…図 2-2-7 のようなインダクタンスだけが接続された回路に，正弦波交流電圧 v [V] を加えた場合，回路に流れる電流の大きさを考えることにする．

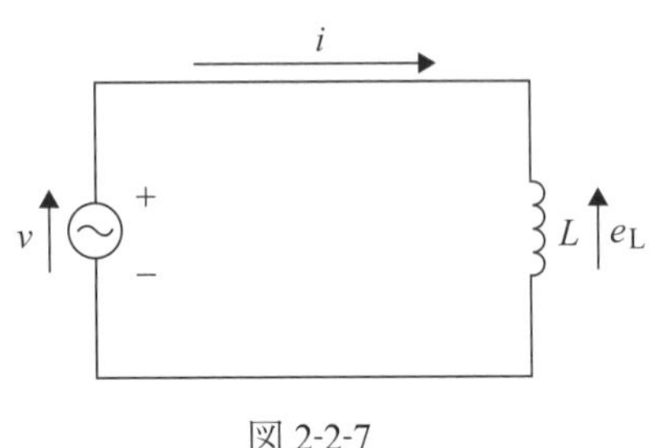

図 2-2-7

いま，コイル L [H] に正弦波電圧 V [V] を加えた場合，コイル L には正弦波の電流が流れる．コイルに電流 i が流れると，このコイルの中を貫通するように磁束 ϕ が発生する．

$\phi = Li$　　L: 自己インダクタンス [H]

また，この電流を $i=\sqrt{2}I\sin\omega t$ とすると，コイル L に誘発される電圧 e_L は，レンツの法則により，次の式で示される．

$$e_{\mathrm{L}} = -L\frac{\Delta i}{\Delta t} \tag{2-2-5}$$

[2] **誘導リアクタンス**…この回路でキルヒホッフの第 2 法則を用いると次の式が得られる．

$$v + e_{\mathrm{L}} = 0$$

$$\therefore v = -e_{\mathrm{L}} = L\frac{\Delta i}{\Delta t} \tag{2-2-6}$$

すなわち，電源電圧 v とコイルに誘発される電圧 e_L とは，大きさが等しく，また反対方向でつり合っている．

図 2-2-8 で $t=0$ の付近について考えると，電流の変化率 $\frac{\Delta i}{\Delta t}$ が一番大きいので，(2-2-6)式から e_L は最大となる．したがって，e_L の最大値は電源電圧 v の最大値

と等しいから，次の式が得られる．

$$\sqrt{2}\mathrm{V} = L\frac{\Delta i}{\Delta t}(t \cong 0) \qquad (2\text{-}2\text{-}7)$$

この式の右辺について計算すると，$\Delta t \cong 0$ のとき，$\sin\omega\Delta t \fallingdotseq \omega\Delta t$ となるから，

$$L\frac{\Delta i}{\Delta t} = L\frac{\sqrt{2}I\sin\omega\Delta t - 0}{\Delta t - 0} \fallingdotseq L\left(\frac{\sqrt{2}I\omega\Delta t}{\Delta t}\right) = \sqrt{2}\omega LI \qquad (2\text{-}2\text{-}8)$$

したがって，

$$\sqrt{2}V = \sqrt{2}\omega LI$$

$$V = \omega LI = 2\pi fLI = X_{\mathrm{L}}I$$

$$\therefore I = \frac{V}{\omega L} = \frac{V}{2\pi fL} = \frac{V}{X_{\mathrm{L}}} \qquad (2\text{-}2\text{-}9)$$

ここで，$X_{\mathrm{L}} = \omega L = 2\pi fL$ で，X_{L} のことを誘導リアクタンスといい，その単位は上の式から，オーム [Ω] であることがわかる．

[3] 電圧と電流の位相差…(2-2-7)式における電流の変化率 $\frac{\Delta i}{\Delta t}$ について考えてみる．$v = -e_{\mathrm{L}}$ であるため，v と i の関係を図 2-2-8 に示す．ここから電流の位相は，電圧の位相より $\frac{\pi}{2}$ だけ遅れることになる．

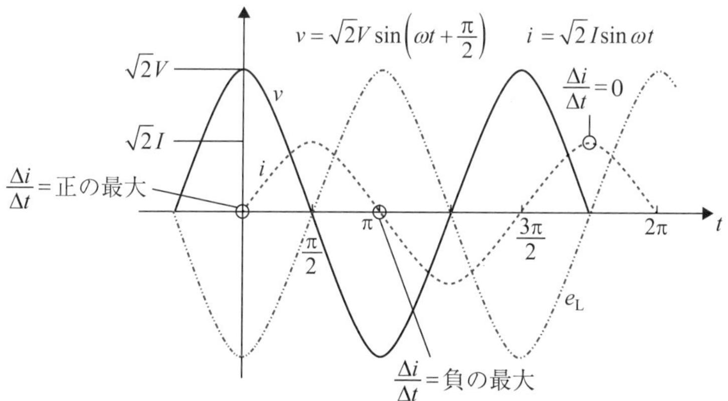

図 2-2-8

[4] **電流と周波数**…(2-2-9)式からわかるように，誘導リアクタンス X_L は周波数 f に比例している．また電流 I は周波数に反比例している．それらの関係を図 2-2-9, 2-2-10 に示す．

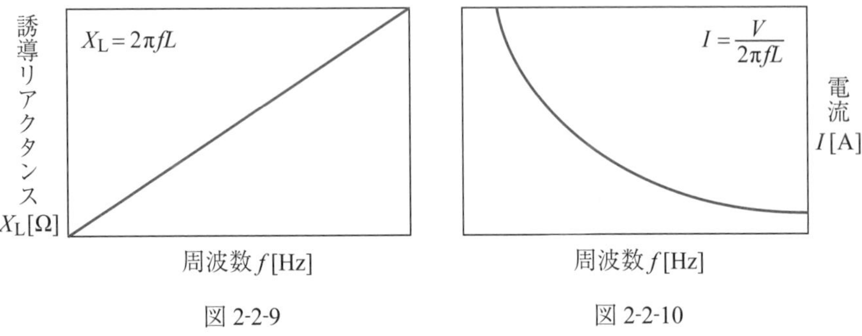

図 2-2-9　　　　図 2-2-10

[5] **インピーダンスの記号表示**…インダクタンス L のみの回路に周波数 f，大きさ V の電圧を加えると，電流の大きさは $\dot{I} = \dfrac{\dot{V}}{\omega L}$ で電圧より $\dfrac{\pi}{2}$ だけ位相が遅れた電流が流れる．（図 2-2-11 参照）

基準ベクトルの電圧 $\dot{V} = V$[V] を加えた場合，L に流れる電流は $\dot{I} = I\angle -\dfrac{\pi}{2}$[A] となる．

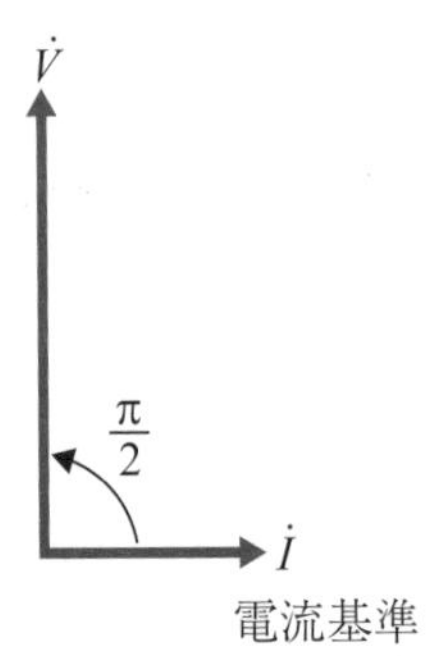

図 2-2-11　電流は電圧より $\dfrac{\pi}{2}$ 遅れる

また，$\dot{I}$ は，

$$\dot{I} = I\angle -90° = \frac{\dot{V}}{\omega L}\angle -90° = \frac{\dot{V}}{\omega L}\left\{\cos\left(-\frac{\pi}{2}\right) + \mathrm{j}\sin\left(-\frac{\pi}{2}\right)\right\} = -\mathrm{j}\frac{\dot{V}}{\omega L} = \frac{\dot{V}}{\mathrm{j}\omega L}$$

$$\dot{V} = \mathrm{j}\omega L\dot{I}$$

電圧 $\dot{V}$ と電流 $\dot{I}$ の関係を図 2-2-12 に示す．

一方，インピーダンス Z [Ω] は，

$$\dot{Z}=\frac{\dot{V}}{\dot{I}}=\mathrm{j}\omega L$$

となる．

電圧 $\dot{V}$ と電流 $\dot{I}$ との比 $\frac{\dot{V}}{\dot{I}}$ であるベクトルインピーダンスは，図 2-2-13 に示す．

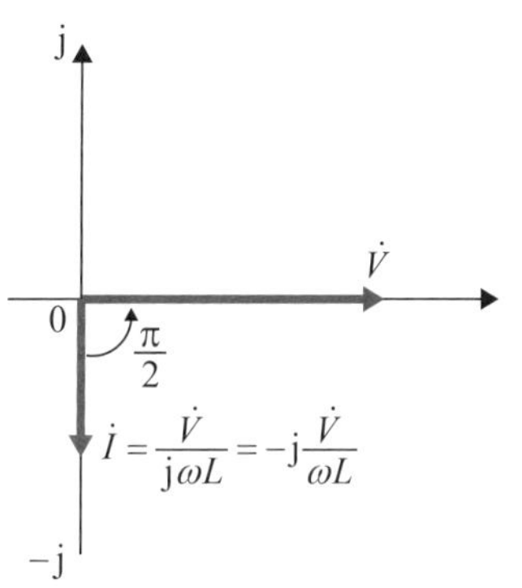

図 2-2-12　電圧と電流の関係

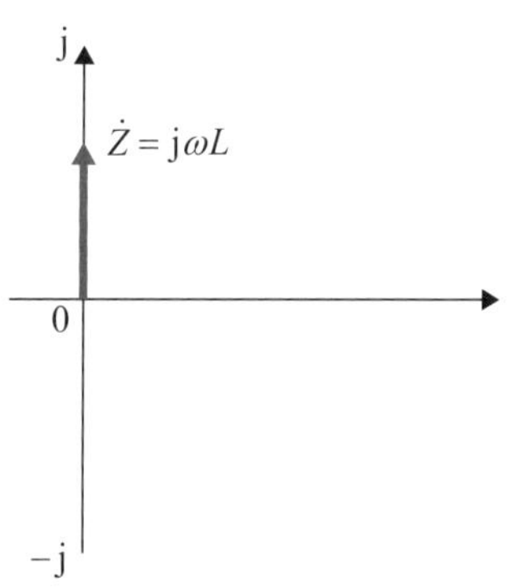

図 2-2-13　ベクトルインピーダンス

さらに，$\dot{Z}=\mathrm{j}\omega L$ より，$\dot{Y}_{\mathrm{L}}=\frac{1}{\dot{Z}}=-\mathrm{j}\frac{1}{\omega L}$ となる．これを負のサセプタンスという．

ゆえに，$\dot{Y}=G+\mathrm{j}B$ より，$G=0$，$B=-\frac{1}{\omega L}$ となる．

例題２-２-２

1．$L=\dfrac{1}{\pi}$ のコイルに，$V=200$ V，$f=100$ Hz の電圧を加えた場合，

$X_{\mathrm{L}}=2\pi fL=2\pi\times100\times\dfrac{1}{\pi}=200\ \Omega$ である．コイルに流れる電流はいくらか．

解答

1 A

2．図 2-2-7 の回路で，80 V，50 Hz の電圧を加えたところ，4 A の電流が流れた．X_{L} および L の値はいくらか．

解答

20 Ω，0.064 H

3．電圧基準のベクトル図を描け．

解答

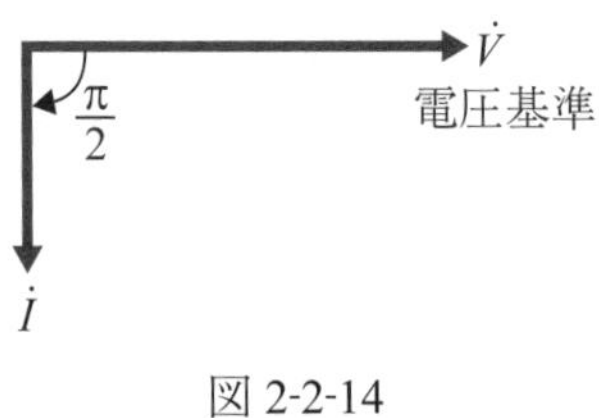

図 2-2-14

4．誘導性リアクタンス 5 Ω に 100 V の電圧を印加した場合，L に流れる電流を求めよ．

解答

$$\dot{I}=\frac{\dot{V}}{\dot{Z}}=\frac{\dot{V}}{\mathrm{j}\omega L}=\frac{100}{\mathrm{j}5}=-\mathrm{j}20\ \mathrm{A}=20\angle(-90^\circ)\ \mathrm{A}$$

2-2-3　静電容量(C)回路

■要点■

[1] **静電容量回路**…図 2-2-15 の回路において，静電容量 C [F] のコンデンサに正弦波電圧 V [V] を加えると，正弦波電流 i [A] が流れ，コンデンサには $q=Cv$ [C] の電荷が蓄えられる.

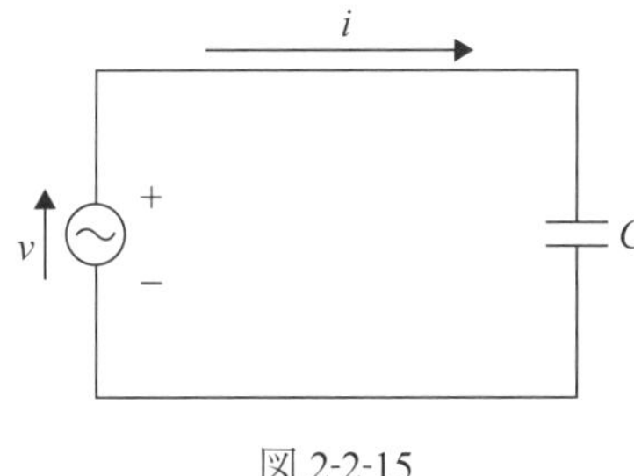

図 2-2-15

電荷 q と電圧 v とは比例関係にあるから，次の式を得る.

$$v=\sqrt{2}V\sin\omega t \tag{2-2-10}$$

$$q=Cv=\sqrt{2}CV\sin\omega t=\sqrt{2}Q\sin\omega t$$

また流れる電流 i は，$t=0$ 付近では次の式で表すことができる.

$$i=\frac{\Delta q}{\Delta t}=\frac{\sqrt{2}CV\sin\omega\Delta t-0}{\Delta t-0}\fallingdotseq\frac{\sqrt{2}CV\omega\Delta t}{\Delta t}=\sqrt{2}\omega CV$$

これらをグラフに示すと，図 2-2-16 のようになる.

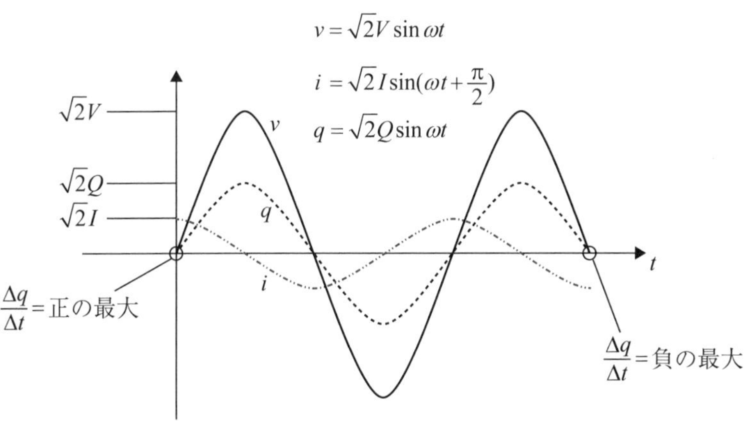

図 2-2-16

[2] 容量リアクタンス…また，$t=0$ 付近では，電荷の変化率 $\dfrac{\Delta q}{\Delta t}$ が一番大きいため，最大の電流 $\sqrt{2}I$ が流れ，次の式が得られる．

$$\sqrt{2}I=\sqrt{2}\omega CV$$

$$V=\frac{I}{\omega C}=\frac{I}{2\pi fC}=X_{\mathrm{C}}I$$

$$I=\omega CV=2\pi fCV=\frac{V}{X_{\mathrm{C}}}$$

ここで，$X_{\mathrm{C}}=\dfrac{1}{\omega C}=\dfrac{1}{2\pi fC}$ で，この X_{C} のことを容量リアクタンス [Ω] という．

[3] 電圧と電流の位相差…$i=\dfrac{\Delta q}{\Delta t}$ で電荷の変化率を図 2-2-16 のグラフから考える．電流の正の向きを図のような方向にとると，$t=0$ では電荷 q が増加の状態で，その変化率は最大であるから，正の最大電流が流れる．しかし，変化率は最大であるが，q が減少している場合，電流は負の最大電流が流れる．q が最大値の箇所では電荷の変化がないため，電流は流れていない．したがって，これらの関係をグラフに示すと図 2-2-17 となり，電流は電圧より $\dfrac{\pi}{2}$ 位相が進むことになる．また，式を用いると，

$$v=\sqrt{2}V\sin\omega t \qquad (2\text{-}2\text{-}11)$$

$$i=\sqrt{2}I\sin\left(\omega t+\frac{\pi}{2}\right)=\sqrt{2}\omega CV\sin\left(\omega t+\frac{\pi}{2}\right)$$

となる．なお，電流を基準に考えると，電圧は電流より $\dfrac{\pi}{2}$ 遅れる．

図 2-2-17

[4] 電流と周波数

$I = \dfrac{V}{X_C}$ より，電流 I は周波数に比例することがわかる．また，容量リアクタンス X_C は周波数に反比例することがわかる．これらを図に示すと図 2-2-18 となる．

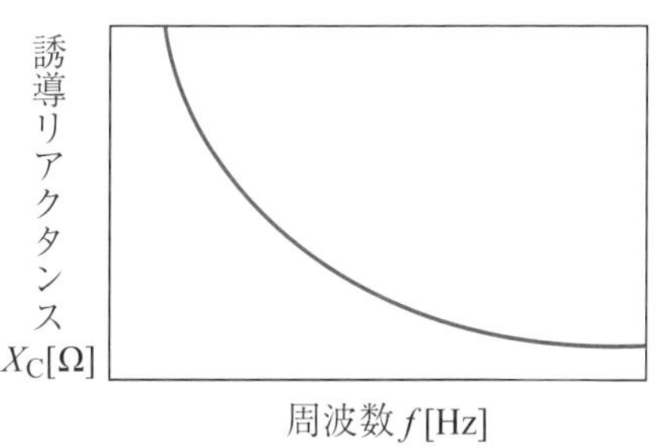

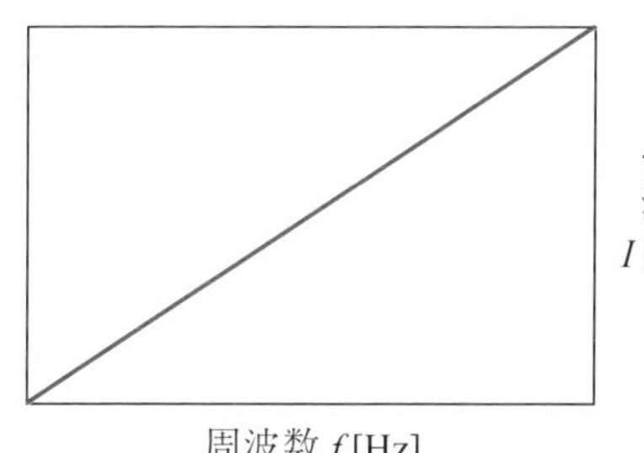

図 2-2-18

[5] インピーダンスの記号表示

周波数 f [Hz] の電圧 V [V] を静電容量 C [F] に加えた場合，回路に流れる電流は，

$$I = \omega CV[\mathrm{A}]$$

となる．

一方，その位相は電圧より $\dfrac{\pi}{2}$ 進むことから，静電容量 C に流れる電流 I は，

$$\dot{I} = I\angle 90° = \omega C\dot{V}\angle 90° = \omega C\dot{V}\left(\cos\frac{\pi}{2} + \mathrm{j}\sin\frac{\pi}{2}\right) = \mathrm{j}\omega C\dot{V}$$

$$\dot{V} = \frac{\dot{I}}{\mathrm{j}\omega C} = -\mathrm{j}\frac{\dot{I}}{\omega C}$$

電圧 $\dot{V}$ と電流 $\dot{I}$ の関係を図 2-2-19 に示す．

また，インピーダンス $\dot{Z}$ は，

$$\dot{Z} = \frac{\dot{V}}{\dot{I}} = \frac{\dot{I}}{\mathrm{j}\omega C} = -\mathrm{j}\frac{\dot{I}}{\omega C}$$

となる．

電圧 $\dot{V}$ と電流 $\dot{I}$ との比 $\dfrac{\dot{V}}{\dot{I}}$ であるベクトルインピーダンスは，図 2-2-20 に示す．

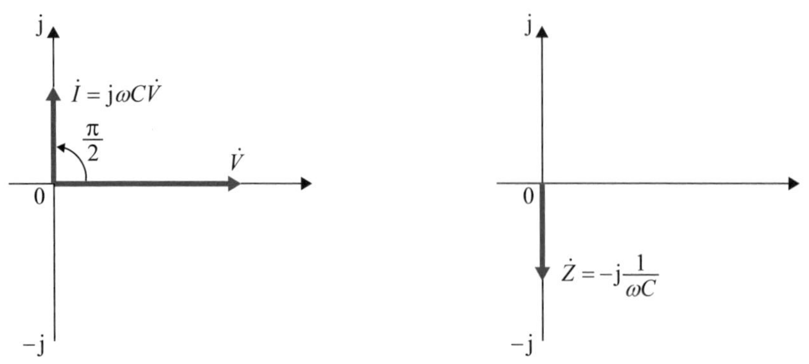

図 2-2-19　電圧と電流の関係　　　図 2-2-20　ベクトルインピーダンス

さらに，$\dot{Z} = -\mathrm{j}\frac{1}{\omega L}$ より，$\dot{Y}_\mathrm{C} = \frac{1}{\dot{Z}_\mathrm{C}} = \mathrm{j}\omega C$ となる．これを正のサセプタンスという．ゆえに，$\dot{Y} = G + \mathrm{j}B$ より，$G = 0$，$B = \omega C$ となる．

例題 2-2-3

1．$C=\frac{1}{\pi}[\mu\mathrm{F}]$ のコンデンサに，$V=10$ V, $f=1000$ Hz の電圧を加えた場合，X_C はいくらになるか．またコンデンサに流れる電流 I の大きさはいくらになるか．

解答

$X_C=\frac{1}{2\pi fC}=\frac{1}{2\pi\times1000\times\frac{1}{\pi}\times10^{-6}}=500\,\Omega$ である．コイルに流れる電流は，

$I=\frac{V}{X_C}=\frac{10}{500}=20$ mA

2．図 2-2-15 の回路で，10 V, 1 MHz の電圧をコンデンサに加えたところ，0.05 A の電流が流れた．X_C および C の値はいくらか．

解答

200 Ω，0.796 nF

3．電流基準のベクトル図を描け．

解答

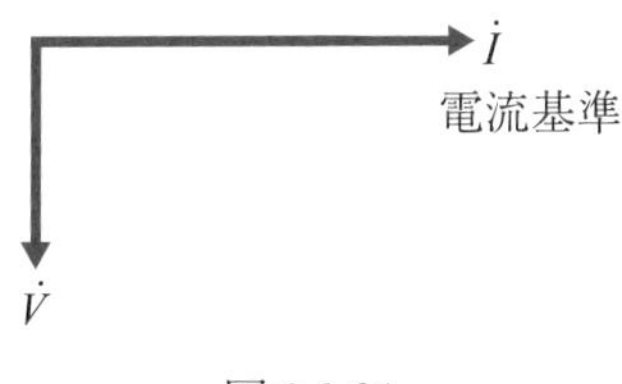

図 2-2-21

4．リアクタンス 20 Ω に電圧 100 V を印加すると，コンデンサ C に流れる電流はいくらになるか．

解答

$\dot{I}=\mathrm{j}\omega C\dot{V}=\mathrm{j}\frac{100}{20}=\mathrm{j}5=5\angle90°$ A

2-2-4 R-L 直列回路

■要点■

図 2-2-22 の回路で，抵抗 R[Ω]，自己インダクタンス L [H] を直列に接続し，周波数 f [Hz] の正弦波交流 V [V] を加えたとき，電流 I [A] が流れたとすると，R と L の端子電圧のベクトル和が電源電圧と等しいから，$\dot{V}=R\dot{I}$ と $\dot{V}=\mathrm{j}\omega L\dot{I}$ より次の式が得られる．

$$\dot{V}=\dot{V}_{\mathrm{R}}+\dot{V}_{\mathrm{L}}=R\dot{I}+\mathrm{j}\omega L\dot{I}=(R+\mathrm{j}\omega L)\dot{I}$$

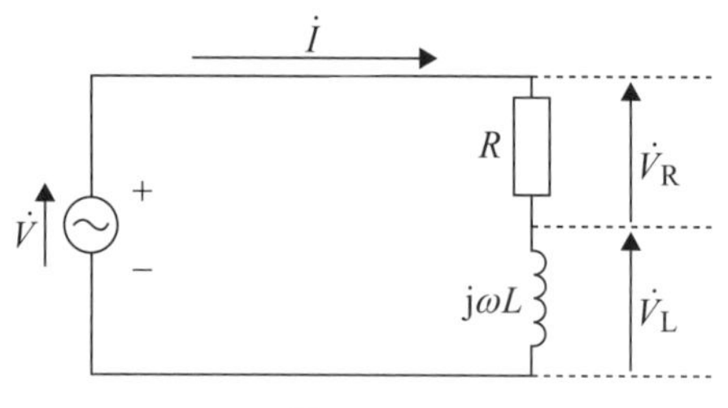

図 2-2-22

また合成インピーダンスは，

$$\dot{Z}=\frac{\dot{V}}{\dot{I}}=R+\mathrm{j}\omega L=Z\angle\theta$$

となる．ただし，$\dot{Z}=\sqrt{R^2+(\omega L)^2}$，$\theta=\tan^{-1}\dfrac{\omega L}{R}$ である．ベクトルインピーダンスを以下の図 2-2-23 に示す．

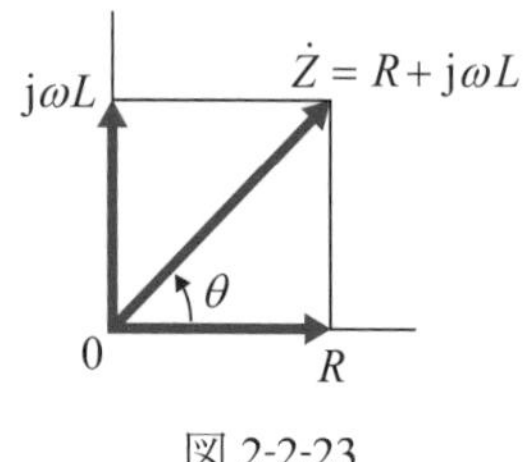

図 2-2-23

さらに，回路に流れる電流 I [A] は，

$$\dot{I}=\frac{\dot{V}}{\dot{Z}}=\frac{\dot{V}}{R+\mathrm{j}\omega L}=\frac{V\angle 0}{Z\angle\theta}=\frac{V}{Z}\angle-\theta=I\angle-\theta$$

となる．電流は電圧より，θ だけ遅れ，この関係をベクトル図で表すと図 2-2-24 となる．

電流 I の大きさを求めると，以下のようになる．

$$\dot{I}=\frac{\dot{V}}{\dot{Z}}=\frac{\dot{V}}{\sqrt{R^2+(\omega L)^2}}$$

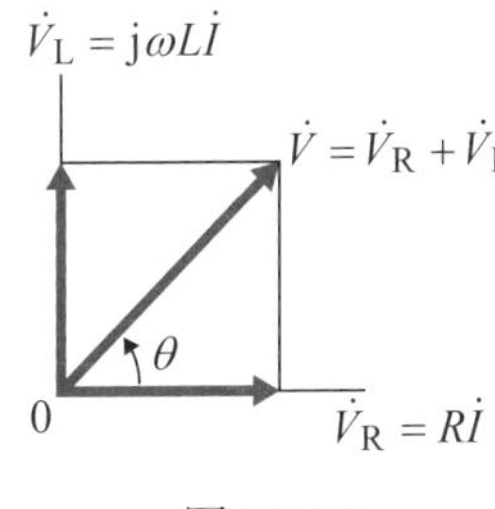

図 2-2-24

 例題 2-2-4

1．抵抗 4 Ω とリアクタンス 3 Ω を直列に接続した場合，合成インピーダンスはいくらになるか．

解答

$$\dot{Z}=4+j3=\sqrt{4^2+3^2}\angle\tan^{-1}\frac{3}{4}=5\angle 37^\circ$$

2．上の問題で，$\dot{V}=100\angle 0^\circ$ V の電圧を印加した場合，電流 $\dot{I}$ [A] はいくらになるか．

解答

$$\dot{I}=\frac{\dot{V}}{\dot{Z}}=\frac{100\angle 0^\circ}{4+j3}=16-j12=20\angle -37^\circ \text{ A}$$

3．抵抗 10 Ω とリアクタンス 20 Ω を直列に接続した場合，$\dot{I}=4+j2$ A の電流が流れた．合成インピーダンスとその端子電圧 $\dot{V}$ [V] を求めよ．

解答

$$\dot{Z}=10+j20\,\Omega$$

$$\dot{V}=\dot{I}\dot{Z}=(4+j2)(10+j20)=j100\text{ V}$$

2-2-5　R-C 直列回路

■要点■

図 2-2-25 の回路で，抵抗 R [Ω]，静電容量 C [F] を直列に接続し，周波数 f [Hz] の正弦波交流 V [V] を加えたとき，電流 I [A] が流れたとすると，R と C の端子電圧のベクトル和が電源電圧と等しいから，$\dot{V} = R\dot{I}$ と $\dot{V} = \dfrac{\dot{I}}{\mathrm{j}\omega C}$ より次の式が得られる．

$$\dot{V} = \dot{V}_{\mathrm{R}} + \dot{V}_{\mathrm{C}}$$

$$= R\dot{I} + \frac{\dot{I}}{\mathrm{j}\omega C} = \left(R + \frac{1}{\mathrm{j}\omega C}\right)\dot{I}$$

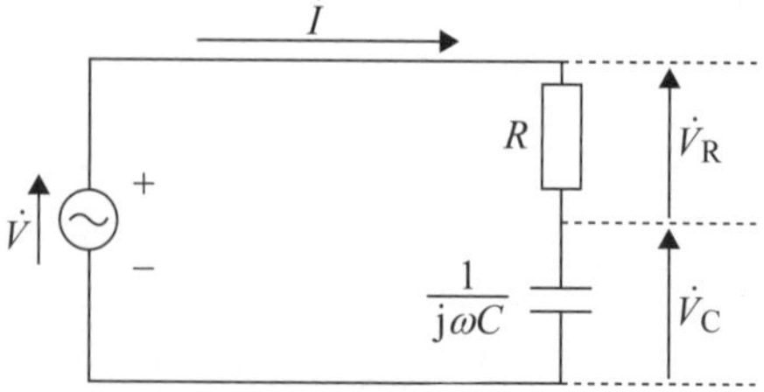

図 2-2-25

また合成インピーダンスは，

$$\dot{Z} = \frac{\dot{V}}{\dot{I}} = R - \mathrm{j}\frac{1}{\omega C} = Z\angle -\theta$$

となる．ただし，$\dot{Z} = \sqrt{R^2 + \left(\dfrac{1}{\omega C}\right)^2}$，$\theta = \tan^{-1}\dfrac{1}{\omega CR}$ である．ベクトルインピーダンスを以下の図 2-2-26 に示す．

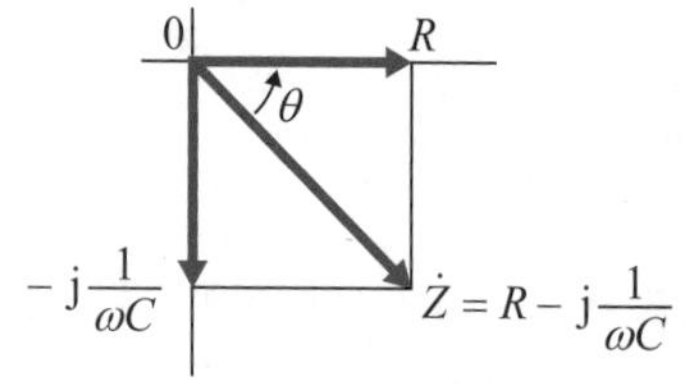

図 2-2-26

さらに，回路に流れる電流 I [A] は，

$$\dot{I}=\frac{\dot{V}}{\dot{Z}}=\frac{\dot{V}}{R-\mathrm{j}\dfrac{1}{\omega C}}=\frac{V\angle 0}{Z\angle(-\theta)}=\frac{V}{Z}\angle+\theta=I\angle+\theta$$

となる．電流は電圧より θ だけ進み，この関係をベクトル図で表すと図 2-2-27 となる．

電流 I の大きさを求めると，以下のようになる．

$$\dot{I}=\frac{\dot{V}}{\dot{Z}}=\frac{\dot{V}}{\sqrt{R^2+\left(\dfrac{1}{\omega C}\right)^2}}$$

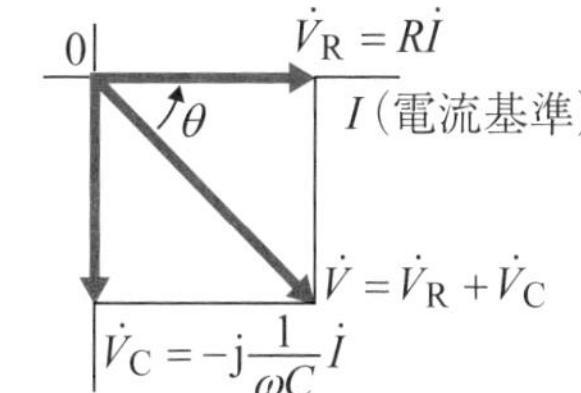

図 2-2-27

例題 2-2-5

1．抵抗 4 Ω とリアクタンス 3 Ω を直列に接続した場合，合成インピーダンスはいくらになるか．

解答

$$\dot{Z}=4-\mathrm{j}3=\sqrt{4^2+3^2}\angle\tan^{-1}-\frac{3}{4}=5\angle(-37°)$$

2．基準ベクトルの電圧 100 V を加えると，電流 I はいくらになるか．

解答

$$\dot{I}=\frac{\dot{V}}{\dot{Z}}=\frac{100}{4-\mathrm{j}3}=16+\mathrm{j}12=20\angle(37°)$$

2-2-6　R-L-C 直列回路

■要点■

図 2-2-28 の回路で，抵抗 R [Ω]，自己インダクタンス L [H]，静電容量 C [F] を直列に接続し，周波数 f [Hz] の正弦波交流 V [V] を加えたとき，電流 I [A] が流れたとすると，R, L と C の端子電圧のベクトル和が電源電圧と等しいから，$\dot{V}_{\mathrm{R}} = R\dot{I}$, $\dot{V}_{\mathrm{L}} = \mathrm{j}\omega L\dot{I}$, $\dot{V}_{\mathrm{C}} = -\mathrm{j}\dfrac{\dot{I}}{\omega C}$ より次の式が得られる．

$$\dot{I} = \frac{\dot{V}}{\dot{Z}} = \frac{\dot{V}}{\sqrt{R^2 + \left(\omega L - \dfrac{1}{\omega C}\right)^2}}$$

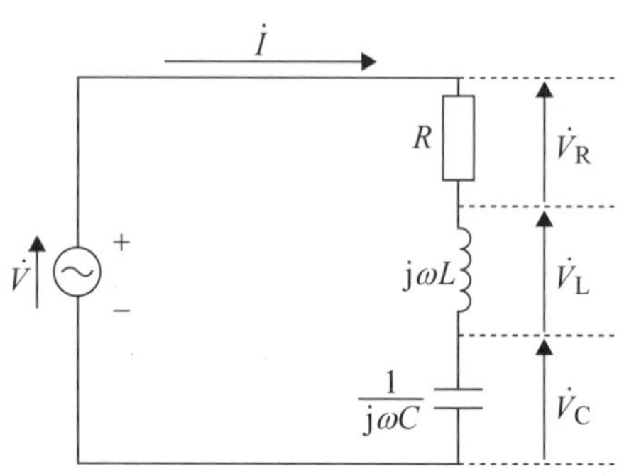

図 2-2-28　R-L-C 回路

また合成インピーダンスは，

$$\dot{Z} = \frac{\dot{V}}{\dot{I}} = R + \mathrm{j}\left(\omega L - \frac{1}{\omega C}\right) = R + \mathrm{j}(X_{\mathrm{L}} - X_{\mathrm{C}}) = Z\angle\theta$$

となる．ただし，$\dot{Z} = \sqrt{R^2 + \left(\omega L - \dfrac{1}{\omega C}\right)^2}$，$\theta = \tan^{-1}\dfrac{\omega L - \dfrac{1}{\omega C}}{R} = \tan^{-1}\dfrac{X_{\mathrm{L}} - X_{\mathrm{C}}}{R}$

である．ベクトルインピーダンスを以下の図 2-2-29 に示す．

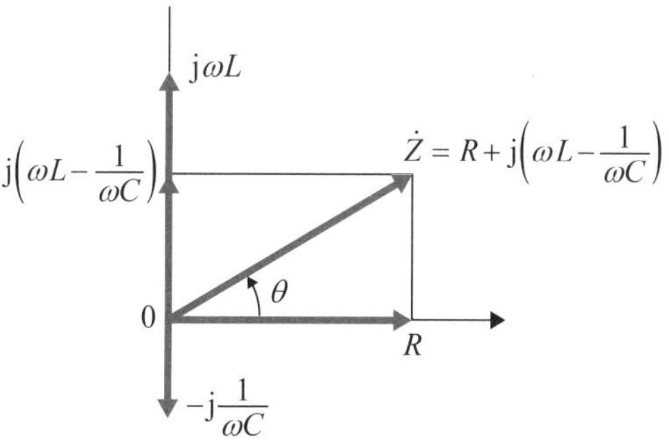

図 2-2-29　ベクトルインピーダンス

さらに，回路に流れる電流 I [A] は，

$$\dot{I}=\frac{\dot{V}}{\dot{Z}}=\frac{\dot{V}}{R+\mathrm{j}\left(\omega L-\dfrac{1}{\omega C}\right)}=\frac{V\angle 0}{Z\angle\theta}=\frac{V}{Z}\angle(-\theta)=I\angle(-\theta)$$

となる．電流は電圧より，θ だけ遅れ，この関係をベクトル図で表すと図 2-2-30 となる．

電流 I の大きさを求めると，以下のようになる．

$$\dot{I}=\frac{\dot{V}}{\dot{Z}}=\frac{\dot{V}}{\sqrt{R^2+\left(\omega L-\dfrac{1}{\omega C}\right)^2}}$$

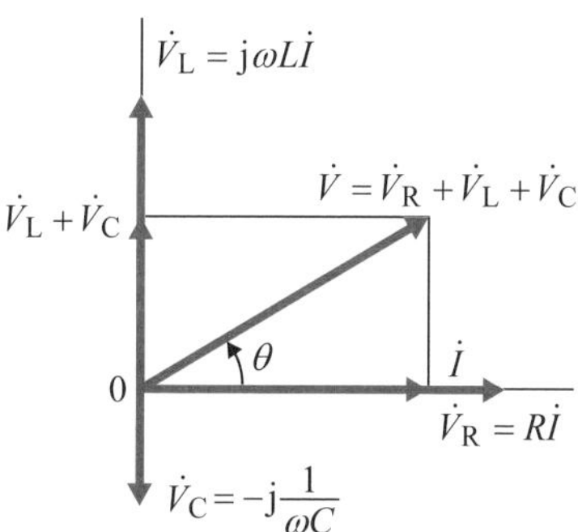

図 2-2-30　電流と電圧の関係

例題 2-2-6

1．適切な言葉を記入せよ．

$\omega L > \dfrac{1}{\omega C}$ の場合，電流は電圧より θ だけ (ア)［　　　］．

全体として (イ)［　　　］の作用があることから，この回路を

(ウ)［　　　］であるという．

解答

(ア)　遅れる　　(イ)　インダクタンス　　(ウ)　誘導性

2．適切な言葉を記入せよ．

$\omega L < \dfrac{1}{\omega C}$ の場合，電流は電圧より θ だけ (ア)［　　　］．

全体として (イ)［　　　］の作用があることから，この回路を

(ウ)［　　　］であるという．

解答

(ア)　進む　　(イ)　静電容量　　(ウ)　容量性

3．適切な言葉を記入せよ．

$\omega L = \dfrac{1}{\omega C}$ のとき，$\theta =$ (ア)［　　　］となるため，電流と電圧は

(イ)［　　　］となる．

全体としては，(ウ)［　　　］だけの作用と同じになる．このような状

態の回路を (エ)［　　　］にあるという．

解答

(ア)　0　　(イ)　同相　　(ウ)　抵抗　　(エ)　共振状態

2-2-7　R-L-C 並列回路

■要点■

[1] 各素子のインピーダンスを $\dot{Z}_R$, $\dot{Z}_L$, $\dot{Z}_C$ とする.

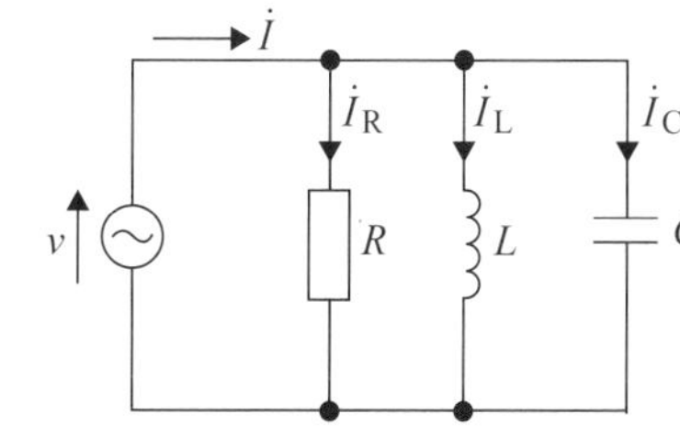

図 2-2-31　R-L-C 並列回路

$$\dot{I}=\dot{I}_R+\dot{I}_L+\dot{I}_C=\frac{\dot{V}}{\dot{Z}_R}+\frac{\dot{V}}{\dot{Z}_L}+\frac{\dot{V}}{\dot{Z}_C}=\left(\frac{1}{\dot{Z}_R}+\frac{1}{\dot{Z}_L}+\frac{1}{\dot{Z}_C}\right)\dot{V}=\frac{\dot{V}}{\dot{Z}}$$

$$\frac{1}{\dot{Z}}=\frac{1}{\dot{Z}_R}+\frac{1}{\dot{Z}_L}+\frac{1}{\dot{Z}_C}$$

$$\dot{Z}=\frac{1}{\dfrac{1}{\dot{Z}_R}+\dfrac{1}{\dot{Z}_L}+\dfrac{1}{\dot{Z}_C}}$$

並列回路のインピーダンスは複雑である.

そこで，インピーダンスの逆数で定義される量を導入する.

アドミタンス $\dot{Y}=\dfrac{1}{\dot{Z}}$ [S] ジーメンス

$$\dot{Y}=G+\mathrm{j}B$$

G：コンダクタンス

B：サセプタンス

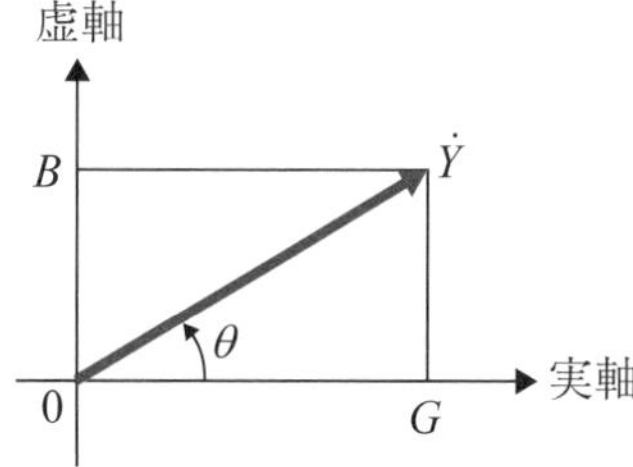

図 2-2-32　アドミタンス

［2］ 電流のアドミタンスによる表記…ある素子のアドミタンスを$\dot{Y}$とし，この素子の両端にかかっている電圧を$\dot{V}$とする．この素子に流れる電流は，

$$\dot{I}=\dot{Y}\dot{V}$$

で与えられる．

そこで，R，L，Cのアドミタンスをそれぞれ$\dot{Y}_{\mathrm{R}}$，$\dot{Y}_{\mathrm{L}}$，$\dot{Y}_{\mathrm{C}}$とする．

$$\dot{Y}_{\mathrm{R}}=\frac{1}{\dot{Z}_{\mathrm{R}}}=\frac{1}{R}$$

$$\dot{Y}_{\mathrm{L}}=\frac{1}{\dot{Z}_{\mathrm{L}}}=\frac{1}{\mathrm{j}\omega L}=-\mathrm{j}\omega L=-\mathrm{j}\frac{1}{\omega L}$$

$$\dot{Y}_{\mathrm{C}}=\frac{1}{\dot{Z}_{\mathrm{C}}}=\frac{1}{\dfrac{1}{\mathrm{j}\omega C}}=\mathrm{j}\omega C$$

$$\therefore \dot{I}_{\mathrm{R}}=\dot{Y}_{\mathrm{R}}\dot{V}=\frac{\dot{V}}{R}$$

$$\dot{I}_{\mathrm{L}}=\dot{Y}_{\mathrm{L}}\dot{V}=-\mathrm{j}\frac{1}{\omega L}\dot{V}=\frac{1}{\mathrm{j}\omega L}\dot{V}$$

$$\dot{I}_{\mathrm{C}}=\dot{Y}_{\mathrm{C}}\dot{V}=\mathrm{j}\omega C\dot{V}$$

$\dot{I}_{\mathrm{R}}$，$\dot{I}_{\mathrm{L}}$，$\dot{I}_{\mathrm{C}}$とこれらの3つを合成した複素電流$\dot{I}$は，

$$\begin{aligned}\dot{I}&=\dot{I}_{\mathrm{R}}+\dot{I}_{\mathrm{L}}+\dot{I}_{\mathrm{C}}\\&=\dot{Y}_{\mathrm{R}}\dot{V}+\dot{Y}_{\mathrm{L}}\dot{V}+\dot{Y}_{\mathrm{C}}\dot{V}\\&=\left(\dot{Y}_{\mathrm{R}}+\dot{Y}_{\mathrm{L}}+\dot{Y}_{\mathrm{C}}\right)\dot{V}\\&=\dot{Y}\dot{V}\end{aligned}$$

よって，合成アドミタンス$\dot{Y}$は，

$$\dot{Y}=\dot{Y}_{\mathrm{R}}+\dot{Y}_{\mathrm{L}}+\dot{Y}_{\mathrm{C}}$$

アドミタンスは，並列回路のときに有用である．

$$\begin{aligned}\dot{Y}&=\dot{Y}_{\mathrm{R}}+\dot{Y}_{\mathrm{L}}+\dot{Y}_{\mathrm{C}}\\&=\frac{1}{R}+\frac{1}{\mathrm{j}\omega L}+\mathrm{j}\omega C\\&=\frac{1}{R}-\mathrm{j}\frac{1}{\omega L}+\mathrm{j}\omega C\\&=\frac{1}{R}+\mathrm{j}\left(\omega C-\frac{1}{\omega L}\right)\\&=G+\mathrm{j}B\end{aligned}$$

$$G=\frac{1}{R}$$ ：コンダクタンス

$$B=\omega C-\frac{1}{\omega L}$$ ：サセプタンス

一方，$\dot{Y}$ の大きさは

$$|\dot{Y}|=\sqrt{\left(\frac{1}{R}\right)^2+\left(\omega C-\frac{1}{\omega L}\right)^2}$$

$$\theta=\tan^{-1}\left(\frac{\omega C-\dfrac{1}{\omega L}}{\dfrac{1}{R}}\right)=\tan^{-1}R\left(\omega C-\frac{1}{\omega L}\right)$$

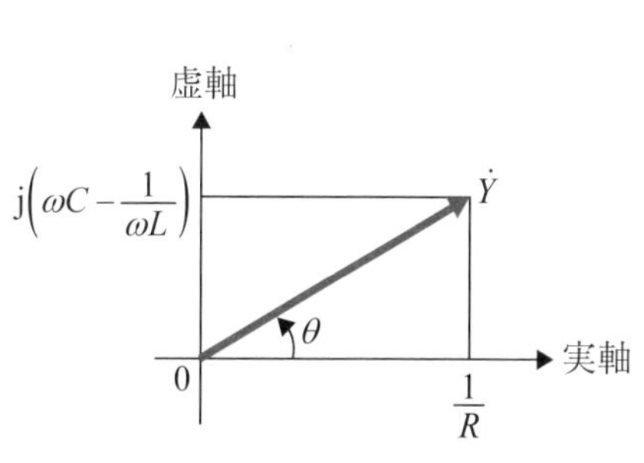

図 2-2-33　アドミタンス $\dot{Y}$ のベクトル図

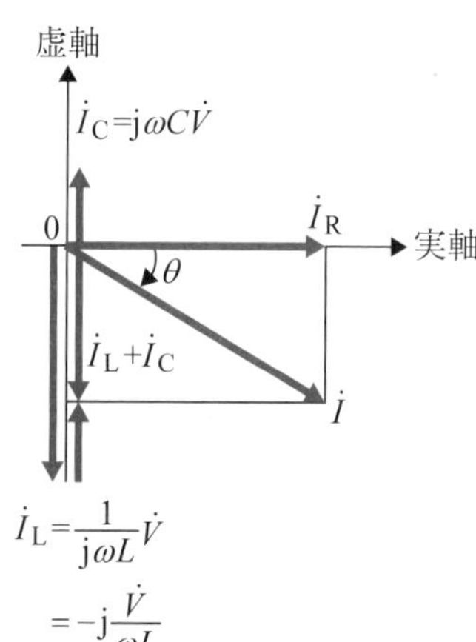

図 2-2-34　アドミタンス $\dot{I}$ のベクトル図

 例題２-２-７

1． $R=5\,\Omega$, $L=40$ mH, $C=200\,\mu$F であるとする．この回路に瞬時値が $v=100\sqrt{2}\sin\ 500t$ [V] で与えられる電圧を加える．

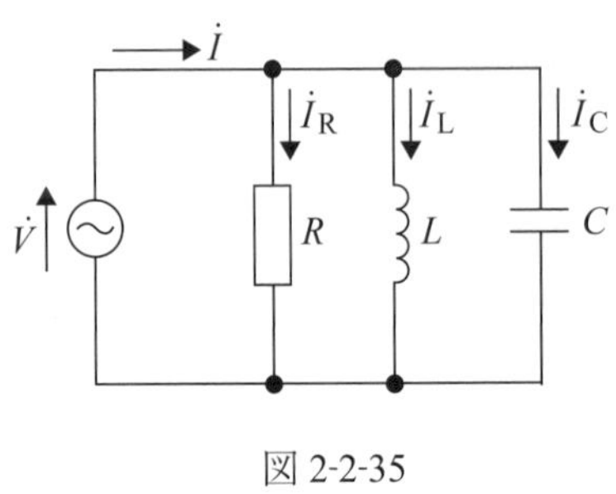

図 2-2-35

(1) この回路の合成アドミタンスを求めよ．

(2) 各素子を流れる電流を求めよ．

解答

(1) 電圧の実効値は 100 V，角周波数 ω は 500 rad/s である．よって各素子のアドミタンスは，

$$\begin{cases}\dot{Y}_R=\dfrac{1}{R}=\dfrac{1}{5}=0.2\text{ S}\\ \dot{Y}_L=\dfrac{1}{j\omega L}=-j\dfrac{1}{500\times40\times10^{-3}}=-j0.05\text{ S}\\ \dot{Y}_C=j\omega C=j500\times200\times10^{-6}=j0.1\text{ S}\end{cases}$$

合成アドミタンス $\dot{Y}$

$$\begin{aligned}\dot{Y}&=\dot{Y}_R+\dot{Y}_L+\dot{Y}_C\\&=0.2+(-j0.05)+j0.1\\&=0.2+j0.05\text{ S}\end{aligned}$$

(2) $\dot{I}_R=\dot{Y}_R\dot{V}=0.2\times100=20$ A

$\dot{I}_L=\dot{Y}_L\dot{V}=-j0.05\times100=-j5$ A

$\dot{I}_C=\dot{Y}_C\dot{V}=j0.1\times100=j10$ A

2．R-L 並列回路について，次の値を求めよ．

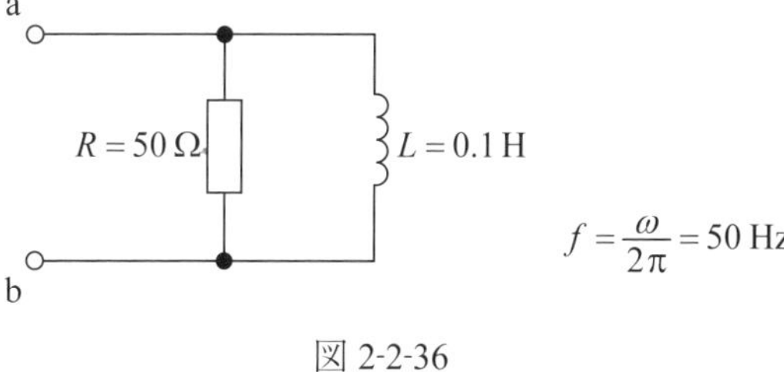

$$f = \frac{\omega}{2\pi} = 50\ \mathrm{Hz}$$

図 2-2-36

(1) アドミタンス $\dot{Y}$ の極座標表示と複素数表示を求めよ．

(2) インピーダンス $\dot{Z}$ の極座標表示と複素数表示を求めよ．

解答

(1) 極座標表示

$$\dot{Y} = \sqrt{(0.02)^2 + (0.03183)^2} \angle \tan^{-1}\frac{-0.03183}{0.02}$$

$$= 0.03759\angle(-57.86°)\ \mathrm{S}$$

複素数表示

$$\dot{Y} = \frac{1}{R} + \frac{1}{\mathrm{j}\omega L} = \frac{1}{50} - \mathrm{j}\frac{1}{2\pi\times 50\times 0.1}$$

$$= 0.02 - \mathrm{j}0.03183\ \mathrm{S}$$

(2) 極座標表示

$$\dot{Z} = \frac{1}{\dot{Y}} = \frac{1}{0.03759\angle -57.86°}$$

$$= 26.60\angle(+57.86°)\Omega$$

複素数表示

$$\dot{Z} = 26.60(\cos 57.86° + \mathrm{j}\sin 57.86°)$$

$$= 14.15 + \mathrm{j}22.52\ \Omega$$

3．R-L-C 直列回路において，$R = 5\,\Omega$, $L = 30\,\text{mH}$, $C = 200\,\mu\text{F}$ とする．この回路に瞬時値が，

$$i = 10\sqrt{2}\sin 500t[\text{A}]$$

で与えられる電流が流れているこの回路のインピーダンス $\dot{Z}$，偏角 θ，回路に加えた電圧の瞬時値，各素子の電圧降下の実効値を求めよ．

解答

電流 10 A，$\omega = 500$ rad/s

$$\left|\dot{Z}\right| = \sqrt{R^2 + \left(\omega L - \frac{1}{\omega C}\right)^2} = \sqrt{5^2 + \left(500\times 30\times 10^{-3} - \frac{1}{500\times 200\times 10^{-6}}\right)^2}$$

$$= 5\sqrt{2} = 7.07\,\Omega$$

$$\theta = \tan^{-1}\frac{\omega L - \dfrac{1}{\omega C}}{R} = \tan^{-1}1 = \frac{\pi}{4} = 45°$$

$\dot{Z}$ の偏角 θ から，電圧は電流に比べて位相が 45° だけ進んでいる．

$$v = \left|\dot{Z}\right| i\angle 45°$$

$$= \left(5\sqrt{2}\times 10\sqrt{2}\sin 500t\right)\angle 45°$$

$$= 100\sin\left(500t + \frac{\pi}{4}\right)[\text{V}]$$

$$\dot{V}_{\text{R}} = RI = 5\times 10 = 50\ \text{V}$$

$$\dot{V}_{\text{L}} = \omega LI = 15\times 10 = 150\ \text{V}$$

$$\dot{V}_{\text{C}} = \frac{1}{\omega C}I = \frac{1}{0.1}\times 10 = 100\ \text{V}$$

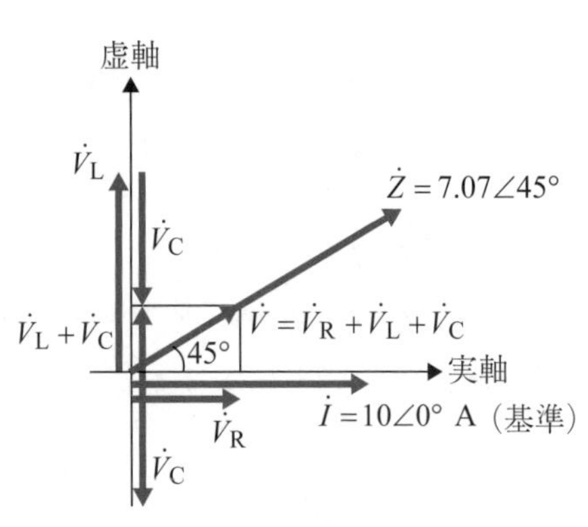

図 2-2-37

演習問題 2-2

1．図 2-2-1 の回路についての問題である．$R=20\,\Omega$ に $v=100\sqrt{2}\sin 120\pi t$[V] の電圧を印加した．以下の問に答えよ．

(1) 周波数 f を求めよ．

(2) 実効値 V を求めよ．

(3) 電流の瞬時値を求めよ．

2．インダクタンス 500 mH に，周波数 60 Hz の電圧 $V=100\angle 30°$ V を印加すると，電流 I はいくらになるか．

3．(1) コンデンサ 50 μF に交流電圧を加えたところ，$q=0.002\times\sqrt{2}\sin(2000\pi t)$[C] であった．$v$ と i の瞬時値を示せ．

(2) コンデンサ C が 5 μF であり，周波数 60 Hz の電圧が 100 V で，かつ電流より位相が $\frac{\pi}{6}$ 進んでいるとすると，流れる電流 I [A] を求めよ．

4．(1) 抵抗 10 Ω, リアクタンス 20 Ω を直列につなげると，$4+\mathrm{j}2$ [A]の電流が流れた．合成インピーダンスを求めよ．

(2) 上の問題で，電源電圧がいくらになるか計算せよ．

5．(1) $V=100\angle(15°)$ V の電圧を印加した．$I=5\angle(-30°)$ A の電流が流れたとすると，抵抗 R [Ω] を求めよ．

(2) (1)の問題で，リアクタンス $\frac{1}{\omega C}$ [Ω] を求めよ．

演習問題２-２　解答

１．(1)　60 Hz

(2)　100 V

(3)　$5\sqrt{2}\sin 120\pi t$[A]

２．$0.53\angle(-60°)$ A

３．(1)　$i = 4\sqrt{2}\sin\left(2\times10^3 t - \frac{\pi}{2}\right)$[A]

$v = 0.04\sqrt{2}\times10^3 \sin 2\pi\times10^3 t$[V]

(2)　$0.18\angle120°$ A

４．(1)　$10 + j20\ \Omega$

(2)　j100 V

５．(1)　$10\sqrt{2}\ \Omega$

(2)　$10\sqrt{2}\ \Omega$

2-3　共振回路

2-3-1　直列共振回路

■要点■

[1] 合成インピーダンス

交流回路に流れる電流が，ある特定の周波数付近で急に大きく流れたり，少なくなったりする回路がある．この回路を共振回路という．

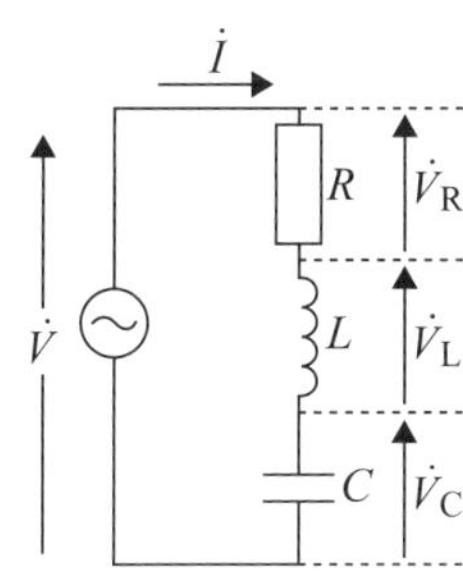

図 2-3-1　直列回路

合成インピーダンス　$\dot{Z} = R + \mathrm{j}\left(\omega L - \dfrac{1}{\omega C}\right)$

偏角　$\theta = \tan^{-1}\dfrac{\omega L - \dfrac{1}{\omega C}}{R}$

まず，周波数を零から増加させることを考える．

① $\dfrac{1}{\omega C} > \omega L$

容量リアクタンスの方が誘導リアクタンスより大きいため，回路は容量性となる．よって，進み電流が流れる．

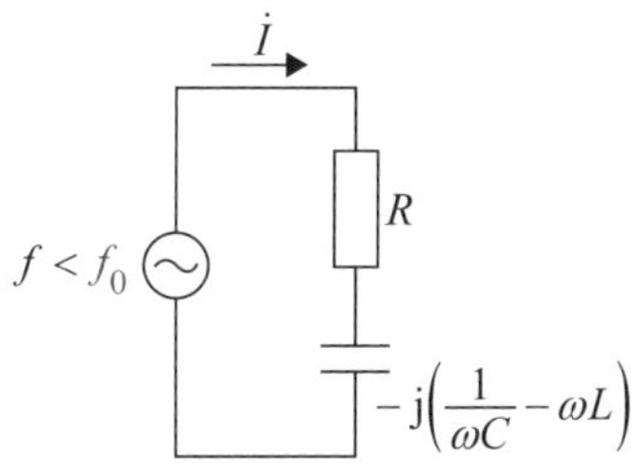

図 2-3-2　容量性回路

② さらに周波数を増加させると，$\omega L = \dfrac{1}{\omega C}$ となる．

L と C の作用が互いに打ち消し，$\dot{Z} = R$ となり，抵抗だけの回路のようになる．よって電圧と電流は同相となる．

⇩

この状態を「共振状態にある」という．また，このときの周波数を共振周波数という．

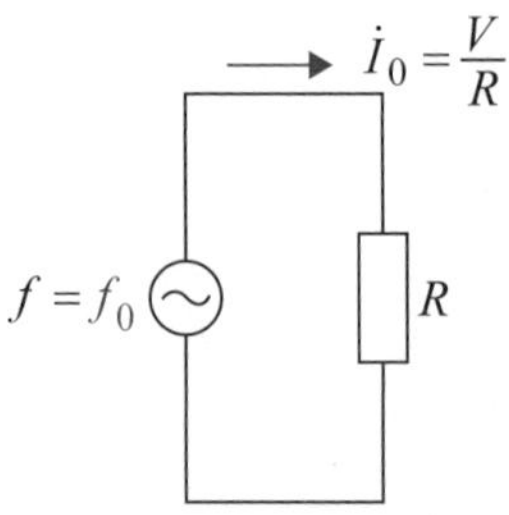

図 2-3-3　共振状態

③ さらに周波数を増加させると，$\omega L > \dfrac{1}{\omega C}$ となる．

よって，誘導リアクタンスの方が，容量リアクタンスより大きくなるため，回路は誘導性となる．よって遅れ電流が流れる．

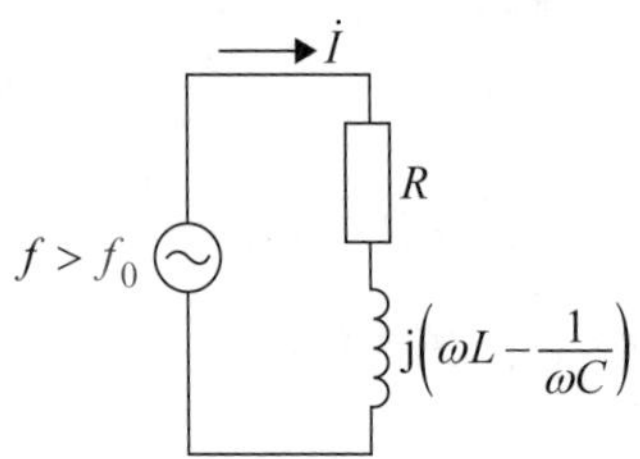

図 2-3-4　誘導性回路

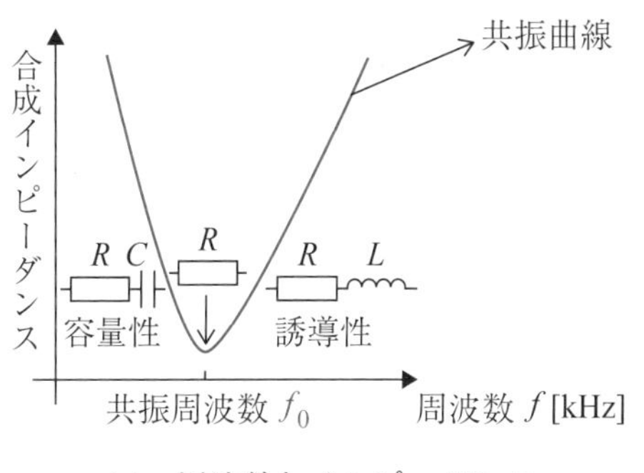

(a)　周波数とインピーダンス

(b)　周波数とリアクタンス

図 2-3-5　直列共振

回路に流れる電流 I は,

$$I = \frac{V}{\sqrt{R^2 + \left(\omega L - \frac{1}{\omega C}\right)^2}}$$

であるが，共振状態の場合，$\omega L = \frac{1}{\omega C}$ である．よって，$I_0 = \frac{V}{R}$ の最大電流が流れる．

[2] 共振周波数

R-L-C 直列回路で，電圧と電流が同相となる共振状態は,

$$\omega L = \frac{1}{\omega C}$$

のときである．

$$\omega_0{}^2 = \frac{1}{LC}$$

$$\omega_0 = \frac{1}{\sqrt{LC}} \rightarrow \text{共振角周波数}$$

$$f_0 = \frac{1}{2\pi\sqrt{LC}} \rightarrow \text{共振周波数}$$

共振時の電流は，$I_0 = \frac{V}{R}$ より，各端子電圧は，以下のようになる．

$$\dot{V}_{R_0} = R\dot{I}_0 = R \times \frac{\dot{V}}{R} = \dot{V}$$

$$V_{\mathrm{L}_0} = \mathrm{j}\omega_0 L\dot{I}_0 = \mathrm{j}\omega_0 L\frac{\dot{V}}{R} = \mathrm{j}\frac{\omega_0 L}{R}\dot{V}$$

$$\dot{V}_{\mathrm{C}_0} = -\mathrm{j}\frac{1}{\omega_0 C}\dot{I}_0 = -\mathrm{j}\frac{1}{\omega_0 C}\frac{\dot{V}}{R} = -\mathrm{j}\frac{1}{\omega_0 CR}\dot{V}$$

共振時は L と C の端子電圧の大きさは等しいから，

$$\dot{V}_{\mathrm{L}_0} = \dot{V}_{\mathrm{C}_0}$$

となる．

$$\frac{\omega_0 L}{R}\dot{V} = \frac{1}{\omega_0 CR}\dot{V}$$

$$\frac{\omega_0 L}{R} = \frac{1}{\omega_0 CR} = Q$$

$$\dot{V}_{\mathrm{L}_0} = \mathrm{j}\frac{\omega_0 L}{R}\dot{V} = \mathrm{j}Q\dot{V}$$

$$\dot{V}_{\mathrm{C}_0} = -\mathrm{j}\frac{1}{\omega_0 CR}\dot{V} = -\mathrm{j}Q\dot{V}$$

L と C の端子電圧は，電源電圧の Q 倍に拡大される．また，Q を尖鋭度という．

例題 2-3-1

1．$R=100\,\Omega$，$L=50\,\mathrm{mH}$，$C=0.02\,\mu\mathrm{F}$ を直列に接続したとき，共振周波数を求めよ．

解答

$$f_0=\frac{1}{2\pi\sqrt{LC}}=5.033\,\mathrm{kHz}$$

2．R-L-C 直列回路において，電源電圧 1 V を一定とし，周波数を変化させ，共振周波数 f_0 となったとき，流れる電流 I_0 を求めよ．

解答

$$I_0=\frac{V}{R}=\frac{1\,\mathrm{V}}{100\,\Omega}=0.01\,\mathrm{A}=10\,\mathrm{mA}$$

3．$L=250\,\mu\mathrm{H}$，C，R の直列回路において，$f_0=1000\,\mathrm{kHz}$ で共振したとき．コンデンサ C の値を求めよ．

解答

$$C=\frac{1}{{\omega_0}^2L}=103\times10^{-12}\,\mathrm{F}=101.32\,\mathrm{pF}$$

4．R-L-C 直列回路において，$R=5\,\Omega$，$L=5\,\mathrm{H}$，$C=5\,\mu\mathrm{F}$ とする．この回路に 100 V の電圧を印加したときの回路の共振角周波数 ω_0，共振周波数 f_0，尖鋭度 Q を求めよ．また，共振時に R，L，C それぞれの両端にかかる電圧 V_R，V_L，V_C を求めよ．

解答

共振角周波数　$\omega_0=200\,\mathrm{rad/sec}$

共振周波数　$f_0=31.8\,\mathrm{Hz}$

尖鋭度　$Q=\dfrac{\omega_0L}{R}=\dfrac{1}{R}\sqrt{\dfrac{L}{C}}=200$

共振時に回路に流れる電流　$I_0=20\,\mathrm{A}$

$$\dot{V}_R = RI_0 = 100\text{ V}$$

$$\dot{V}_L = \mathrm{j}\omega_0 LI_0 = \mathrm{j}20000\text{ V}$$

$$\dot{V}_C = \frac{I_0}{\mathrm{j}\omega C} = -\mathrm{j}20000\text{ V}$$

5．$R = 10\,\Omega$,　$L = 50\text{ mH}$,　$C = 0.02\,\mu\text{F}$ で $V = 1\text{ V}$，共振周波数 $f_0 = 5.033\text{ Hz}$ の電圧を加えたとき，回路の Q を求めよ．また L と C のそれぞれ端子電圧を求めよ．そのときに流れる電流を求めよ．

解答

$$Q = \frac{\omega_0 L}{R} = 158$$

$$V_L = V_C = QV = 158 \times 1\text{ V} = 158\text{ V}$$

$$I_0 = \frac{V}{R} = 0.1\text{ A}$$

2-3-2　並列共振回路

■要点■

[1] 合成インピーダンス

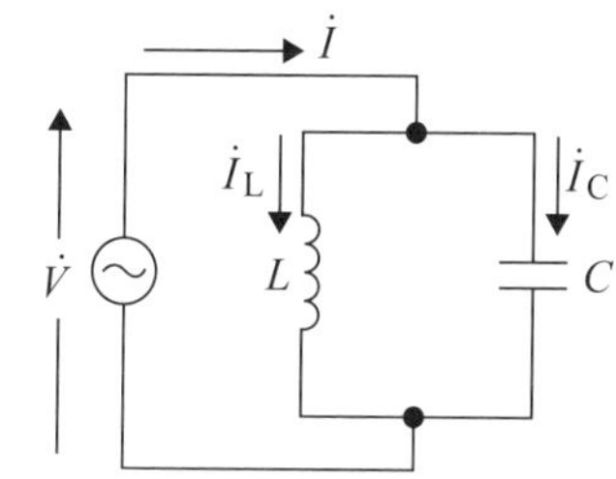

図 2-3-6　並列回路

$$\dot{Z}=\frac{1}{\dot{Y}}=\frac{1}{\dfrac{1}{\mathrm{j}\omega L}+\mathrm{j}\omega C}=\mathrm{j}\frac{1}{\dfrac{1}{\omega L}-\omega C}$$

電源の周波数を 0 から増加させる．

① 周波数が低いとき，

$\dfrac{1}{\omega L}>\omega C$ となる．

よって，$\dot{Z}$ は誘導性となり，遅れ電流が流れる．

② 周波数が増すと，

$\dfrac{1}{\omega L}=\omega C$ すなわち，$f=\dfrac{1}{2\pi\sqrt{LC}}$

のとき，$\dot{Z}=\infty$ となり，電流は流れない．

③ さらに周波数が高くなると，

$\dfrac{1}{\omega L}<\omega C$ となる．

よって，$\dot{Z}$ は容量性となり，進み電流が流れる．

電流 $\dot{I}$ は，

$$\dot{I}=\dot{I}_L+\dot{I}_C=\frac{\dot{V}}{\mathrm{j}\omega L}+\mathrm{j}\omega C\dot{V}=\mathrm{j}\left(\omega C-\frac{1}{\omega L}\right)\dot{V}$$

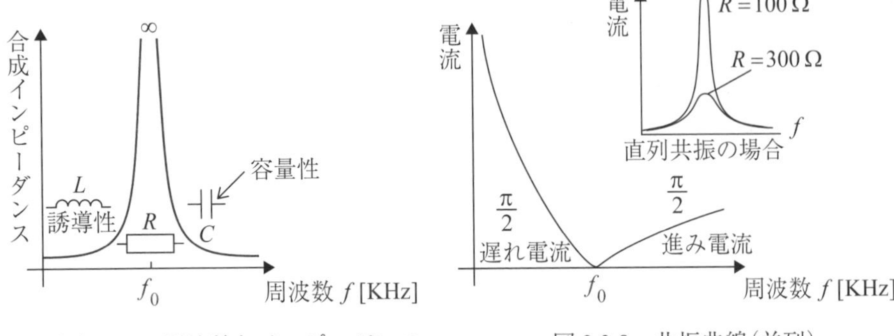

図 2-3-7　周波数とインピーダンス　　図 2-3-8　共振曲線（並列）

このような現象を並列共振または共振という．また，共振状態のとき，L と C に流れる電流が，互いにやりとりして共振していることから，電流共振ともいう．

[2] 一般の並列共振回路

コイルに存在する抵抗は，実際には無視できない．一方，コンデンサの場合は，抵抗の比較的小さいものが作製可能である．

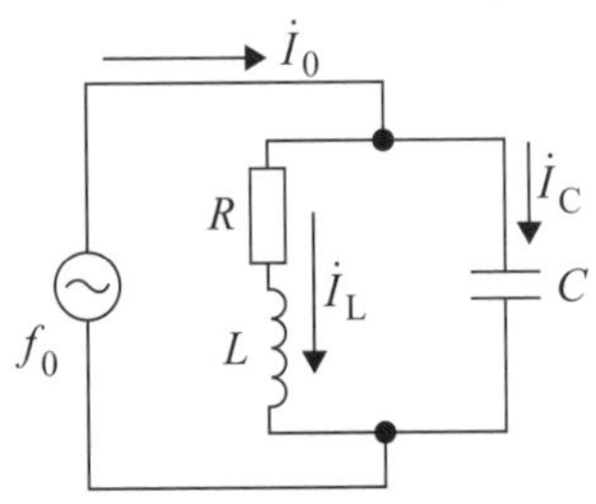

図 2-3-9　並列回路

[3] 合成アドミタンス

$$\dot{Y}=\frac{1}{R+\mathrm{j}\omega L}+\mathrm{j}\omega C=\frac{R-\mathrm{j}\omega L}{R^2+(\omega L)^2}+\mathrm{j}\omega C$$

$$=\frac{R}{R^2+(\omega L)^2}+\mathrm{j}\left\{\omega C-\frac{\omega L}{R^2+(\omega L)^2}\right\}$$

共振状態，すなわち，電流が電圧と同相になるためには，$\dot{Y}$ の虚数部が 0 のときである．

$$\omega_0 C - \frac{\omega_0 L}{R^2 + (\omega_0 L)^2} = 0$$

$$\omega_0{}^2 = \frac{1}{LC} - \frac{R^2}{L^2}$$

$$f_0 = \frac{1}{2\pi}\sqrt{\frac{1}{LC} - \frac{R^2}{L^2}}$$

前述したときと同じ共振状態にするためには，$\frac{1}{LC} > \frac{R^2}{L^2}$ の条件が必要となる．並列回路では，$\frac{1}{LC} \gg \frac{R^2}{L^2}$ の場合が多い．

$$\therefore f_0 = \frac{1}{2\pi\sqrt{LC}}$$

$$\dot{Z} = \frac{1}{\dot{Y}_0} = \frac{R + (\omega_0 L)^2}{R} = \frac{R^2 + \left(\frac{L}{C} - R^2\right)}{R} = \frac{L}{CR}$$

よって，純抵抗となる．

共振時，電源から流れる電流 $\dot{I}_0$，$\dot{I}_L$，$\dot{I}_C$ の大きさは，

$$I_0 = \frac{V}{Z_0} = \frac{V}{\frac{L}{CR}} = \frac{CR}{L}V$$

となる．

いま，$R \ll \omega_0 L$ とすれば，

$$I_L = \frac{V}{\omega_0 L}$$

$$I_C = \omega_0 CV$$

となる．

全電流 I_0，I_L，そして I_C の比から，Q を求めると，

$$Q = \frac{I_L}{I_0} = \frac{\frac{V}{\omega_0 L}}{\frac{CR}{L}V} = \frac{1}{\omega_0 CR}$$

$$Q = \frac{I_C}{I_0} = \frac{\omega_0 CV}{\frac{CR}{L}V} = \frac{\omega_0 L}{R}$$

$$\therefore I_L = I_C = QI_0 = \frac{\omega_0 L}{R} \times I_0 = \frac{1}{\omega_0 CR} \times I_0$$

Q は直列共振のときと同じ式となる．

例題２-３-２

1．$R = 10\ \Omega$，$L = 5\ \text{mH}$，$C = 0.02\ \mu\text{F}$ のとき，図 2-3-9 に示した並列回路の共振角周波数を求めよ．

解答

$$\frac{1}{LC} = 10^{10}$$

$$\frac{R^2}{L^2} = 4 \times 10^6$$

$$\therefore \frac{1}{LC} \gg \frac{R^2}{L^2} \text{ より}$$

$$\omega_0 \fallingdotseq 10^5$$

2．例題 1 での尖鋭度 Q，電流 I_0，I_L，および I_C を求めよ．

解答

$$\omega_0 L = 500\ \Omega$$

$$\frac{1}{\omega_0 C} = 500\ \Omega$$

$$\therefore R \ll \omega_0 L,\quad \omega_0 L = \frac{1}{\omega_0 C} \text{ より，}$$

$$Q = \frac{\omega_0 L}{R} = \frac{1}{\omega_0 CR} = 50$$

よって，

$$\text{全電流 } I_0 = \frac{CRV}{L} = 0.04\ \text{mA} = 40\ \mu\text{A}$$

$$I_\text{L} = I_\text{C} = QI_0 = 2\ \text{mA}$$

3．スイッチSを閉じ，交流電圧$V=5$ Vを加えたところ，電流計I_1，I_2の指示がいずれも100 mAであった．電源の周波数とスイッチSを開いたときの電流計I_1の指示はいくらか．

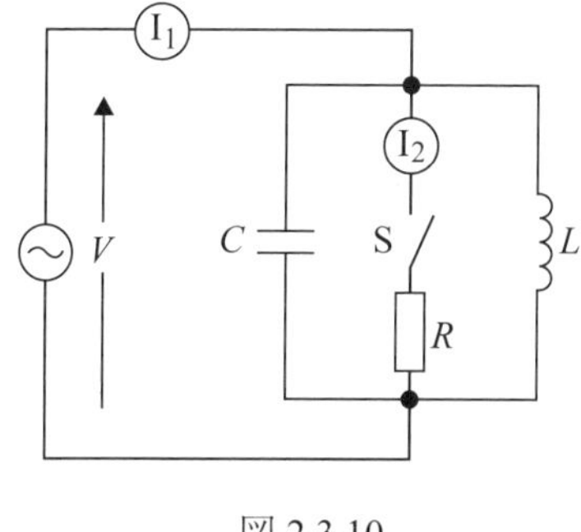

図 2-3-10

解答

$$f=\frac{1}{2\pi\sqrt{LC}}$$

$$I_1=0\text{ A}$$

4．電流$\dot{I}$が電圧$\dot{V}$と同相になるためには，インダクタンスLをどのような値にすればよいか．また，そのときに流れる電流$\dot{I}$を求めよ．

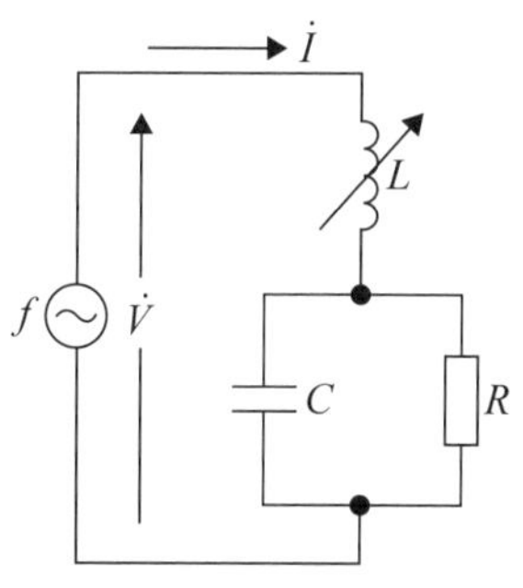

図 2-3-11

解答

$$\dot{V}=\dot{Z}\dot{I}=\left(\mathrm{j}\omega L+\frac{1}{\mathrm{j}\omega C+\frac{1}{R}}\right)\dot{I}=\left\{\frac{R}{1+\omega^2C^2R^2}+\mathrm{j}\omega\left(L-\frac{CR^2}{1+\omega^2C^2R^2}\right)\right\}\dot{I}$$

電流 $\dot{I}$ と電圧 $\dot{V}$ を同相にするためには虚数部が 0 であればよい.

$$L=\frac{CR^2}{1+\omega^2C^2R^2}$$

$$I=\frac{(1+\omega^2C^2R^2)V}{R}$$

5．$L=10$ mH，$C=1\ \mu$F の並列回路の場合，共振周波数 f_1 はいくらか．また，C に並列にコンデンサ C' [F] を並列に接続すると共振周波数 f_2 は 800 Hz になった．C' はいくらか.

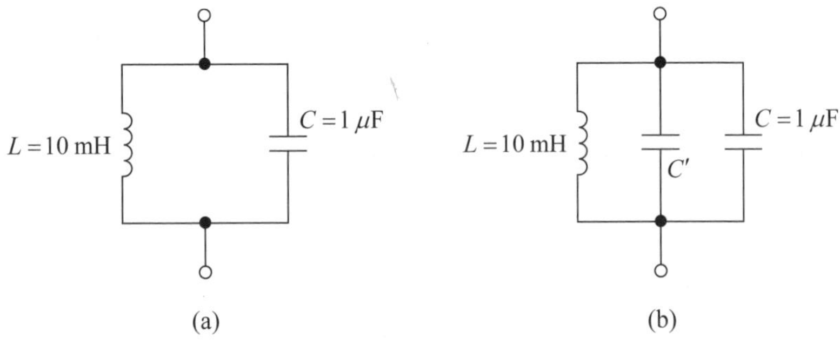

図 2-3-12

解答

$f_1=1.59$ k Hz

$f_2=2.96\ \mu$F

2-4　相互誘導回路

■要点■

互いに近づけた2つのコイルの一方に，交流電流 $\dot{I}_1$ を流すと，磁束が生じ，この磁束が他方のコイルと鎖交して電圧が誘起される．

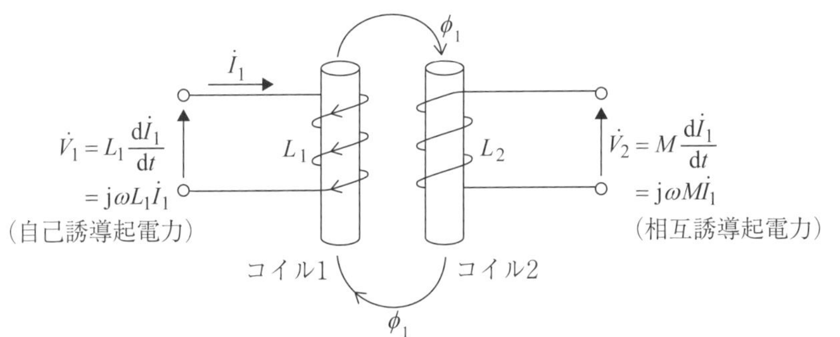

図 2-4-1　相互誘導回路(コイル1に電流を流した場合)

・コイル1およびコイル2の自己インダクタンスを L_1 [H]，L_2 [H]，コイル間の相互インダクタンスを M[H] とする．

・コイル1に交流電流 I_1 [A] を流すと，磁束 ϕ_1 [Wb] が生じる．

・両方のコイルに電流および磁束の変化を妨げる方向に起電力が発生する．

・M と L_1，L_2 の間には，次の関係がある．

$$M = k\sqrt{L_1 L_2} \ (-1 \leqq k \leqq 1)$$

k を2つのコイルの結合係数という．

・コイル2に交流電流 $\dot{I}_2$ [A] を流すと，磁束 ϕ_2 [Wb] が生じる．

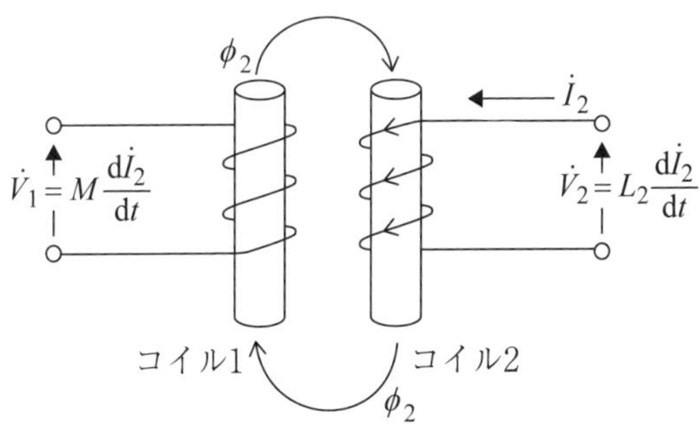

図 2-4-2　相互誘導回路(コイル2に電流を流した場合)

[1] Mの符号

・Mの符号は，磁束が同方向になり，磁束を強め合う場合には正となる．

・また，磁束が逆方向となり，弱め合う場合は負となる．

・Mの符号は，巻線の方向や流れる電流の方向によっても異なるため，本来はコイルの巻き方や電流の方向を指定して，Mの正負が決まる（本節では，Mが常に正となる問題を用意した）．

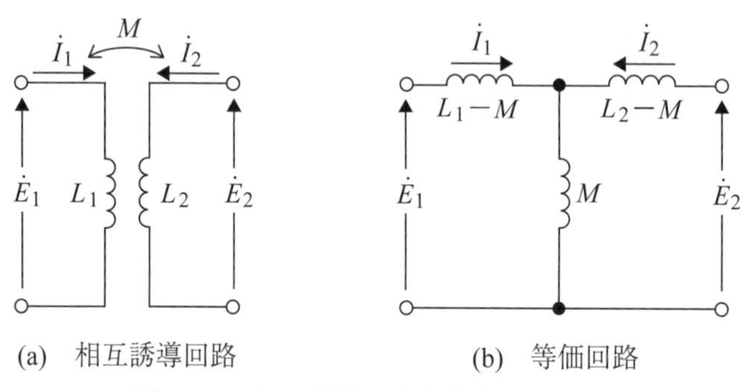

図 2-4-3　相互誘導回路と等価回路 1

例題 2-4

1．相互誘導回路図 (a) の等価回路が図 (b) となることを証明せよ．

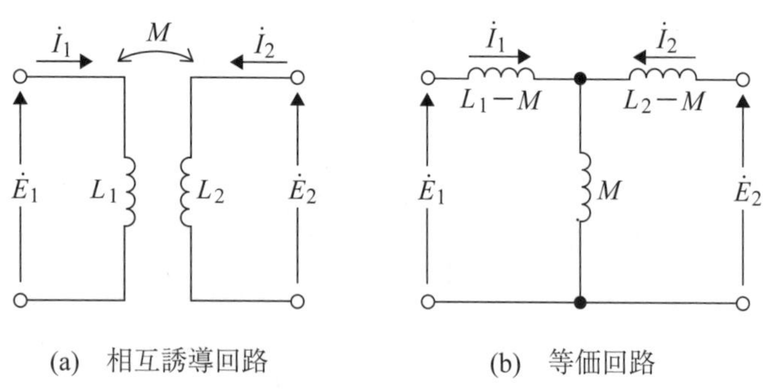

図 2-4-4　相互誘導回路と等価回路 2

解答

キルヒホッフの法則を用いると，図 2-4-4(a) は，

$$\dot{E}_1 = \mathrm{j}\omega L_1 \dot{I}_1 + \mathrm{j}\omega M \dot{I}_2 \quad (2\text{-}4\text{-}1)$$

$$\dot{E}_2 = \mathrm{j}\omega M \dot{I}_1 + \mathrm{j}\omega L_2 \dot{I}_2 \quad (2\text{-}4\text{-}2)$$

となる．

(2-4-1)式と(2-4-2)式を書き換えると

$$\dot{E}_1 = \mathrm{j}\omega L_1 \dot{I}_1 + \mathrm{j}\omega M \dot{I}_2 = \{\mathrm{j}\omega(L_1 - M) + \mathrm{j}\omega M\}\dot{I}_1 + \mathrm{j}\omega M \dot{I}_2 \quad (2\text{-}4\text{-}3)$$

$$\dot{E}_2 = \mathrm{j}\omega M \dot{I}_1 + \mathrm{j}\omega L_2 \dot{I}_2 = \mathrm{j}\omega M \dot{I}_1 + \{\mathrm{j}\omega(L_2 - M) + \mathrm{j}\omega M\}\dot{I}_2 \quad (2\text{-}4\text{-}4)$$

となる．

また，その等価回路を図 2-4-5 のように仮定すると，

$$\dot{E}_1 = (\dot{Z}_1 + \dot{Z}_3)\dot{I}_1 + \dot{Z}_3 \dot{I}_2 \quad (2\text{-}4\text{-}5)$$

$$\dot{E}_2 = \dot{Z}_3 \dot{I}_1 + (\dot{Z}_2 + \dot{Z}_3)\dot{I}_2 \quad (2\text{-}4\text{-}6)$$

(2-4-3)-(2-4-6)式を比較すると，

$$\dot{Z}_1 = \mathrm{j}\omega(L_1 - M)$$

$$\dot{Z}_2 = \mathrm{j}\omega(L_2 - M)$$

$$\dot{Z}_3 = \mathrm{j}\omega M$$

となり等価回路は図 2-4-4(b) のようになる．

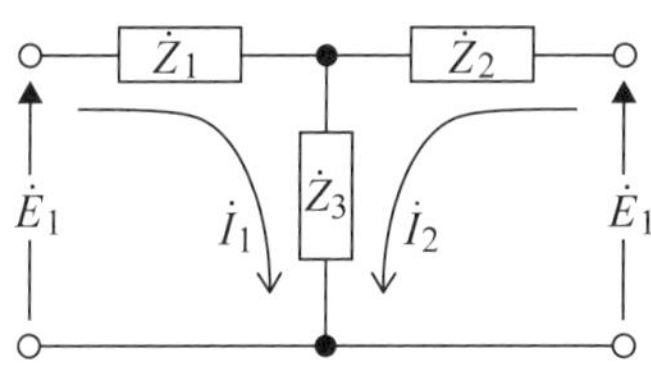

図 2-4-5　等価回路 1

2．図 2-4-6 に示す回路がある．等価回路を求めよ．次に，端子 ab から見たインピーダンス $\dot{Z}$ を求めよ．また流れる電流 $\dot{I}$ が 0 となる条件を求めよ．

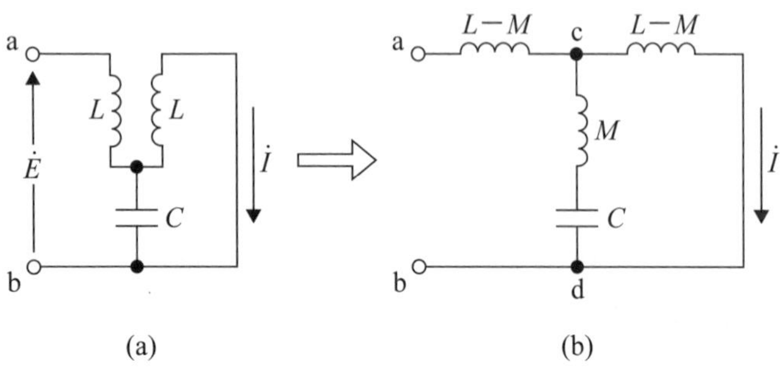

図 2-4-6　相互誘導回路と等価回路 3

解答１

cd 端子から見たインピーダンス $\dot{Z}_{\mathrm{cd}}$ は，以下のようになる．

$$\dot{Z}_{\mathrm{cd}}=\frac{\mathrm{j}\omega(L-M)\left(\mathrm{j}\omega M+\dfrac{1}{\mathrm{j}\omega C}\right)}{\mathrm{j}\omega(L-M)+\left(\mathrm{j}\omega M+\dfrac{1}{\mathrm{j}\omega C}\right)}=\frac{\mathrm{j}\omega(L-M)(1-\omega^2 MC)}{1-\omega^2 LC}$$

ab 端子から見たインピーダンス $\dot{Z}_{\mathrm{ab}}$ は，以下のようになる．

$$\dot{Z}_{\mathrm{ab}}=\mathrm{j}\omega(L-M)+\dot{Z}_{\mathrm{cd}}$$

$$=\frac{\mathrm{j}\omega(L-M)(2-\omega^2 LC-\omega^2 MC)}{1-\omega^2 LC}$$

解答２

$$\dot{I}=\frac{\dot{E}}{\mathrm{j}\omega(L-M)+\dfrac{\mathrm{j}\omega(L-M)\times\mathrm{j}\left(\omega M-\dfrac{1}{\omega C}\right)}{\mathrm{j}\omega(L-M)+\mathrm{j}\left(\omega M-\dfrac{1}{\omega C}\right)}}\times\frac{\mathrm{j}\omega M+\dfrac{1}{\mathrm{j}\omega C}}{\mathrm{j}\omega(L-M)+\mathrm{j}\left(\omega M-\dfrac{1}{\omega C}\right)}$$

$\dot{I}=0$ とするためには，

$$\omega M-\frac{1}{\omega C}=0$$

$$C=\frac{1}{\omega^2 M}$$

3．図 2-4-7 の相互誘導回路がある．

(1) 端子 c-d 間に抵抗 R を接続したときの等価回路を示せ．

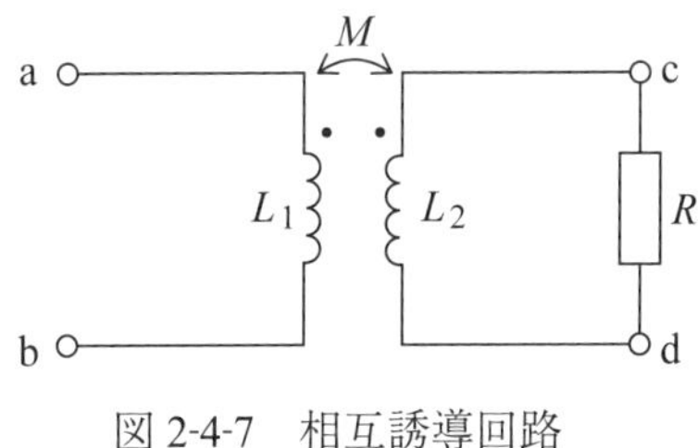

図 2-4-7　相互誘導回路

解答

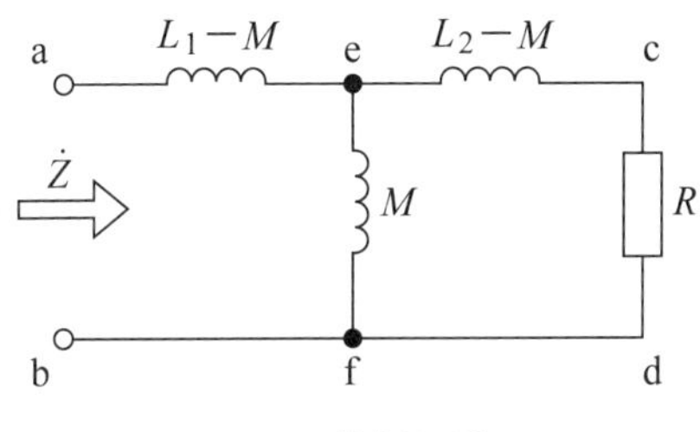

図 2-4-8　等価回路 2

(2) このとき，端子 a-b から見たインピーダンス $\dot{Z}$ を表す式を示せ．ただし，角周波数を ω とする．また，実効抵抗 R_0 および実効リアクタンス X_0 を求めよ．

解答

$$\dot{Z}_{\mathrm{ef}}=\frac{\mathrm{j}\omega M\{R+\mathrm{j}\omega(L_2-M)\}}{R+\mathrm{j}\omega(L_2-M)+\mathrm{j}\omega M}$$

$$\dot{Z}=\mathrm{j}\omega(L_1-M)+\dot{Z}_{\mathrm{ef}}$$

$$=\frac{\omega^2M^2R+\mathrm{j}\omega\{L_1R^2+\omega^2L_2(L_1L_2-M^2)\}}{R^2+\omega^2{L_2}^2}$$

$$R_0=\frac{\omega^2M^2R}{R^2+\omega^2L^2}$$

$$X_0=\frac{\omega\{L_1R^2+\omega^2L_2(L_1L_2-M^2)\}}{R^2+\omega^2{L_2}^2}$$

2-5　アドミタンスを用いた回路等価変換

■要点■

図 2-5-1 の直列回路で電圧 $\dot{V}$ を追加したときの流れる電流を求める.

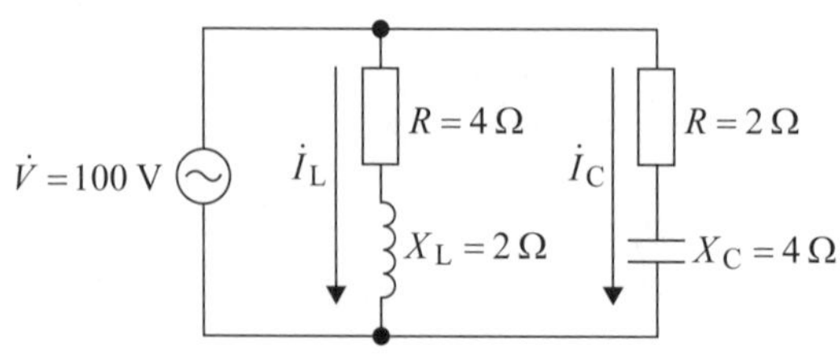

図 2-5-1　R-L 直列回路

[1] R-L 直列回路

$$\dot{Z}_L = 4 + \mathrm{j}2\ \Omega$$

$$\dot{Y}_L = \frac{1}{\dot{Z}_L} = \frac{1}{4+\mathrm{j}2} = \frac{4-\mathrm{j}2}{(4+\mathrm{j}2)(4-\mathrm{j}2)} = \frac{4-\mathrm{j}2}{16+4} = 0.2 - \mathrm{j}0.1\ \mathrm{S}$$

[2] R-C 直列回路

$$\dot{Z}_C = 2 - \mathrm{j}4\ \Omega$$

$$\dot{Y}_C = \frac{1}{\dot{Z}_C} = \frac{1}{2-\mathrm{j}4} = \frac{2+\mathrm{j}4}{(2-\mathrm{j}4)(2+\mathrm{j}4)} = \frac{2+\mathrm{j}4}{4+16} = 0.1 + \mathrm{j}0.2\ \mathrm{S}$$

[1] と [2] から，この回路の合成アドミタンス $\dot{Y}$ は,

$$\dot{Y} = \dot{Y}_L + \dot{Y}_C = (0.2 - \mathrm{j}0.1) + (0.1 + \mathrm{j}0.2) = 0.3 + \mathrm{j}0.1\ \mathrm{S}$$

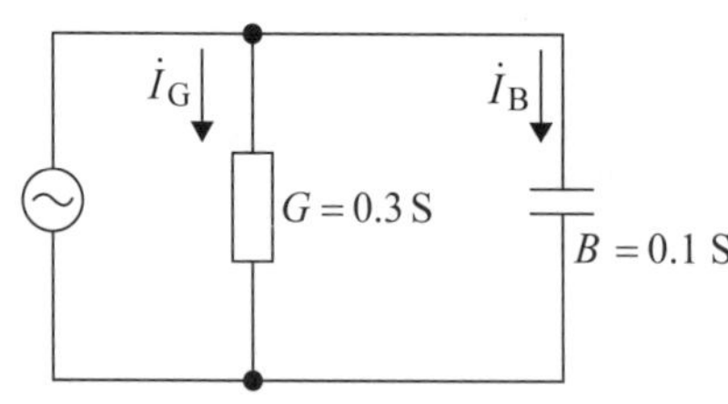

図 2-5-2　R-C 直列回路

また，$\dot{Y} = G + \mathrm{j}B$ より

$$G = 0.3\ \mathrm{S}$$

$B = 0.1\ \mathrm{S}$ となる．

さらに回路に流れる電流は，

$$\dot{I} = \dot{Y}\dot{V} = (0.3 + \mathrm{j}0.1) \times 100 = 30 + \mathrm{j}10$$

$$= \sqrt{30^2 + 10^2} \angle \tan^{-1}\frac{10}{30} = 31.6\angle 18°\ \mathrm{A}$$

$$\dot{I}_\mathrm{L} = \dot{Y}_\mathrm{L}\dot{V} = (0.2 - \mathrm{j}0.1) \times 100 = 20 - \mathrm{j}10$$

$$= \sqrt{20^2 + 10^2} \angle \tan^{-1}\frac{-10}{20} = 22.4\angle -27°\ \mathrm{A}$$

$$\dot{I}_\mathrm{C} = \dot{Y}_\mathrm{C}\dot{V} = (0.1 + \mathrm{j}0.2) \times 100 = 10 + \mathrm{j}20$$

$$= \sqrt{10^2 + 20^2} \angle \tan^{-1}\frac{20}{10} = 22.4\angle 63°\ \mathrm{A}$$

$$\dot{I}_\mathrm{G} = G\dot{V} = 0.3 \times 100 = 30\ \mathrm{A}$$

$$\dot{I}_\mathrm{B} = \mathrm{j}B\dot{V} = \mathrm{j}0.1 \times 100 = \mathrm{j}10\ \mathrm{A}$$

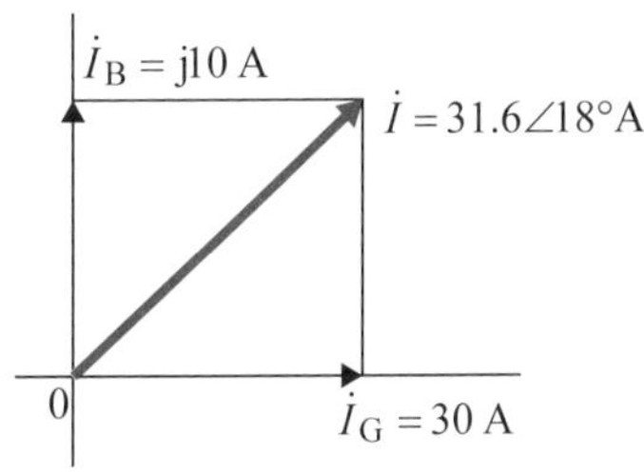

図 2-5-3

[3] 直列回路から並列回路への変換

$$\dot{Z} = R + \mathrm{j}\omega L = R + \mathrm{j}X$$

$$\dot{Y} = \frac{1}{\dot{Z}} = \frac{1}{R + \mathrm{j}X} = \frac{R - \mathrm{j}X}{R^2 + X^2} = \frac{R}{R^2 + X^2} - \mathrm{j}\frac{X}{R^2 + X^2}$$

したがって，

$$G = \frac{R}{R^2 + X^2},\ B = -\frac{X}{R^2 + X^2}$$

$$\therefore R_0 = \frac{1}{G} = \frac{R^2 + X^2}{R}$$

$$\mathrm{j}X_0 = \frac{1}{\mathrm{j}B} \rightarrow X_0 = -\frac{1}{B} \text{ より}$$

$$X_0 = \frac{R^2 + X^2}{X}$$

$$\omega L_0 = \frac{R^2 + X^2}{X}$$

$$L_0 = \frac{R^2 + X^2}{\omega X}$$

(a)　　(b)　　(c)

図 2-5-4

[4] 並列回路から直列回路への変換

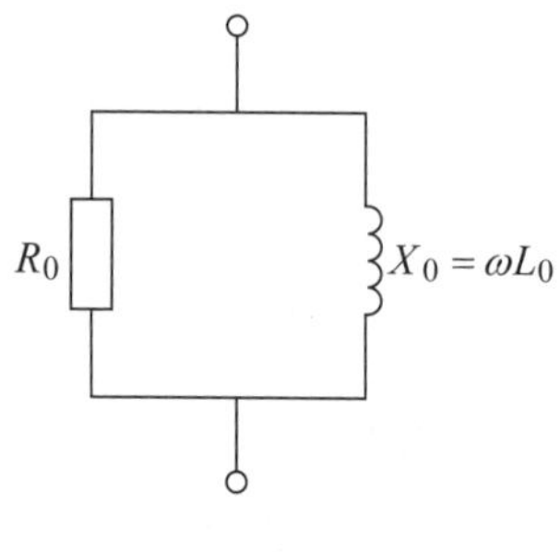

図 2-5-5

並列回路の合成インピーダンスを $\dot{Z}_0$ とすると，

$$\dot{Z}_0 = \frac{R_0 \times \mathrm{j}X_0}{R_0 + \mathrm{j}X_0} = \frac{R_0 \times \mathrm{j}X_0 (R_0 - \mathrm{j}X_0)}{(R_0 + \mathrm{j}X_0)(R_0 - \mathrm{j}X_0)} = \frac{R_0 X_0{}^2 + \mathrm{j}R_0{}^2 X_0}{R_0{}^2 + X_0{}^2}$$

$$= \frac{R_0 X_0{}^2}{R_0{}^2 + X_0{}^2} + \mathrm{j}\frac{R_0{}^2 X_0}{R_0{}^2 + X_0{}^2}$$

ところで，

$$\dot{Z}_0 = R + \mathrm{j}X = R + \mathrm{j}\omega L \text{ より}$$

$$R = \frac{R_0 X_0{}^2}{R_0{}^2 + X_0{}^2},\ L = \frac{L_0 R_0{}^2}{R_0{}^2 + X_0{}^2}$$

例題 2-5

1．R-L 直列回路において，$R = 20\ \Omega$, $L = 50$ mH とし，$f = 60$ Hz の場合，これを並列回路に変換せよ．

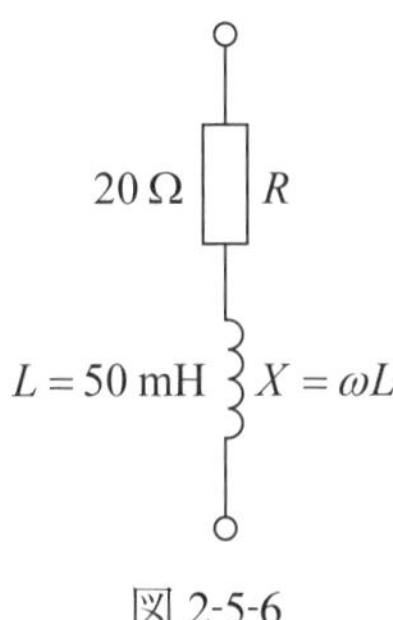

図 2-5-6

解答

$$R_0 = \frac{R^2 + X^2}{R} = \frac{R^2 + (\omega L)^2}{R} = \frac{20^2 + \left(2\pi \times 60 \times 50 \times 10^{-3}\right)^2}{20} = 37.3\ \Omega$$

$$L_0 = \frac{R^2 + (\omega L)^2}{\omega^2 L} = \frac{20^2 + \left(2\pi \times 60 \times 50 \times 10^{-3}\right)^2}{(2\pi \times 60)^2 \times 50 \times 10^{-3}} = 0.106\ \mathrm{H}$$

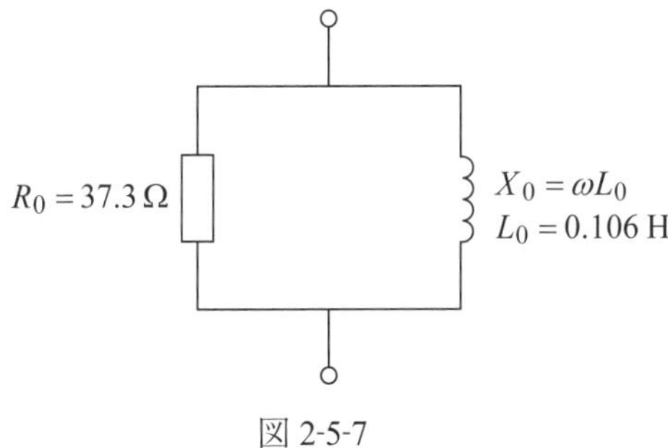

図 2-5-7

2． $R = 37.3\,\Omega$, $L_0 = 0.106$ H の R-L 並列回路において，$f = 60$ Hz のとき，これを R-L 直列回路に変換せよ．

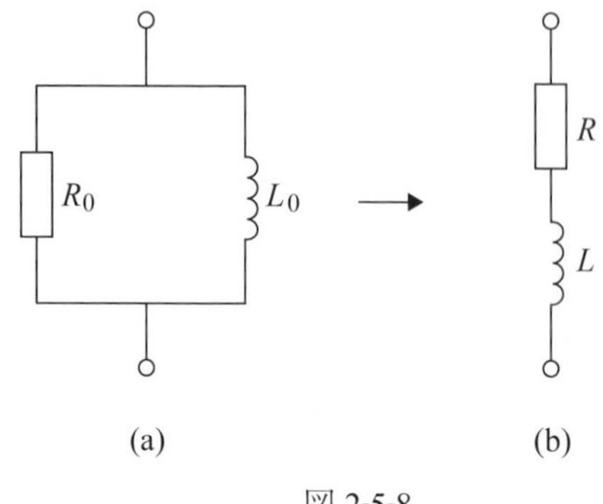

図 2-5-8

解答

$$\dot{Z}_0 = \frac{R_0 \times \mathrm{j}X_0}{R_0 + \mathrm{j}X_0} = \frac{R_0 X_0{}^2}{R_0{}^2 + X_0{}^2} + \mathrm{j}\frac{R_0{}^2 X_0}{R_0{}^2 + X_0{}^2}$$

したがって，

$\dot{Z}_0 = R + \mathrm{j}X = R + \mathrm{j}\omega L$ であるから，

$$R = \frac{R_0 X_0{}^2}{R_0{}^2 + X_0{}^2},\quad L = \frac{R_0{}^2 L_0}{R_0{}^2 + X_0{}^2}$$

例えば，$R = 37.3\,\Omega$　$L_0 = 0.106$ H の並列回路で，$f = 60$ Hz のとき，

$$R = \frac{(\omega_0 L_0)^2 R_0}{R_0{}^2 + (\omega L_0)^2} = \frac{(2\pi \times 60 \times 0.106)^2 \times 37.3}{(37.3)^2 + (2\pi \times 60 \times 0.106)^2} = 20\,\Omega$$

$$L = \frac{L_0 R_0{}^2}{R_0{}^2 + (\omega L_0)^2} = \frac{0.106 \times 37.3^2}{(37.3)^2 + (2\pi \times 60 \times 0.106)^2} = 0.05\ \mathrm{H} = 50\ \mathrm{mH}$$

3．図 2-5-9 の回路において，電流 $\dot{I}$ が電源電圧 $\dot{V}$ と同相になるためには，L はどのような値にすればよいか．また，そのときの $\dot{I}$ を求めよ．

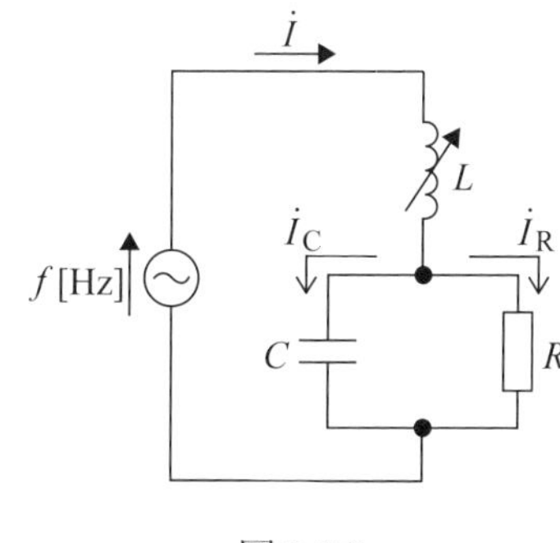

図 2-5-9

$$\dot{Z} = \mathrm{j}\omega L + \frac{1}{\mathrm{j}\omega C + \frac{1}{R}}$$

$$\dot{V} = \dot{I}\dot{Z} = \dot{I}\left(\mathrm{j}\omega L + \frac{1}{\mathrm{j}\omega C + \frac{1}{R}}\right)$$

$$= \dot{I}\left(\mathrm{j}\omega L + \frac{R}{1 + \mathrm{j}\omega CR}\right)$$

$$= \dot{I}\left\{\mathrm{j}\omega L + \frac{R(1 - \mathrm{j}\omega CR)}{1 + \omega^2 C^2 R^2}\right\}$$

$$= \dot{I}\left\{\frac{R}{1 + \omega^2 C^2 R^2} + \mathrm{j}\omega\left(L - \frac{CR^2}{1 + \omega^2 C^2 R^2}\right)\right\}$$

電流 $\dot{I}$ と電源電圧 $\dot{V}$ を同相にするためには，虚数部が 0 であればよいので，

$$L - \frac{CR^2}{1 + \omega^2 C^2 R^2} = 0 \qquad \therefore L = \frac{CR^2}{1 + \omega^2 C^2 R^2}$$

また，$\dot{I}$ は，

$$\dot{I} = \frac{\dot{V}}{\frac{R}{1 + \omega^2 C^2 R^2}} = \frac{1 + \omega^2 C^2 R^2}{R}\dot{V}$$

4．コンデンサの等価回路として，図 2-5-10 の直列回路と並列回路がある．この R と ρ，および C_1 と C_2 の関係を求めよ．

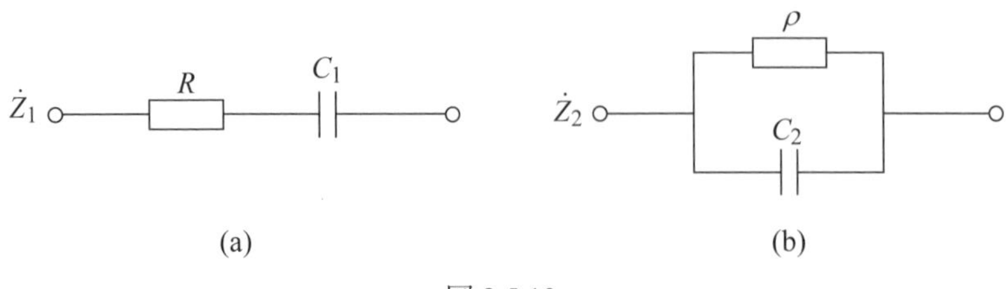

図 2-5-10

解答

$$\dot{Z}_1 = R - \mathrm{j}\frac{1}{\omega C_1}$$

$$\dot{Z}_2 = \frac{1}{\dot{Y}} = \frac{1}{\dfrac{1}{\rho} + \mathrm{j}\omega C_2} = \frac{\rho}{1 + \mathrm{j}\omega C_2 \rho} = \frac{\rho(1 - j\omega C_2 \rho)}{1 + \omega^2 C_2{}^2 \rho^2}$$

$$= \frac{\rho}{1 + \omega^2 C_2{}^2 \rho^2} - \mathrm{j}\frac{\omega C_2 \rho^2}{1 + \omega^2 C_2{}^2 \rho^2}$$

$$R = \frac{\rho}{1 + \omega^2 C_2{}^2 \rho^2}$$

$$\frac{1}{\omega C_1} = \frac{\omega C_2 \rho^2}{1 + \omega^2 C_2{}^2 \rho^2}$$

$$\omega C_1 = \frac{1 + \omega^2 C_2{}^2 \rho^2}{\omega C_2 \rho^2}$$

$$C_1 = \frac{1 + \omega^2 C_2{}^2 \rho^2}{\omega^2 C_2 \rho^2}$$

$$= C_2 + \frac{1}{\omega^2 C_2 \rho^2}$$

2-6　ベクトル軌跡

■要点■

電源の周波数や回路素子（R，L，C）が変化すると，インピーダンスや回路に流れる電流が変化する．この変化をベクトル図で表したものをベクトル軌跡（vector locus）という．ベクトル図によって，インピーダンスや電流の変化する状態を示すことが可能となる．

[1] R-L 直列回路

抵抗 R と可変自己インダクタンス L が直列に接続されており，$R = 2\,\Omega$, $L = 0 \sim \infty$ [H]，電源電圧 $\dot{V} = 2\angle 0°$ V，周波数 $f = 160$ Hz の交流電圧が印加されている．L が変化したときの合成インピーダンス $\dot{Z}$，合成アドミタンス $\dot{Y}$ および回路に流れる電流 $\dot{I}$ の変化を調べる．

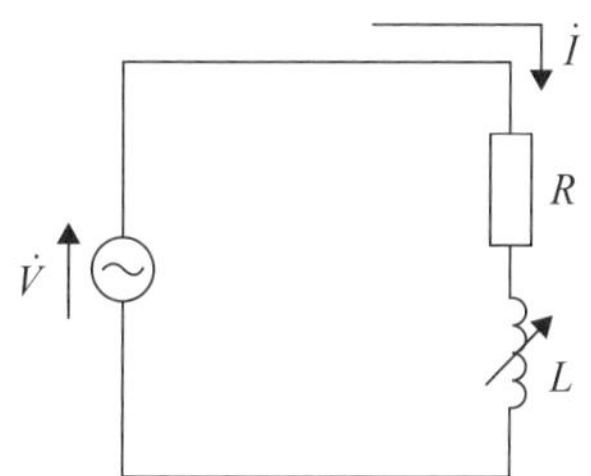

図 2-6-1　L が可変する R-L 直列回路

(1) 合成インピーダンスのベクトル軌跡

合成インピーダンスおよび偏角 θ は，

$$\dot{Z} = R + \mathrm{j}\omega L$$

$$\dot{Z} = Z\angle\theta$$

$$\dot{Z} = \sqrt{R^2 + (\omega L)^2}\ ,\quad \theta = \tan^{-1}\frac{\omega L}{R}$$

である．

また，$\omega = 2\pi f = 2\pi \times 160 = 10^3$ rad/s を用いると表 2-6-1 のようになる．

表 2-6-1　インダクタンス L に対する $\dot{Z}$ の値

L [mH]	$\dot{Z}=R+\mathrm{j}\omega L$	$\dot{Z}=Z\angle\theta$
0	$2+\mathrm{j}0$	$2\angle 0°$
1	$2+\mathrm{j}1$	$2.24\angle 27°$
2	$2+\mathrm{j}2$	$2.83\angle 45°$
∞	$2+\mathrm{j}\infty$	$\infty\angle 90°$

表 2-6-1 にまとめた値のベクトル軌跡を図 2-6-2 に示す.

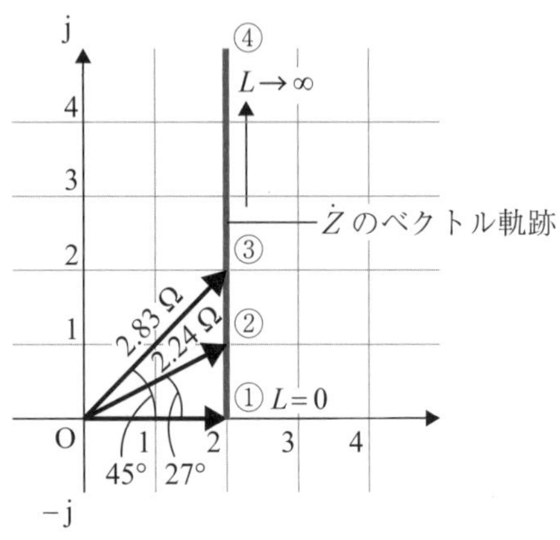

図 2-6-2　$\dot{Z}$ のベクトル軌跡

(2)　合成アドミタンスのベクトル軌跡

合成アドミタンス $\dot{Y}$ は,

$$\dot{Y}=\frac{1}{\dot{Z}}=\frac{1}{Z\angle\theta}=\frac{1}{Z}\angle-\theta$$

である.

表 2-6-2　インダクタンス L に対する $\dot{Y}$ の値

L [mH]	$\dot{Y}=\dfrac{1}{\dot{Z}}$ [S]
0	$0.5\angle 0°$
1	$0.446\angle(-27°)$
2	$0.355\angle(-45°)$
∞	$0\angle(-90°)$

この表 2-6-2 を図 2-6-3 に示す.

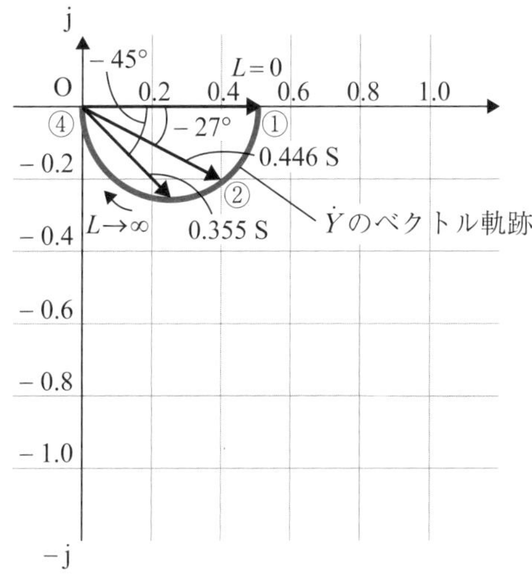

図 2-6-3　$\dot{Y}$ のベクトル軌跡

(3)　回路に流れる電流のベクトル軌跡

回路に流れる電流 $\dot{I}$ は,

$$\dot{I} = \frac{1}{\dot{Z}}\dot{V} = \dot{Y}\dot{V} = (Y\angle -\theta)(V\angle 0)$$

$$= YV\angle -\theta\,[\mathrm{A}]$$

表 2-6-3　インダクタンス L に対する $\dot{I}$ の値

L [mH]	$\dot{I} = \dot{Y}\dot{V}$
0	$1.0\angle 0°$
1	$0.892\angle(-27°)$
2	$0.710\angle(-45°)$
∞	$0\angle(-90°)$

この表 2-6-3 を図 2-6-4 に示す.

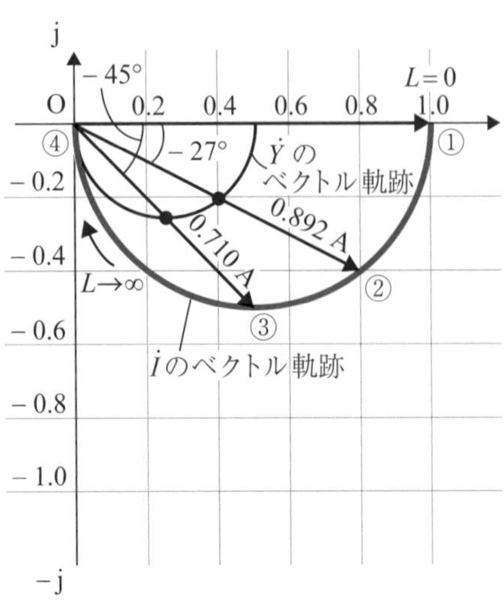

図 2-6-4　$\dot{I}$ のベクトル軌跡

[2] R-C 直列回路

抵抗 R と可変コンデンサ C が直列に接続されており，$R=2\ \Omega$ と $C=0\sim\infty$ [F]，電源電圧 $\dot{V}=2\angle 0°$ V，周波数 $f=80$ kHz の交流電圧が印加された場合のベクトル軌跡を考える．C が変化したときの合成インピーダンス $\dot{Z}=R-\mathrm{j}\dfrac{1}{\omega C}$，合成アドミタンス $\dot{Y}=\dfrac{1}{\dot{Z}}$，電流 $\dot{I}=\dot{Y}\dot{V}$ を表 2-7-4 にまとめる．

表 2-6-4　キャパシタンス C に対する $\dot{Z}$，$\dot{Y}$，および $\dot{I}$ の値

C [μF]		$\dot{Z}$		$\dot{Y}=\dfrac{1}{\dot{Z}}$	$\dot{I}=\dot{Y}\dot{V}$
		$R-\mathrm{j}\dfrac{1}{\omega C}$	$Z\angle\theta°$		
①	0	$2-\mathrm{j}\infty$	$\infty\angle(-90°)$	$0\angle 90°$	$0\angle 90°$
②	1	$2-\mathrm{j}2$	$2.82\angle(-45°)$	$0.355\angle 45°$	$0.710\angle 45°$
③	2	$2-\mathrm{j}1$	$2.24\angle(-27°)$	$0.446\angle 27°$	$0.892\angle 27°$
④	∞	$2-\mathrm{j}0$	$2\angle 0°$	$0.5\angle 0°$	$1\angle 0°$

この表 2-6-4 を図 2-6-5，図 2-6-6 に示す．

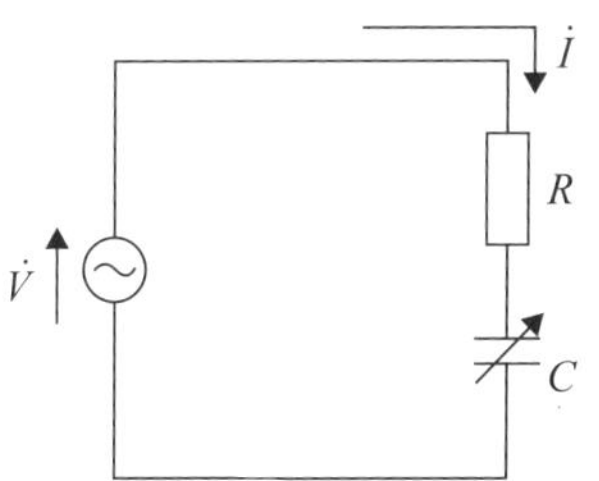

図 2-6-5　C が可変する R-C 直列回路

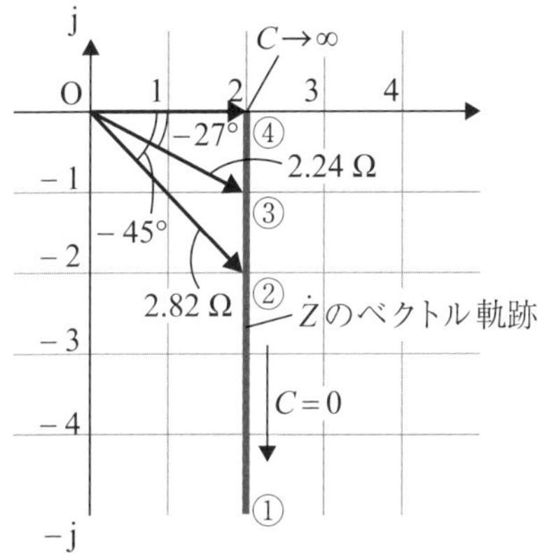

図 2-6-6　$\dot{Z}$ のベクトル軌跡

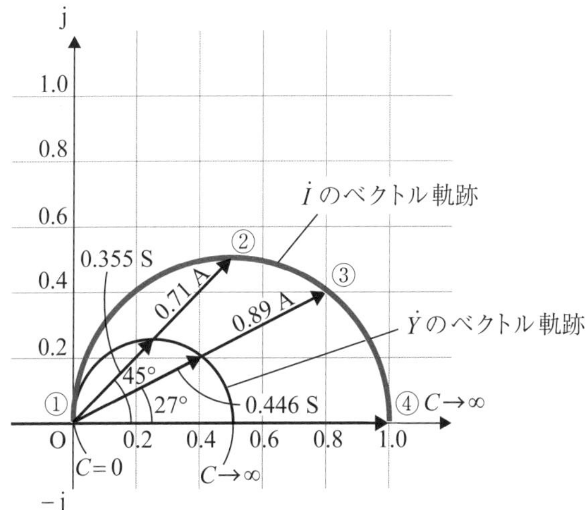

図 2-6-7　$\dot{Y}$ と $\dot{I}$ のベクトル軌跡

演習問題２－６

1．R-L 直列回路において，抵抗 R とインダクタンス L が一定で，電源の周波数 f を変化させたとする．このとき，以下の問に答えよ．

(1) 合成インピーダンス $\dot{Z}$ のベクトル軌跡を示せ．

(2) この回路に一定の電流を流すために必要な電源電圧 $\dot{E}$ のベクトル軌跡を示せ．

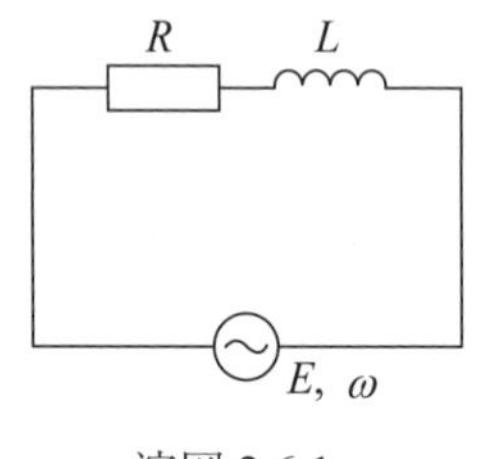

演図 2-6-1

2．抵抗 R とリアクタンス X の直列回路における合成インピーダンス $\dot{Z}$ の軌跡を求めよ．

3．R-L 並列回路のインピーダンス $\dot{Z}$ のベクトル軌跡を示せ．ただし，可変する素子は抵抗 R，またはインダクタンス L のどちらかであるとする．また，角周波数 ω は一定であるとする．

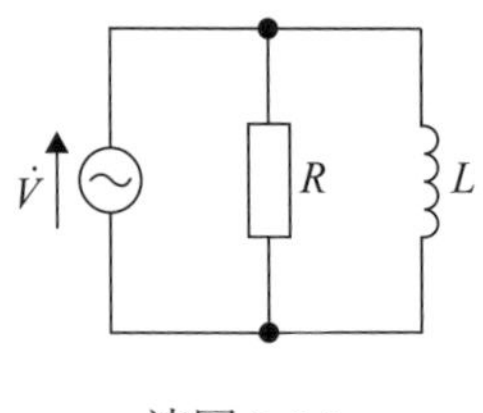

演図 2-6-2

演習問題2-6　解答

1．

(1) ω が0から ∞ まで変化すると，ωL も0から ∞ まで変化する．よって，ベクトル軌跡は，虚軸に平行な直線となる．

合成インピーダンス $\dot{Z}=R+\mathrm{j}\omega L$ において，$\omega=0$ のとき，$\dot{Z}=R$ となる．また，$\omega=\infty$ のとき，$\dot{Z}=\infty$ であるため，ベクトル軌跡の直線は第1象限のみとなる．

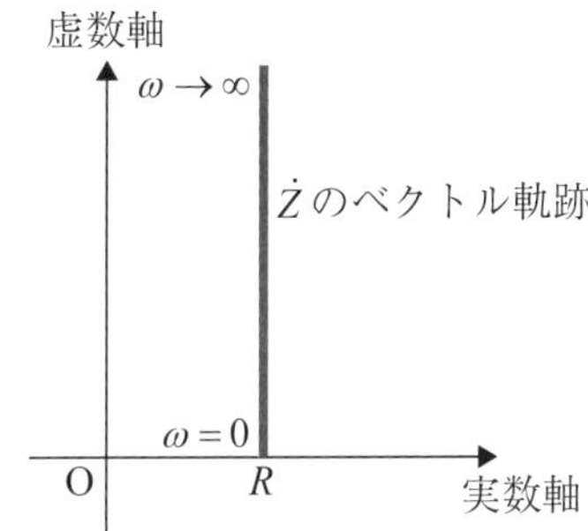

演図 2-6-3

(2) $\dot{E}=\dot{Z}\dot{I}=(R+\mathrm{j}\omega L)\dot{I}=R\dot{I}+\mathrm{j}\omega L\dot{I}$

電流 $\dot{I}$ を基準にすると，$\dot{E}$ は $\dot{Z}$ のベクトル軌跡に平行な直線となる．

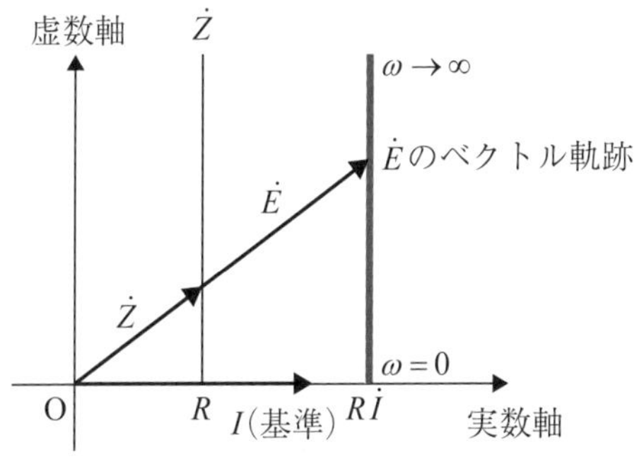

演図 2-6-4

2．抵抗 R，またはリアクタンス X が変化する場合に分けて考える．

① 抵抗 R が一定で，リアクタンス X が $-\infty$ から ∞ まで変化すると，実軸上の R を通り，虚数軸に平行な演図 2-6-5 のような直線となる．

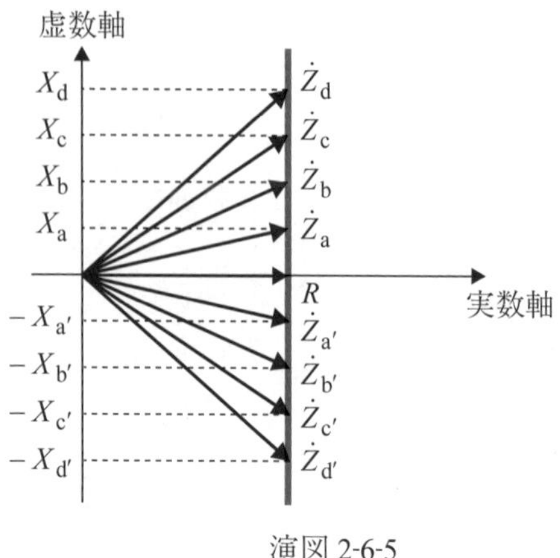

演図 2-6-5

② リアクタンス X が一定で，抵抗 R が 0 から ∞ まで変化する場合は，以下のようになる．

合成インピーダンス $\dot{Z}$ において，$\dot{Z}=R+\mathrm{j}X$ より，虚数軸の X を通り，実数軸に平行な演図 2-6-6 のような直線となる．

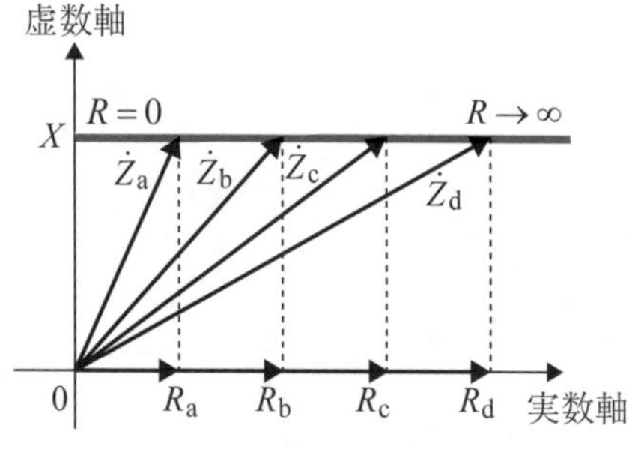

$$\dot{Z}_a = R_a + \mathrm{j}X$$
$$\dot{Z}_b = R_b + \mathrm{j}X$$
$$\dot{Z}_c = R_c + \mathrm{j}X$$
$$\dot{Z}_d = R_d + \mathrm{j}X$$

演図 2-6-6

3．インピーダンス$\dot{Z}$は，

$$\dot{Z}=\frac{\mathrm{j}\omega LR}{R+\mathrm{j}\omega L}=\frac{\omega^2L^2R+\mathrm{j}\omega LR^2}{R^2+\omega^2L^2}$$

となる．

ここで，抵抗Rが変化する場合と，インダクタンスLが変化する場合を分けて考える．

① 抵抗Rが一定で，インダクタンスLのみが変化する場合，

$$\dot{Z}=\frac{\omega^2L^2R}{R^2+\omega^2L^2}+\mathrm{j}\frac{\omega LR^2}{R^2+\omega^2L^2}$$

$=A+\mathrm{j}B$ とする．

$$A^2+B^2=\frac{\omega^2L^2R^2}{R^2+\omega^2L^2}=RA$$

よって，$A^2-RA+B^2=0$

$$\left(A-\frac{R}{2}\right)^2+B^2=\left(\frac{R}{2}\right)^2$$

この式は，複素平面上の$\left(\frac{R}{2},\ 0\right)$に中心をもつ半径$\frac{R}{2}$の円を示している．演図2-6-7に示す．

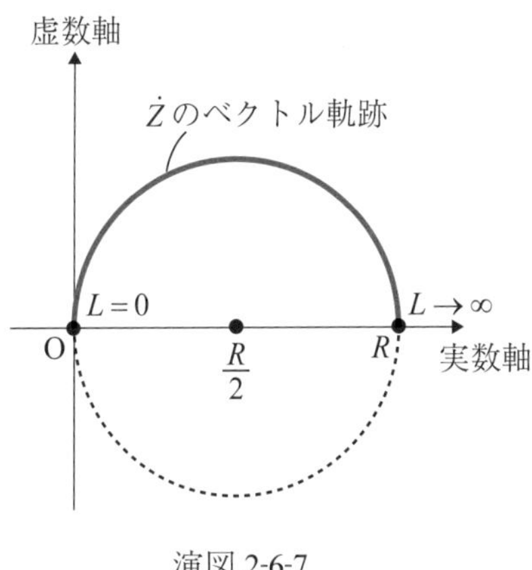

演図 2-6-7

インダクタンスLは常に正であるため，虚数軸も正のみとなる．よって第1象限の半円となる．

② インダクタンス L が一定で，抵抗 R が変化する場合に①と同様に計算すると，

$$A^2+B^2=\frac{\omega^2L^2R^2}{R^2+\omega^2L^2}=\omega LB$$

$$A^2-\omega LB+B^2=0$$

$$A^2+\left(B-\frac{\omega L}{2}\right)^2=\left(\frac{\omega L}{2}\right)^2$$

この式は，複素平面上の $\left(0,\ \frac{\omega L}{2}\right)$ に中心をもつ半径 $\frac{\omega L}{2}$ の円を示している．演図 2-6-8 に示す．

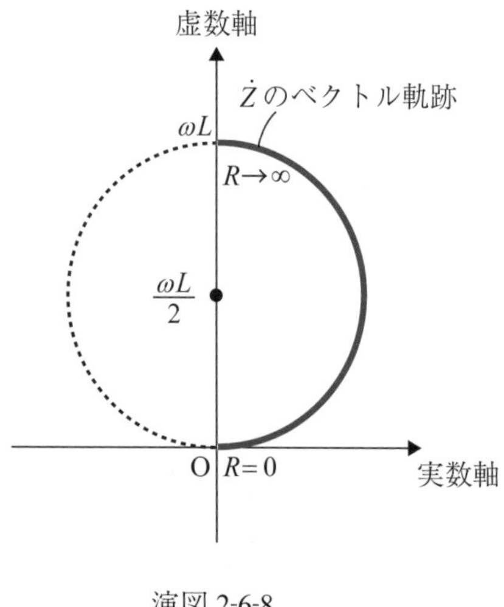

演図 2-6-8

2-7 交流電力

■要点■

[1] 交流電力

図 2-7-1 (a)の直流回路において，抵抗 R [Ω] の両端の電圧降下を V [V] とし，流れる電流を I [A] とする．

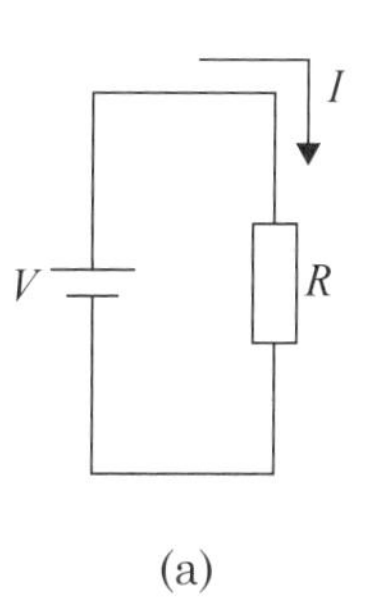

(a)

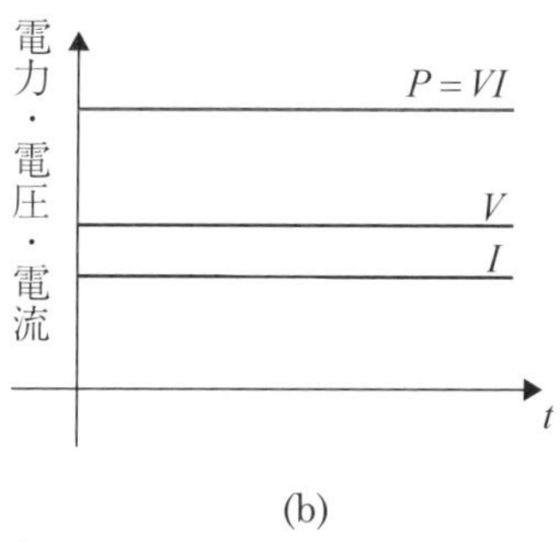

(b)

図 2-7-1 直流回路

このとき，消費電力 P [W] は，

$$P = VI$$

の一定の値を得る(図 2-7-1(b) 参照)．

一方，交流の場合，電圧 v と電流 i の大きさが時間とともに変化するため，直流の場合のように求めることはできない．

そこで，交流の場合，1 周期の間になされる仕事は一定であることを考慮し，各瞬時電力の平均をとって交流の電力とする．

交流電力 $P =$ 各瞬時電力 p の平均値

図 2-7-2 のように，インピーダンス $\dot{Z}$ に交流電圧を印加するとする．この回路に消費される電力を求めてみる．

瞬時電圧 $v = \sqrt{2} V_e \sin \omega t$ [V]

瞬時電流 $i = \sqrt{2} I_e \sin(\omega t - \theta)$ [A]

偏角 $\theta = \tan^{-1} \dfrac{X}{R}$ [rad]

とすると，

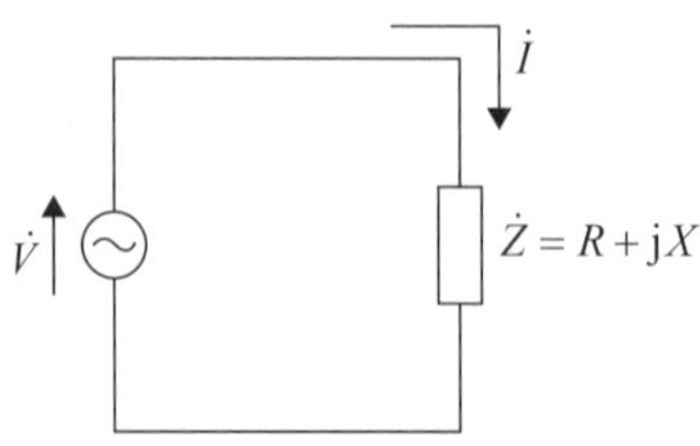

図 2-7-2　交流回路

電力の瞬時値 p [W] は，

$$p = vi = \sqrt{2}V_{\mathrm{e}}\sin\omega t \times \sqrt{2}I_{\mathrm{e}}\sin(\omega t - \theta)$$
$$= 2V_{\mathrm{e}}I_{\mathrm{e}}\sin\omega t \cdot \sin(\omega t - \theta)$$
$$= V_{\mathrm{e}}I_{\mathrm{e}}\cos\theta - V_{\mathrm{e}}I_{\mathrm{e}}\cos(2\omega t - \theta)\,[\mathrm{W}]$$

となる．図示すると図 2-7-3 となる．

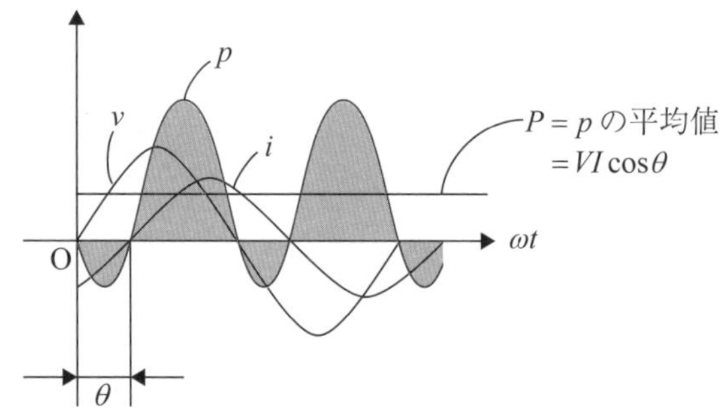

図 2-7-3　交流電力

ここで，1 周期間の瞬時電力 p の平均値を求める．右辺の第 1 項は，時間 t を含まないため，時間に無関係に一定である．右辺の第 2 項は，平均値をとると 0 である．

ゆえに，交流電力 P [W] は，

$$P = V_{\mathrm{e}}I_{\mathrm{e}}\cos\theta$$

となる．cos θ を力率という．

力率の値は，0 ～ 100 % の値をもつ．抵抗だけの回路では，$\theta = 0°$ であるから，cos $\theta = 1$(100 %) である．

一方，リアクタンスだけの回路では，$\theta=\frac{\pi}{2}$ [rad] であるから，$\cos\theta=0$ (0 %) となる．したがって，リアクタンスだけの回路では電力は消費されない．

[2] 皮相電力，有効電力および無効電力

$V_e \times I_e$ は見かけ上の電力と考えられ，皮相電力 P_S と呼ぶ．

$$P_S = V_e I_e \text{ [VA]}$$

P_S の単位はボルトアンペア [VA] で，電気機器の容量などを表す．

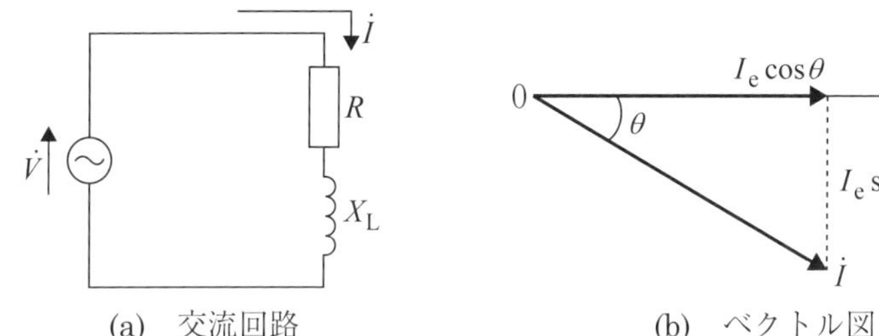

図 2-7-4　電流の有効分と無効分

図 2-7-4(a) の回路において，印加された電圧 $\dot{V}$ と，流れる電流のベクトルが図 2-7-4(b) であるとする．

電流のベクトル $\dot{I}$ は，$I_e\cos\theta$ と $I_e\sin\theta$ の 2 つに分けることができる．

このとき，$I_e\cos\theta$ は実際の電力に寄与しているものとして，電流の有効分という．また，$I_e\sin\theta$ を無効分という．

$$P = V_e I_e \cos\theta \text{ [W]}$$

を有効電力といい，

$$P_r = V_e I_e \sin\theta \text{ [Var（バール）]}$$

を無効電力という．

有効電力，無効電力および皮相電力の間には，

$$(V_e I_e \cos\theta)^2 + (V_e I_e \sin\theta)^2 = (V_e I_e)^2$$

が成り立つ．

したがって，皮相電力 $P_s = \sqrt{(\text{有効電力}P)^2 + (\text{有効電力}P_r)^2}$ [VA]（ボルトアンペア）の関係が成り立つ．

演習問題２-７

1. 電源電圧 $E = 100$ V を印加すると，$I = 0.5$ A の電流が流れたとする．力率が 80 % のとき，消費される電力は何 W か求めよ．

2. 電圧 200 V，電流 50 A，力率 0.8 の単相交流回路の電力 P および無効電力 P_{r} はいくらか求めよ．

3. 演図 2-7-1 のように抵抗 R が 10 Ω，誘導性リアクタンス X_{L} が 10 Ω の直列回路に，100 V の正弦波交流電圧を印加した．回路に供給される有効電力，無効電力および力率を求めよ．

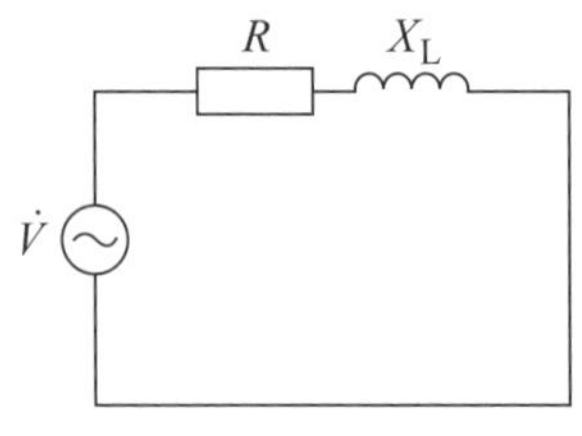

演図 2-7-1

4. 交流電圧の実行値 $|E|$ と瞬時値 e との関係を示し，次の正弦波電圧に対する実効値を求めよ．

$$e = E_{\mathrm{m}} \sin(\omega t + \theta)$$

5. 演図 2-7-2 のような回路がある．以下の問に答えよ．

(1) 電流の実効値

(2) 力率

(3) 有効電力

(4) 無効電力

(5) 皮相電力

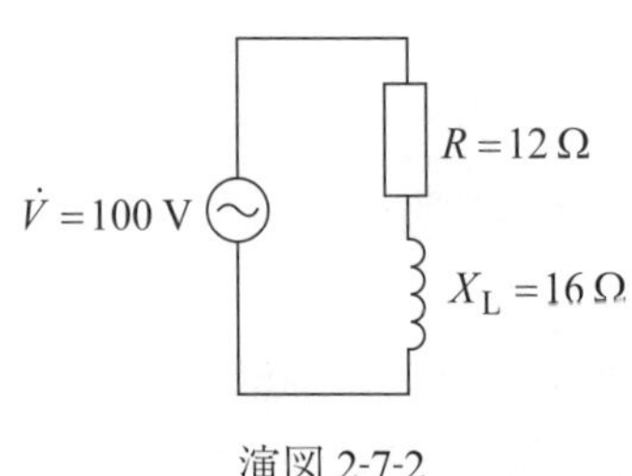

演図 2-7-2

6．回路に $|E|=200$ V の電圧を加えたときの皮相電力が P_S=5000 VA であった．回路の力率を 0.5 とすれば，流れる電流 I および有効電力 P を求めよ．

7．R-L 直列回路に電圧の実効値 $\dot{E}$ を加えて，抵抗 R で消費される電力を最大にしたい．このとき，以下の問に答えよ．

(1) 抵抗 R が可変であるとき，いくらにすればよいか．

(2) そのときの最大消費電力はいくらになるか．

ただし，角周波数は ω であったとする．

8．演図 2-7-3 のように可変抵抗 R_C の接続された回路がある．負荷 R_C に電力を供給するとき，最大電力を得る R_C の値を求めよ．

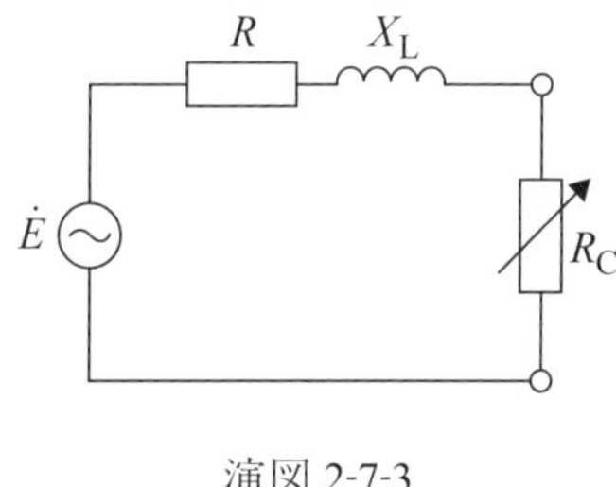

演図 2-7-3

9．演図 2-7-4 に示すように，$|E|$ を印加した回路がある．R_C と X_C からなる負荷に電力を供給した場合，R_C で消費される電力を最大となるようにしたい．R_C の値を求めよ．

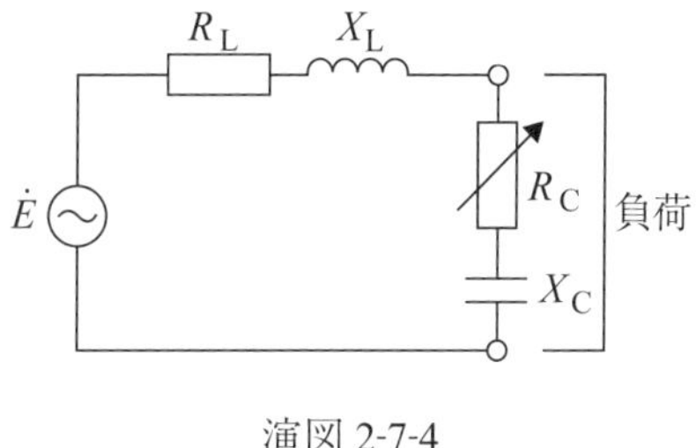

演図 2-7-4

演習問題２-７　解答

1． $P_1 = V_e I_e \cos\theta = 100 \times 0.5 \times 0.8 = 40\ \text{W}$

2． 有効電力 $P = V_e I_e \cos\theta = 200\ \text{V} \times 50\ \text{A} \times 0.8$

$$= 10000 \times 0.8 = 8000\ \text{W}$$

無効電力 $P_r = V_e I_e \sin\theta = 200\ \text{V} \times 50\ \text{A} \times 0.6$

$$= 10000 \times 0.6 = 6000\ \text{var}$$

3． $\theta = \tan^{-1}\dfrac{X_L}{R} = \tan^{-1}\dfrac{10}{10}\tan^{-1}1 = 45°$

$$\cos\theta = \frac{1}{\sqrt{2}},\quad \sin\theta = \frac{1}{\sqrt{2}} = 0.707$$

$$P = V_e I_e \cos\theta = V_e \frac{V_e}{\sqrt{10^2 + 10^2}} \cdot \frac{1}{\sqrt{2}} = \frac{{V_e}^2}{\sqrt{100 + 100}} \cdot \frac{1}{\sqrt{2}}$$

$$= \frac{100^2}{\sqrt{200}} \cdot \frac{1}{\sqrt{2}} = \frac{10000}{\sqrt{400}} = \frac{10000}{10 \times 2} = 500\ \text{W}$$

$$P_r = V_e I_e \sin\theta = \frac{{V_e}^2}{\sqrt{400}} = 500\ \text{var}$$

4． 実効値は，交流電圧 e を加えることによって抵抗 R で消費される平均電力と等しい電力消費をもたらす直列電圧 E の大きさでもって定義される．

交流電圧 e による平均電力 P は，周期を T にすると，

$$P = \frac{1}{T}\int_0^T \frac{e^2}{R}\mathrm{d}t = \frac{1}{TR}\int_0^T e^2 \mathrm{d}t \tag{2-7-1}$$

一方，直流電圧 E によって抵抗 R で消費される電力 P_d は，

$$P_d = \frac{E^2}{R} \tag{2-7-2}$$

つまり，(2-7-1) 式と (2-7-2) 式が等しくなる直流電圧 E が，交流の実効値である．

したがって，$\dfrac{|E|^2}{R} = \dfrac{1}{TR}\displaystyle\int_0^T e^2 \mathrm{d}t$

$$|E| = \sqrt{\frac{1}{T}\int_0^T e^2 \mathrm{d}t}$$

$$|E| = \sqrt{\frac{1}{T}\int_0^T E_{\mathrm{m}}{}^2 \sin^2(\omega t + \theta)\mathrm{d}t}$$

$$= \sqrt{\frac{E_{\mathrm{m}}{}^2}{2T}\left\{\int_0^T 1 - \cos 2(\omega t + \theta)\right\}\mathrm{d}t}$$

$$= \frac{E_{\mathrm{m}}}{\sqrt{2}}$$

5．

(1) 電流の実効値

$$\dot{I} = \frac{\dot{V}}{\dot{Z}} = \frac{100\angle 0°}{R + \mathrm{j}X_{\mathrm{L}}} = \frac{100\angle 0°}{12 + \mathrm{j}16}$$

$$= \frac{100\angle 0°}{\sqrt{12^2 + 16^2}\angle \tan^{-1}\left(\frac{16}{12}\right)}$$

$$= \frac{100}{\sqrt{400}\angle 53.13°}$$

$$= 5\angle(-53.13°)$$

$$|\dot{I}| = 5\ \mathrm{A} = 1_{\mathrm{e}}$$

(2) 力率

$\cos(-53.13°) = 0.6$

したがって，60 %

(3) 有効電力

$P = V_{\mathrm{e}} I_{\mathrm{e}} \cos\theta = 100\ \mathrm{V} \times 5\ \mathrm{A} \times 0.6 = 300\ \mathrm{W}$

(4) 無効電力

$P_{\mathrm{r}} = V_{\mathrm{e}} I_{\mathrm{e}} \sin\theta = 100\ \mathrm{V} \times 5\ \mathrm{A} \times 0.8 = 400\ \mathrm{var}$

(5) 皮相電力

$P_{\mathrm{s}} = \sqrt{300^2 + 400^2} = 500\ \mathrm{VA}$

6．電圧を基準ベクトルとして考えると，電流の実効値 $|I|$ は，

$$|I|=\frac{P_s}{|E|}=\frac{5000\ \text{W}}{200\ \text{V}}=25\ \text{A}$$

力率は，

$\cos\theta=0.5$ より，$\theta=\pm 60$

よって，$\dot{I}=|I|\angle\theta=25\angle\pm 60°$

有効電力 $P=P_s\cos\theta=5000\times 0.5=2500\ \text{W}$

7．この回路に流れる電流の実効値を求めると，

$$\dot{I}=\frac{|\dot{E}|\angle 0°}{R+\text{j}\omega L}$$

$$|\dot{I}|=\frac{|\dot{E}|}{\sqrt{R^2+\omega^2L^2}}$$

抵抗 R で消費される電力 P は，

$$P=R|\dot{I}|^2=\frac{R|\dot{E}|^2}{R^2+\omega^2L^2}$$

P を R で微分して 0 とおけば，

$$\frac{\partial P}{\partial R}=\frac{R^2+\omega^2L^2-2R\cdot R}{\{R^2+\omega^2L^2\}^2}|\dot{E}|^2$$

$$=\frac{\omega^2L^2-R^2}{\{R^2+\omega^2L^2\}^2}|\dot{E}|^2$$

$$=\frac{(\omega L-R)(\omega L+R)}{\{R^2+\omega^2L^2\}^2}|\dot{E}|^2$$

$$=0$$

R，ωL はともに $R>0$，$\omega L>0$ であることから，

$$R=\omega L$$

となる．

また，最大消費電力 P_m は，

$$P=\frac{\omega L|\dot{E}|^2}{\omega^2L^2+\omega^2L^2}=\frac{\omega L}{2\omega^2L^2}|\dot{E}|^2=\frac{1}{2\omega L}|\dot{E}|^2$$

8．この回路に流れる電流の実効値 $\dot{I}$ は，電圧を基準ベクトルにとると，

$$\dot{I}=\frac{|\dot{E}|\angle 0°}{R+R_{\mathrm{C}}+\mathrm{j}X_{\mathrm{L}}}$$

$$|\dot{I}|=\frac{|\dot{E}|}{\sqrt{(R+R_{\mathrm{C}})^2+X_{\mathrm{L}}{}^2}}$$

負荷 R_{C} で消費される電力 P は，

$$P=R_{\mathrm{C}}|\dot{I}|^2=\frac{R_{\mathrm{C}}|\dot{E}|^2}{(R+R_{\mathrm{C}})^2+X_{\mathrm{L}}{}^2}$$

P を R_{L} で微分し，それを 0 とおくと，

$$\frac{\partial P}{\partial R_{\mathrm{L}}}=\frac{(R+R_{\mathrm{C}})^2+X_{\mathrm{L}}{}^2-R_{\mathrm{C}}\cdot 2(R+R_{\mathrm{C}})}{\left\{(R+R_{\mathrm{C}})^2+X_{\mathrm{L}}{}^2\right\}^2}|\dot{E}|^2$$

$$=\frac{(R^2+2RR_{\mathrm{C}}+R_{\mathrm{C}}{}^2)+X_{\mathrm{L}}{}^2-2RR_{\mathrm{C}}-2R_{\mathrm{C}}{}^2}{\left\{(R+R_{\mathrm{C}})^2+X_{\mathrm{L}}{}^2\right\}^2}|\dot{E}|^2$$

$$=\frac{R^2-R_{\mathrm{C}}{}^2+X_{\mathrm{L}}{}^2}{\left\{(R+R_{\mathrm{C}})^2+X_{\mathrm{L}}{}^2\right\}^2}|\dot{E}|^2$$

$$=0$$

したがって，$R_{\mathrm{C}}{}^2=R^2+X_{\mathrm{L}}{}^2$

$$R_{\mathrm{C}}=\sqrt{R^2+X_{\mathrm{L}}{}^2}$$

9．問題の回路の合成インピーダンス $\dot{Z}$ と電流の実効値は，

$$\dot{Z}=R_{\mathrm{L}}+\mathrm{j}X_{\mathrm{L}}+R_{\mathrm{C}}-\mathrm{j}X_{\mathrm{C}}$$

$$|\dot{I}|=\frac{|\dot{E}|}{|\dot{Z}|}=\frac{|\dot{E}|}{\sqrt{(R_{\mathrm{L}}+R_{\mathrm{C}})^2+(X_{\mathrm{L}}-X_{\mathrm{C}})^2}}$$

よって，R_{L} 消費される電力 P は，

$$P=R_{\mathrm{C}}|I|^2=\frac{R_{\mathrm{C}}|\dot{E}|^2}{(R_{\mathrm{L}}+R_{\mathrm{C}})^2+(X_{\mathrm{L}}-X_{\mathrm{C}})^2}$$

次に P を R_{C} で微分する．

$$\frac{\partial P}{\partial R_{\mathrm{C}}}=\frac{\left(R_{\mathrm{L}}+R_{\mathrm{C}}\right)^2+\left(X_{\mathrm{L}}-X_{\mathrm{C}}\right)^2-2R_{\mathrm{C}}\left(R_{\mathrm{L}}+R_{\mathrm{C}}\right)}{\left\{\left(R_{\mathrm{L}}+R_{\mathrm{C}}\right)^2+\left(X_{\mathrm{L}}-X_{\mathrm{C}}\right)^2\right\}^2}|\dot{E}|^2$$

$$=\frac{R_{\mathrm{L}}{}^2-R_{\mathrm{C}}{}^2+\left(X_{\mathrm{L}}-X_{\mathrm{C}}\right)^2}{\left\{\left(R_{\mathrm{L}}-R_{\mathrm{C}}\right)^2+\left(X_{\mathrm{L}}-X_{\mathrm{C}}\right)^2\right\}^2}|E|^2$$

これより，

$R_{\mathrm{C}}=\sqrt{R_{\mathrm{L}}{}^2+\left(X_{\mathrm{L}}-X_{\mathrm{C}}\right)^2}$ のとき，P は最大値となる．

2-8　ダイオード回路・半導体回路

2-8-1　ダイオード回路

■要点■

[1] 半導体

(1) **真性半導体**…物質は，その導電性によって，導体，半導体，絶縁体に分類される．固体の導電性は，負の電荷をもつ電子や正の電荷をもつ正孔といった物質内を自由に動くことができる荷電粒子がどのくらい含まれているかに依存する．導体は荷電粒子を多くもつが，絶縁体には存在しない．一方，半導体は導体と絶縁体の中間の導電率をもつ．図 2-8-1 は，半導体であるシリコン結晶構造を示したものである．

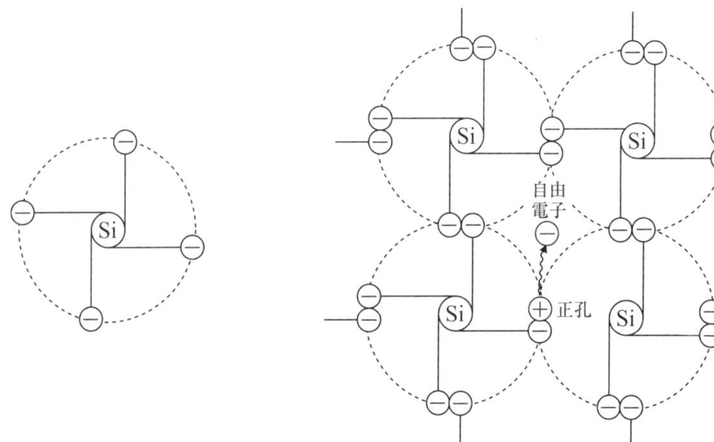

(a) シリコン原子　(b) シリコンの共有結合状態

図 2-8-1　シリコンの結晶構造

シリコンは原子番号 14 であり，4 価の原子である．また，1 つの原子核に 14 個の電子が存在しており，うち 4 個の電子が最外殻にある．シリコンは隣り合う 4 個の原子と最外殻の電子を共有することで，最外殻に 8 つの電子をもった状態で結晶構造を形成している．これが最も安定な状態である．このように 1 種類の原子からなる半導体を真性半導体という．真性半導体は常温の場合，熱エネルギーによって一部の共有結合が破れ，物質内を移動する自由電子が存在する．電子が抜けた孔は正の電荷をもつため正孔と呼ばれる．電子と正孔は荷電粒子の担い手であり，キャリアと呼ばれ，真性半導体では自由電子と正孔の数は常に等しい．

(2) **不純物半導体（n 型半導体）**…半導体中の自由電子や正孔の数を制御するため，不純物を添加する場合が多い．このような半導体を不純物半導体という．図 2-8-2 は，シリコン中に 5 個の電子を最外殻にもつリン(P)を不純物として添加したときの結晶構造を示したものである．リンは隣り合うシリコン原子と最外殻電子を共有するが，図 2-8-1 と同様に最外殻電子が 8 個の状態で安定である．よって，リンの最外殻電子は 1 つ余ることになる．

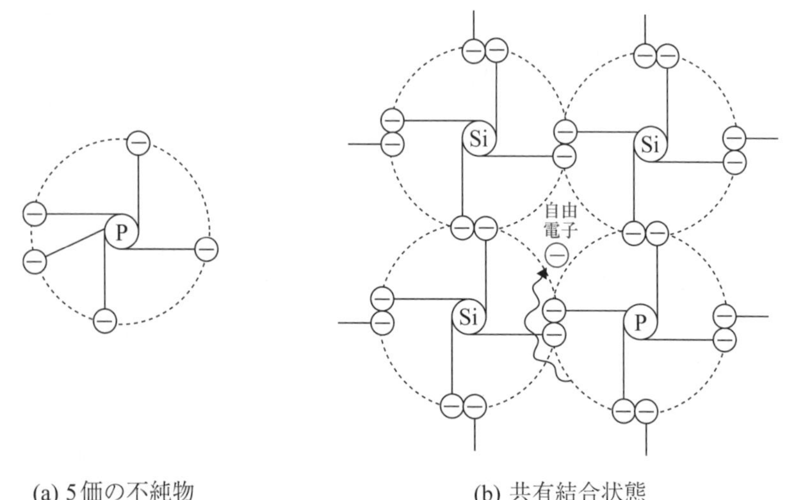

(a) 5 価の不純物　　(b) 共有結合状態

図 2-8-2　n 型半導体の結晶構造

この電子はごくわずかなエネルギーでもリン原子から離れることが可能で，その結果自由電子として結晶中を移動できる．このとき正孔は生じないため，5 価の不純物を含んだ半導体中では多数の自由電子と少数の正孔が導電に寄与している．導電に主として寄与するキャリアを多数キャリア，ほとんど寄与しないものを少数キャリアと呼んでいる．

5 価の不純物は半導体に自由電子を供給するため，ドナーと呼ばれる．このドナーは電子を失うと正の電荷を有することで陽イオンとなり，結晶中に束縛されることから電気伝導には寄与されない．このような5価の不純物を含む半導体は，負の電荷をもつ自由電子が多数キャリアとなる．負はnegativeであるため，n型半導体という．

(3) **不純物半導体（p型半導体）**…シリコン中に3個の電子を最外殻にもつホウ素を不純物として添加したときの結晶構造を図2-8-3に示す．ホウ素は，隣り合うシリコン原子と最外殻電子を共有するが，最外殻電子が1個足りず7個となる．このため安定状態になるためには電子1個分不足する．つまり，正孔が1個形成されていると考えることにする．正孔は自由電子と同様に結晶中を自由に動き回れる．

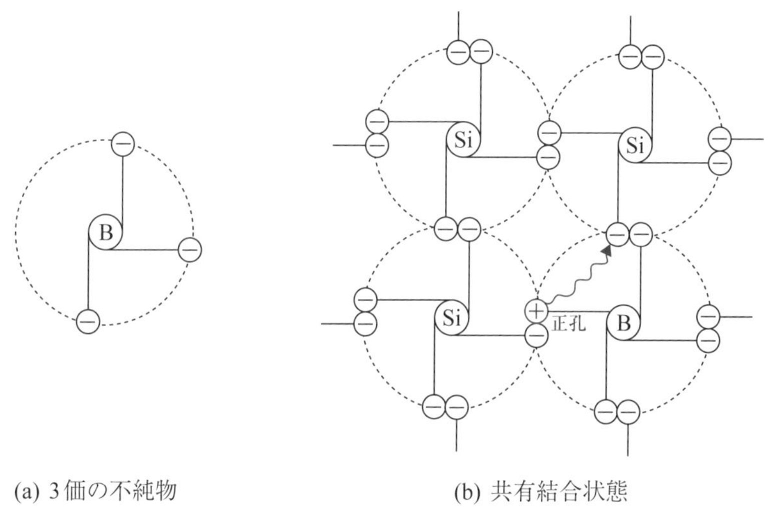

(a) 3価の不純物　　(b) 共有結合状態

図2-8-3　p型半導体の結晶構造

よって，3価の不純物を含んだ半導体は，多数キャリアが正孔であり，少数キャリアが電子である．

このように，3価の不純物は半導体の電子を捉えるための正孔を与えていることから，アクセプタと呼ばれている．アクセプタは電子を受け取ると陰イオンとなるが，この陰イオンもドナーと同様に電気伝導には寄与しない．

3価の不純物を含む半導体は，多数キャリアが正孔となる．正孔は正の電荷をもつことから，positiveのpを用いてp型半導体という．

[2] ダイオード…図 2-8-4 に p 型半導体と n 型半導体を接続した pn 接合を示す．この接合面では，拡散現象により p 型領域の多数キャリアである正孔が n 型半導体に拡散し，n 型領域の多数キャリアである自由電子が p 型半導体に拡散して互いに他方の多数キャリアと結合して消滅する．このため，pn 接合の接合面付近には，再結合によってキャリアの存在しない空乏層と呼ばれる領域が生じる．

図 2-8-4　ダイオードの構造

ダイオードの動作を図 2-8-5(a)，(b)，(c) に示す．接合前の個々の p 型，n 型半導体は電気的に中性であるが，pn 接合が形成されると，p 型半導体は自由電子の拡散によって負に帯電する．一方，n 型半導体は正孔の拡散によって正に帯電する．そのため p 型半導体と n 型半導体の間には拡散電位と呼ばれる電位差 V_{d} が生じる．この電位差は，ほとんど空乏層の中で生じることから，この電位差が障壁となり，キャリアの拡散は停止する．

外部から pn 接合のカソード側に対し，アノード側の電位が高くなるように電圧 V を印加する．すると図 2-8-5(b) に示すように拡散電位が $V_{\mathrm{d}}-V$ に低下する．よって，p 型半導体と n 型半導体中の多数キャリアが空乏層を通過して反対側の領域に拡散し始める．この向きの電圧を順電圧といい，電流が流れる．

逆に 2-8-5(c) に示すように，アノード側に対し，カソード側の電位が高くなるように電圧 V を印加する．すると，拡散電位は $V_{\mathrm{d}}+V$ となり，キャリアの拡散は生じなくなる．よって電流は流れない．この向きの電圧を逆電圧という．このように，1 方向のみに電流が流れる性質を整流作用という．

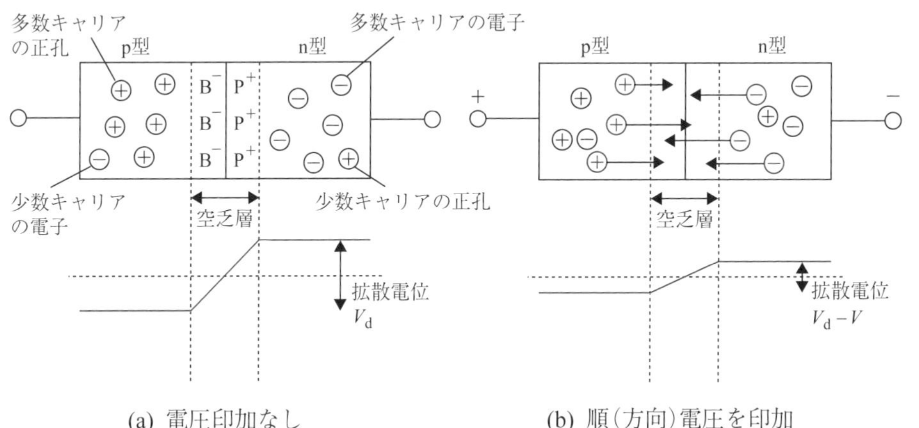

(a) 電圧印加なし　　(b) 順(方向)電圧を印加

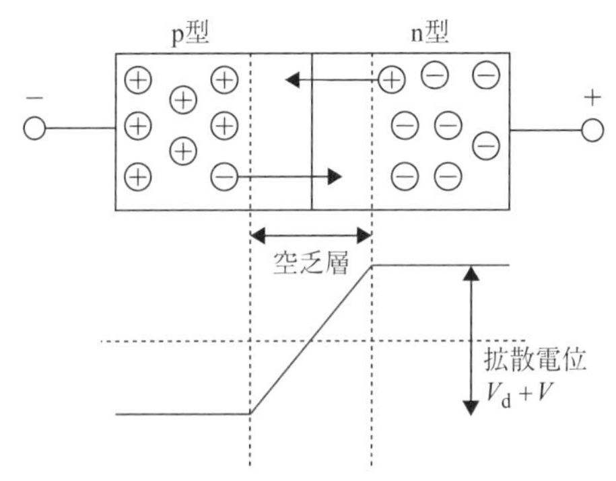

(c) 逆(方向)電圧を印加

図 2-8-5　ダイオードの動作原理

[3] **図記号**…この pn 接合の両端から端子を引き出した電子デバイスをダイオードという．図 2-8-6 にダイオードの図記号を示す．端子名は，p 型半導体が正極を意味するアノード(A)，n 型半導体側が負極を意味するカソード(K)である．

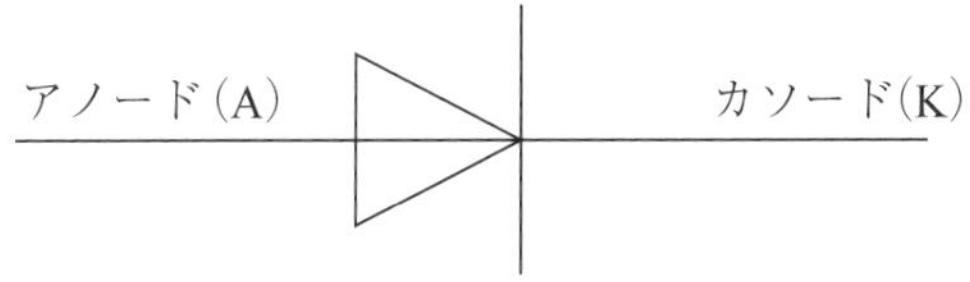

図 2-8-6　ダイオードの図記号

[4] **電圧 - 電流特性**…順方向電圧を 0 V から上昇していった場合，ある電圧値を超えるまで電流は流れない．この電圧値は，ゲルマニウムダイオードで約 0.2 V，シリコンダイオードで約 0.6 V である．

この現象は，多数キャリアが空乏層を通過するために必要なエネルギーとしての電圧値が不足しているからである．この電圧をしきい電圧 V_{th} という．

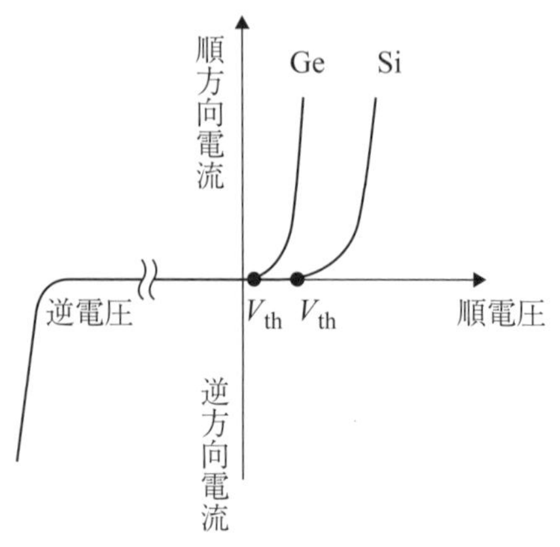

図 2-8-7　ダイオードの電圧 - 電流特性

[5] 図 2-8-7 は，ダイオードにある大きさの電圧を印加したときの pn 接合の電圧 - 電流特性を表している．図 2-8-6 のアノードに正電圧を加えた場合には，p 型半導体の多数キャリアである正孔が正電圧に反発して空乏層を超えて n 型領域へ進み自由電子と結合して消滅する．同時に n 型半導体の多数キャリアである自由電子はカソードの負電圧に反発して空乏層を超えて p 型領域へ進み，正孔と結合して消滅する．よって，pn 接合内でアノードからカソードへ指数関数的に急激に電流が流れる．印加される電圧を順(方向)電圧，流れる電流を順方向電流という．

[6] 図 2-8-6 で上記とは逆向きの電圧を加えた場合には，アノードに正孔，カソードに自由電子がそれぞれ引き付けられるために空乏層が広がり，多数キャリアによる電流は流れない．このとき，印加された電圧を逆(方向)電圧，少数キャリアによってごくわずかに流れる電流を逆方向電流という．

例題 2-8-1

1．次の文章の［　　］内に言葉を入れて，文章を完成させよ．

ダイオードは，(ア)［　　］から(イ)［　　］の方向に電流を流す特性がある．一方，(ウ)［　　］から(エ)［　　］の方向には電流を流さない性質がある．電流を流す方向を(オ)［　　］といい，流さない方向を(カ)［　　］と呼ぶ．

解答

(ア)　アノード　　(イ)　カソード　　(ウ)　カソード

(エ)　アノード　　(オ)　順方向　　(カ)　逆方向

2．ダイオードが順方向にのみ電流を流す性質を利用すれば，下図のように入力である交流波形(電源は最大電圧 E_m，角周波数 ω の正弦波)を直流に変換することができる．これをダイオードの整流作用という．以下の問に答えよ．

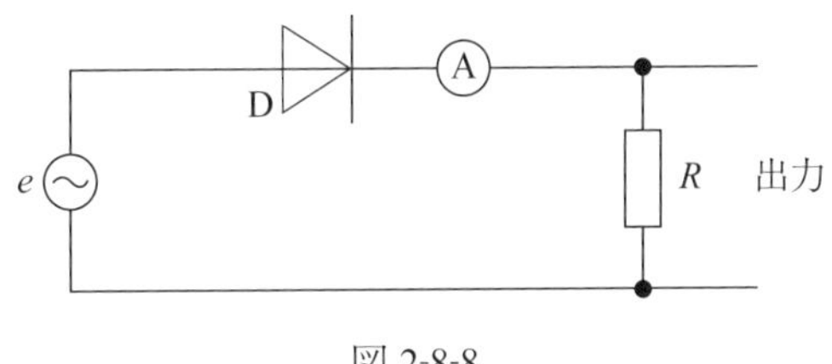

図 2-8-8

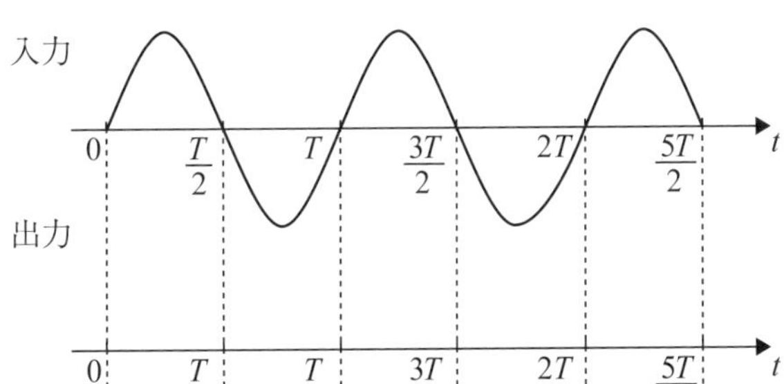

⑴ 出力波形を図示せよ．

⑵ ダイオードの電圧降下が 0 のとき，電流計 A の表示(平均値)を答えよ．

解答

⑴

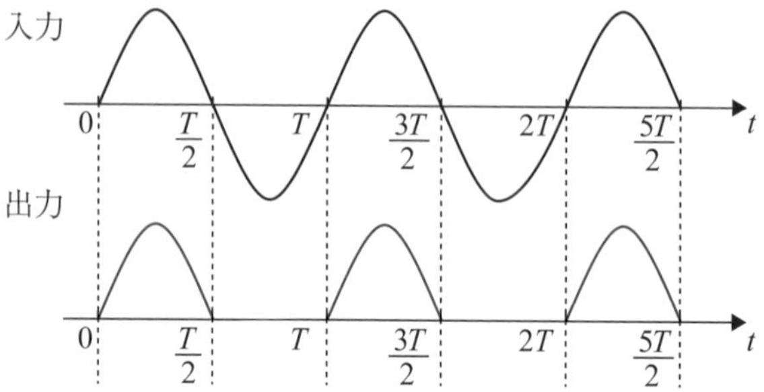

図 2-8-9

⑵ ダイオードの電圧降下が 0 ということは，順方向抵抗が 0 ということになる．電流は，e が正のときにのみ流れるため，電流波形は半波整流波となる．また，電流計が平均値を示すということから，式は以下のようになる．

$$I = \frac{1}{T}\int_0^{\frac{T}{2}} i\mathrm{d}t = \frac{1}{T}\int_0^{\frac{T}{2}} \frac{E_\mathrm{m}}{R}\sin\omega t\mathrm{d}t = \frac{E_\mathrm{m}}{\pi R}$$

直流成分を含まない入力信号から，直流成分 $\dfrac{E_\mathrm{m}}{\pi R}$ を含む出力電流を作り出す回路であることがわかる．

3．ダイオード回路における順方向抵抗 r_F と逆方向抵抗 r_R の値を求めよ．ただし，図 2-8-10，図 2-8-11 はそれぞれ電流 2 A，0.02 μA が流れており，$V_\mathrm{D} = 0.8$ V であるとする．

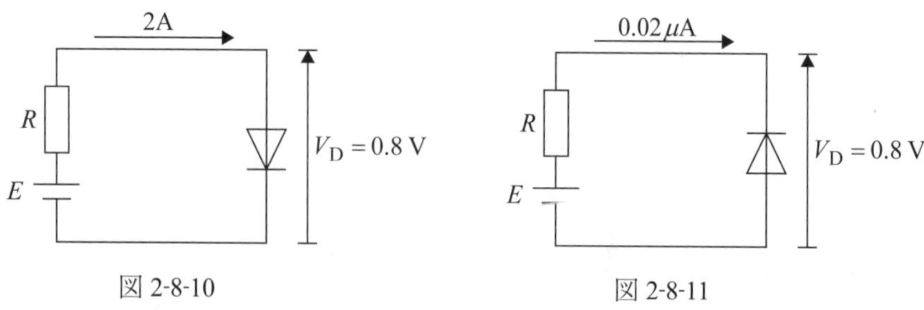

図 2-8-10　　図 2-8-11

解答

(1) 順方向に電圧が加わる場合，順方向電流 I_F，順方向電圧 V_F，順方向抵抗 r_F で示される．

$$r_F = \frac{V_F}{I_F} = \frac{0.8\ \mathrm{V}}{2\ \mathrm{A}} = 0.4\ \Omega$$

(2) 逆方向に電圧が加わる場合，逆方向電流 I_R，逆方向電圧 V_R，逆方向抵抗 r_R で示される．

$$r_R = \frac{V_R}{I_R} = \frac{0.8\ \mathrm{V}}{0.02\times10^{-6}\ \mathrm{A}} = 40\times10^6 = 40\ \mathrm{M\Omega}$$

4．図 2-8-12 の回路において，電源電圧の実効値は 12 V であった．以下の問に答えよ．

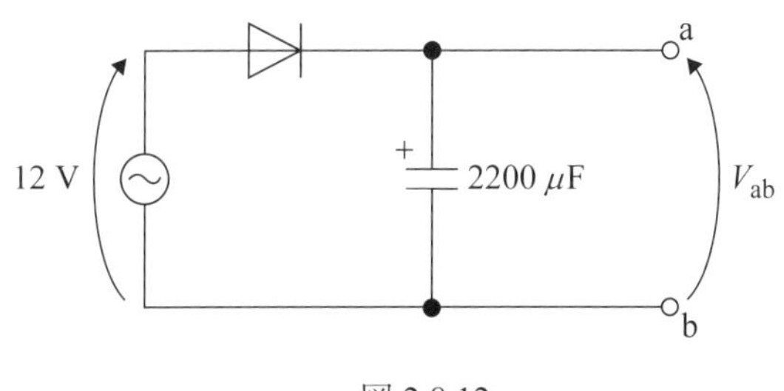

図 2-8-12

(1) 無負荷のときの端子 a-b 間の電圧はおよそ何 V にするべきか．

(2) ダイオードの耐圧は何 V 以上にするべきか．

解答

(1) 無負荷のときは，コンデンサに充電された電荷が放電しないため，端子 a-b 間の電圧は電源電圧の最大値まで充電される．

$$V_{ab} = 12\sqrt{2} \fallingdotseq 16.97\ \mathrm{V}$$

(2) ダイオードに最も大きな逆電圧が加わるのは，コンデンサが正の最大値まで充電され，かつ電源電圧の大きさが負の最大値になったときである．

$$12\sqrt{2}\times2 = 33.94\ \mathrm{V}$$

少なくとも 34 V 以上は必要である．

5．図 2-8-13 に示す回路におけるV_D, V_R, Iの各値を求めよ．ただし，$R = 1\ \mathrm{k\Omega}$とする．

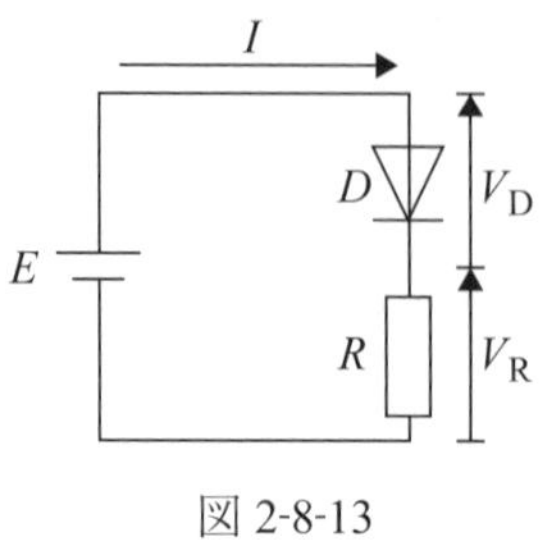

図 2-8-13

(1) $E = 3\ \mathrm{V}$ の場合

(2) $E = 10\ \mathrm{mV}$ の場合

解答

(1) ダイオードにかかる電圧 V_D

$V_D \fallingdotseq 0.7\ \mathrm{V}$（しきい値電圧に相当）

$$V_R = E - V_D = 3 - 0.7 = 2.3\ \mathrm{V}$$

$$I = \frac{V_R}{R} = \frac{2.3\ \mathrm{V}}{1\ \mathrm{k\Omega}} = 2.3\ \mathrm{mA}$$

(2) 電源電圧 E が，しきい値電圧 0.7 V 未満であるため，回路に電流は流れない．

$$I = 0\ \mathrm{A}$$

$$V_R = 0\ \mathrm{V},\quad I_R = 0\ \mathrm{A}$$

$$V_D = E - V_R = 10\ \mathrm{mV}$$

6．図 2-8-14 に示す回路における V_D，V_R，I の各値を求めよ．また，等価回路を示しなさい．ただし，$E = 3\ \mathrm{V}$，$R = 1\ \mathrm{k\Omega}$ とする．

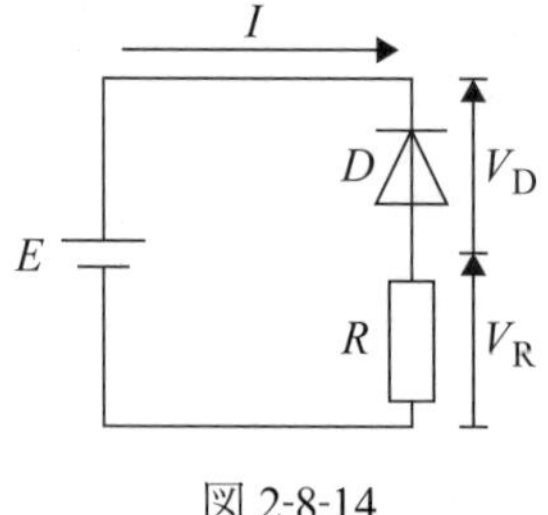

図 2-8-14

解答

ダイオードは逆向きであるため，回路に電流は流れない．

$$I = 0\ \mathrm{A}$$

$$V_R = 0\ \mathrm{V},\ \ I_R = 0\ \mathrm{A}$$

$$V_D = E - V_R = 3 - 0 = 3\ \mathrm{V}$$

等価回路を以下に示す．

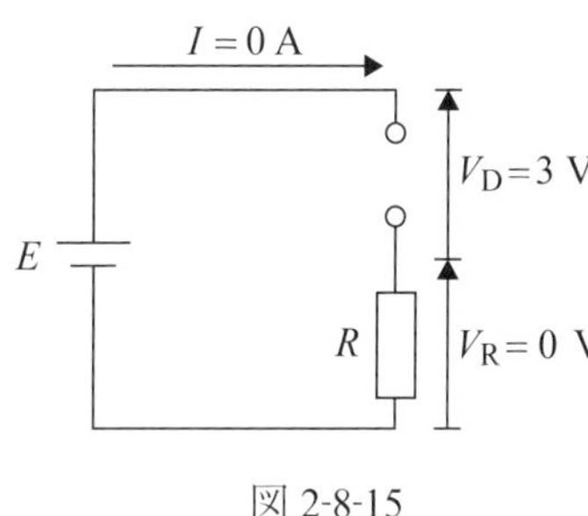

図 2-8-15

7．図 2-8-16 のダイオード D_1，D_2 を流れる電流 I_1，I_2 を求めよ．ただし，ダイオードはオフセット電圧がともに 0.5 V の理想近似ダイオードとする．

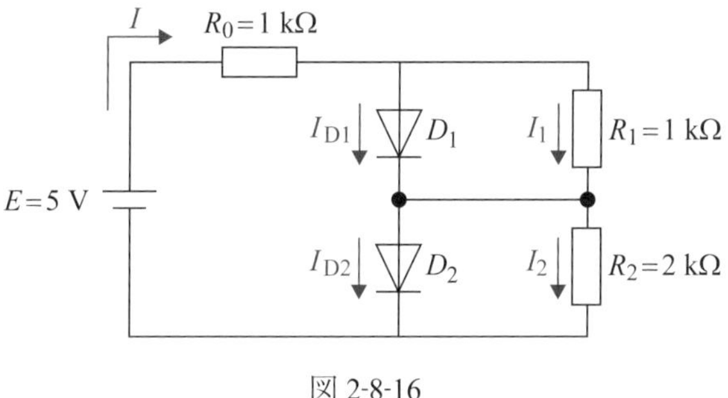

図 2-8-16

解答

全体に流れる電流 I は，

$$I = \frac{E - 2V_F}{R_0} = \frac{5\mathrm{V} - 2 \times 0.5\mathrm{V}}{10^3} = 4\ \mathrm{mA}$$

R_1，R_2 回路では，回路全体 $2V_F$ を超える電圧が印加されれば，各抵抗には一定の電圧 V_F が印加された状態となる．

$$I_1 = \frac{V_F}{R_1} = \frac{0.5\mathrm{V}}{10^3\Omega} = 0.5\ \mathrm{mA}$$

$$I_2 = \frac{V_F}{R_2} = \frac{0.5\mathrm{V}}{2\times10^3\Omega} = 0.25\ \mathrm{mA}$$

したがって，各ダイオードを流れる電流は，

$$I_{D1} = I - I_1 = 3.5\ \mathrm{mA}$$

$$I_{D2} = I - I_2 = 3.75\ \mathrm{mA}$$

2-8-2　半導体回路

■要点■

[1] トランジスタの機能

トランジスタの機能は，次の2つがある．

(1)　スイッチング作用(スイッチとしての働きをする)

(2)　増幅作用(小さな信号を大きな信号に増幅する)

トランジスタの3つの電極をエミッタ，ベース，コレクタと呼ぶ．

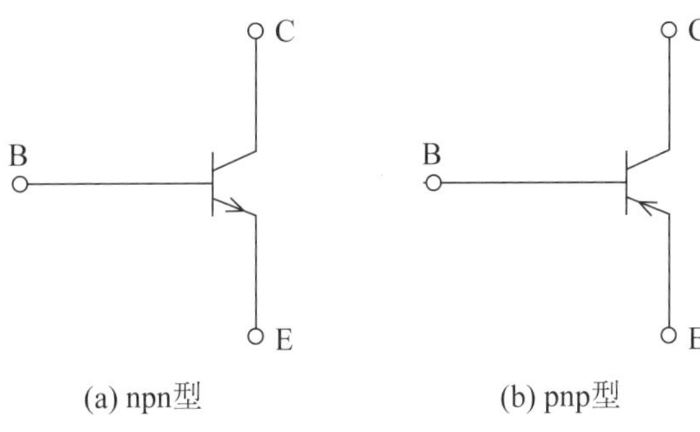

E：エミッタ電極

C：コレクタ電極

B：ベース電極

図 2-8-17　トランジスタ

[2] トランジスタの接地方式

トランジスタには，3つの接地方式がある．

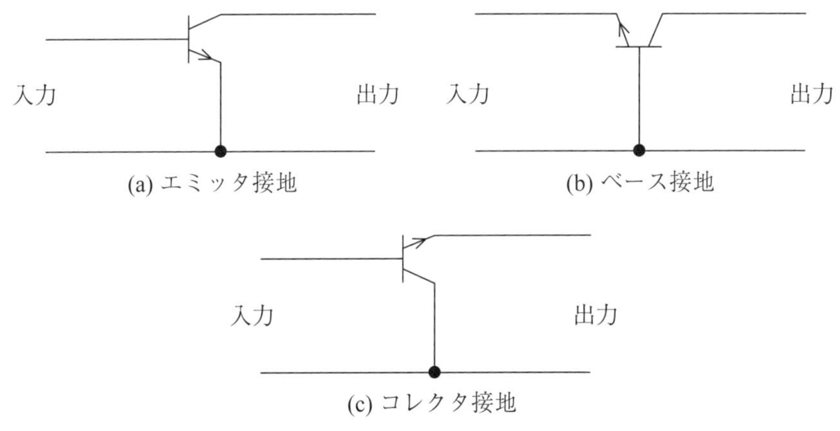

図 2-8-18　トランジスタの接地方式

エミッタ接地回路は，増幅作用が最も大きいためよく用いられる．エミッタ接地回路を動作させるために，V_{BB}，V_{CC} を加える．流れる電流をそれぞれ，エミッタ電流 I_E，コレクタ電流 I_C，ベース電流 I_B という．

I_E, I_C, I_B は以下の関係がある．

$$I_C + I_B = I_E$$

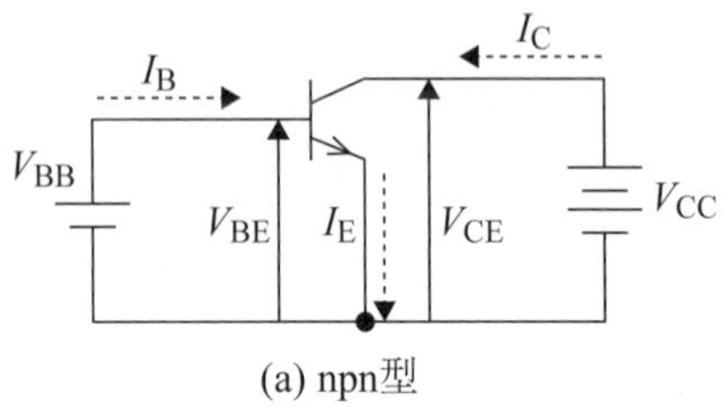

(a) npn型

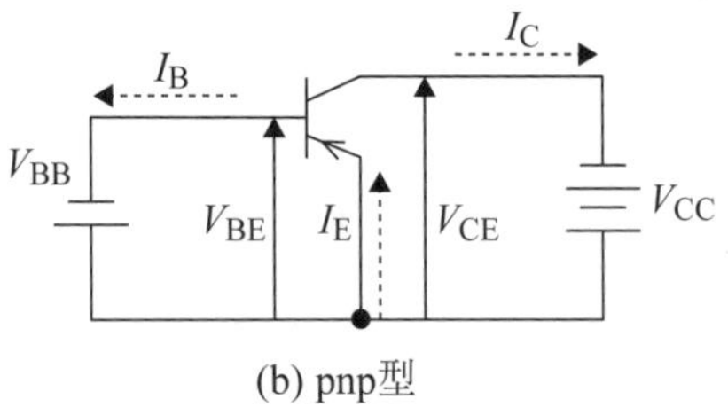

(b) pnp型

図 2-8-19　npn 型と pnp 型

[3] トランジスタの静特性

トランジスタ単体の電気的特性を静特性という．エミッタ接地の場合，3 つの静特性がある．以下に示す．

(1)　I_B-V_{BE} 特性（入力特性）

(2)　I_C-I_B 特性（電流伝達特性）

(3)　I_C-V_{CE} 特性（出力特性）

(1)　I_B-V_{BE} 特性(入力特性)…トランジスタのベース・エミッタ間に $V_{BE}=V_{BB}+v_i$[V] が印加されたとき，I_B は作図で求められる．

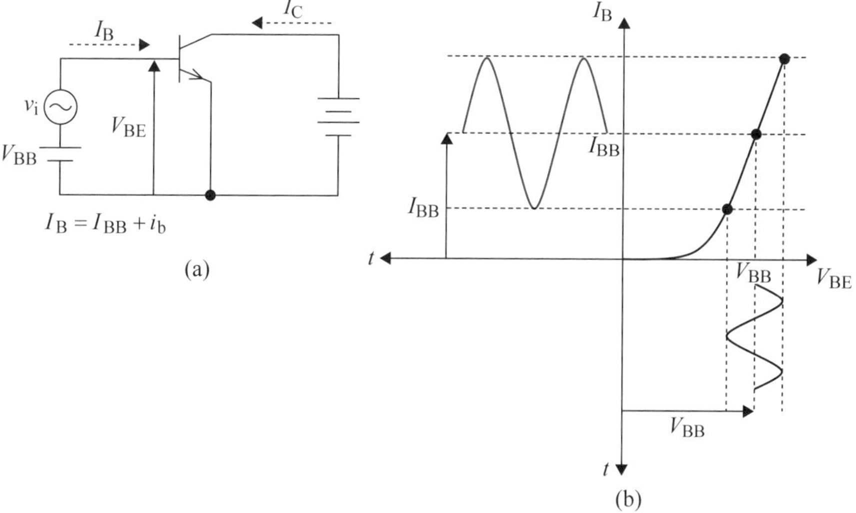

図 2-8-20　I_B-I_{BE} 型

(2)　I_C-I_B 特性(電流伝達特性)…トランジスタのベースに，直流電流 I_{BB} と入力信号電流 i_b が重畳した電流が流れるとき，コレクタ電流 I_C は作図によって求められる．

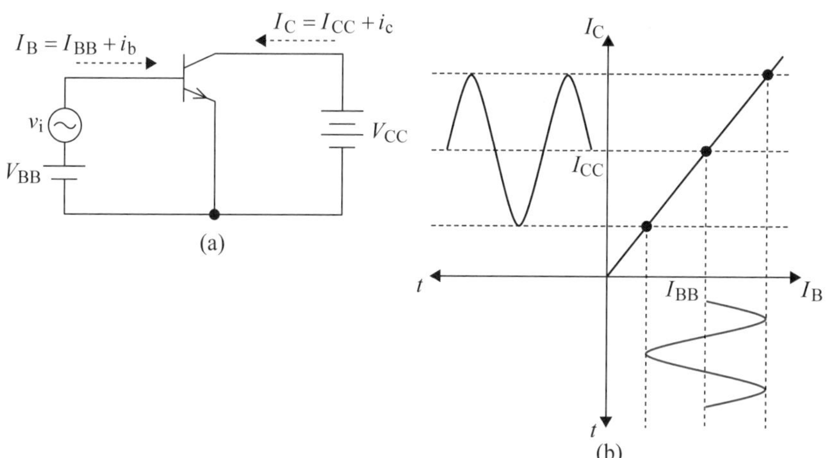

図 2-8-21　I_C-I_B 特性

(3)　I_C-V_{CE} 特性（出力特性）…V_{CE} が小さいとき，I_C が直線に沿って急激に増加する．しかし，その後ほとんど変化しなくなる．トランジスタの増幅作用を考えるとき，I_C が急激に変化しない特性を利用する．

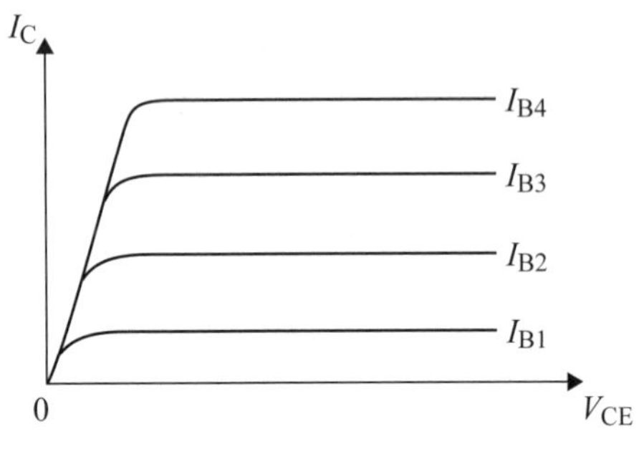

図 2-8-22　I_C-V_{CE} 特性

例題 2-8-2

1.　次の文章の［　　］の中に適する言葉を入れ，文章を完成させよ．

(1) トランジスタは，大きく分けると (ア)［　　　　］作用と，(イ)［　　　　］作用の 2 つの働きをもっている．

(2) 小さな入力で大きな出力を制御する作用を (ア)［　　　　］作用という．トランジスタ(エミッタ接地)の場合，電流だけに注目すると，小さな (イ)［　　　　］電流で大きな (ウ)［　　　　］電流を制御することによって (エ)［　　　　］作用を行う．

(3) 図記号の［　　］の中にトランジスタの各電極の名称を記入し，npn 型か pnp 型かを＿＿＿＿に記入せよ．

(ア)［　　　　］

(イ)［　　　　］

(ウ)［　　　　］

(エ) ＿＿＿＿＿＿＿＿ 型

(オ)［　　　　］

(カ)［　　　　］

(キ)［　　　　］

(ク) ＿＿＿＿＿＿＿＿ 型

解答

(1) (ア)　スイッチング　　(イ)　増幅

(2) (ア)　増幅　　(イ)　ベース　　(ウ)　コレクタ　　(エ)　増幅

(3) (ア)　コレクタ　　(イ)　ベース　　(ウ)　エミッタ　　(エ)　npn

(オ)　コレクタ　　(カ)　ベース　　(キ)　エミッタ　　(ク)　pnp

2．トランジスタのエミッタ接地における代表的な静特性にはつぎの3つがある．以下をうめよ．

(ア)　　　　　　　　　　特性（別名：　　　　　　　　　　）

(イ)　　　　　　　　　　特性（別名：　　　　　　　　　　）

(ウ)　　　　　　　　　　特性（別名：　　　　　　　　　　）

解答

(ア)　I_B-V_{BE}特性（別名：入力特性）

(イ)　I_C-I_B特性（別名：電流伝達特性）

(ウ)　I_C-V_{CE}特性（別名：出力特性）

3．図2-8-24のような特性を持つトランジスタを用いて，図2-8-23のような回路を作製した．

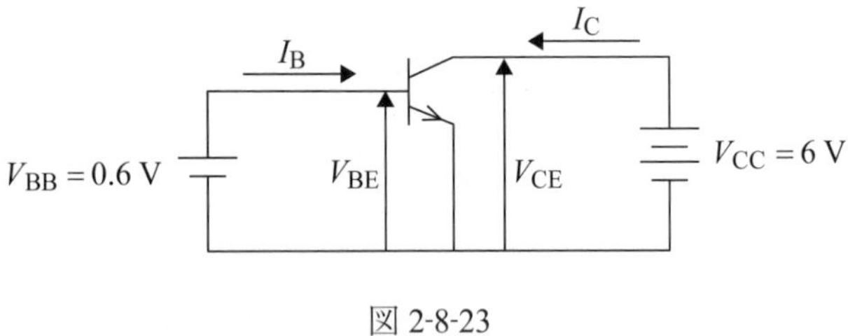

図2-8-23

(1) ベース電流I_Bを求めよ．

(2) ベースに加えた直流電源 V_{BB} に直列に最大値 50 mV の交流電圧を加えたとき，ベース電流 I_B はどのようになるか，下図に作図せよ．

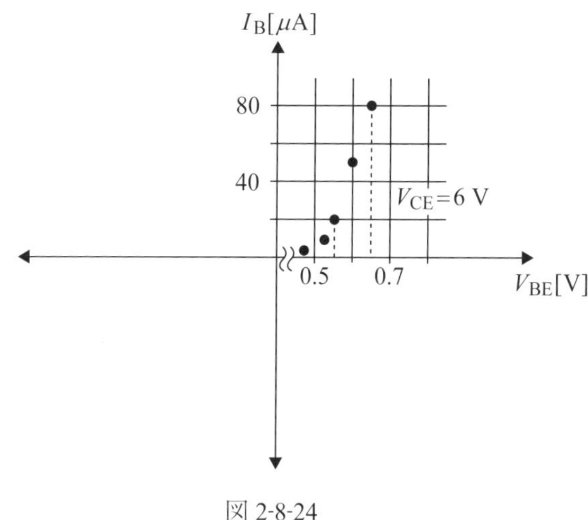

図 2-8-24

(3) 交流電圧を印加した後のベース電流 I_B はいくらか．

解答

(1) 50 μA

(2)

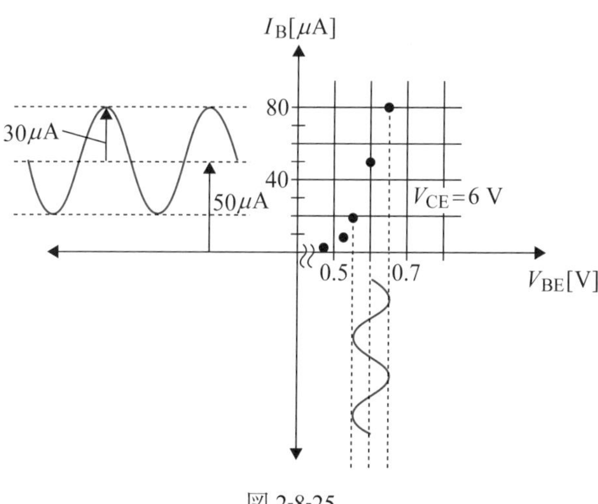

図 2-8-25

(3) 直流電流 50 μA ± 交流電流の最大値 30 μA（20 μA ≦ I_B ≦ 80 μA）

演習問題２-８

1．演図 2-8-1 のような回路により，ダイオード D を通じて交流電源からバッテリー B を充電しようとする．このとき，可動コイル形電流計 A の指示はいくらか．ただし，電源電圧は，$|E|=100$ V，蓄電池の電圧 $E_B=100$ V，ダイオードを含めた回路の直列抵抗 $R=5$ Ω とする．

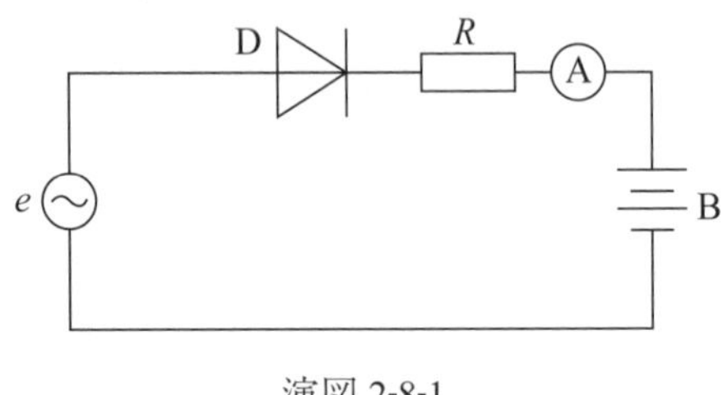

演図 2-8-1

(1) 電源電圧の瞬時値を式で表せ．

(2) 流れる電流の波形と位相を記入せよ．

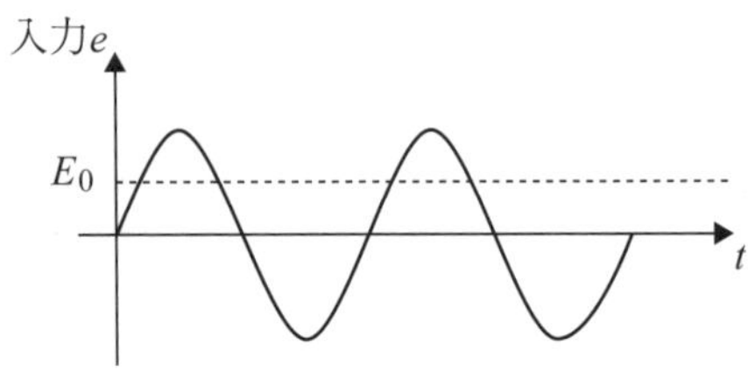

演図 2-8-2

(3) 流れる電流の位相 θ を求めよ．

(4) 電流の平均値 I_{av} を求める式を記入せよ．

(5) 電流の平均値 I_{av} を求めよ．

2．演図 2-8-3 に示す単相ブリッジ形全波整流回路において，ダイオード D_3 が故障して開放状態となった．このとき演図 2-8-4 に示す波形の電圧を入力した場合の出力の波形として，正しいものを演図 2-8-5 のなかから，番号から選べ．また，その理由を述べよ．ただし，演図 2-8-3 のダイオードは，すべて同一特性のものとする．

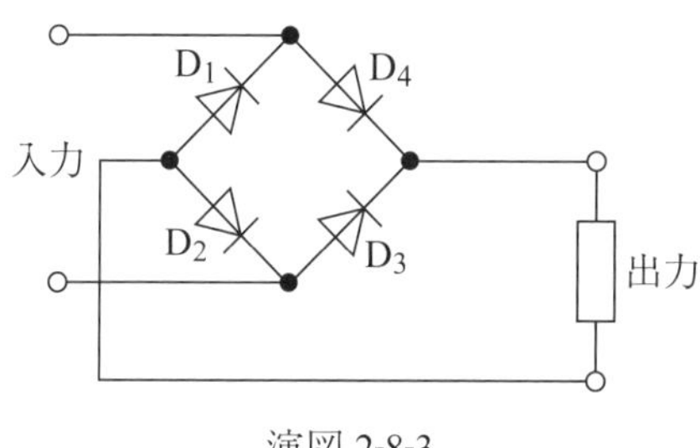

演図 2-8-3

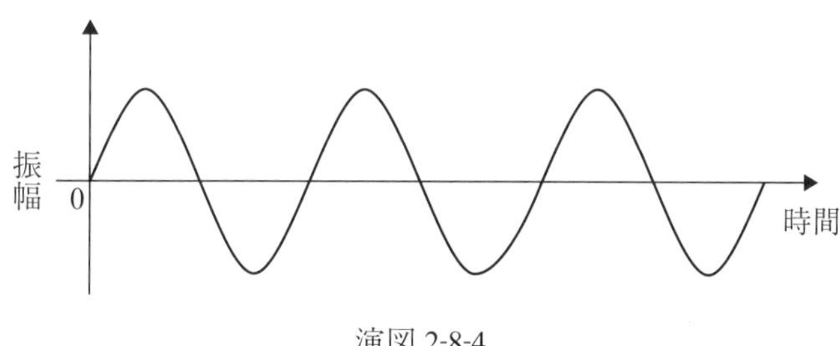

演図 2-8-4

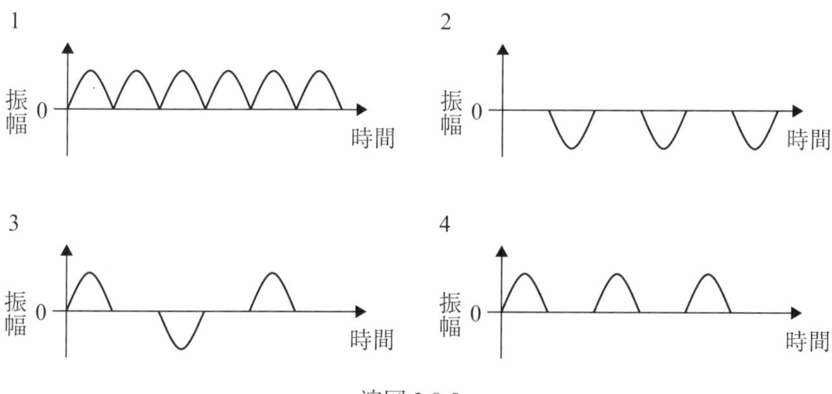

演図 2-8-5

3．回路に交流電圧が印加したとき，抵抗 R に流れる電流 I と出力電圧 V_0 の波形を以下に示せ．ただし，ダイオードの順方向抵抗を 0 Ω，逆方向抵抗を ∞ [Ω] とする．

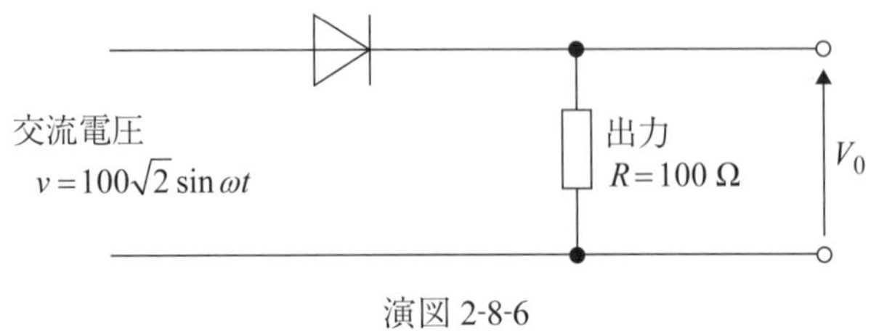

演図 2-8-6

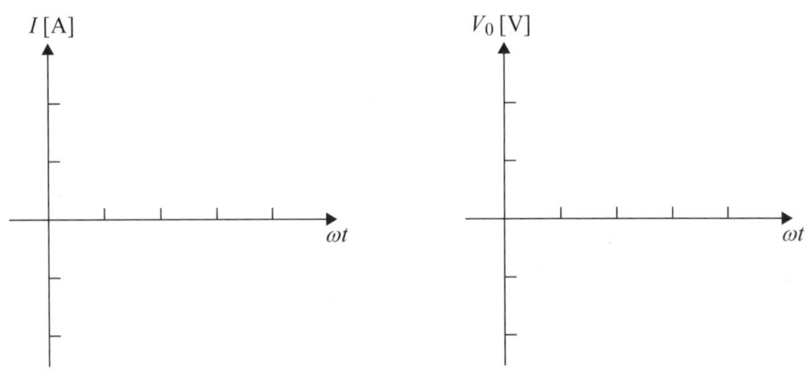

4．演図 2-8-7 のような単相ブリッジ形全波整流回路において，

$$e = 10\sin\omega t\ [\mathrm{V}]$$

の電圧を印加した．負荷抵抗 R に流れる電流 I と出力電圧 V_0 の波形を記入せよ．

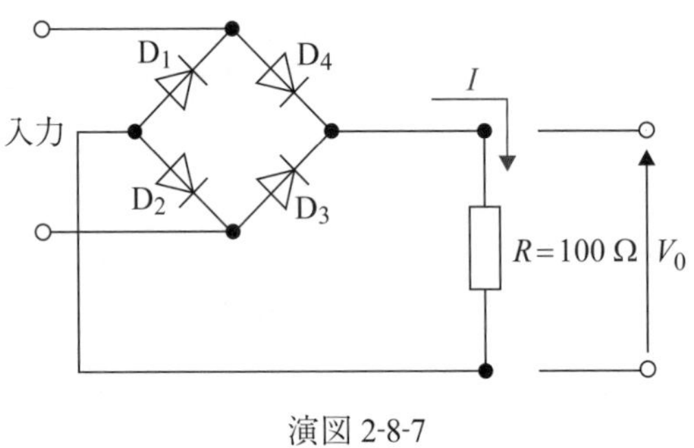

演図 2-8-7

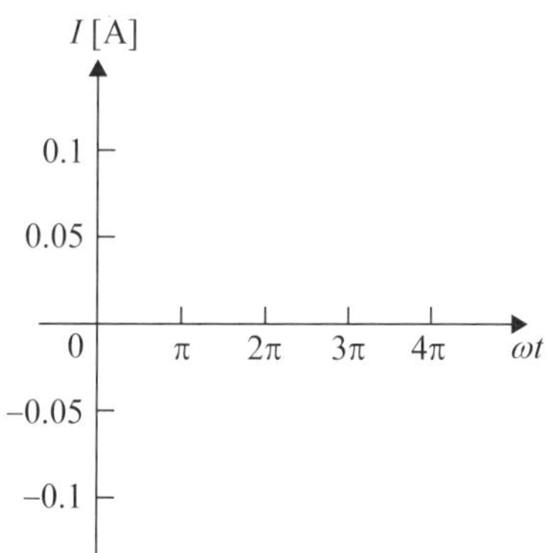

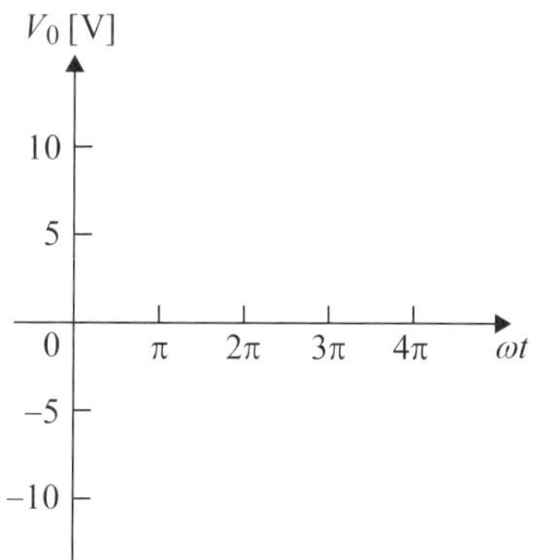

5．演図 2-8-8 のような回路を作製し，演図 2-8-9(a), (b) のような特性を得ることがわかった．これについて，以下の問に答えよ．

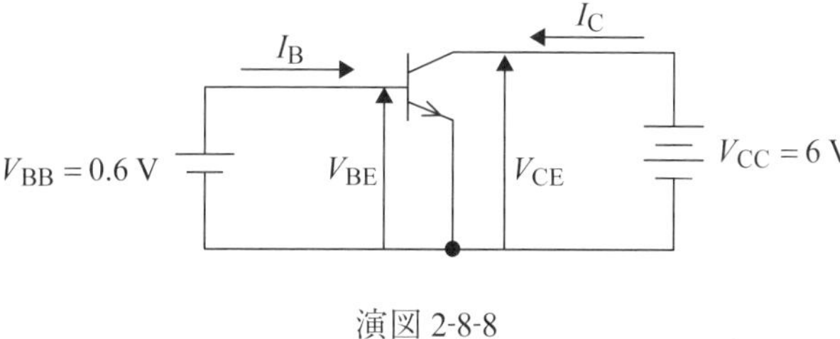

演図 2-8-8

(1) ベース電流 I_B はいくらか．

(2) コレクタ電流 I_C はいくらか．

(3) ベースに加えた直流電源 V_{BB} に直列に最大値 50 mV の交流電圧を加えたとき，ベース電流 I_B，コレクタ電流 I_C はどのようになるか．

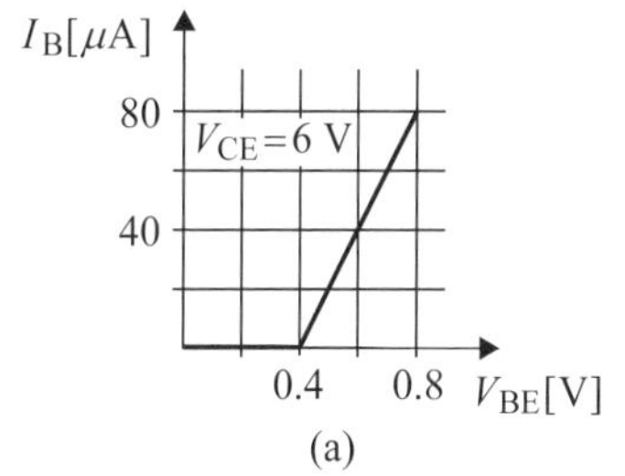

(a)

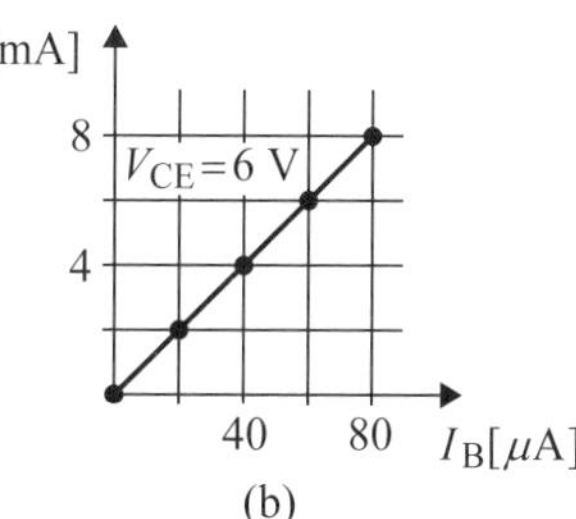

(b)

演図 2-8-9

演習問題２-８　解答

１．

(1)　$e=\sqrt{2}|E|\sin\omega t=100\sqrt{2}\sin\omega t$ [V]

(2)

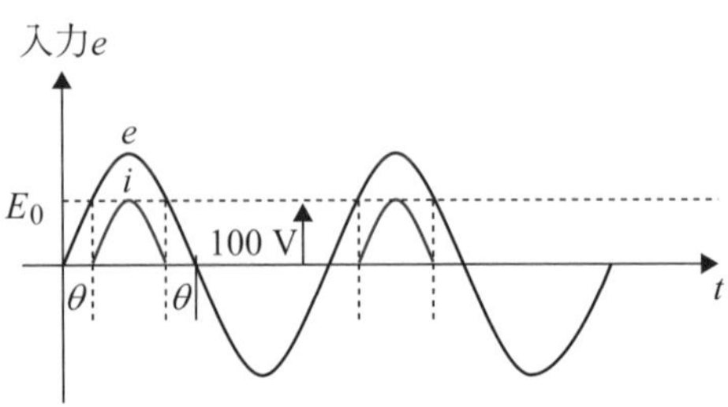

演図 2-8-10

(3)　$100\sqrt{2}\sin\theta=100$

$\theta=\dfrac{\pi}{4}$

(4)　$I_{\mathrm{av}}=\dfrac{1}{2\pi}\displaystyle\int\dfrac{e-E_{\mathrm{B}}}{R}\mathrm{d}\theta=\dfrac{20}{\pi}-5$ A

(5)　1.36 A

２．４

３．

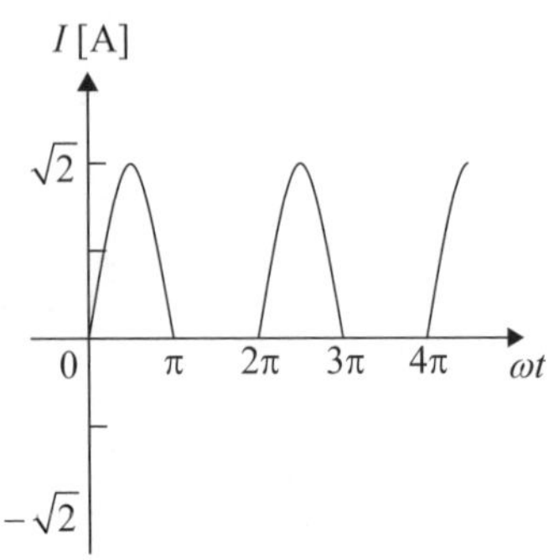

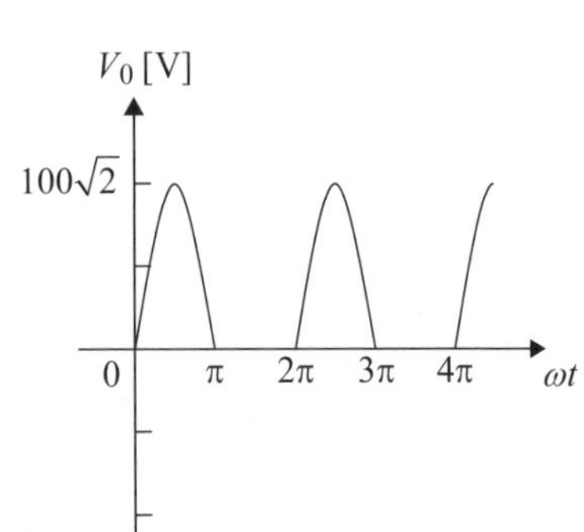

演図 2-8-11

4.

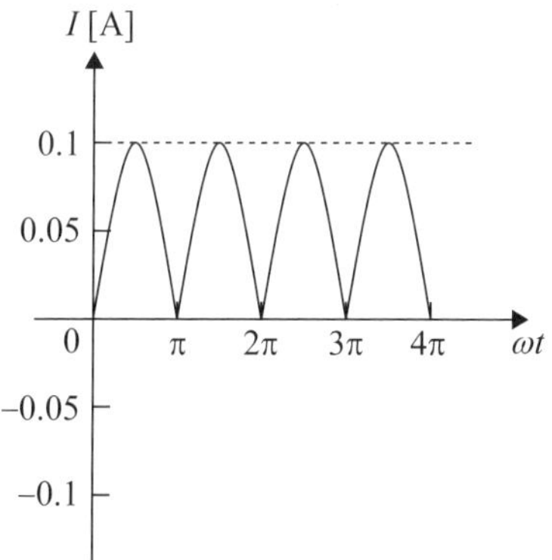

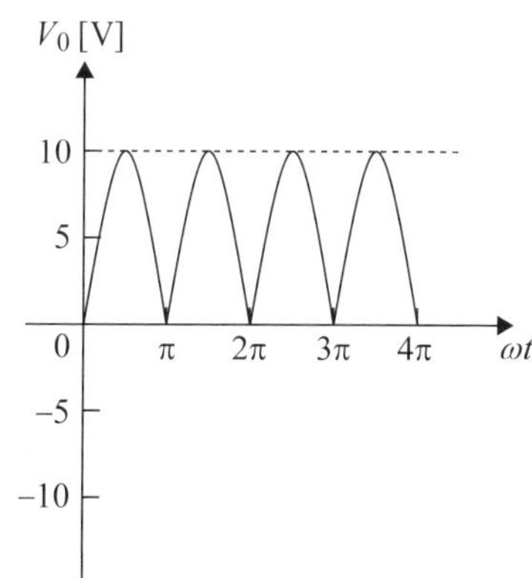

演図 2-8-12

5. (1) 40 μA

(2) 4 mA

(3) ベース電流 I_B = 40 μA の直流電源 ± 最大値 10 μA の交流電流

$30\,\mu\text{A} \leqq I_B \leqq 50\,\mu\text{A}$

コレクタ電流 I_C = 4 mA の直流電源 ± 最大値 1 mA の交流電流

$3\,\text{mA} \leqq I_C \leqq 5\,\text{mA}$

2-9　トランジスタを用いた増幅回路

2-9-1　バイポーラトランジスタを用いた基本回路

■要点■

[1] バイポーラトランジスタには npn 形トランジスタと pnp 形トランジスタがある．図 2-9-1(a) に npn トランジスタの構造を示す．図 2-9-1(b) にシンボルを示す．スイッチを OFF にした場合(ベース - エミッタ間の電圧 $V_{BE}=0$ の場合)，コレクタ電流 I_C は 0 になる．その様子を図 2-9-1(a) に示す．

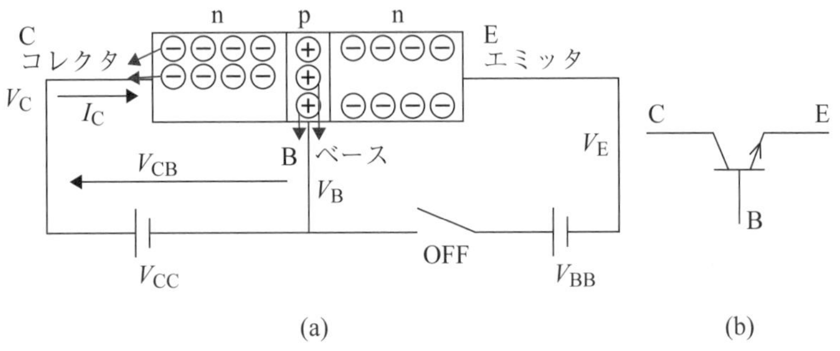

図 2-9-1　バイポーラトランジスタの構造およびシンボル

スイッチを ON にしたとき(V_{BE} を加えた場合)の様子を図 2-9-2 に示す．図 2-9-2 に示すように(1)→(2)→(3)のように電子が流れるため，電流 I_C が流れることになる．以上をまとめると，V_{BB} により，V_{BE} を加えることによって，小さいベース電流 I_B を流し，これにより，大きいコレクタ電流 I_C およびエミッタ電流 I_E が流れる．

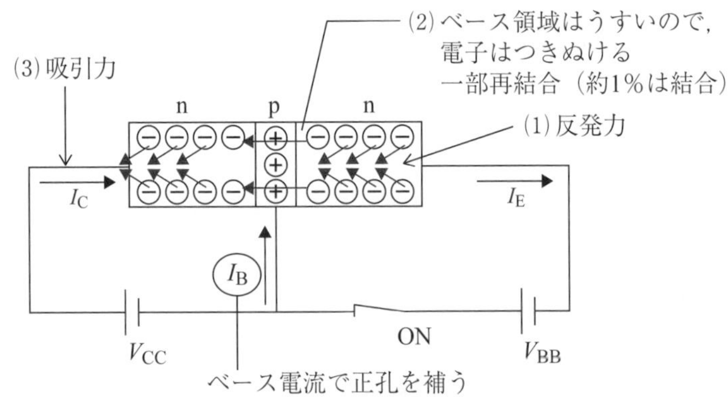

図 2-9-2　バイポーラトランジスタの電流が流れる様子

[2] 図 2-9-3 にバイポーラトランジスタの静特性を得るための回路図を示す．また，静特性を図 2-9-4 に示す．回路図から，バイポーラトランジスタの I_E, I_C, I_B には次式の関係がある．

$$I_E = I_C + I_B \tag{2-9-1}$$

各電流の大きさの割合は，I_C が 99 %，I_B が 1 % である．I_B は再結合によって消滅したベース領域の 1 % の正孔を補うために流れる．

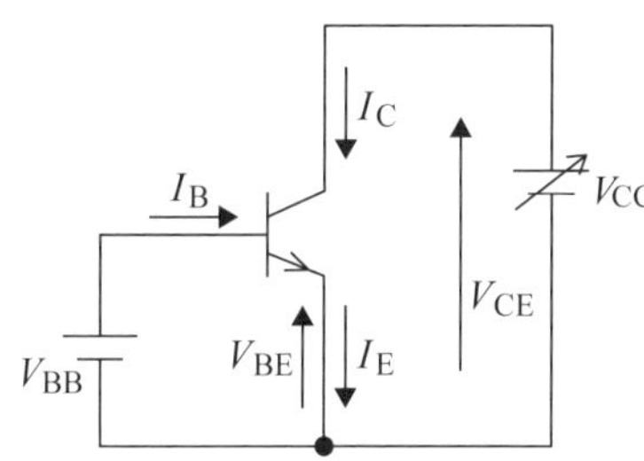

図 2-9-3　バイポーラトランジスタの静特性を得る回路

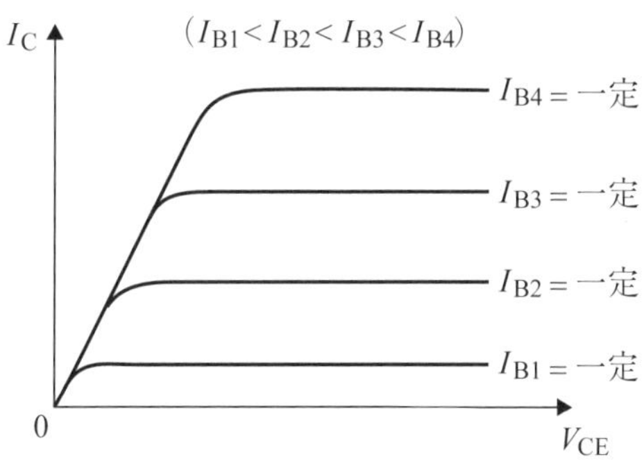

図 2-9-4　静特性

[3] トランジスタを動作させるためには，バイアス(電源電圧など)を与える必要がある．図 2-9-5 のようにバイアスをかける回路を 2 電源バイアス回路という．図 2-9-6 のように電源 1 つを用いた回路を 1 電源バイアス回路という．抵抗を用いることで，与えたい値のバイアスを得ることができる．なお，図 2-9-6(a) を固定バイアス回路，図 2-9-6(b) を自己バイアス回路，図 2-9-6(c) を電流帰還バイアス回路と呼ぶ．

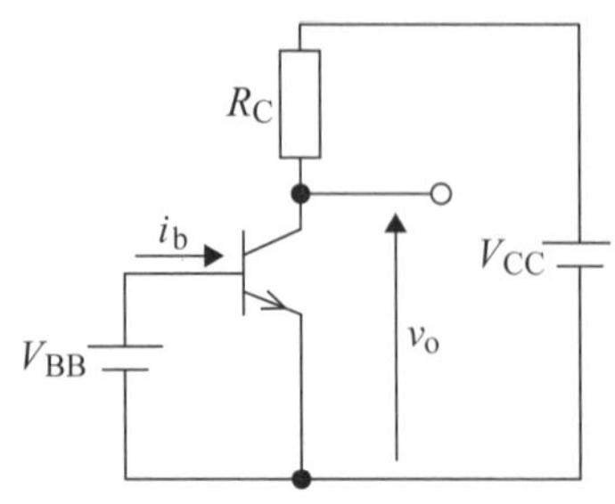

図 2-9-5　2 電源方式バイアス回路

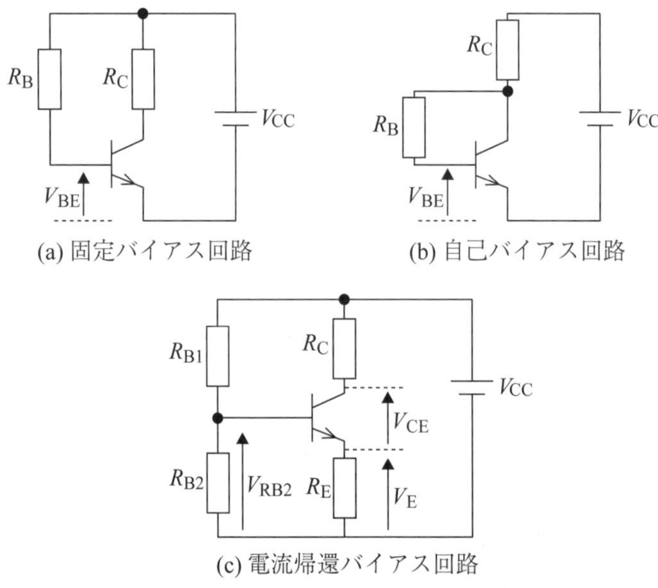

図 2-9-6　1 電源方式バイアス回路

［4］増幅回路を用いることで，入力電圧の増幅や電流の増幅を行うことができる．どの程度，その回路で増幅することができるかを表している数値が増幅度や利得である．以下，各増幅度と利得である．

電圧増幅度　$$A_v = \frac{v_o}{v_i} \tag{2-9-2}$$

電圧増幅度は入力電圧 v_i と出力電圧 v_o との比である．

電流増幅度　$$A_i = \frac{i_c}{i_b} \tag{2-9-3}$$

電流増幅度は入力電流 i_b と出力電流 i_c との比である．

電力増幅度　$A_p = \dfrac{P_o}{P_i} = \dfrac{v_o i_o}{v_i i_b}$　(2-9-4)

電力増幅度は入力電力 P_i と出力電力 P_o との比である．

電圧利得　$G_v = 20\log_{10} A_v [\mathrm{dB}]$　(2-9-5)

電流利得　$G_i = 20\log_{10} A_i [\mathrm{dB}]$　(2-9-6)

電力利得　$G_p = 10\log_{10} A_p [\mathrm{dB}]$　(2-9-7)

なお，図 2-9-7 のように増幅回路を 3 つ接続したときの回路の増幅度および利得の関係は以下の通りである．

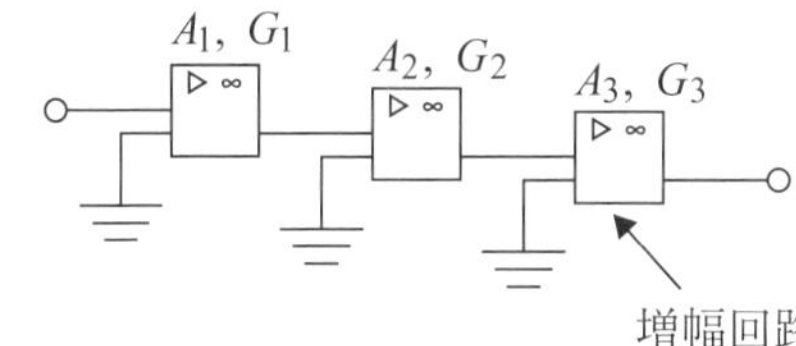

図 2-9-7　3 段増幅回路

$$A_o = A_1 \cdot A_2 \cdot A_3 \quad (2\text{-}9\text{-}8)$$

$$G_o = 20\log A_1 \cdot A_2 \cdot A_3 = 20(\log A_1 + \log A_2 + \log A_3) = G_1 + G_2 + G_3 \quad (2\text{-}9\text{-}9)$$

[5] 図 2-9-8 にトランジスタを用いた増幅回路を示す．この回路はエミッタが GND に接続されているため，エミッタ接地増幅回路と呼ぶ．この増幅回路に入力電圧 v_i（正弦波）が加えられたときの出力電圧 v_o を求める方法を図 2-9-9 に示す．これは，トランジスタの静特性が与えられているときの方法である．

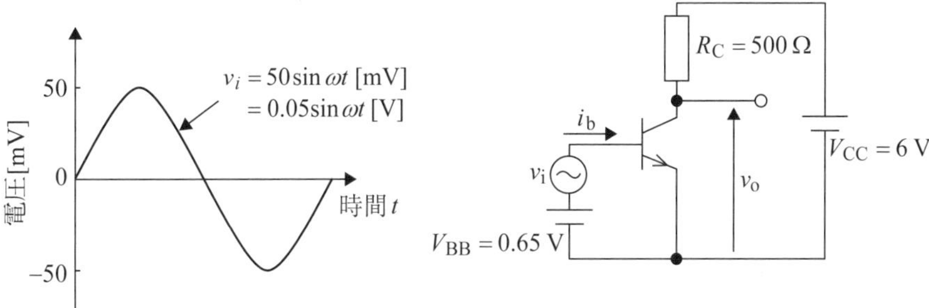

図 2-9-8　トランジスタを用いた増幅回路

① 図 2-9-9(a) のように V_{BE}-I_B 特性により i_b を求める．

② 図 2-9-9(b) のように I_B-I_C 特性より i_c を求める．

③ 図 2-9-9(c) のように V_{CE}-I_C 特性に直流負荷線を与える．これにより，動作点を得ることができる．

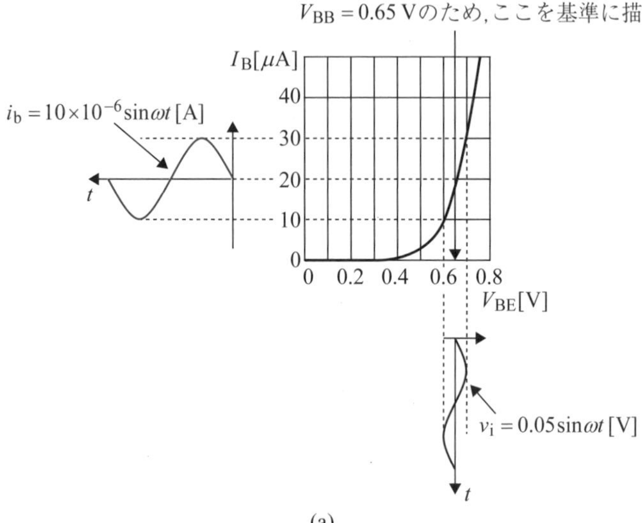

(a)

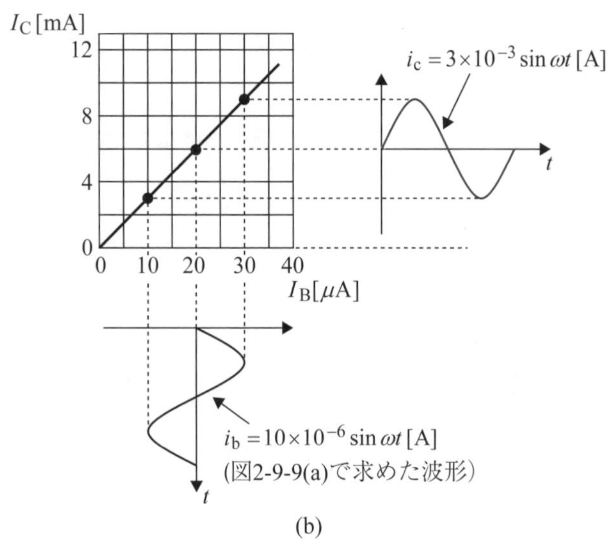

(b)

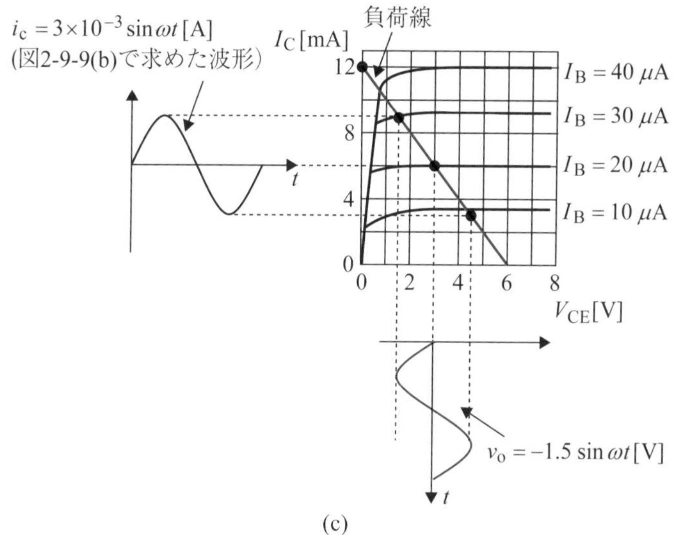

動作点：$V_{CE} = 3$ V，$I_C = 6$ mA，$I_B = 20\ \mu$A

$$A_v = \frac{v_o}{v_i} = \frac{-1.5}{0.05} = -30$$

$$A_i = \frac{i_c}{i_b} = \frac{3\times10^{-3}}{10\times10^{-6}} = 300$$

$$A_p = A_i \times A_v = 300 \times 30 = 9000$$

図 2-9-9　増幅回路の出力電圧の求め方

動作点と i_c の関係から v_o を求める．なお，波形にひずみを生じることなく，振幅の大きな信号を得るためには，動作点を負荷線のほぼ中央，つまり $\frac{V_{CC}}{2}$（図 2-9-8 の回路では 3 V になる）が中心になるように選ぶとよい．

負荷線の描き方

図 2-9-8 の回路からキルヒホッフの法則より

$$V_{CC} = I_C R_C + V_{CE} \rightarrow V_{CE} = 6 - 500 I_C$$

$V_{CE} = 0$ のとき $I_C = 12$ mA，　$I_C = 0$ のとき $V_{CE} = 6$ V となる．

図 2-9-9(c) のようにこの 2 点を結ぶ直線が負荷線になる．

以上のことを行うことで，入力電圧 v_i，出力電圧 v_o，入力電流 i_b，出力電流 i_c を得ることができる．これにより，(2-9-2)，(2-9-3)式を用いることで，各増幅度を得ることができる．図 2-9-9 中にその方法を示す．

[6] トランジスタを用いた増幅回路は，接地方式により，基本的な3つの増幅回路に分類される．図2-9-10にエミッタ接地増幅回路，図2-9-11にベース接地増幅回路，図2-9-12にコレクタ接地増幅回路（エミッタフォロア）を示す．

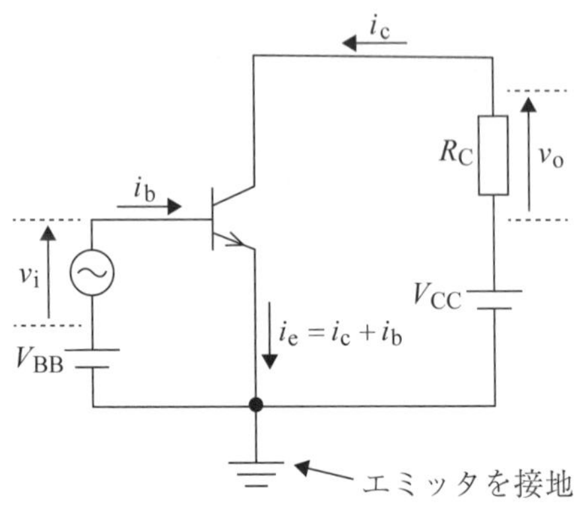

図2-9-10　エミッタ接地増幅回路

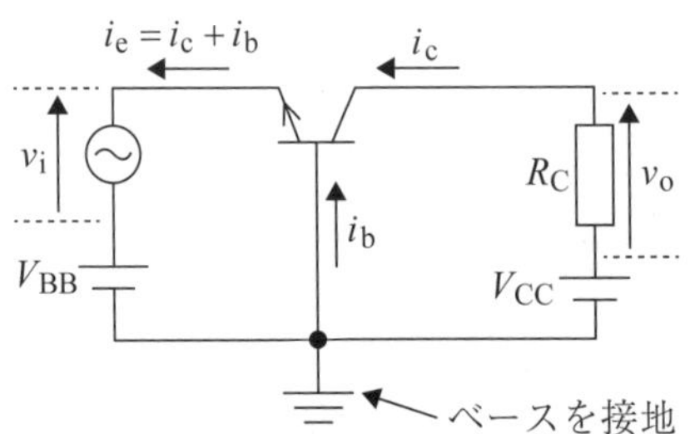

図2-9-11　ベース接地増幅回路

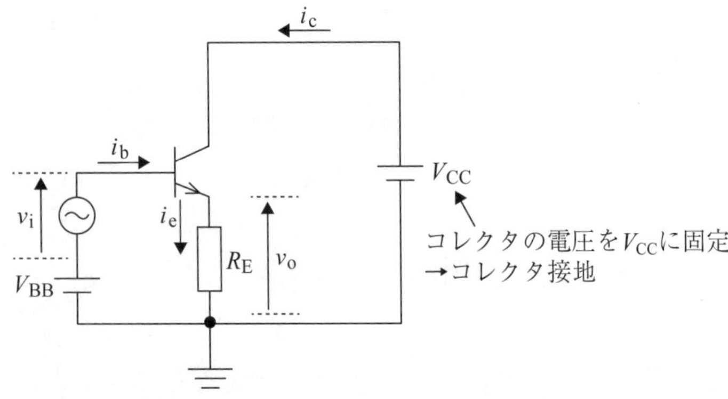

図2-9-12　コレクタ接地増幅回路

(1)　エミッタ接地増幅回路

入力インピーダンス　$Z_i = \frac{v_i}{i_b} [\Omega]$　(2-9-10)

出力インピーダンス　$Z_o = \frac{v_o}{i_c} [\Omega]$　(2-9-11)

直流電流増幅率　$h_{FE} = \frac{I_C}{I_B}$　(2-9-12)

交流の場合のエミッタ接地増幅回路の電流増幅率　$h_{fe} = \frac{i_c}{i_b} = \frac{\Delta I_C}{\Delta I_B} = \beta$

(2-9-13)

低周波の場合は $h_{FE} \cong h_{fe}$ になる．ただし，高周波の場合は $h_{FE} \neq h_{fe}$ になる．

(2)　ベース接地増幅回路

直流電流増幅率　$h_{FB} = \frac{I_C}{I_B}$　(2-9-14)

交流の場合の電流増幅率　$h_{fb} = \frac{i_c}{i_e} = \frac{\Delta I_C}{\Delta I_E} = \alpha$　(2-9-15)

$h_{FB} \cong h_{fb} = 0.95 \sim 0.99$ の関係がある．

エミッタ接地の電流増幅率 β とベース接地の電流増幅率 α には以下の関係がある．

$\beta = \frac{\alpha}{1-\alpha}$　(2-9-16)

(3)　コレクタ接地増幅回路

直流電流増幅率　$h_{FC} = \frac{I_E}{I_B}$　(2-9-17)

I_E が大きく，I_B は小さいため電流増幅率は大きくなる．

各増幅回路の特徴を表 2-9-1 にまとめる．

表 2-9-1

	エミッタ接地	ベース接地	コレクタ接地
Z_i	中	低	高
Z_o	中	高	低
A_v	大	大	1
A_i	大	1	大
A_p	大	中	中

[7] 図 2-9-13 の回路で得られたトランジスタの静特性(図 2-9-14)から h 定数(h パラメータ)を定義することができる．各 h 定数は以下の通りであり，その求め方を図 2-9-14 に示す．

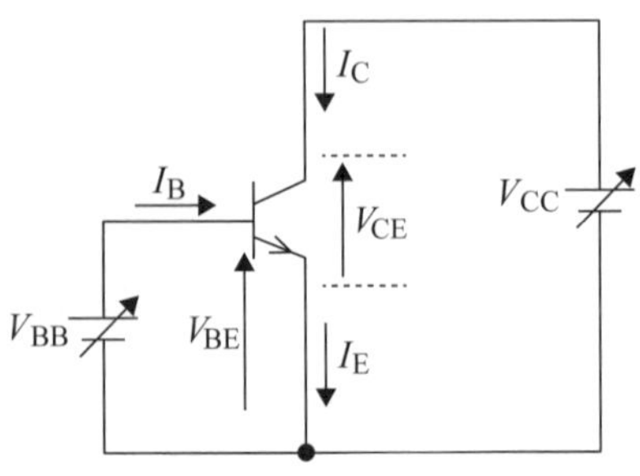

図 2-9-13　トランジスタの静特性を得る回路

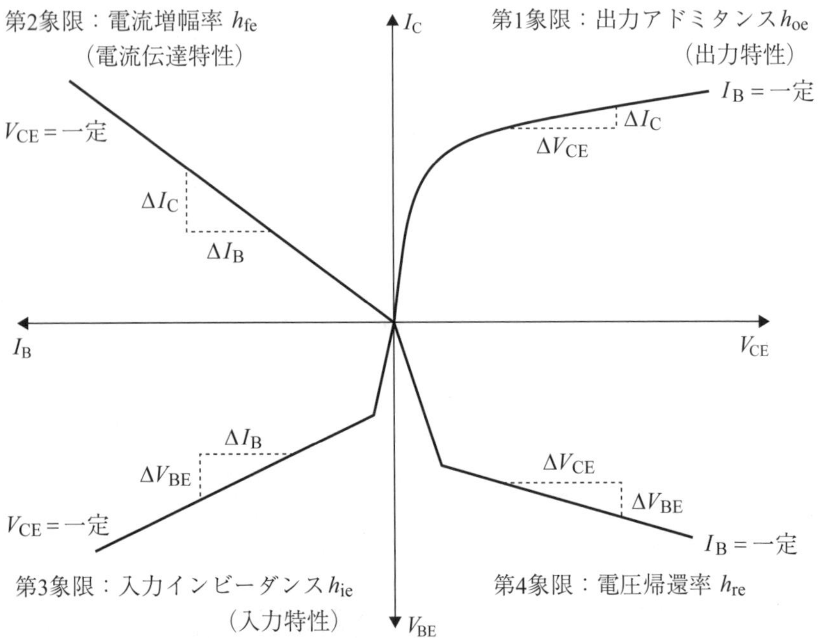

図 2-9-14　トランジスタの静特性と h 定数の関係

電流増幅率 h_{fe} は I_B-I_C 特性から求める．

$$h_{fe} = \frac{\Delta I_C}{\Delta I_B} = \frac{i_c}{i_b} = \beta \qquad (2\text{-}9\text{-}18)$$

入力インピーダンス h_{ie} は V_{BE}-I_B 特性から求める．

$$h_{ie}=\frac{\Delta V_{BE}}{\Delta I_B}=\frac{v_{be}}{i_b}[\Omega] \tag{2-9-19}$$

出力アドミタンス h_{oe} は V_{CE}-I_C 特性から求める．

$$h_{oe}=\frac{\Delta I_C}{\Delta V_{CE}}=\frac{i_c}{v_{ce}}[\mathrm{S}] \tag{2-9-20}$$

電圧帰還率 h_{re} は V_{BE}-V_{CE} から求める．

$$h_{re}=\frac{\Delta V_{BE}}{\Delta V_{CE}}=\frac{v_{be}}{v_{ce}} \tag{2-9-21}$$

[8] トランジスタを等価回路で記述し，その回路を解析することで，増幅度などを計算によって求めることができる．h パラメータを用いることで，トランジスタの等価回路を得ることができる．図 2-9-15 はエミッタ接地増幅回路の等価回路を示す．

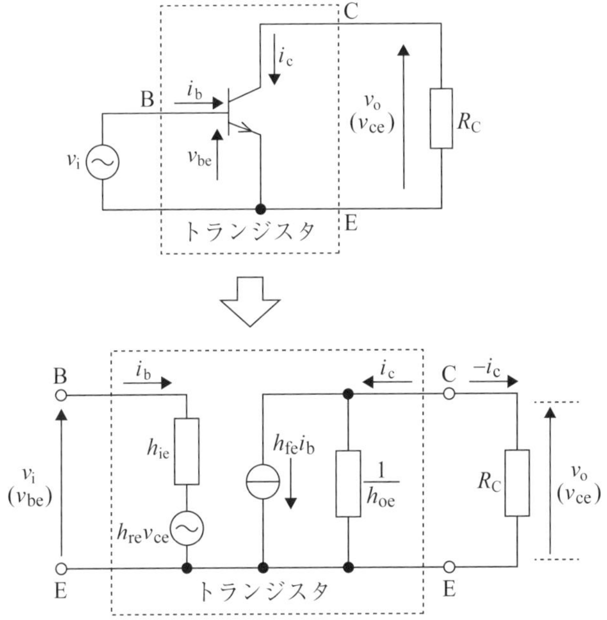

図 2-9-15　h パラメータ π 形等価回路

v_{be} および i_c には以下の関係がある．

$$v_{be}=h_{ie}\cdot i_b+h_{re}\cdot v_{ce} \tag{2-9-22}$$

$$i_c = h_{fe} \cdot i_b + h_{oe} \cdot v_{ce} \tag{2-9-23}$$

一般的に h_{re} および h_{oe} は非常に小さい値になる．また，h_{fe} は大きい値になる．よって，以下の条件が成立する．

$$h_{re} \cdot v_{ce} \ll h_{ie} \cdot i_b \tag{2-9-24}$$

$$h_{oe} \cdot v_{ce} \ll h_{fe} \cdot i_b \tag{2-9-25}$$

(2-9-24) 式および (2-9-25) 式の条件を (2-9-22) 式および (2-9-23) 式に適用すると，以下の式を得ることができる．

$$v_{be} = h_{ie} \cdot i_b + h_{re} \cdot v_{ce} \cong h_{ie} \cdot i_b \tag{2-9-26}$$

$$i_c = h_{fe} \cdot i_b + h_{oe} \cdot v_{ce} \cong h_{fe} \cdot i_b \tag{2-9-27}$$

これにより，図 2-9-16 に示すようなシンプルな等価回路（簡易等価回路）を得ることができる．図 2-9-16 の回路を用いることで，増幅回路を簡単に解析することができる．

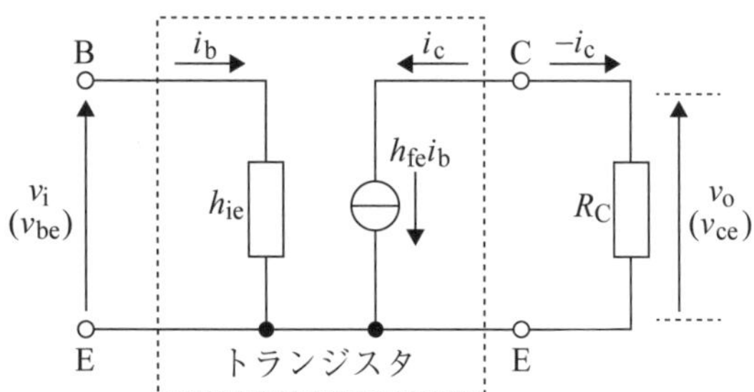

図 2-9-16　簡易等価回路

[9] エミッタ接地増幅回路

図 2-9-16 の回路を基にエミッタ接地増幅回路の A_v, A_i および A_p を導出する．

$$A_v = \frac{v_o}{v_i} = \frac{-i_c R_c}{v_i} = \frac{-h_{fe} i_b R_c}{h_{ie} i_b} = -\frac{h_{fe}}{h_{ie}} R_c \tag{2-9-28}$$

$$A_i = \frac{i_c}{i_b} = \frac{h_{fe} i_b}{i_b} = h_{fe} \tag{2-9-29}$$

$$A_p = \frac{-i_c v_o}{i_b v_i} = \frac{-h_{fe} i_b \times (-h_{fe} i_b R_c)}{i_b \times h_{ie} i_b} = \frac{{h_{fe}}^2}{h_{ie}} \times R_c \tag{2-9-30}$$

[10] コレクタ接地増幅回路

図 2-9-12 のコレクタ接地増幅回路の簡易等価回路を図 2-9-17 に示す．この回路に関しては，電圧増幅度 A_v，入力インピーダンス（入力抵抗）Z_i および出力インピーダンス（出力抵抗）Z_o を導出しておく．

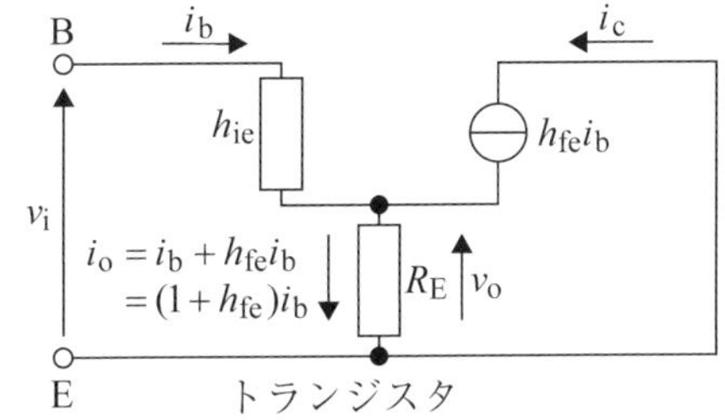

図 2-9-17　コレクタ接地増幅回路の等価回路

$$v_i = h_{ie}i_b + R_E(1 + h_{fe})i_b \tag{2-9-31}$$

$$v_o = R_E(1 + h_{fe})i_b \tag{2-9-32}$$

(2-9-31)，(2-9-32) 式より

$$A_v = \frac{v_o}{v_i} = \frac{R_E(1 + h_{fe})i_b}{h_{ie}i_b + R_E(1 + h_{fe})i_b} = \frac{R_E(1 + h_{fe})}{h_{ie} + R_E(1 + h_{fe})} \tag{2-9-33}$$

一般に，$R_E(1 + h_{fe}) \gg h_{ie}$ のような関係があるため，$A_v \cong 1$ になり，以下の関係も成り立つ．

$$v_o \cong v_i \tag{2-9-34}$$

$$Z_i = \frac{v_i}{i_b} = \frac{h_{ie}i_b + R_E(1 + h_{fe})i_b}{i_b} = h_{ie} + R_E(1 + h_{fe}) \tag{2-9-35}$$

一般に，$h_{fe} \gg 1$ のような関係があるため，(2-9-35) 式は次式のようになる．

$$Z_i = h_{ie} + h_{fe}R_E \tag{2-9-36}$$

(2-9-36) 式より，Z_i は h_{ie} よりも大きな値になる．

$$Z_o = \frac{v_o}{i_o} = \frac{v_o}{(1 + h_{fe})i_b} = \frac{v_i}{(1 + h_{fe})\dfrac{v_i}{h_{ie}}} = \frac{h_{ie}}{1 + h_{fe}} \tag{2-9-37}$$

一般に，$h_{fe} \gg 1$ のような関係があるため，(2-9-37) 式は次式のようになる．

$$Z_o = \frac{h_{ie}}{h_{fe}} \tag{2-9-38}$$

(2-9-38) 式より，h_{fe} が大きな値になるとすれば，Z_o は小さい値になると考えられる．

2-9-2　MOSトランジスタを用いた基本回路

[1] バイポーラトランジスタを動作させるのと同様にMOSトランジスタも動作させるためには電源電圧のようなバイアスを与える必要がある．MOSトランジスタの動作原理の詳細は2-11節に示される．

[2] 図2-9-18にMOSトランジスタを用いた基本的な増幅回路を示す．MOSトランジスタの等価回路を図2-9-19に示す．抵抗(ドレイン抵抗)r_{d}と電流源Jで表現することができる．r_{d}は次式で表すことができる．

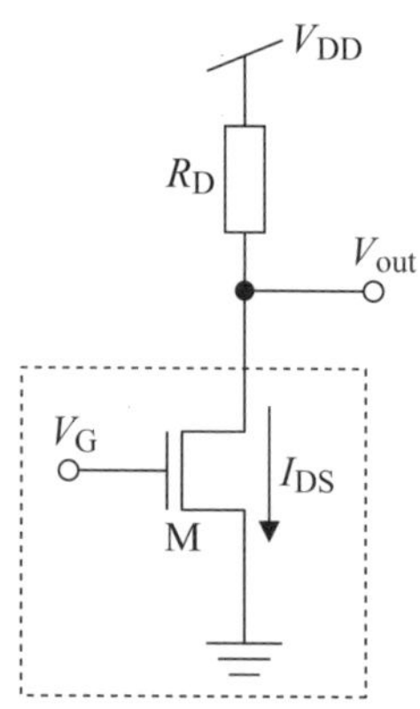

図2-9-18　MOSトランジスタを用いた増幅回路

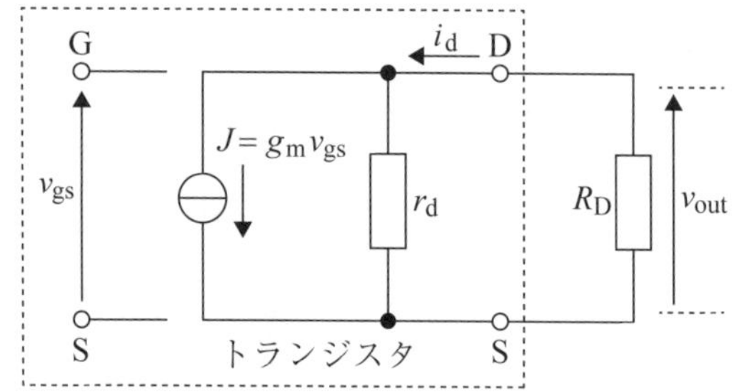

図2-9-19　MOSトランジスタの等価回路

$$r_{\mathrm{d}} = \frac{\Delta V_{\mathrm{DS}}}{\Delta I_{\mathrm{DS}}} \quad (V_{\mathrm{GS}}\text{は一定}) \tag{2-9-39}$$

電流Jは次式で表される．

$$J - g_{\mathrm{m}} v_{\mathrm{gs}} \tag{2-9-40}$$

ここで，g_m は相互コンダクタンスと呼ばれ，次式で表される．

$$g_m = \frac{\Delta I_{DS}}{\Delta V_{GS}} \quad (V_{DS}\text{ は一定}) \tag{2-9-41}$$

トランジスタが強反転領域の飽和領域で動作している場合，I_{DS} は次式で表される．

$$I_{DS} = \frac{\beta}{2}(V_{GS} - V_{th})^2 \tag{2-9-42}$$

$$\beta = \mu C_{ox}\frac{W}{L} \tag{2-9-43}$$

このときの g_m は次式になる．

$$g_m = \beta(V_{GS} - V_{th}) \tag{2-9-44}$$

なお，トランジスタが強反転領域の線形領域で動作している場合，g_m は次式で表される．

$$g_m = \beta V_{DS} \tag{2-9-45}$$

[4] MOS トランジスタを用いた基本的な増幅回路として，ソース接地増幅回路，ドレイン接地増幅回路(ソースフォロア)，ゲート接地増幅回路がある．図 2-9-20 はソース接地増幅回路である．機能的には，バイポーラトランジスタを用いたエミッタ接地増幅回路とほぼ同じである．図 2-9-20(b) にソース接地増幅回路の入出力電圧の関係を示す．この回路では，次式が成立する．

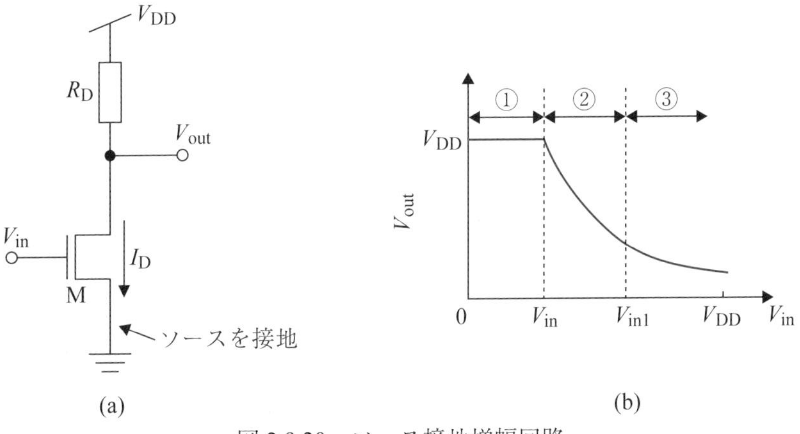

図 2-9-20　ソース接地増幅回路

$$V_{out} = V_{DD} - R_D I_D \tag{2-9-46}$$

①の領域

$V_{\mathrm{in}} = 0 \sim V_{\mathrm{th}}$ の間にあるため，$I_D \cong 0$ になる．これを(2-9-46)式に代入すると，

$$V_{\mathrm{out}} \cong V_{\mathrm{DD}} \tag{2-9-47}$$

になる．

②の領域

V_{in} が V_{th} に達すると電流 I_{D} が流れる．V_{in} が V_{th} に達するときは，V_{out} は大きいと考えられるため，トランジスタ M は飽和領域で動作していると考えられる．このとき I_{D} は次式で与えられる．

$$I_{\mathrm{D}} = \frac{\beta}{2}(V_{\mathrm{in}} - V_{\mathrm{th}})^2 \tag{2-9-48}$$

(2-9-48)式→(2-9-46)式

$$V_{\mathrm{out}} = V_{\mathrm{DD}} - \frac{R_{\mathrm{D}}\beta}{2}(V_{\mathrm{in}} - V_{\mathrm{th}})^2 \tag{2-9-49}$$

(2-9-49)式より，V_{in} が上昇すると V_{out} は減少する．

③の領域

V_{in} がある程度大きくなると(例えば V_{in1} に達すると)，V_{out} が減少するため，トランジスタ M は線形領域で動作することになる．このとき I_{D} は次式で与えられる．

$$I_{\mathrm{D}} = \frac{\beta}{2}\left\{2(V_{\mathrm{in}} - V_{\mathrm{th}})V_{\mathrm{out}} - V_{\mathrm{out}}{}^2\right\} \tag{2-9-50}$$

(2-9-50)式→(2-9-46)式

$$V_{\mathrm{out}} = V_{\mathrm{DD}} - \frac{R_{\mathrm{D}}\beta}{2}\left\{2(V_{\mathrm{in}} - V_{\mathrm{th}})V_{\mathrm{out}} - V_{\mathrm{out}}{}^2\right\} \tag{2-9-51}$$

V_{in} が十分大きいと考えると，$V_{\mathrm{out}} \ll V_{\mathrm{in}} - V_{\mathrm{th}}$ となる．この条件を代入して，(2-9-51)式をまとめると次式になる．

$$V_{\mathrm{out}} = V_{\mathrm{DD}} - \frac{R_{\mathrm{D}}\beta}{2}\left\{2(V_{\mathrm{in}} - V_{\mathrm{th}})V_{\mathrm{out}}\right\}$$

$$V_{\mathrm{out}} = \frac{V_{\mathrm{DD}}}{1 + R_{\mathrm{D}}\beta(V_{\mathrm{in}} - V_{\mathrm{th}})} \tag{2-9-52}$$

ソース接地増幅回路は，安定に動作させるために通常②の領域を用いる．つまり，トランジスタは飽和領域で動作している．電圧利得 A_{v} を得るための式を以下に示す．

$$A_v = \frac{\partial V_{out}}{\partial V_{in}} \tag{2-9-53}$$

(2-9-49)式を(2-9-53)式に代入することで，ソース接地増幅回路の電圧利得の式を得ることができる．

$$A_v = -R_D\beta(V_{in} - V_{th}) = -g_m R_D \tag{2-9-54}$$

[5] ソース接地増幅回路をMOSトランジスタのみで構成することができる．図2-9-21にソース接地増幅回路の例を示す．

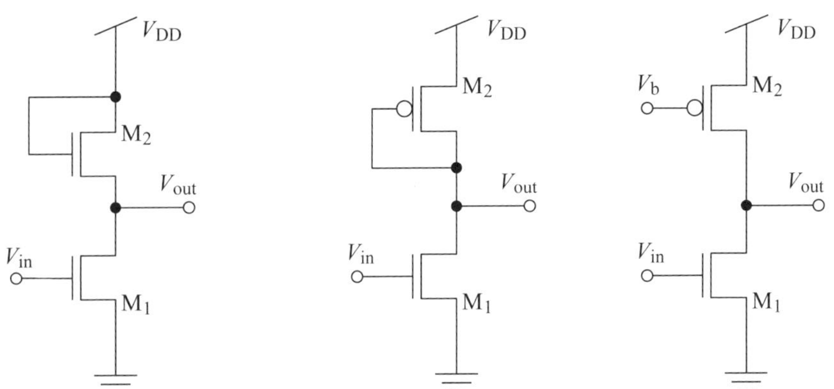

(a) ダイオード接続負荷(nMOS)　(b) ダイオード接続負荷(pMOS)　(c) 電流源負荷

図2-9-21　MOSトランジスタで構成したソース接地増幅回路

[6] 図2-9-22はドレイン接地増幅回路(ソースフォロア)である．機能的には，バイポーラトランジスタを用いたコレクタ接地増幅回路とほぼ同じである．図2-9-22(b)にソース接地増幅回路の入出力電圧の関係を示す．この回路では，次式が成立する．

$$V_{out} = R_S I_D \tag{2-9-55}$$

①の領域

$V_{in} - V_{out} \ll V_{th}$ のとき，$I_D \cong 0$ になる．これを(2-9-55)式に代入すると，

$$V_{out} \cong 0 \tag{2-9-56}$$

になる．

②の領域

$V_{in} - V_{out} \gg V_{th}$ のとき，トランジスタMは飽和領域で動作していると考えられる．

このとき I_D は次式で与えられる．

$$I_D = \frac{\beta}{2}(V_{in} - V_{out} - V_{th})^2 \tag{2-9-57}$$

(2-9-57)式→(2-9-55)式

$$V_{out} = \frac{R_S \beta}{2}(V_{in} - V_{out} - V_{th})^2 \tag{2-9-58}$$

以上より，V_{in} が上昇すると I_D が上昇し，V_{out} が上昇する．

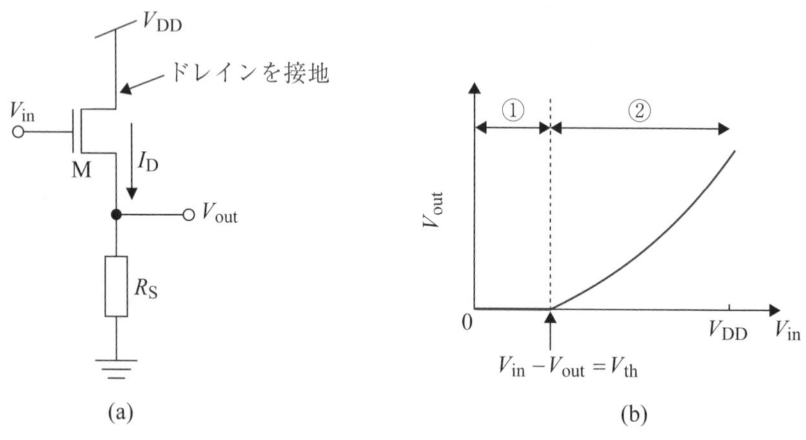

図 2-9-22　ドレイン接地増幅回路（ソースフォロア）

[7] ドレイン接地増幅回路を MOS トランジスタのみで構成することができる．図 2-9-23 にドレイン接地増幅回路の例を示す．

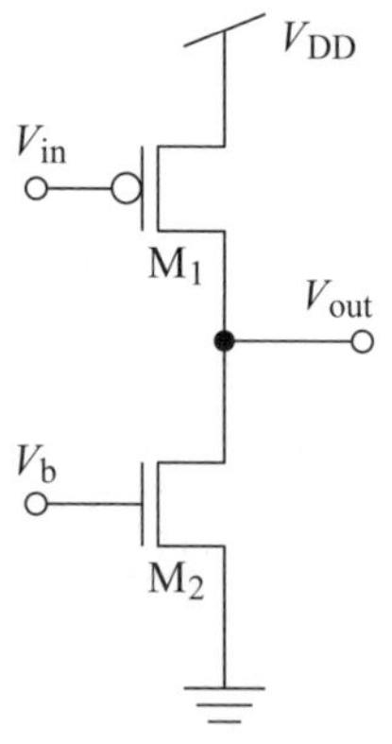

図 2-9-23　MOS トランジスタで構成したドレイン接地増幅回路

[8] 図 2-9-24 はゲート接地増幅回路である．機能的には，バイポーラトランジスタを用いたベース接地増幅回路とほぼ同じである．図 2-9-24(b) にゲート接地増幅回路の入出力電圧の関係を示す．入力電圧 V_{in} が大きな正の値が与えられていて，その値から減少するとして，以下に説明する．まず，この回路では，次式が成立する．

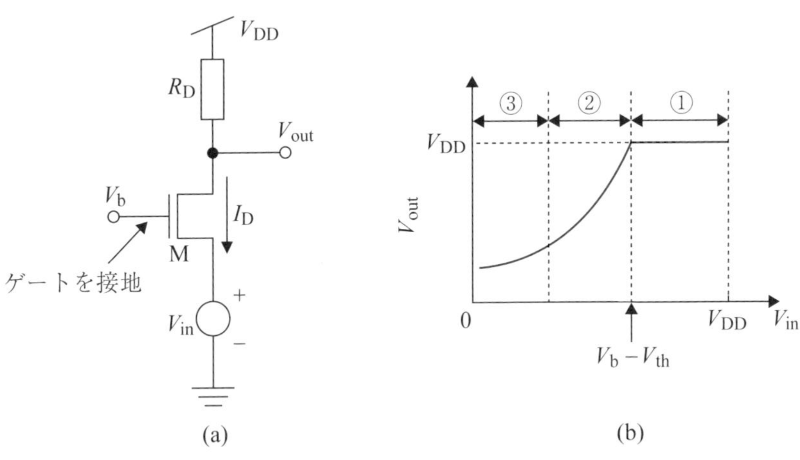

図 2-9-24　ゲート接地増幅回路

$$V_{\text{out}}=V_{\text{DD}}-R_{\text{D}}I_{\text{D}} \tag{2-9-59}$$

①の領域

$V_{\text{b}}-V_{\text{in}} \leqq V_{\text{th}}$ のため，$I_{\text{D}} \cong 0$ になる．これを(2-9-59)式に代入すると，

$$V_{\text{out}} \cong V_{\text{DD}} \tag{2-9-60}$$

になる．

②の領域

V_{in} が減少すると，$V_{\text{b}}-V_{\text{in}} \geqq V_{\text{th}}$ になる．トランジスタ M は飽和領域で動作していると考えられる．このとき I_{D} は次式で与えられる．

$$I_{\text{D}}=\frac{\beta}{2}(V_{\text{b}}-V_{\text{in}}-V_{\text{th}})^2 \tag{2-9-61}$$

(2-9-61)式→(2-9-59)式

$$V_{\text{out}}=V_{\text{DD}}-\frac{R_{\text{D}}\beta}{2}(V_{\text{b}}-V_{\text{in}}-V_{\text{th}})^2 \tag{2-9-62}$$

(2-9-62)式より，V_{in} が上昇すると V_{out} は減少する．

③の領域

V_{out} が減少すると，トランジスタ M は線形領域で動作することになる．最終的には，$I_D \cong 0$ のような一定値におちつく．よって，V_{out} もある程度の値におちつくことになる．

演習問題 2-9

1．演図 2-9-1 の 3 段増幅回路で，総合増幅度 A_0 および総合利得 G_0 を求めよ．

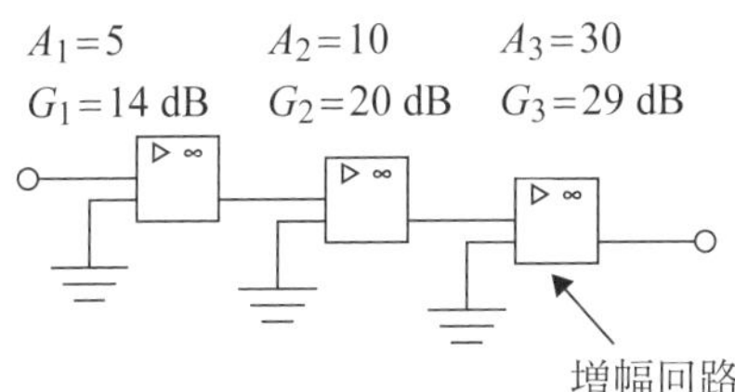

演図 2-9-1

2．演図 2-9-2 の特性をもつトランジスタを用いて，演図 2-9-3 の回路を設計したとして，以下の問に答えよ．

(1) ベース電流 I_B を求めよ．

(2) コレクタ電流 I_C を求めよ．

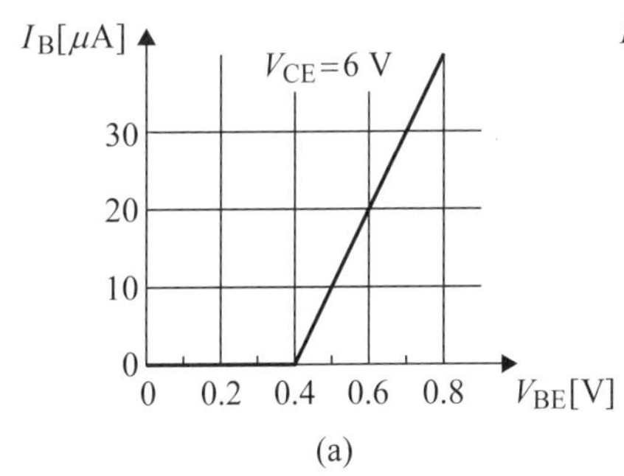

(a)

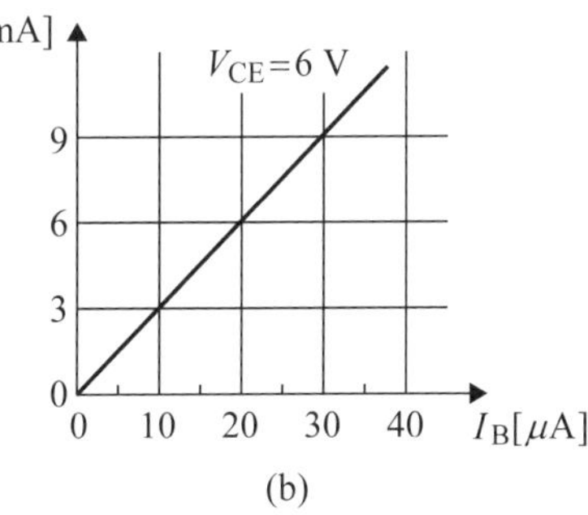

(b)

演図 2-9-2

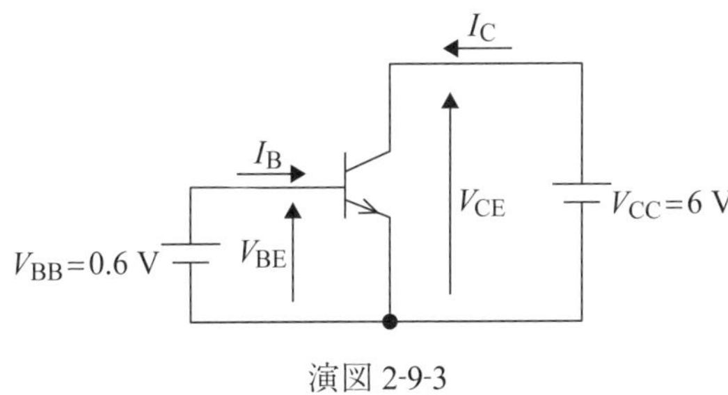

演図 2-9-3

3．演図 2-9-4 の回路に演図 2-9-5 の入力電圧を与えた．トランジスタの特性を演図 2-9-6 に示す．動作点，電流増幅度 A_i，電圧増幅度 A_v，電力増幅度 A_p を求めよ．

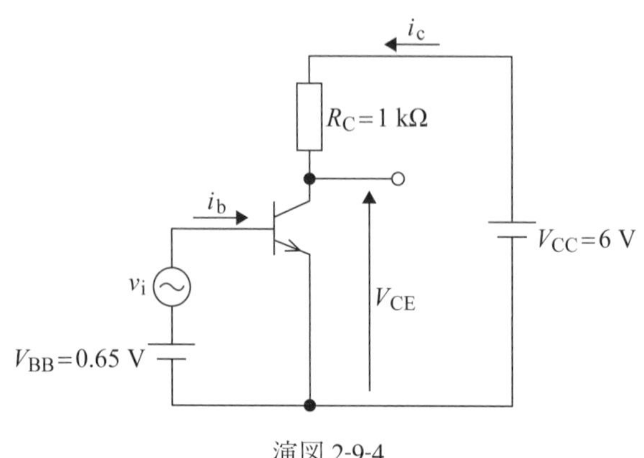

演図 2-9-4

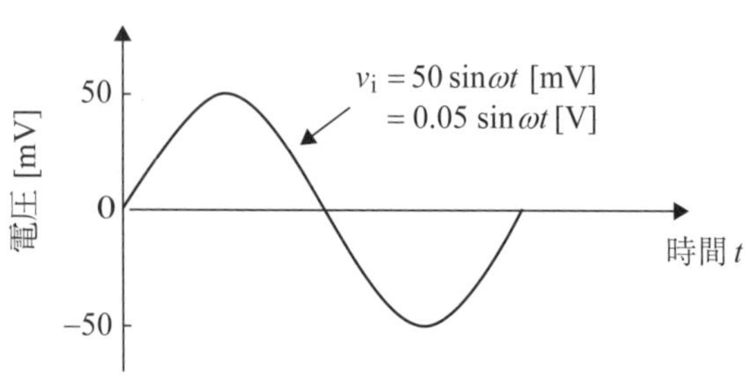

演図 2-9-5

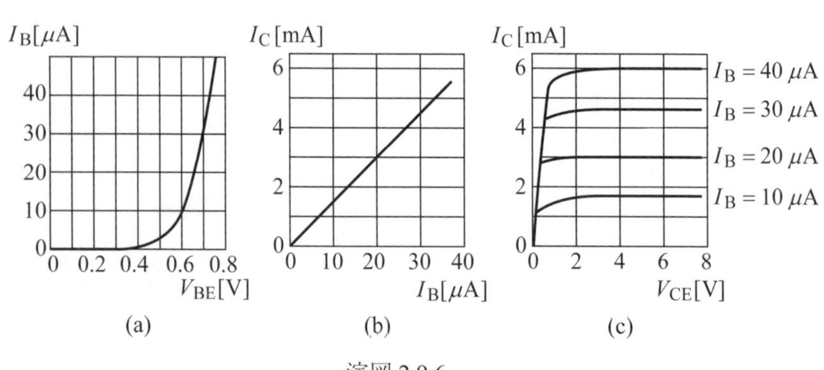

演図 2-9-6

4．エミッタ接地の電流増幅率 β とベース接地の電流増幅率 α には以下の関係がある．この式を導出せよ．

$$\beta = \frac{\alpha}{1-\alpha}$$

5．ベース接地の電流増幅率 $\alpha = 0.995$ のときエミッタ接地電流増幅率 β を求めよ．

6．演図 2-9-7 の回路において，コレクタ電圧を一定に保ち，ベース電流を 20 μA 変化させると，コレクタ電流が 0.6 mA 変化した．電流増幅率 β を求めよ．

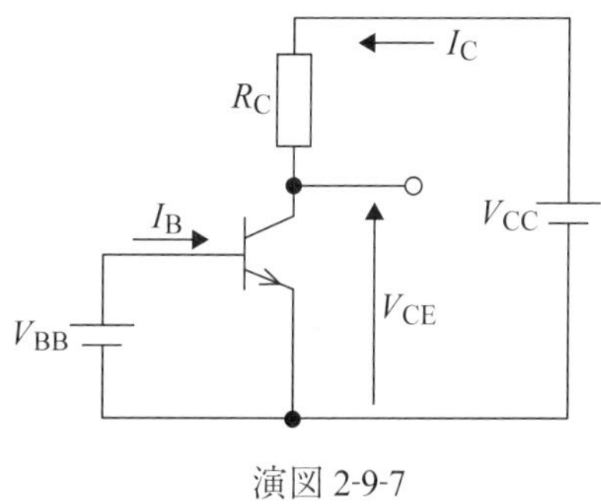

演図 2-9-7

7．演図 2-9-8 にエミッタ接地増幅回路を示す．以下の問に答えよ．

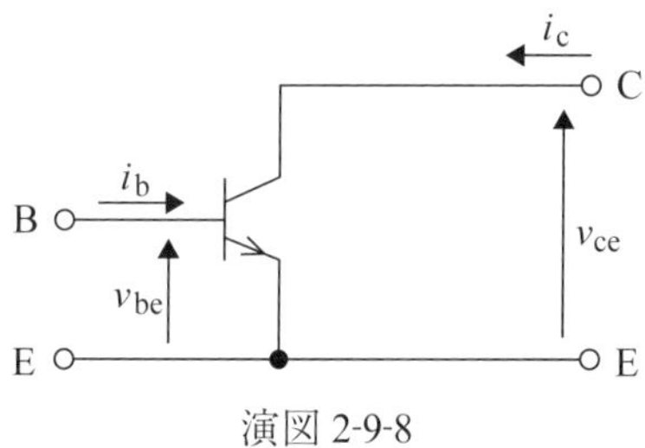

演図 2-9-8

(1) h 定数，入力電流 i_b，出力電圧 v_{ce} を用いて，入力電圧 v_{be} および出力電流 i_c を数式で示しなさい．なお，以下の h 定数を用いて記述せよ．

h_{fe} : 電流増幅率，h_{ie} : 入力インピーダンス

h_{re} : 電圧帰還率，h_{oe} : 出力アドミタンス

(2) (1)で得られた数式を基にして，等価回路を描け．

(3) (1)で得られた数式にある条件を与えると，簡易等価回路を描くことができる．その条件を記述し，その条件を与えたときの入力電圧 v_{be} および出力電流 i_c を数式で示せ．また，簡易等価回路を描け．

8．$h_{ie} = 4\ \mathrm{k\Omega}$, $h_{fe} = 200$ のトランジスタに $R_C = 6\ \mathrm{k\Omega}$ の負荷を接続した．電圧増幅度 A_v, 電流増幅度 A_i および電力増幅度 A_p を求めよ．また，電圧利得 G_v, 電流利得 G_i および電力利得 G_p も求めよ．

9．演図 2-9-9 はエミッタ接地増幅回路である．電圧増幅度を 30 としたとき，この回路の負荷抵抗 R_L はいくらになるか求めよ．ただし，この回路の h 定数は，$h_{ie} = 1.2\ \mathrm{k\Omega}$, $h_{fe} = 200$, $h_{re} \fallingdotseq 0$, $h_{oe} \fallingdotseq 0\ \mathrm{S}$ とする．

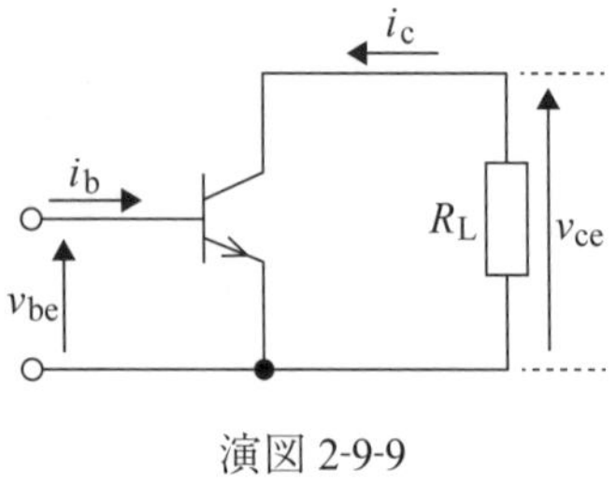

演図 2-9-9

10．演図 2-9-10 のようなトランジスタ増幅回路において，入力側の電圧 $v_i = 0.2$ V, 電流 $i_i = 100\ \mu$A であるとき，出力側の電圧 $v_o = 9$ V, 電流 $i_o = 2$ mA であった．この増幅回路の電力利得 [dB] の値を求めよ．ただし，$\log_{10}2 = 0.301$, $\log_{10}3 = 0.477$, $\log_{10}5 = 0.699$ とする．

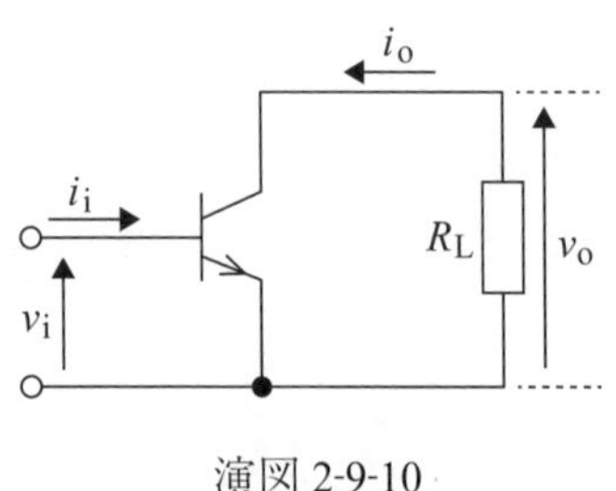

演図 2-9-10

11. 演図 2-9-11 の固定バイアス回路を用いて増幅するとき，出力波形を適切に得るためのバイアス電流 I_B が 50 μA，バイアス電圧 V_{BE} が 0.7 V，電源電圧 V_{CC} が 9 V である．R_B を求めよ．

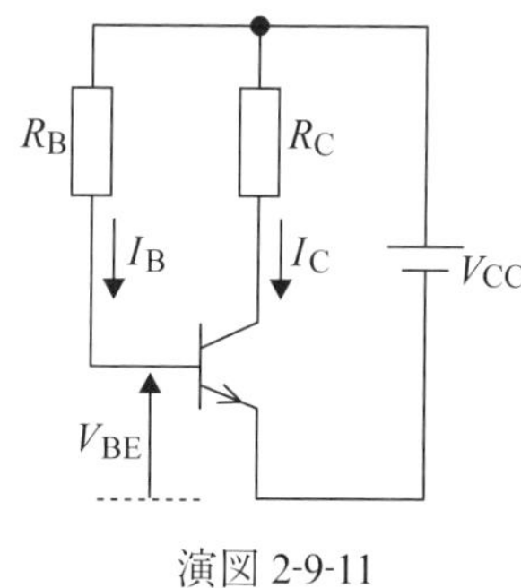

演図 2-9-11

12. 演図 2-9-11 の固定バイアス回路で，$V_{CC} = 9$ V，$I_C = 2$ mA であるとき，R_B の値を求めよ．ただし，直流電流増幅率 $h_{FE} = 100$，$V_{BE} = 0.6$ V とする．

13. 演図 2-9-12 の自己バイアス回路において，$V_{CC} = 10$ V，$R_C = 4$ kΩ のとき，$I_C = 2$ mA にするには R_B の値をいくらにすればよいか答えよ．ただし，直流電流増幅率 $h_{FE} = 100$，$V_{BE} = 0.8$ V とする．

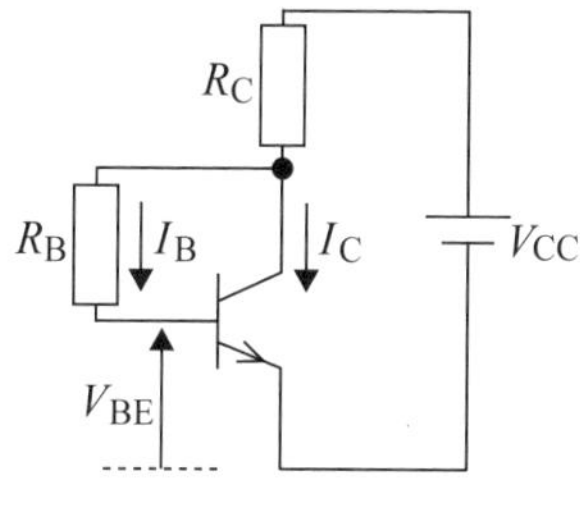

演図 2-9-12

14. 演図 2-9-13 の電流帰還バイアス回路で，$V_{CC}=9$ V, $V_{BE}=0.6$ V, $I_C=2$ mA, $I_B=20\,\mu$A のとき，R_{B1}, R_{B2} および R_E の値を求めよ．ただし，$V_E=0.9$ V とする．なお，電流帰還バイアス回路では，V_E の大きさを V_{CC} の 10 ～ 20 % 程度に，$I_{B2} \geqq 10I_B$ に設定されている．

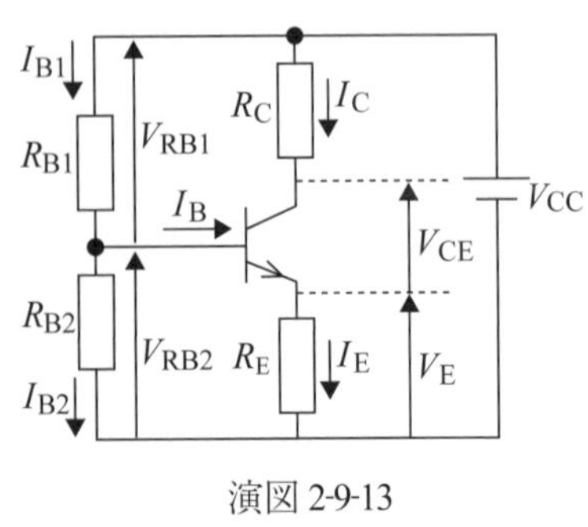

演図 2-9-13

15. 演図 2-9-13 の電流帰還バイアス回路で，$V_{CC}=10$ V, $R_{B1}=40$ kΩ, $R_{B2}=10$ kΩ, $R_C=4$ kΩ, $R_E=1$ kΩ のとき，I_B, I_C および V_{CE} の値を求めよ．ただし，直流電流増幅率 $h_{FE}=200$, $V_{BE}=0.6$ V とする．

16. 演図 2-9-14 はコレクタ接地増幅回路（エミッタフォロア）である．以下の問に答えよ．

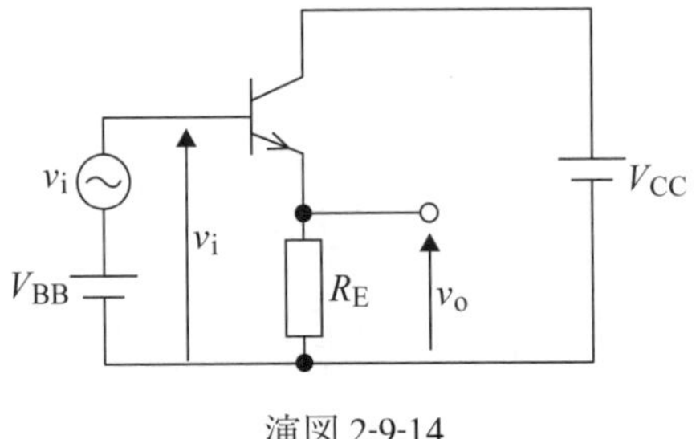

演図 2-9-14

(1) 簡易等価回路を記述せよ．

(2) 電圧増幅度 A_v, 入力インピーダンス（入力抵抗）Z_i および出力インピーダンス（出力抵抗）Z_o の式を導出せよ．なお，$A_v \fallingdotseq 1$ になることも示せ．

(3) トランジスタ 2SC1815Y のデータ（$h_{fe}=160$, $h_{ie}=3.5$ kΩ）を用いて，Z_i が大きな値になることおよび Z_o が小さな値になることを示せ．なお，$R_E=1$ kΩ とする．

17. 演図 2-9-15 はソース接地増幅回路である．以下の問に答えよ．

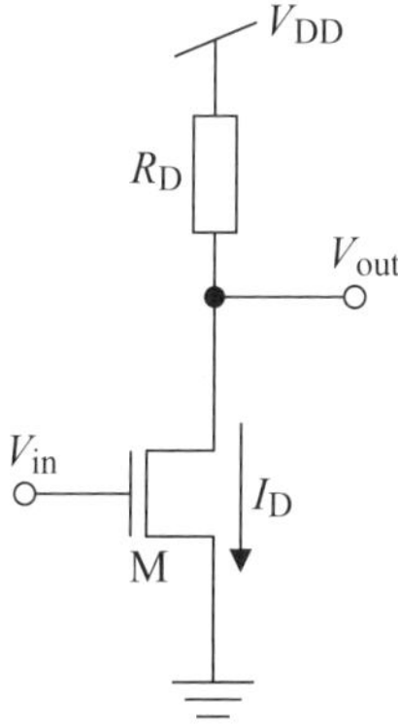

演図 2-9-15

(1) 横軸を入力電圧 V_{in} として，出力電圧 V_{out} のグラフを描け．

(2) 横軸を入力電圧 V_{in} として，ドレイン電流 I_{DS} のグラフを描け．

(3) 横軸を入力電圧 V_{in} として，トランスコンダクタンス g_m のグラフを描け．

(4) ソース接地増幅回路を MOS トランジスタのみで構成せよ．

18. 演図 2-9-16 はドレイン接地増幅回路（ソースフォロア）である．以下の問に答えよ．

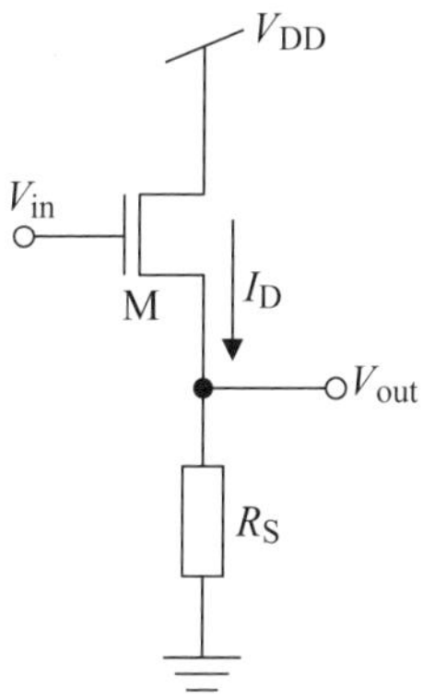

演図 2-9-16

(1) 横軸を入力電圧 V_{in} として，出力電圧 V_{out} のグラフを描け．

(2) ドレイン接地増幅回路を MOS トランジスタのみで構成せよ．

19. 演図 2-9-17 はゲート接地増幅回路である．横軸を入力電圧 V_{in} として，出力電圧 V_{out} のグラフを描け．

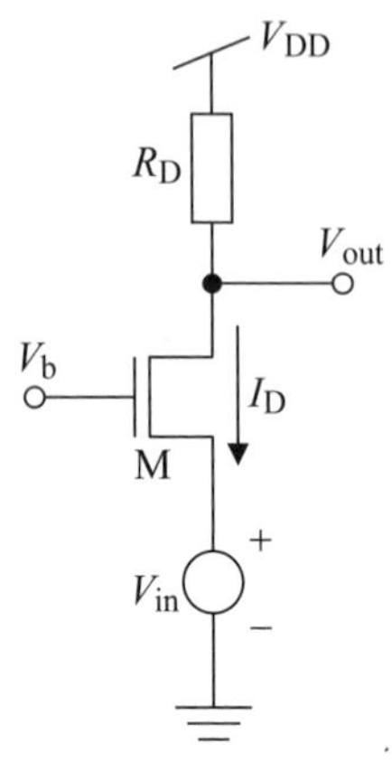

演図 2-9-17

演習問題 2-9　解答

1．

$$A_o = A_1 \cdot A_2 \cdot A_3 = 5 \times 10 \times 30 = 1500$$

$$G_o = G_1 + G_2 + G_3 = 14 + 20 + 29 = 63\ \mathrm{dB}$$

2．

(1) $V_{BE} = 0.6$ V のため，演図 2-9-2(a) より $I_B = 20\ \mu$A になる．

(2) $I_B = 20\ \mu$A のため，演図 2-9-2(b) より $I_C = 6$ mA になる．

3．

演図 2-9-18 に方法を示す．

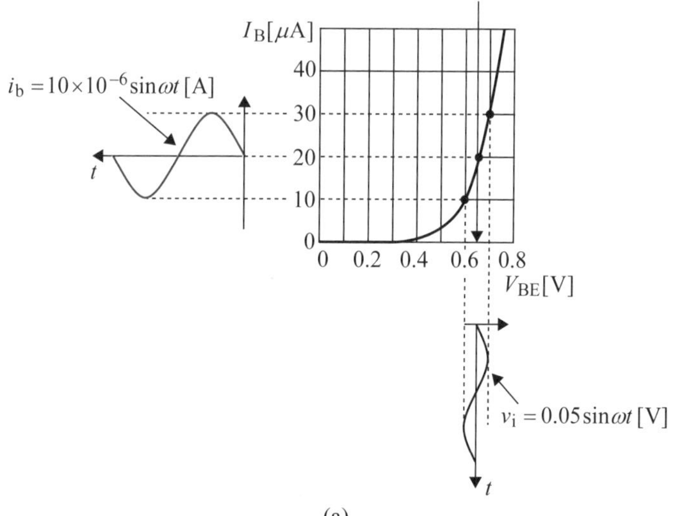

(a)

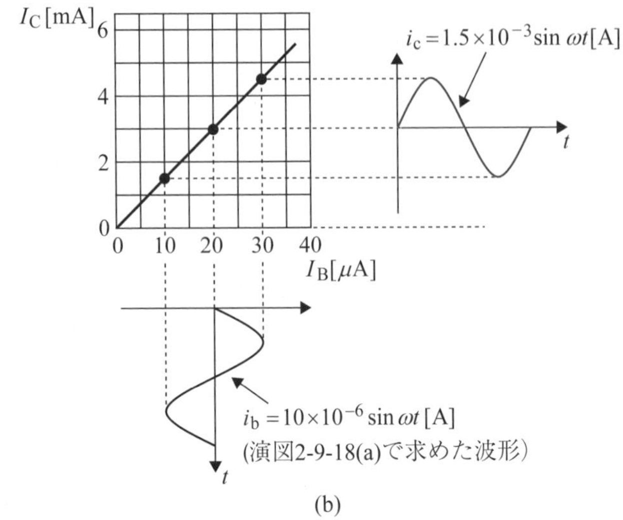

(b)

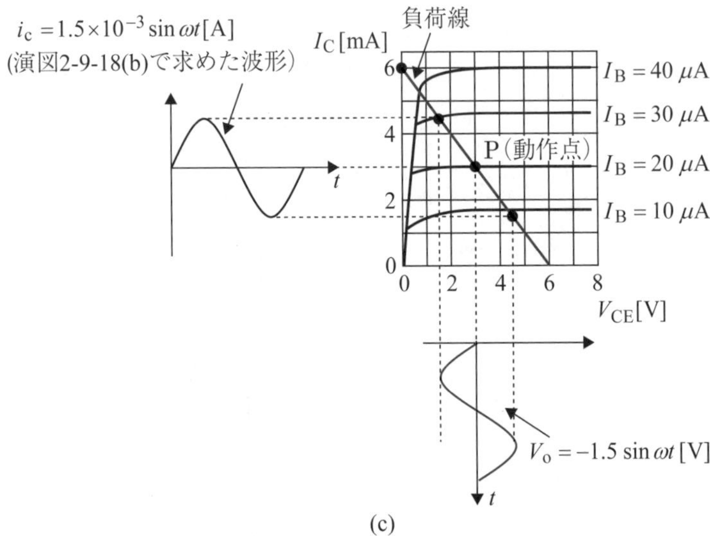

(c)

動作点：$V_{CE} = 3$ V, $I_C = 3$ mA, $I_B = 20$ μA

$$A_v = \frac{v_o}{v_i} = \frac{-1.5}{0.05} = -30$$

$$A_i = \frac{i_c}{i_b} = \frac{1.5 \times 10^{-3}}{10 \times 10^{-6}} = 150$$

$$A_p = A_i \times A_v = 150 \times 30 = 4500$$

演図 2-9-18

負荷線の描き方を以下に示す.

キルヒホッフの法則より

$$V_{CC} = I_C R_C + V_{CE} \rightarrow V_{CE} = 6 - 1000 I_C$$

$V_{CE} = 0$ のとき $I_C = 6$ mA, $I_C = 0$ のとき $V_{CE} = 6$ V となる.

演図 2-9-18 のようにこの 2 点を結ぶ直線が負荷線になる.

動作点 : $V_{CE} = 3$ V, $I_C = 3$ mA, $I_B = 20\ \mu$A

$A_i = 150$, $A_v = -30$, $A_p = 4500$

4 .

エミッタに流れる電流 i_e, コレクタに流れる電流 i_c, ベースに流れる電流 i_b とする.

$$i_e = i_c + i_b \rightarrow i_b = i_e - i_c \tag{2-9-63}$$

$$\beta = \frac{i_c}{i_b} \tag{2-9-64}$$

(2-9-64)式→(2-9-65)式

$$\beta = \frac{i_c}{i_e - i_c} = \frac{\dfrac{i_c}{i_e}}{\dfrac{i_e}{i_e} - \dfrac{i_c}{i_e}} \tag{2-9-65}$$

$$\alpha = \frac{i_c}{i_e} \tag{2-9-66}$$

(2-9-66)式→(2-9-65)式

$$\beta = \frac{\alpha}{1-\alpha}$$

5 .

$$\beta = \frac{\alpha}{1-\alpha} = \frac{0.995}{1-0.995} = 199$$

6 .

$$\beta = \frac{\Delta I_C}{\Delta I_B} = \frac{0.6 \times 10^{-3}}{20 \times 10^{-6}} = 30$$

7．

(1) $v_{\mathrm{be}} = h_{\mathrm{ie}} \cdot i_{\mathrm{b}} + h_{\mathrm{re}} \cdot v_{\mathrm{ce}}$

$i_{\mathrm{c}} = h_{\mathrm{fe}} \cdot i_{\mathrm{b}} + h_{\mathrm{oe}} \cdot v_{\mathrm{ce}}$

(2) 演図 2-9-19 に回路を示す．

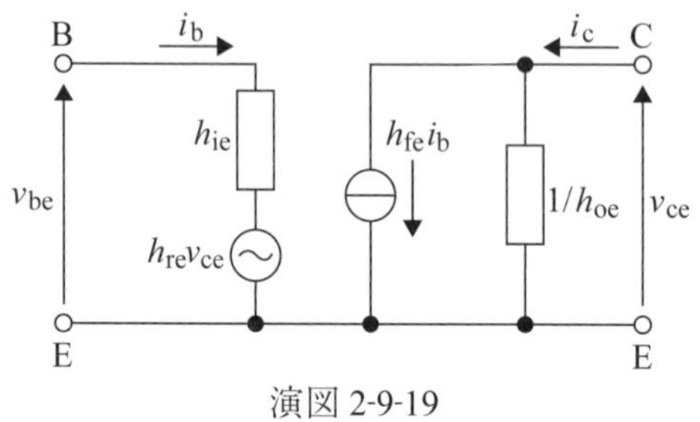

演図 2-9-19

(3) 条件：$h_{\mathrm{re}} \cdot v_{\mathrm{ce}} \ll h_{\mathrm{ie}} \cdot i_{\mathrm{b}}$　　$h_{\mathrm{oe}} \cdot v_{\mathrm{ce}} \ll h_{\mathrm{fe}} \cdot i_{\mathrm{b}}$

式：$v_{\mathrm{be}} \cong h_{\mathrm{ie}} \cdot i_{\mathrm{b}}$

回路図を演図 2-9-20 に示す．

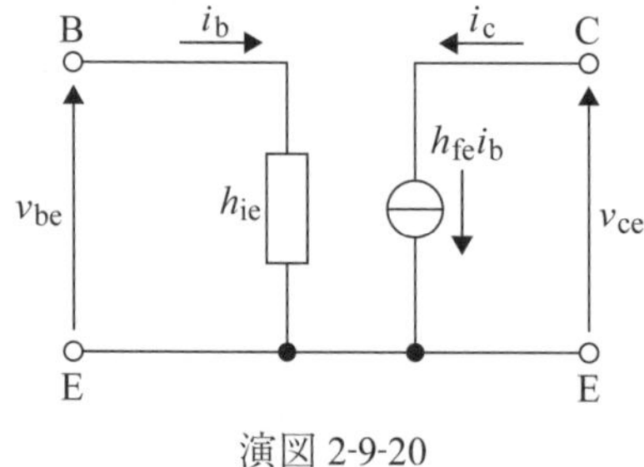

演図 2-9-20

8．

$$A_{\mathrm{v}} = -\frac{h_{\mathrm{fe}}}{h_{\mathrm{ie}}} R_{\mathrm{c}} = -\frac{200}{4 \times 10^3} \times 6 \times 10^3 = -300$$

$$A_{\mathrm{i}} = h_{\mathrm{fe}} = 200$$

$$A_{\mathrm{p}} = \frac{{h_{\mathrm{fe}}}^2}{h_{\mathrm{ie}}} \times R_{\mathrm{c}} = \frac{200^2}{4 \times 10^3} \times 6 \times 10^3 = 60 \times 10^3$$

$$G_{\mathrm{v}} = 20 \log_{10} A_{\mathrm{v}} = 20 \log_{10} 300 \cong 50 \text{ dB}$$

$$G_{\mathrm{i}} - 20 \log_{10} A_{\mathrm{i}} = 20 \log_{10} 200 \cong 46 \text{ dB}$$

$$G_{\mathrm{p}} = 10 \log_{10} A_{\mathrm{p}} = 10 \log_{10} (60 \times 10^3) \cong 48 \text{ dB}$$

9.

$$A_v = -\frac{h_{fe}}{h_{ie}} R_L \text{ より}$$

$$R_L = -\frac{h_{ie}}{h_{fe}} A_v = -\frac{1.2\times10^3}{200}\times(-30) = 180\,\Omega$$

エミッタ接地の電圧増幅度はマイナスになることに注意して代入すること

10.

$$A_p = \frac{v_o i_o}{v_i i_i} = \frac{9\times2\times10^{-3}}{0.2\times100\times10^{-6}} = 900$$

$$G_p = 10\log_{10} 900 = 10\log_{10}(3^2\times10^2)$$

$$= 10\times(\log_{10} 3^2 + \log_{10} 10^2)$$

$$= 10\times(2\log_{10} 3 + 2\log_{10} 10)$$

$$= 10\times(2\times0.477 + 2\times1) \cong 30\text{ dB}$$

11.

$$R_B = \frac{V_{CC} - V_{BE}}{I_B} = \frac{9-0.7}{50\times10^{-6}} = 166\times10^3\,\Omega = 166\text{ k}\Omega$$

12.

回路図より，次式が成立する．

$$R_B = \frac{V_{CC} - V_{BE}}{I_B} \tag{2-9-67}$$

$$h_{FE} = \frac{I_C}{I_B} \to I_B = \frac{I_C}{h_{FE}} \tag{2-9-68}$$

(2-9-68)式→(2-9-67)式

$$R_B = \frac{V_{CC} - V_{BE}}{\frac{I_C}{h_{FE}}} = \frac{V_{CC} - V_{BE}}{I_C} h_{FE} = \frac{9-0.6}{2\times10^{-3}}\times100 = 420\times10^3\,\Omega = 420\text{ k}\Omega$$

13.

回路図より

$$V_{CC}=I_CR_C+I_BR_B+V_{BE} \tag{2-9-69}$$

R_C に流れる電流を I とおくと，$I_B \ll I_C$ の関係から，$I=I_C$ とおくことができる．これにより，$IR_C=I_CR_C$ と置くことができるため，(2-9-69)式が成立する．

(2-9-69)式より

$$R_B=\frac{V_{CC}-I_CR_C-V_{BE}}{I_B}=\frac{V_{CC}-I_CR_C-V_{BE}}{\dfrac{I_C}{h_{FE}}}=\frac{10-2\times4-0.8}{\dfrac{2\times10^{-3}}{100}}$$

$$=60\times10^3\ \Omega=60\ \mathrm{k\Omega}$$

14.

回路図より，次式が成り立つ．

$$V_{RB2}=R_{B2}I_{B2}=V_{BE}+V_E \rightarrow R_{B2}=\frac{V_{RB2}}{I_{B2}}=\frac{V_{BE}+V_E}{I_{B2}} \tag{2-9-70}$$

$$V_{RB1}=R_{B1}I_{B1}=R_{B1}(I_B+I_{B2})=V_{CC}-V_{RB2}=V_{CC}-(V_{BE}+V_E)$$

$$=V_{CC}-V_{BE}-V_E$$

$$\rightarrow R_{B1}=\frac{V_{CC}-V_{RB2}}{I_B+I_{B2}}=\frac{V_{CC}-V_{BE}-V_E}{I_B+I_{B2}} \tag{2-9-71}$$

$$V_E=R_EI_E=R_E(I_B+I_C)\rightarrow R_E=\frac{V_E}{I_E}=\frac{V_E}{I_B+I_C} \tag{2-9-72}$$

(2-9-71)式より，

$$R_{B1}=\frac{V_{CC}-V_{BE}-V_E}{I_B+I_{B2}}=\frac{9-0.9-0.6}{20\times10^{-6}+10\times20\times10^{-6}}=34.1\times10^3\ \Omega=34.1\ \mathrm{k\Omega}$$

(2-9-70)式より，

$$R_{B2}=\frac{V_{BE}+V_E}{I_{B2}}=\frac{0.9+0.6}{10\times20\times10^{-6}}=7500\ \Omega=7.5\ \mathrm{k\Omega}$$

(2-9-72)式より，

$$R_E=\frac{V_E}{I_B+I_C}=\frac{0.9}{20\times10^{-6}+2\times10^{-3}}=445.5\ \Omega\cong446\ \Omega$$

15.

回路図より，次式が成り立つ．

$$V_{RB2} = \frac{R_{B2}}{R_{B1}+R_{B2}} V_{CC} = \frac{10}{40+10} \times 10 = 2\ \mathrm{V}$$

$$V_E = V_{RB2} - V_{BE} = 2 - 0.6 = 1.4\ \mathrm{V}$$

$$I_C \cong I_E = \frac{V_E}{R_E} = \frac{1.4}{1\times 10^3} = 1.4\times 10^{-3}\ \mathrm{A} = 1.4\ \mathrm{mA}$$

$$I_B = \frac{I_C}{h_{FE}} = \frac{1.4\times 10^{-3}}{200} = 7\times 10^{-6}\ \mathrm{A} = 7\ \mu\mathrm{A}$$

$$V_{CE} = V_{CC} - V_C - V_E = V_{CC} - R_C I_C - R_E I_E = V_{CC} - (R_C + R_E) I_C$$

$$= 10 - (4+1)\times 10^3 \times 1.4\times 10^{-3} = 3\ \mathrm{V}$$

16.

(1) 2-9-1 節の要点 [10] を参照すること．[10] の図 2-9-17 に解答を示す．

(2) 2-9-1 節の要点 [10] を参照すること．[10] の (2-9-38) 式を導出する．

(2-9-33) 式から $A_v \cong 1$ を導出する．

(3) 2-9-1 節の要点 [10] の式を用いる．

(2-9-36) 式より

$$Z_i = h_{ie} + h_{fe} R_E = 3.5 + 160 \times 1 = 163.5\ \mathrm{k\Omega}$$

(2-9-38) 式より

$$Z_o = \frac{h_{ie}}{h_{fe}} = \frac{3.5\times 10^3}{160} = 22\ \Omega$$

以上より，Z_i が大きな値になり，Z_o が小さな値になる．

17.

(1) 2-9-2 節の要点 [4] を参照すること．[4] の図 2-9-20(b) に解答を示す．

(2) 以下の三つの領域を考えて，グラフを描く．グラフを演図 2-9-21 に示す．

① $V_{in} < V_{th}$ のとき $I_D = 0$

② $V_{in} > V_{th}$ のとき I_D が流れる．V_{in} が大きくなると I_D も大きくなる．

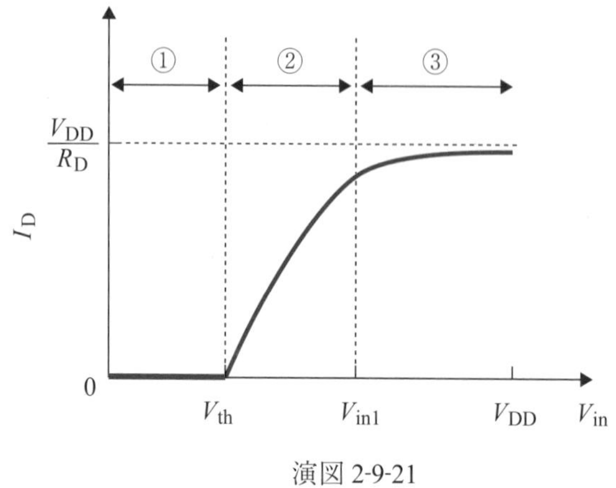

演図 2-9-21

③ $V_{out}=V_{DD}-R_D I_D$ の関係があるため，I_D が大きくなると V_{out} が小さくなる．最終的には，$V_{out}\cong 0$ V と考えてよい．これを上式に代入すると，

$$0\cong V_{DD}-R_D I_D \to I_D \cong \frac{V_{DD}}{R_D}$$

以上より，I_D は $\frac{V_{DD}}{R_D}$ で飽和する．

(3) 以下の 3 つの領域を考えて，グラフを描く．グラフを演図 2-9-22 に示す．

① $V_{in}<V_{th}$ のとき $I_D=0$ のため，$g_m=0$

② $V_{in}>V_{th}$ のときトランジスタ M は飽和領域で動作する．よって，g_m は次式で表される．

$$g_m=\beta(V_{in}-V_{th})$$

上式より，V_{in} が大きくなると g_m も大きくなる．

③ $V_{in}>V_{in1}$ のときトランジスタ M は線形領域で動作する．よって，g_m は次式で表される．

$$g_m=\beta V_{out}$$

V_{in} が大きくなると V_{out} が減少すると考えられる．よって，V_{in} が大きくなると g_m も減少する．

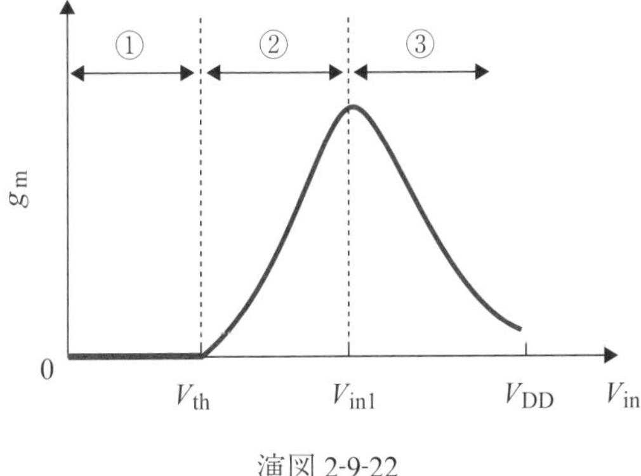

演図 2-9-22

(4) 2-9-2 節の要点 [5] を参照すること．図 2-9-21 に解答を示す．

18.

(1) 2-9-2 節の要点 [6] を参照すること．図 2-9-22(b) に解答を示す．

(2) 2-9-2 節の要点 [7] を参照すること．図 2-9-23 に解答を示す．

19.

2-9-2 節の要点 [8] を参照すること．図 2-9-24(b) に解答を示す．

2-10　演算増幅器

■要点■

[1] 演算増幅器（operating amplifier OP アンプ）は，アナログ電子計算機の演算素子として開発された直流増幅器である．図 2-10-1(a) に演算増幅器のシンボルを示す．2 入力，1 出力端子をもつ増幅回路である．理想的な増幅回路に近い特性をもつ．抵抗やキャパシタなどの素子と組み合わせて使うことで，増幅，加減算，微積分などの各種の数学的演算を高精度に容易に行う機能を有している．なお，電源電圧を示したい場合は，図 2-10-1(b) のようなシンボルを用いる．

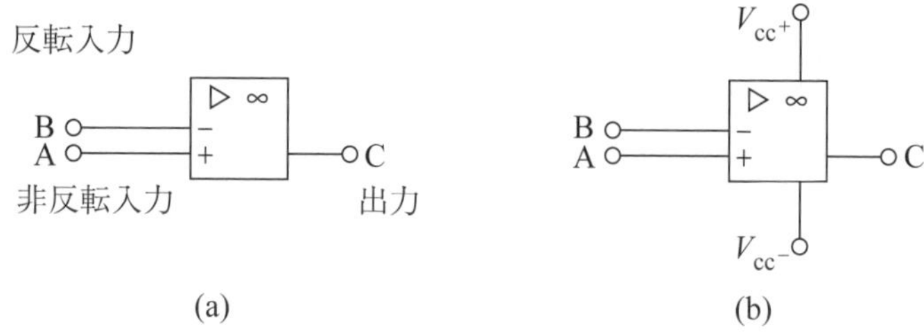

図 2-10-1　演算増幅器のシンボル

[2] 図 2-10-1 に示した演算増幅器の等価回路を図 2-10-2 に示す．V_1 および V_2 は入力電圧である．V_{out} は出力電圧である．R_i が入力インピーダンス，R_o が出力インピーダンスである．

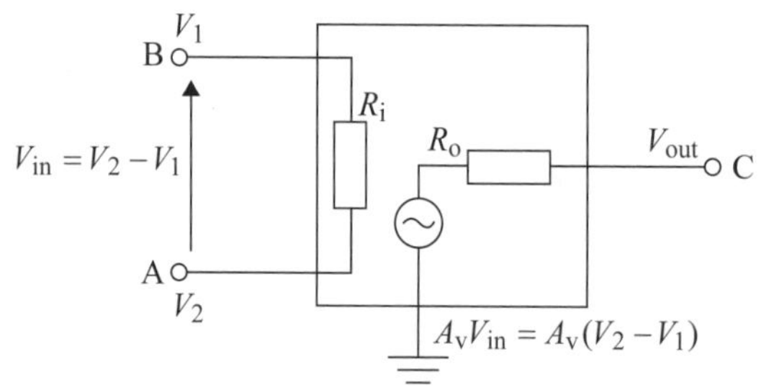

図 2-10-2　演算増幅器の等価回路

[3] 演算増幅器において，次の条件が満たされる場合，理想演算増幅器という．

電圧利得 A が ∞

入力インピーダンスが ∞

出力インピーダンスが 0

[4] 図 2-10-3 に反転増幅回路を示す．この回路の出力電圧 V_{out} は

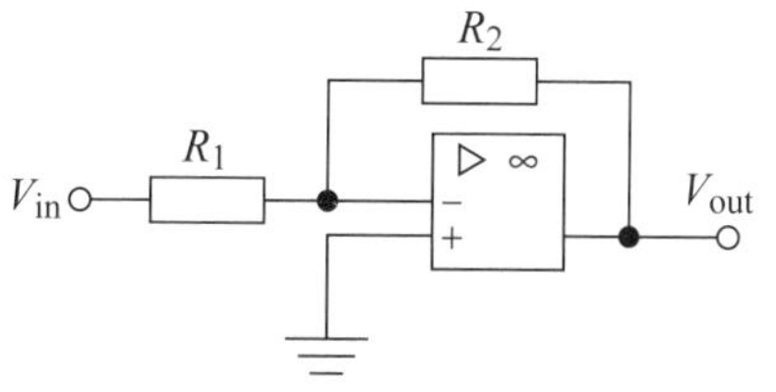

図 2-10-3　反転増幅回路

$$V_{out} = -\frac{R_2}{R_1}V_{in} \tag{2-10-1}$$

で表される．この回路の増幅率 A_v は

$$A_v = \frac{R_2}{R_1} \tag{2-10-2}$$

となる．

[5] 図 2-10-4 に非反転増幅回路を示す．この回路の出力電圧 V_{out} は

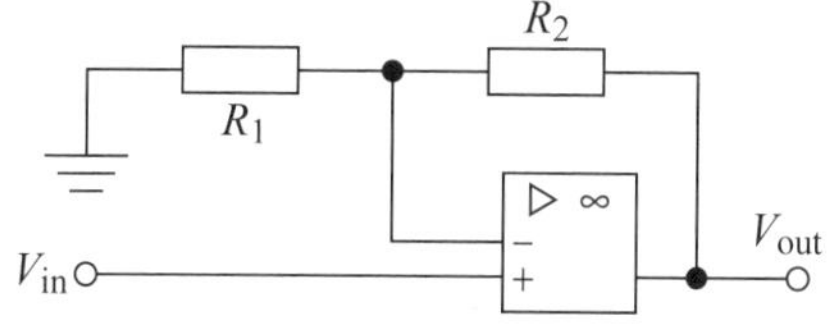

図 2-10-4　非反転増幅回路

$$V_{out} = \left(1 + \frac{R_2}{R_1}\right)V_{in} \tag{2-10-3}$$

で表される．この回路の増幅率 A_v は

$$A_v = 1 + \frac{R_2}{R_1} \tag{2-10-4}$$

となる．

図 2-10-5 に電圧フォロアを示す．この回路は，図 2-10-4 の回路の $R_1=\infty$ ，$R_2=0$ とおくことができる．よって，この回路の出力電圧 V_{out} は

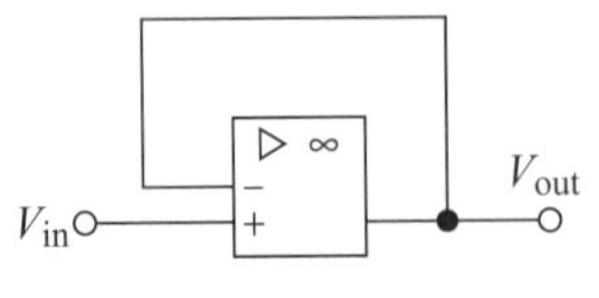

図 2-10-5　電圧フォロア

$$V_{out} \cong V_{in} \tag{2-10-5}$$

で表される．

[6] 図 2-10-6 に 2 入力加算回路を示す．この回路の出力電圧 V_{out} は

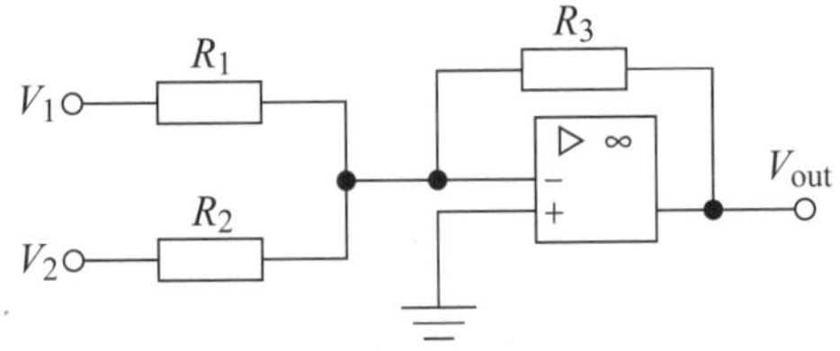

図 2-10-6　2 入力加算回路

$$V_{out} = -R_3\left(\frac{V_1}{R_1}+\frac{V_2}{R_2}\right) \tag{2-10-6}$$

で表される．$R_1=R_2=R_3$ に設定すると，出力電圧 V_{out} は

$$V_{out} = -(V_1+V_2) \tag{2-10-7}$$

となり，電圧の加算を行うことができる．

[7] 図 2-10-7 に差動入力増幅回路を示す．この回路を用いることで，減算回路を実現できる．この回路の出力電圧 V_{out} は

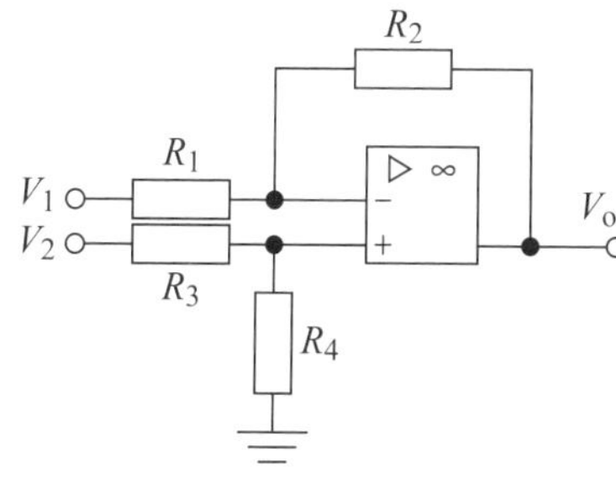

図 2-10-7　差動入力増幅回路

$$V_{out} = -\frac{R_2}{R_1}V_1 + \frac{R_4(R_1+R_2)}{R_1(R_3+R_4)}V_2 \tag{2-10-8}$$

で表される．$R_1 = R_3$ および $R_2 = R_4$ に設定すると，出力電圧 V_{out} は

$$V_{out} = \frac{R_2}{R_1}(V_2 - V_1) \tag{2-10-9}$$

となり，入力電圧を減算し，$\frac{R_2}{R_1}$ 倍増幅することができる．

また，$R_1 = R_2 = R_3 = R_4$ に設定することで，出力電圧 V_{out} は

$$V_{out} = V_2 - V_1 \tag{2-10-10}$$

となり，電圧の減算を行うことができる．

[8] 図 2-10-8 に積分回路を示す．この回路の出力電圧 v_{out} は

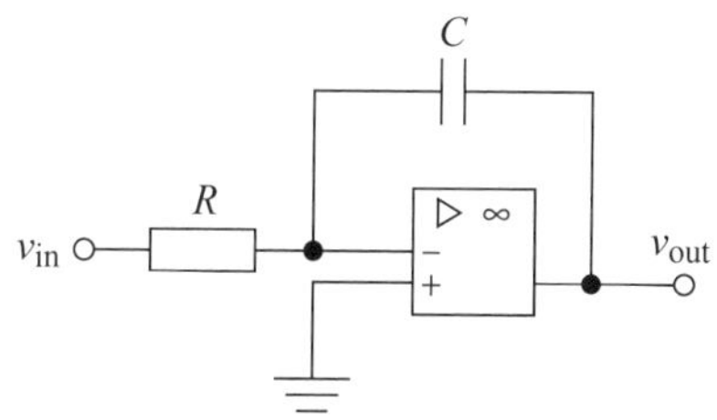

図 2-10-8　積分回路

$$v_{out} = -\frac{1}{RC}\int v_{in}\mathrm{d}t \tag{2-10-11}$$

で表されるため，入力電圧の積分を行うことができる．

[9] 図 2-10-9 に微分回路を示す．この回路の出力電圧 v_{out} は

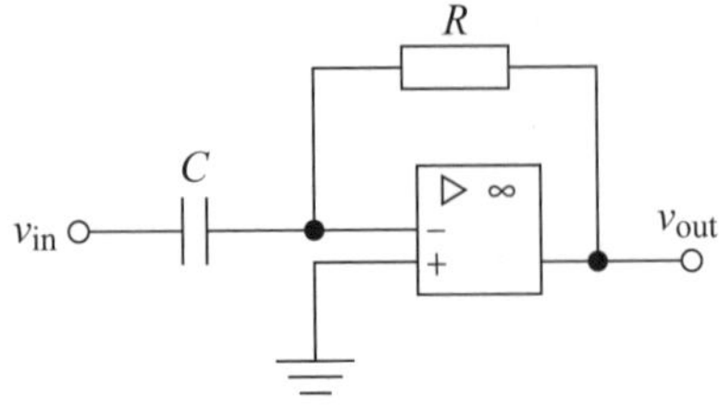

図 2-10-9　微分回路

$$v_{out} = -RC\frac{dv_{in}}{dt} \tag{2-10-12}$$

で表されるため，入力電圧の微分を行うことができる．

[10] 図 2-10-10 に比較回路を示す．比較される電圧（基準となる電圧）を V_{ref} とする．V_{cc+} および V_{cc-} は電源電圧である．この回路の出力電圧 V_{out} は

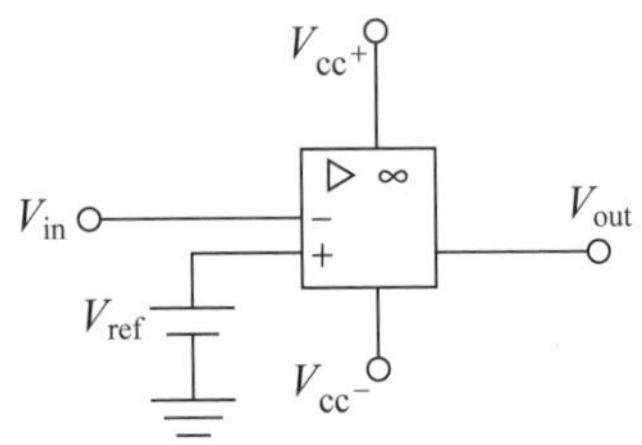

図 2-10-10　比較回路

$$V_{out} \cong A(V_{ref} - V_{in}) \tag{2-10-13}$$

で表される．A は演算増幅器の増幅度である．理想演算増幅器の A は∞のため，V_{out} は以下のようになる．

$$V_{in} \gg V_{ref} \rightarrow V_{out} = -\infty \rightarrow V_{out} = V_{cc-}$$

$$V_{in} \ll V_{ref} \rightarrow V_{out} = \infty \rightarrow V_{out} = V_{cc+}$$

$$V_{in} = V_{ref} \rightarrow V_{out} = 0$$

これにより，入力電圧 V_{in} と V_{ref} を比較し，そのときに応じた出力電圧 V_{out} を得ることができる．

[11] 図 2-10-11 に対数変換回路を示す．ダイオードに流れる電流 I は

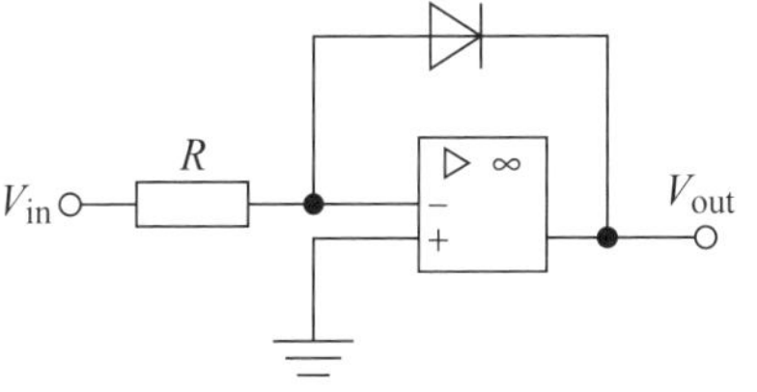

図 2-10-11　対数変換回路

$$I \cong I_s \exp\left(\frac{q}{kT}V\right) \tag{2-10-14}$$

で表されるとする．I_s は暗電流と呼ばれる定数で，$\frac{q}{kT}$ も熱に関する定数である．V はダイオードの入出力端子に生じる電位差である．図 2-10-13 の出力電圧 V_{out} は

$$V_{out} = -\frac{kT}{q}\left(\log\frac{V_{in}}{R} - \log I_s\right) \tag{2-10-15}$$

で表される．

[12] 図 2-10-12 に逆対数変換回路を示す．この回路の出力電圧 V_{out} は

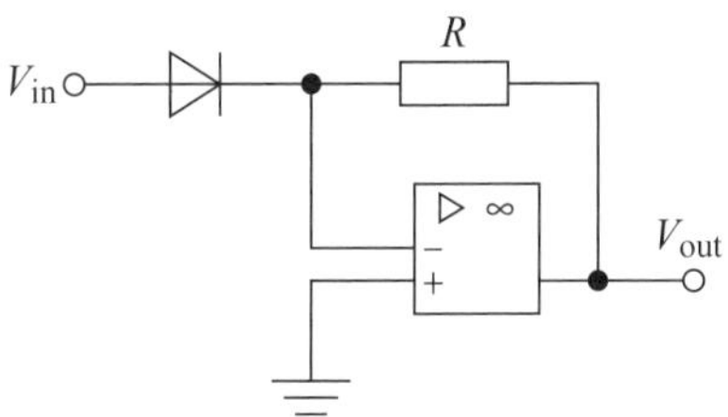

図 2-10-12　逆対数変数回路

$$V_{out} = -I_s R \exp\left(\frac{q}{kT}V_{in}\right) \tag{2-10-16}$$

で表される．

※以降，例題・演習問題を示すが，指定がない限り，回路に使用している演算増幅器は理想演算増幅器とする．

例題２-１０

1．図 2-10-3 の反転増幅回路の出力電圧は(2-10-1)式のように表される．この式を導出せよ．

解答

図 2-10-13 に反転増幅回路の等価回路を示す．この回路をそのまま解いてもよいが，計算が非常に面倒になる．そこで，演算増幅器を理想演算増幅器として解くことにする．理想演算増幅器の入力インピーダンスは∞である．そのため，R_i に流れる電流 I_i が演算増幅器に流れることはない．そのため，R_i の両端の電位差(V_i-GND の電位)も 0 になる．GND の電位は当然 0 V である．そのため，V' は 0 V と考えることができる．これを仮想接地(イマジナリーショート)という．仮想接地の状態では，出力が入力に影響を及ぼすことはない．理想演算増幅器の出力インピーダンスは 0 である．よって，R_o を配線とみなすことができる．以上をまとめると，図 2-10-14 の等価回路を記述することができる．この等価回路を用いることで，V_{out} について容易に解くことができる．

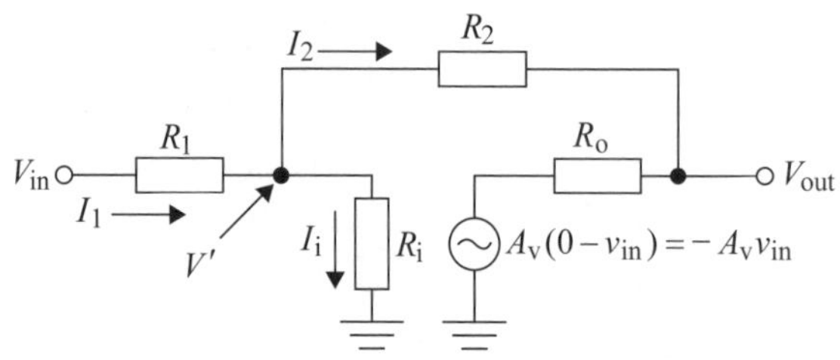

図 2-10-13　反転増幅回路の等価回路

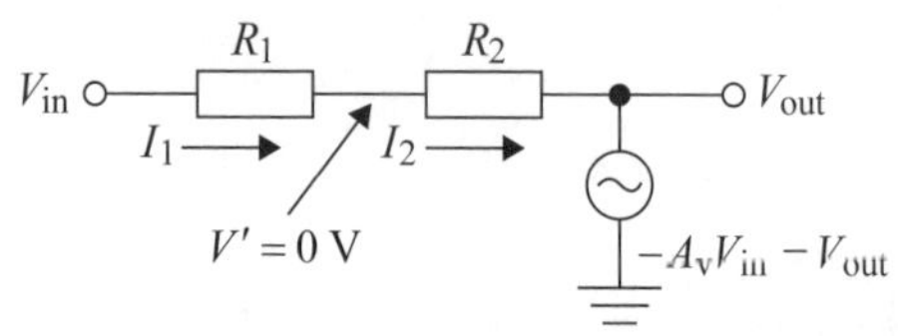

図 2-10-14　理想演算増幅器を考慮したときの反転増幅回路の等価回路

なお，理想演算増幅器の等価回路を図 2-10-15 のように記述することもできる．この回路をナレータ・ノレータモデルと呼ぶ．図中にナレータを示す．これは，電流が 0 で，その両端の電位差も 0 と意味する．図中にノレータも示す．これは，その端子の電圧は周辺の素子・回路により決定されることを意味する．図 2-10-16 にナレータ・ノレータモデルを用いた反転増幅回路の等価回路を示す．図 2-10-14 と図 2-10-16 は同じ回路と考えてよいため，どちらの記述でもよい．いずれの等価回路を用いても次式が成立する．

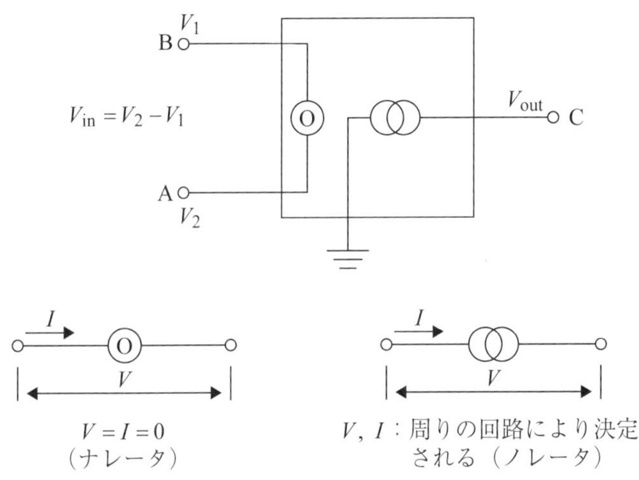

図 2-10-15　理想演算増幅器の等価回路（ナレータ・ノレータモデル）

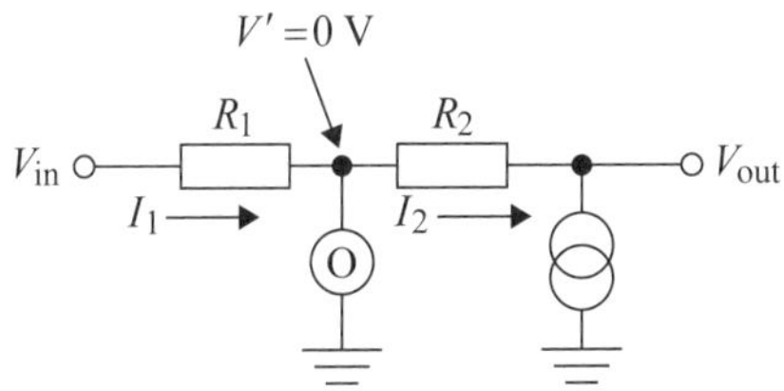

図 2-10-16　反転増幅回路の等価回路

$$I_1 = I_2 \tag{2-10-17}$$

$$I_1 = \frac{V_{in} - V'}{R_1} = \frac{V_{in}}{R_1}, \tag{2-10-18}$$

$$I_2 = \frac{V' - V_{out}}{R_2} = -\frac{V_{out}}{R_2} \tag{2-10-19}$$

(2-10-18)，(2-10-19)式→(2-10-17)式

$$\frac{V_{in}}{R_1} = -\frac{V_{out}}{R_2}$$

以上の式をまとめると以下の式を得ることができる．

$$V_{out} = -\frac{R_2}{R_1} V_{in}$$

2．図 2-10-3 の反転増幅回路の R_1 を 10 kΩ に設定した．増幅率が 5 倍になるように，R_2 を設定せよ．また，増幅率が 20 dB となるように，R_2 を設定せよ．

解答

(2-10-2)式より，$A_v = \frac{R_2}{R_1}$ より，$R_2 = R_1 A_v = 10 \times 5 = 50$ kΩ

$20 = 20 \log_{10} A_v$ より，$1 = \log_{10} A_v$ となるため，$A_v = 10$ になるように R_2 を設定する．

$R_2 = R_1 A_v = 10 \times 10 = 100$ kΩ

3．図 2-10-3 の反転増幅回路の電源電圧を ±15 V に設定した．入力電圧 V_{in} を図 2-10-17 のグラフに示すように与えた． 各入力電圧を与えたときの各抵抗値 R_1 および R_2 をグラフ中に示す．出力電圧 V_{out} をグラフ中に描け．

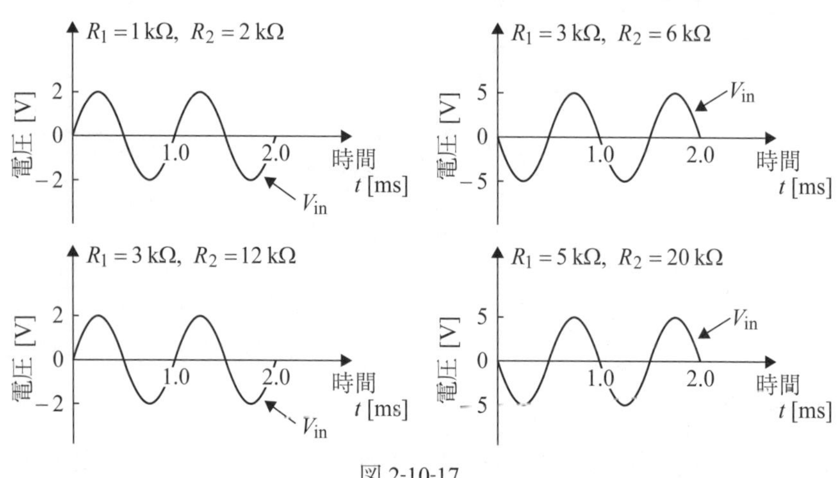

図 2-10-17

解答

$R_1 = 1\,\mathrm{k\Omega}$, $R_2 = 2\,\mathrm{k\Omega}$ のとき

(2-10-1)式より，出力電圧 V_{out} は，$V_{out} = -\frac{2}{1}V_{in} = -2V_{in}$ となる．

グラフ中の入力電圧 V_{in} の最大値および最小値から，V_{out} を計算によって求める．

$V_{in} = 2\,\mathrm{V}$ のとき，$V_{out} = -4\,\mathrm{V}$

$V_{in} = -2\,\mathrm{V}$ のとき，$V_{out} = 4\,\mathrm{V}$

以上の結果から，グラフを記述する．図 2-10-18 に解答を示す．

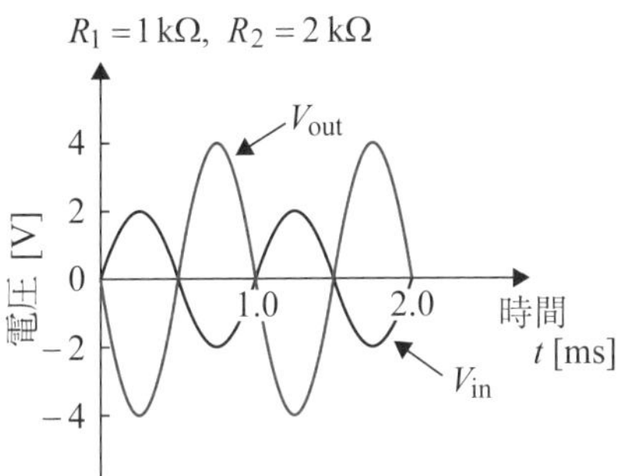

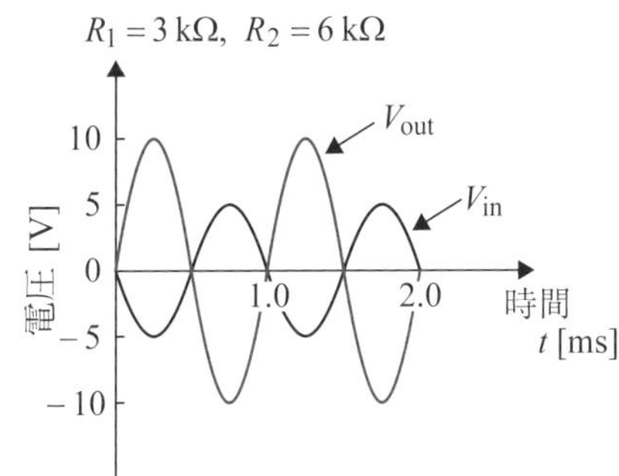

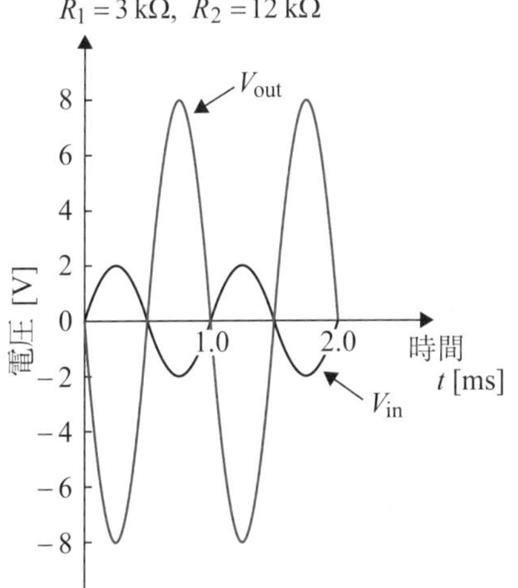

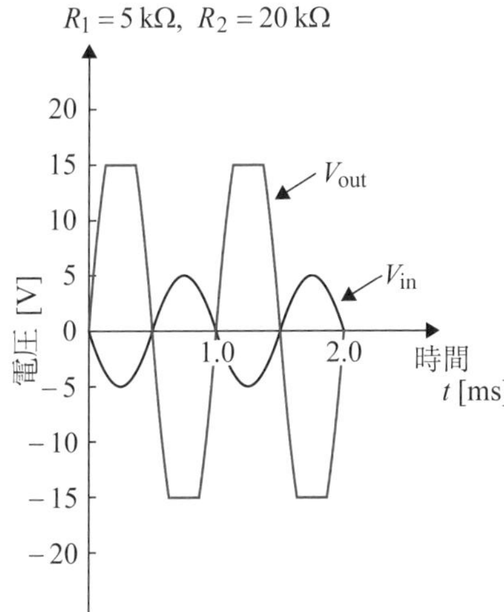

図 2-10-18

$R_1 = 3\ \mathrm{k\Omega}$, $R_2 = 12\ \mathrm{k\Omega}$ のとき

(2-10-1)式より，出力電圧 V_{out} は，$V_{out} = -\frac{12}{3}V_{in} = -4V_{in}$ となる．

グラフ中の入力電圧 V_{in} の最大値および最小値から，V_{out} を計算によって求める．

$V_{in} = 2\ \mathrm{V}$ のとき，$V_{out} = -8\ \mathrm{V}$

$V_{in} = -2\ \mathrm{V}$ のとき，$V_{out} = 8\ \mathrm{V}$

以上の結果から，グラフを記述する．図 2-10-18 に解答を示す．

$R_1 = 3\ \mathrm{k\Omega}$, $R_2 = 6\ \mathrm{k\Omega}$ のとき，

(2-10-1)式より，出力電圧 V_{out} は，$V_{out} = -\frac{6}{3}V_{in} = -2V_{in}$ となる．

グラフ中の入力電圧 V_{in} の最大値および最小値から，V_{out} を計算によって求める．

$V_{in} = 2\ \mathrm{V}$ のとき，$V_{out} = -10\ \mathrm{V}$

$V_{in} = -2\ \mathrm{V}$ のとき，$V_{out} = 10\ \mathrm{V}$

以上の結果から，グラフを記述する．図 2-10-18 に解答を示す．

$R_1 = 5\ \mathrm{k\Omega}$, $R_2 = 20\ \mathrm{k\Omega}$ のとき

(2-10-1)式より，出力電圧 V_{out} は，$V_{out} = -\frac{20}{5}V_{in} = -4V_{in}$ となる．

グラフ中の入力電圧 V_{in} の最大値および最小値から，V_{out} を計算によって求める．

$V_{in} = 5\ \mathrm{V}$ のとき，$V_{out} = -20\ \mathrm{V}$

$V_{in} = -5\ \mathrm{V}$ のとき，$V_{out} = -20\ \mathrm{V}$

以上の結果から，グラフを記述する．図 2-10-18 に解答を示す．ただし，電源電圧を $\pm 15\ \mathrm{V}$ に設定しているため，V_{out} も $\pm 15\ \mathrm{V}$ で飽和することに注意して，グラフを記述する．

演習問題 2-10

1．非反転増幅回路

(1) 図 2-10-4 の非反転増幅回路の出力電圧は(2-10-3)式のように表される．この式を導出せよ．

(2) 図 2-10-4 の非反転増幅回路の R_1 を 10 kΩ に設定した．増幅率が 5 倍になるように，R_2 を設定せよ．また，増幅率が 20 dB となるように，R_2 を設定せよ．

(3) 図 2-10-4 の非反転増幅回路の電源電圧を ±15 V に設定した．入力電圧 V_{in} を演図 2-10-1 のグラフに示すように与えた． 各入力電圧を与えたときの各抵抗値 R_1 および R_2 をグラフ中に示す．出力電圧 V_{out} をグラフ中に描け．

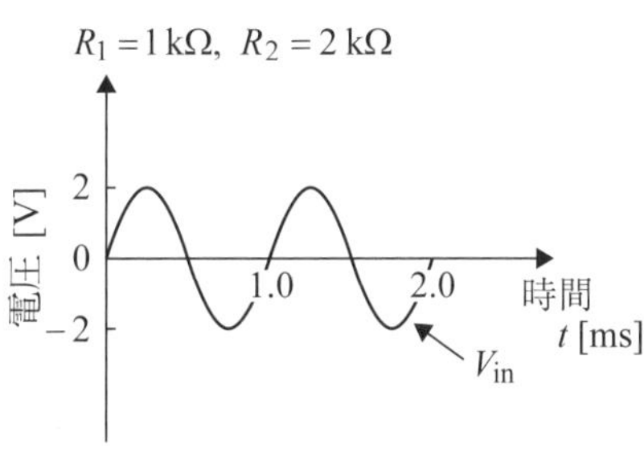

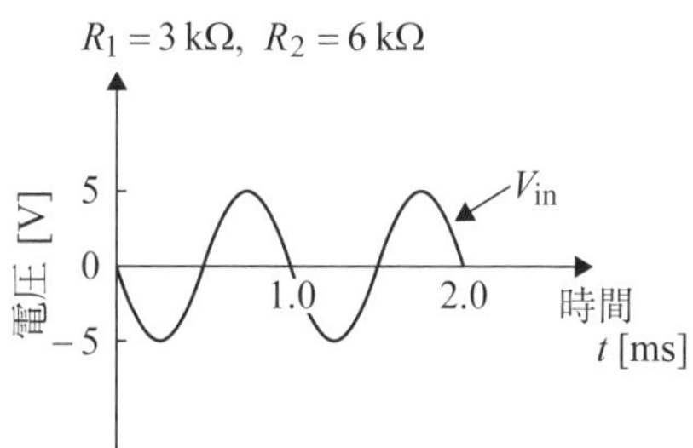

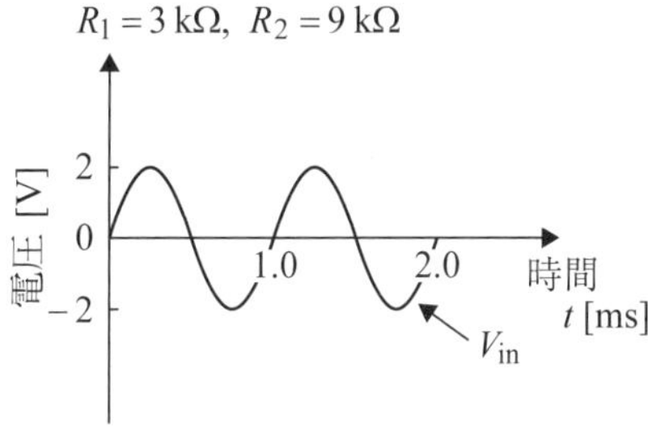

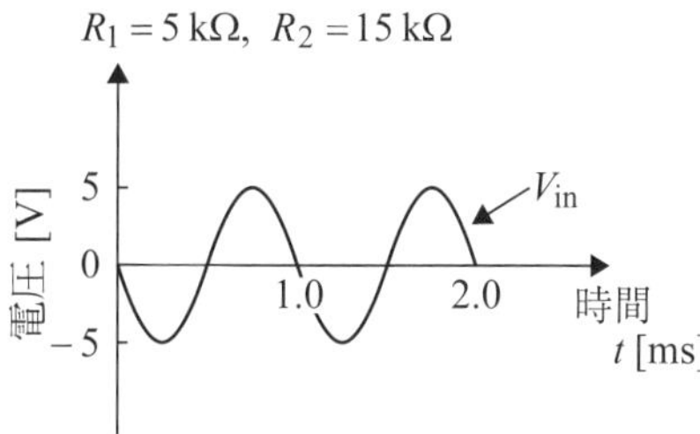

演図 2-10-1

２．電圧フォロア

(1) 演図 2-10-2 の回路について，以下の問に答えよ．

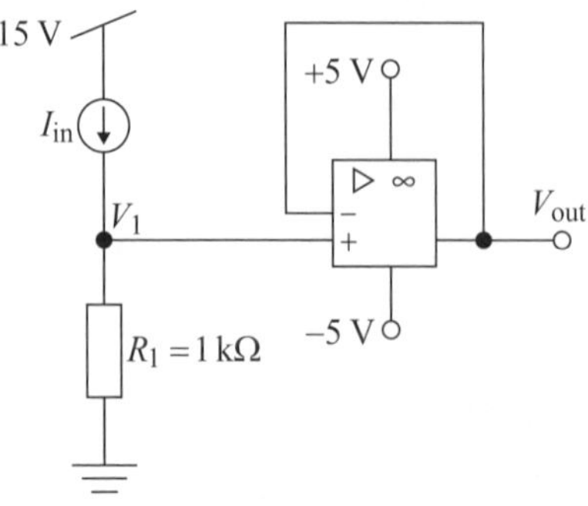

演図 2-10-2

① 入力電流 I_{in} を 0 から 10 mA まで変化させた．演図 2-10-3 のグラフを完成させよ．

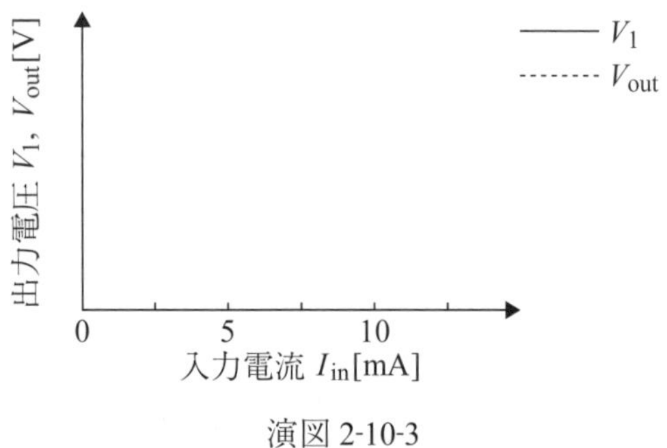

演図 2-10-3

② 演図 2-10-4(a) に示す入力電流 I_{in} を与えたときの V_1 および V_{out} を演図 2-10-4(b) に示せ．

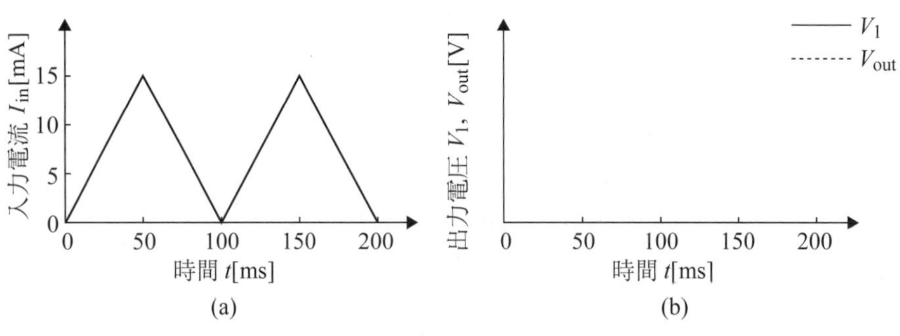

演図 2-10-4

(2) 演図 2-10-5 の回路に入力電流 I_{in} を演図 2-10-6(a) のように与えた．電圧 V_1 および電圧 V_{out} を演図 2-10-6(b) のグラフに示せ．ただし，時間 $t=0$ のときの V_1 を 0 V とする．

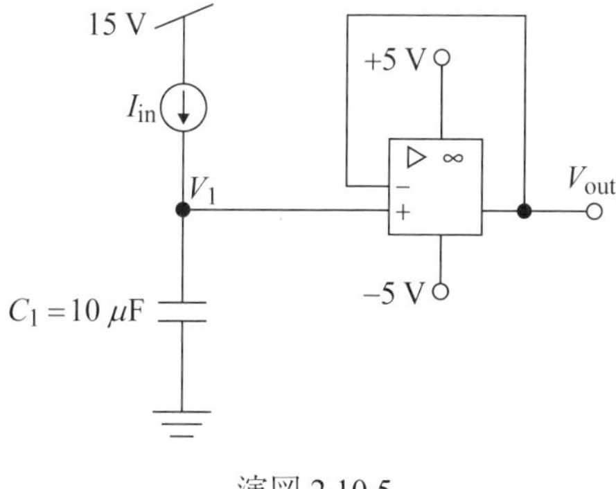

演図 2-10-5

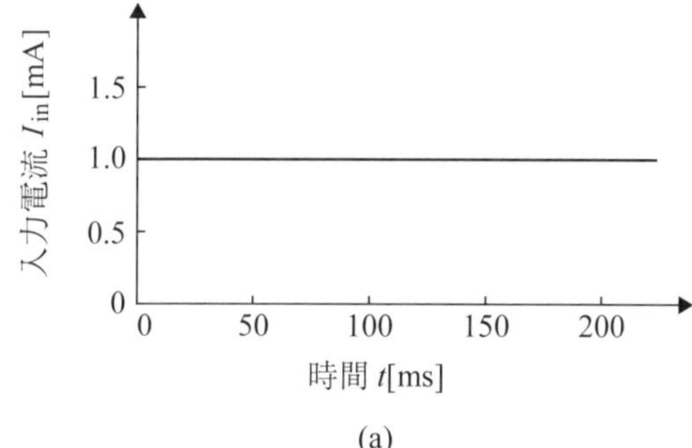

(a)

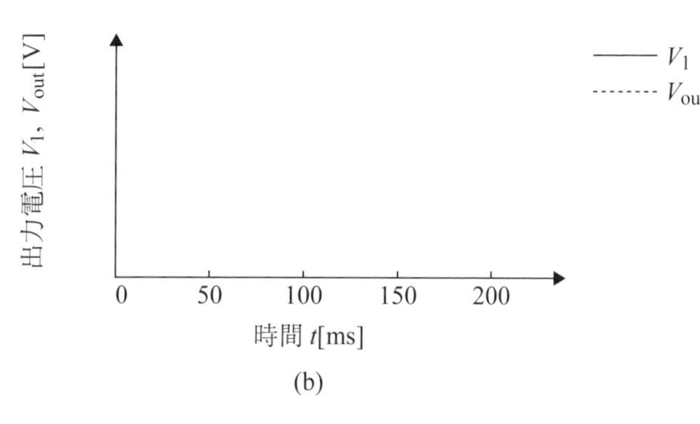

(b)

演図 2-10-6

3．加算回路

(1) 図 2-10-6 の 2 入力加算回路の出力電圧は(2-10-6)式のように表される．この式を導出せよ．

(2) 図 2-10-6 の回路の R_3 を 50 kΩ に設定した．出力電圧 V_{out} が以下の式になるように，R_1 および R_2 を設定せよ．

$$V_{out} = -5(V_1 + V_2)$$

(3) 図 2-10-6 の回路の R_1 および R_2 を 20 kΩ に設定した．また，R_3 を 40 kΩ に設定した．出力電圧 V_{out} を数式で表せ．以上の条件で，V_1 を 2 V に設定し，V_2 を演図 2-10-7 のように変化させた．このときの V_{out} をグラフで表せ．なお，電源電圧は，±10 V を与えた．

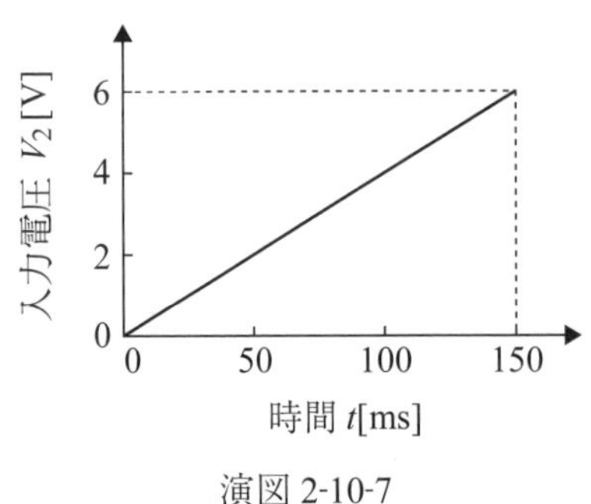

演図 2-10-7

(4) 演図 2-10-8 の回路において，V_{out} について解け．

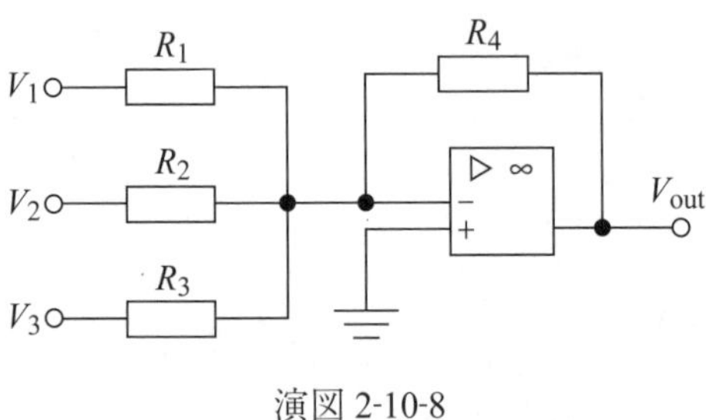

演図 2-10-8

4．減算回路

(1) 図 2-10-7 の差動入力増幅回路の出力電圧は式(2-10-8)のように表される．この式を導出せよ．

(2) 図 2-10-7 の回路の R_1 を 10 kΩ に設定した．出力電圧 V_{out} が以下の式になるように，R_2, R_3 および R_4 を設定せよ．

$$V_{out} = 5(V_2 - V_1)$$

(3) 図 2-10-7 の回路の R_1 および R_3 を 20 kΩ に設定した．また, R_2 および R_4 を 60 kΩ に設定した．出力電圧 V_{out} を数式で表せ．以上の条件で, V_1 を 5 V に設定し, V_2 を演図 2-10-9(a) のように変化させた．このときの V_{out} を演図 2-10-9(b) 中に描きなさい．なお，電源電圧は，±9 V を与えた．

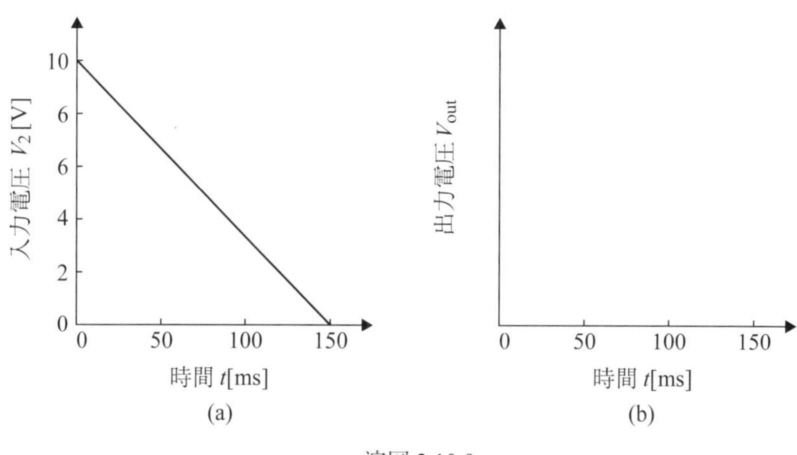

演図 2-10-9

5．積分回路・微分回路

(1) 図 2-10-8 の積分回路の出力電圧は(2-10-11)式のように表される．この式を導出せよ．

(2) 図 2-10-8 の回路において，$v_{in} = V_m \sin \omega t$ を与えた場合，横軸を時間として，v_{out} のグラフを描け．

(3) 図 2-10-9 の微分回路の出力電圧は(2-10-12)式のように表される．この式を導出せよ．

6．比較回路

(1) 演図 2-10-10 の回路について，以下の問に答えよ．

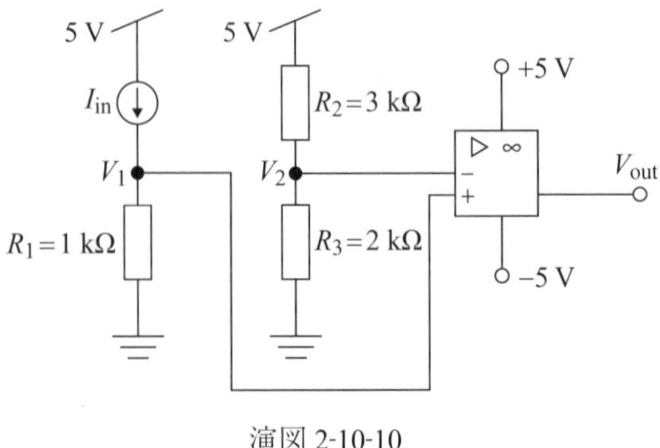

演図 2-10-10

① 電圧 V_2 は何 V になるか答えよ．

② 入力電流 I_{in} を 0 から 5 mA まで変化させた．演図 2-10-11 に示すグラフ中に，V_1 の変化を点線で示せ．また，V_{out} の変化を実線で示せ．

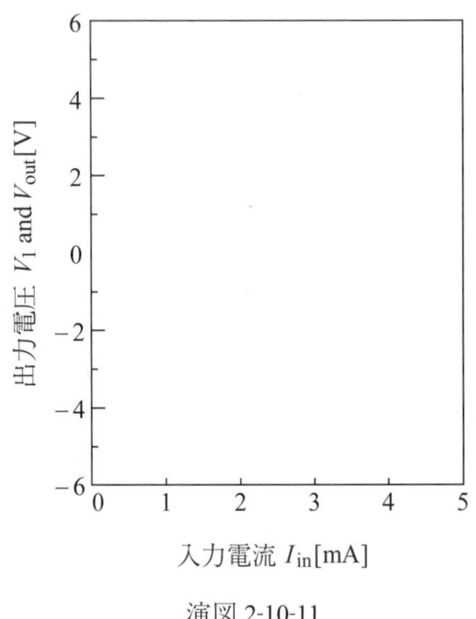

演図 2-10-11

(2) 演図 2-10-12 の回路について，以下の問に答えよ．

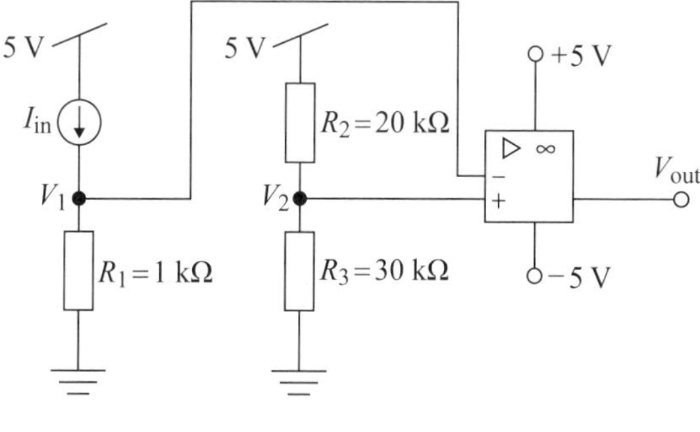

演図 2-10-12

① 電圧 V_2 は何 V になるか答えよ．

② 入力電流 I_{in} を 0 から 5 mA まで変化させた．演図 2-10-13 に示すグラフ中に，V_1 の変化を点線で示せ．また，V_{out} の変化を実線で示せ．

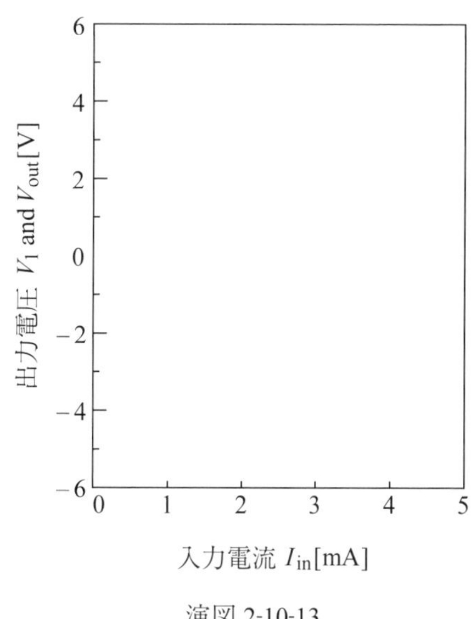

演図 2-10-13

７．対数変換回路・逆対数変換回路

(1) 図 2-10-11 の対数変換回路の出力電圧は(2-10-15)式のように表される．この式を導出せよ．

(2) 図 2-10-12 の逆対数変換回路の出力電圧は(2-10-16)式のように表される．この式を導出せよ．

(3) 対数変換回路および逆対数変換回路などを用いて乗算回路を設計する．入力電圧 V_1, V_2 とし，出力電圧 V_{out} として，乗算回路の原理を示すブロック図を描け．

(4) 対数変換回路および逆対数変換回路などを用いて除算回路を設計する．入力電圧 V_1, V_2 とし，出力電圧 V_{out} として，除算回路の原理を示すブロック図を描け．

演習問題 2-10　解答

1．非反転増幅回路

(1) 演図 2-10-14 は等価回路である．等価回路より，

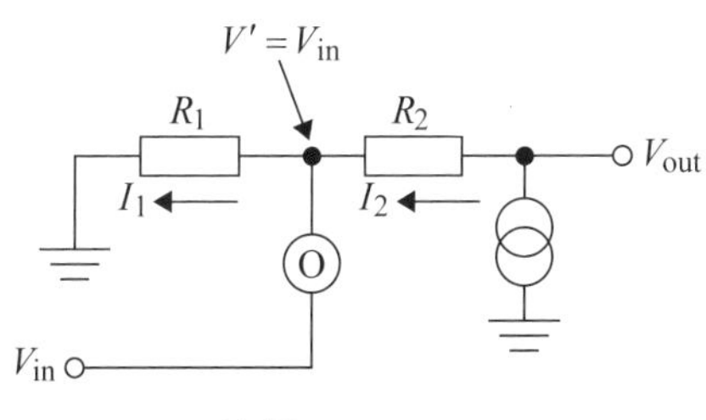

演図 2-10-14

$$I_1 = I_2 \tag{2-10-20}$$

$$I_1 = \frac{V_{in}}{R_1} \tag{2-10-21}$$

$$I_2 = \frac{V_{out} - V_{in}}{R_2} \tag{2-10-22}$$

(2-10-21)，(2-10-22)式→(2-10-20)式

$$\frac{V_{in}}{R_1} = \frac{V_{out} - V_{in}}{R_2}$$

以上の式をまとめると以下の式を得ることができる．

$$V_{out} = \left(1 + \frac{R_2}{R_1}\right) V_{in}$$

(2) (2-10-4)式より

$A_v = 1 + \dfrac{R_2}{R_1}$ より，　$R_2 = R_1(A_v - 1) = 10 \times (5 - 1) = 40\ \mathrm{k\Omega}$

$20 = 20\log_{10} A_v$ より，$1 = \log_{10} A_v$ となるため，$A_v = 10$ になるように R_2 を設定する．

$$R_2 = R_1(A_v - 1) = 10 \times (10 - 1) = 90\ \mathrm{k\Omega}$$

(3) $R_1 = 1\ \mathrm{k\Omega}$, $R_2 = 2\ \mathrm{k\Omega}$ のとき

(2-10-3)式より，出力電圧 V_{out} は，$V_{out} = \left(1 + \dfrac{2}{1}\right) V_{in} = 3V_{in}$ となる．

グラフ中の入力電圧 V_{in} の最大値および最小値から，V_{out} を計算によって求める．

$V_{\text{in}} = 2$ V のとき，$V_{\text{out}} = 6$ V

$V_{\text{in}} = -2$ V のとき，$V_{\text{out}} = -6$ V

以上の結果から，グラフを記述する．演図 2-10-15 に解答を示す．

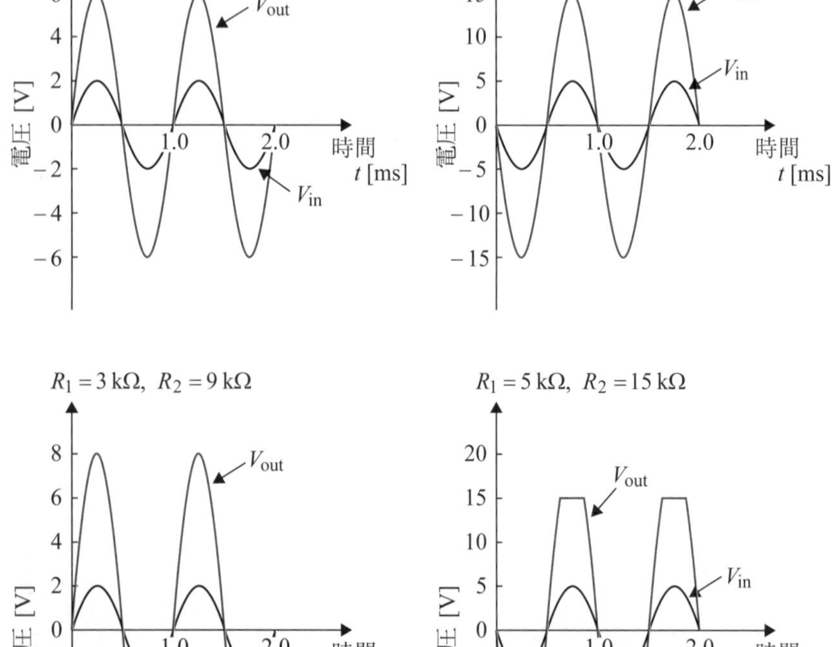

演図 2-10-15

$R_1 = 3$ kΩ, $R_2 = 9$ kΩ のとき

(2-10-3)式より，出力電圧 V_{out} は，$V_{\text{out}} = \left(1 + \frac{9}{3}\right)V_{\text{in}} = 4V_{\text{in}}$ となる．

グラフ中の入力電圧 V_{in} の最大値および最小値から，V_{out} を計算によって求める．

$V_{in}=2\text{ V}$ のとき，$V_{out}=8\text{ V}$

$V_{in}=-2\text{ V}$ のとき，$V_{out}=-8\text{ V}$

以上の結果から，グラフを記述する．演図 2-10-15 に解答を示す．

$R_1=3\text{ k}\Omega$, $R_2=6\text{ k}\Omega$ のとき，

(2-10-3)式より，出力電圧 V_{out} は，$V_{out}=\left(1+\dfrac{6}{3}\right)V_{in}=3V_{in}$ となる．

グラフ中の入力電圧 V_{in} の最大値および最小値から，V_{out} を計算によって求める．

$V_{in}=5\text{ V}$ のとき，$V_{out}=15\text{ V}$

$V_{in}=-5\text{ V}$ のとき，$V_{out}=-15\text{ V}$

以上の結果から，グラフを記述する．演図 2-10-15 に解答を示す．

$R_1=5\text{ k}\Omega$, $R_2=15\text{ k}\Omega$ のとき

(2-10-3)式より，出力電圧 V_{out} は，$V_{out}=\left(1+\dfrac{15}{5}\right)V_{in}=4V_{in}$ となる．

グラフ中の入力電圧 V_{in} の最大値および最小値から，V_{out} を計算によって求める．

$V_{in}=5\text{ V}$ のとき，$V_{out}=20\text{ V}$

$V_{in}=-5\text{ V}$ のとき，$V_{out}=-20\text{ V}$

以上の結果から，グラフを記述する．演図 2-10-15 に解答を示す．ただし，電源電圧を ±15V に設定しているため，V_{out} も ±15 V で飽和することに注意して，グラフを記述する．

2．電圧フォロア

(1) ① 例えば，$I_{in}=5\text{ mA}$ のとき $V_1=5\text{ V}$ になる．$I_{in}=10\text{ mA}$ のとき $V_1=10\text{ V}$ になる．

以上をまとめると V_1 は，演図 2-10-16 のグラフのようになる．

(2-10-5)式より，$V_{out}\cong V_1$ になる．演図 2-10-16 に解答を示す．ただし，電源電圧を ±5 V に設定しているため，V_{out} は 5 V で飽和することに注意して，グラフを記述する．

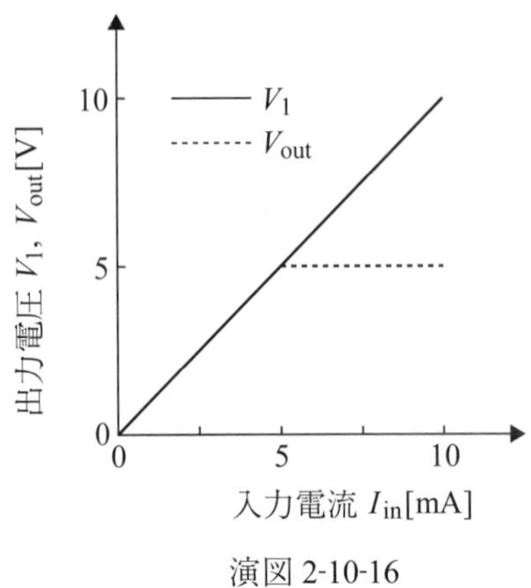

演図 2-10-16

② ①と同様に以下の式が成り立つ.

$$V_1 = R_1 I_{in} = 1 \times 10^3 I_{in}$$

例えば，$I_{in} = 5$ mA のとき $V_1 = 5$ V になる．$I_{in} = 10$ mA のとき $V_1 = 10$ V になる．$I_{in} = 15$ mA のとき $V_1 = 15$ V になる. 以上をまとめると V_1 は, 演図 2-10-17 のグラフのようになる.

(2-10-5) 式より，$V_{out} \cong V_1$ になる．演図 2-10-17 に解答を示す．ただし，①と同様に，電源電圧を ±5 V に設定しているため，V_{out} は 5 V で飽和することに注意して，グラフを記述する.

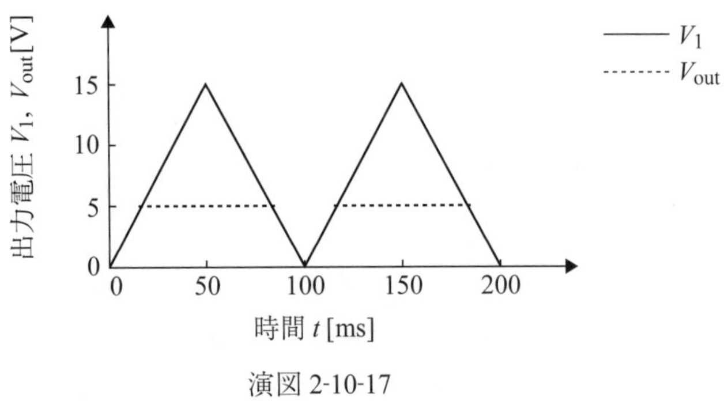

演図 2-10-17

(2) 電圧 V_1 は，次式で与えられる．

$$V_1 = \frac{I_{\text{in}}}{C_1}t + V_0$$

V_0 は $t=0$ のときの V_1 の値(初期値)であり，$V_0 = 0\,\text{V}$ である．I_{in} はグラフから 1 mA と一定である．

よって，上式は以下のようになる．

$$V_1 = \frac{1\times10^{-3}}{10\times10^{-6}}t$$

$t = 50\,\text{ms}$ のとき $V_1 = 5\,\text{V}$　$t = 100\,\text{ms}$ のとき $V_1 = 10\,\text{V}$　$t = 150\,\text{ms}$ のとき $V_1 = 15\,\text{V}$

電源電圧を 15 V に設定しているため，V_1 が 15 V より大きくなることはない．よって，$t =$ 150 ms 以降，V_1 は 15 V で飽和する．以上をまとめると V_1 は，演図 2-10-18 のグラフのようになる．

(2-10-5)式より，$V_{\text{out}} \cong V_1$ になる．演図 2-10-18 に解答を示す．ただし，電源電圧を ±5 V に設定しているため，V_{out} は 5 V で飽和することに注意して，グラフを記述する．

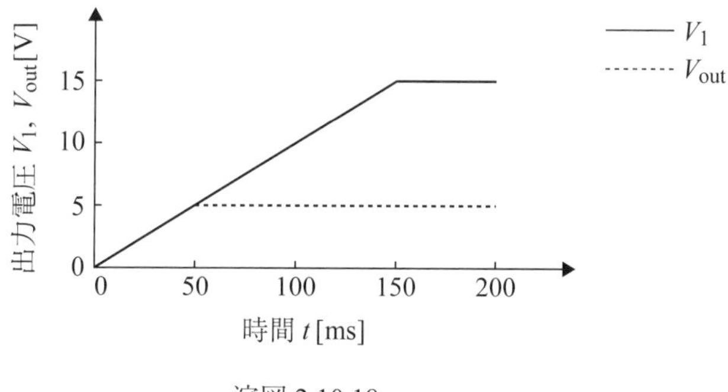

演図 2-10-18

3．加算回路

(1) 演図 2-10-19 は等価回路である．等価回路より，

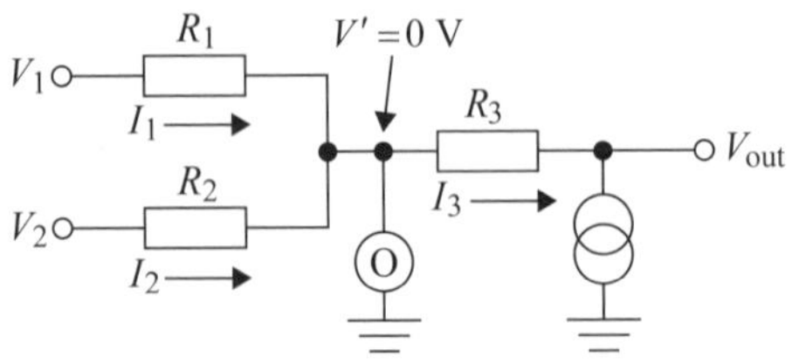

演図 2-10-19

$$I_1+I_2=I_3 \tag{2-10-23}$$

$$I_1=\frac{V_1-V'}{R_1}=\frac{V_1}{R_1} \tag{2-10-24}$$

$$I_2=\frac{V_2-V'}{R_2}=\frac{V_2}{R_2} \tag{2-10-25}$$

$$I_3=\frac{V'-V_{out}}{R_3}=-\frac{V_{out}}{R_3} \tag{2-10-26}$$

(2-10-24)，(2-10-25)，(2-10-26)式→(2-10-23)式

$$\frac{V_1}{R_1}+\frac{V_2}{R_2}=-\frac{V_{out}}{R_3}$$

以上の式をまとめると以下の式を得ることができる．

$$V_{out}=-R_3\left(\frac{V_1}{R_1}+\frac{V_2}{R_2}\right)$$

(2) (2-10-6)式において，$R_1=R_2$ とおくと，$V_{out}=-\frac{R_3}{R_1}(V_1+V_2)$ になる．

$\frac{R_3}{R_1}=5$ より，$R_1=\frac{R_3}{5}=\frac{50}{5}=10\ \text{k}\Omega$

よって，R_1 および R_2 を 10 kΩ に設定するとよい．

(3) (2-10-6)式より

$$V_{out}=-R_3\left(\frac{V_1}{R_1}+\frac{V_2}{R_2}\right)=-\frac{40}{20}(V_1+V_2)=-2(V_1+V_2)$$

$V_1=2$ V のため，$V_{out}=-2(2+V_2)$ になる．

$t=50$ ms のとき $V_2=2$ V より，上式から $V_{out}=-8$ V になる．

$t=75$ ms のとき $V_2=3$ V より，上式から $V_{out}=-10$ V になる．

電源電圧を±10 V に設定しているため，時間 t が大きくなっても V_{out} は－10 V で飽和する．

以上をまとめると演図 2-10-20 のようなグラフを得ることができる．

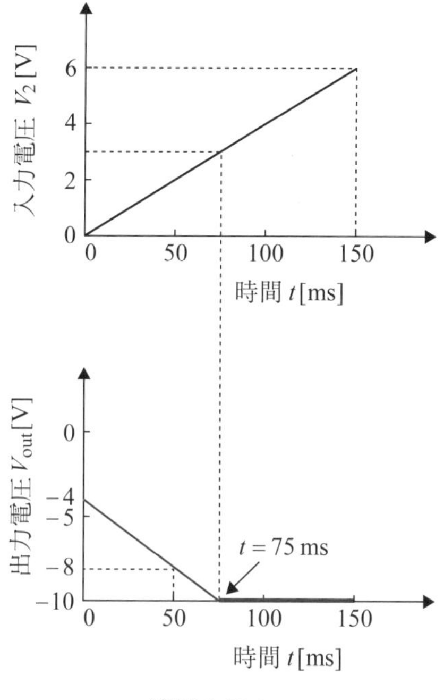

演図 2-10-20

(4) 演図 2-10-21 は等価回路である．等価回路より，

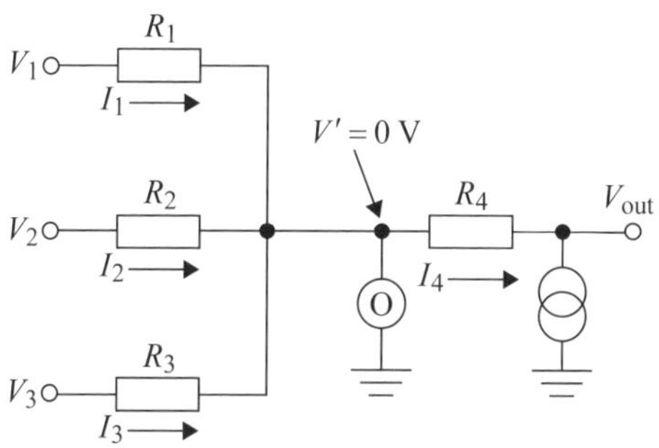

演図 2-10-21

$$I_1 + I_2 + I_3 = I_4 \tag{2-10-27}$$

$$I_1 = \frac{V_1 - V'}{R_1} = \frac{V_1}{R_1} \tag{2-10-28}$$

$$I_2 = \frac{V_2 - V'}{R_2} = \frac{V_2}{R_2} \tag{2-10-29}$$

$$I_3 = \frac{V_3 - V'}{R_3} = \frac{V_3}{R_3} \tag{2-10-30}$$

$$I_4 = \frac{V' - V_{\mathrm{out}}}{R_4} = -\frac{V_{\mathrm{out}}}{R_4} \tag{2-10-31}$$

(2-10-28)，(2-10-29)，(2-10-30)，(2-10-31)式→(2-10-27)式

$$\frac{V_1}{R_1} + \frac{V_2}{R_2} + \frac{V_3}{R_3} = -\frac{V_{\mathrm{out}}}{R_4}$$

以上の式をまとめると以下の式を得ることができる．

$$V_{\mathrm{out}} = -R_4\left(\frac{V_1}{R_1} + \frac{V_2}{R_2} + \frac{V_3}{R_3}\right)$$

４．減算回路

(1) 演図 2-10-22 は等価回路である．等価回路より，

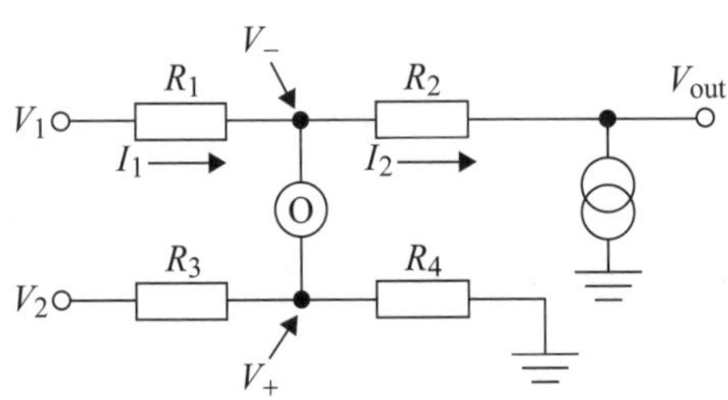

演図 2-10-22

$$I_1 = I_2 \tag{2-10-32}$$

$$I_1 = \frac{V_1 - V_-}{R_1} \tag{2-10-33}$$

$$I_2 = \frac{V_- - V_{\mathrm{out}}}{R_2} \tag{2-10-34}$$

(2-10-33)，(2-10-34)式→(2-10-32)式

$$\frac{V_1 - V_-}{R_1} = \frac{V_- - V_{\mathrm{out}}}{R_2}$$

以上の式をまとめると以下の式を得ることができる．

$$V_- = \frac{R_2V_1 + R_1V_{out}}{R_1 + R_2} \tag{2-10-35}$$

等価回路より

$$V_+ = \frac{R_4}{R_3 + R_4}V_2 \tag{2-10-36}$$

$$V_- = V_+ \tag{2-10-37}$$

(2-10-33)，(2-10-34)式→(2-10-32)式

$$\frac{R_2V_1 + R_1V_{out}}{R_1 + R_2} = \frac{R_4}{R_3 + R_4}V_2$$

以上の式をまとめると以下の式を得ることができる．

$$V_{out} = -\frac{R_2}{R_1}V_1 + \frac{R_4(R_1 + R_2)}{R_1(R_3 + R_4)}V_2$$

(2)　$R_1 = R_3$ および $R_2 = R_4$ に設定すると，出力電圧 V_{out} は(2-10-9)式より，

$V_{out} = \frac{R_2}{R_1}(V_2 - V_1)$ となる．

$\frac{R_2}{R_1} = 5$ より，　$R_2 = 5R_1 = 5\times10 = 50\ \mathrm{k\Omega}$

よって，R_3 を 10 kΩ に設定し，R_2 および R_4 を 50 kΩ に設定するとよい．

(3)　$R_1 = R_3$ および $R_2 = R_4$ のため，出力電圧 V_{out} は(2-10-9)式より

$$V_{out} = \frac{R_2}{R_1}(V_2 - V_1) = \frac{60}{20}(V_2 - V_1) = 3(V_2 - V_1)$$

$V_1 = 5$ V のため，$V_{out} = 3(V_2 - 5)$ になる．

$V_2 = 10$ V のとき，上式から $V_{out} = 15$ V になる．

$V_2 = 8$ V のとき，上式から $V_{out} = 9$ V になる．

$V_2 = 6$ V のとき，上式から $V_{out} = 3$ V になる．

$V_2 = 4$ V のとき，上式から $V_{out} = -3$ V になる．

$V_2 = 2$ V のとき，上式から $V_{out} = -9$ V になる．

$V_2 = 0$ V のとき，上式から $V_{out} = -15$ V になる．

電源電圧を ±9 V に設定しているため，$V_2 = 8$ V より大きい時間では，V_{out} は 9 V で飽和する．

電源電圧を±9 V に設定しているため，$V_2 = 2$ V より小さい時間では，V_{out} は −9 V で飽和する．

以上をまとめると演図 2-10-23 のようなグラフを得ることができる．

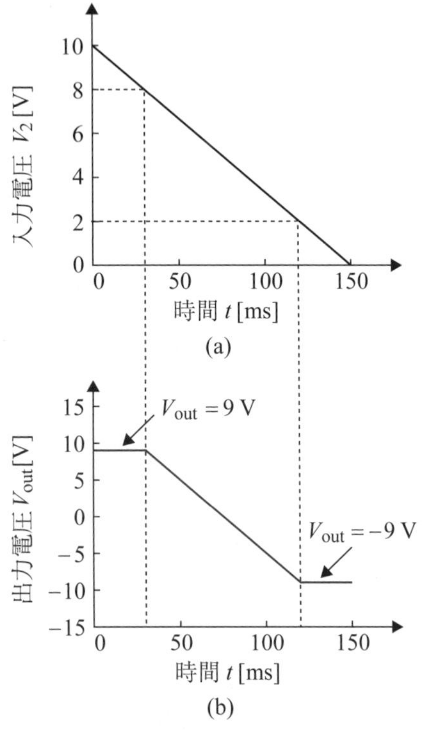

演図 2-10-23

5．積分回路・微分回路

(1) 演図 2-10-24 は等価回路である．等価回路より，

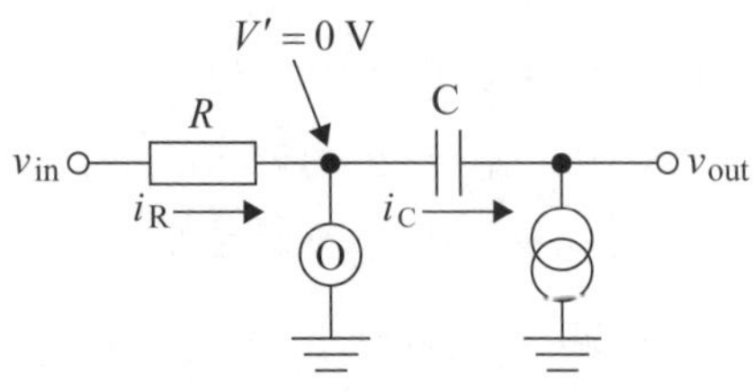

演図 2-10-24

$$i_R = i_C \tag{2-10-38}$$

$$i_R = \frac{v_{in} - v'}{R} = \frac{v_{in}}{R} \tag{2-10-39}$$

$$i_C = C\frac{d(v' - v_{out})}{dt} = -C\frac{dv_{out}}{dt} \tag{2-10-40}$$

(2-10-39)，(2-10-40)式→(2-10-38)式

$$\frac{v_{in}}{R} = -C\frac{dv_{out}}{dt}$$

以上の式から以下の式を得ることができる．

$$v_{out} = -\frac{1}{RC}\int v_{in}dt$$

(2) (2-10-11)式に $v_{in} = V_m \sin\omega t$ を代入し，計算すると以下の式を得ることができる．

$$v_{out} = -\frac{1}{RC}\int V_m \sin\omega t dt = \frac{V_m}{RC\omega}\cos\omega t$$

上式より，グラフを描くと演図 2-10-25 のようになる．

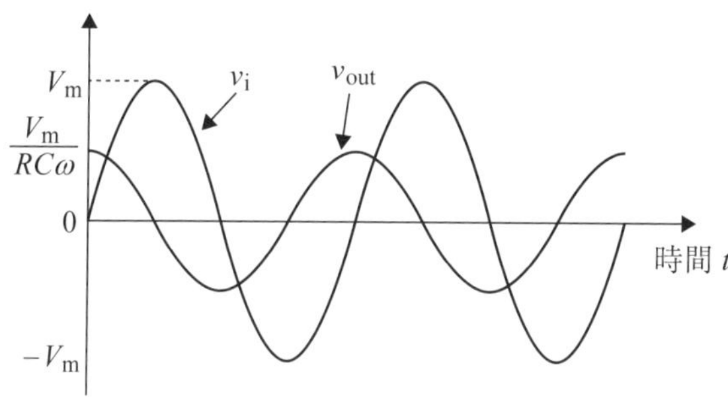

演図 2-10-25

(3) 演図 2-10-26 は等価回路である．等価回路より，

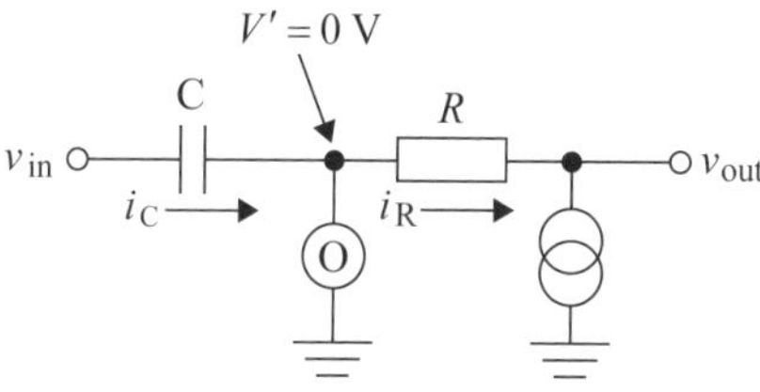

演図 2-10-26

$$i_C = i_R \qquad (2\text{-}10\text{-}41)$$

$$i_C = C\frac{d(v_{in} - v')}{dt} = C\frac{dv_{in}}{dt} \qquad (2\text{-}10\text{-}42)$$

$$i_R = \frac{v' - v_{out}}{R} = -\frac{v_{out}}{R} \qquad (2\text{-}10\text{-}43)$$

(2-10-42)，(2-10-43)式→(2-10-41)式

$$C\frac{dv_{in}}{dt} = -\frac{v_{out}}{R}$$

以上の式から以下の式を得ることができる．

$$v_{out} = -RC\frac{dv_{in}}{dt}$$

６．比較回路

(1)

① $V_2 = \dfrac{R_3}{R_2 + R_3}V_{DD} = \dfrac{2}{3+2} \times 5 = 2\ \mathrm{V}$

② $V_1 = R_1 I_{in} = 1 \times I_{in}$

$I_{in} = 5\ \mathrm{mA}$ のとき，上式から $V_1 = 5\ \mathrm{V}$ になる．

$I_{in} = 2\ \mathrm{mA}$ のとき，上式から $V_1 = 2\ \mathrm{V}$ になる．V_1 の変化は演図 2-10-27 のようになる．

オペアンプは比較回路を構成している．

$V_1 > V_2$ のとき，つまり $V_1 > 2\ \mathrm{V}$ のとき $V_{out} = V_{CC^+} = 5\ \mathrm{V}$

$V_1 < V_2$ のとき，つまり $V_1 < 2\ \mathrm{V}$ のとき $V_{out} = V_{CC^-} = -5\ \mathrm{V}$

$V_1 = V_2$ のとき，つまり $V_1 = 2\ \mathrm{V}$ のとき $V_{out} = 0\ \mathrm{V}$

以上をまとめると，V_{out} の変化は演図 2-10-27 のようになる．

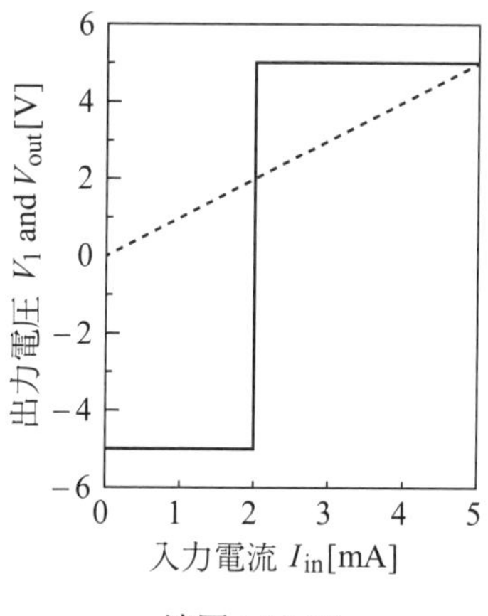

演図 2-10-27

(2)

① $V_2 = \dfrac{R_3}{R_2 + R_3} V_{DD} = \dfrac{30}{20+30} \times 5 = 3\,\mathrm{V}$

② $V_1 = R_1 I_{in} = 1 \times I_{in}$

$I_{in} = 5\,\mathrm{mA}$ のとき，上式から $V_1 = 5\,\mathrm{V}$ になる．

$I_{in} = 3\,\mathrm{mA}$ のとき，上式から $V_1 = 3\,\mathrm{V}$ になる．V_1 の変化は演図 2-10-28 のようになる．

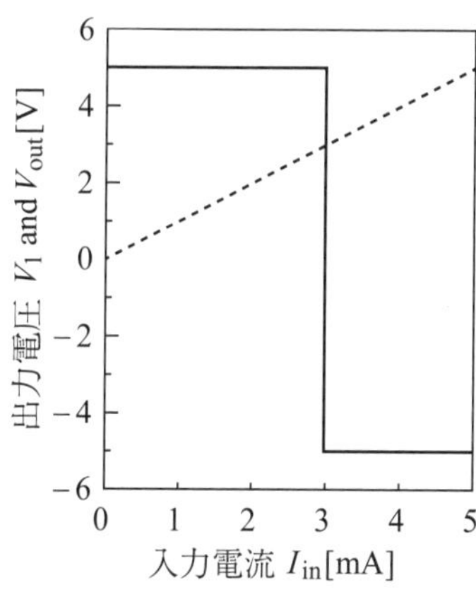

演図 2-10-28

オペアンプは比較回路を構成している．

$V_1 < V_2$ のとき，つまり $V_1 < 3\,\mathrm{V}$ のとき $V_{out} = V_{CC^+} = 5\,\mathrm{V}$

$V_1 > V_2$ のとき，つまり $V_1 > 3\text{ V}$ のとき $V_{out} = V_{CC^-} = -5\text{ V}$

$V_1 = V_2$ のとき，つまり $V_1 = 3\text{ V}$ のとき $V_{out} = 0\text{ V}$

以上をまとめると，V_{out} の変化は演図 2-10-28 のようになる．

7．対数変換回路・逆対数変換回路

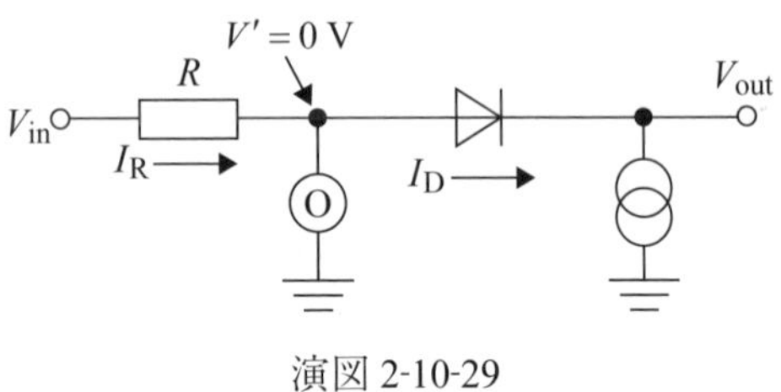

演図 2-10-29

(1) 演図 2-10-29 は等価回路である．等価回路より，

$$I_R = I_D \tag{2-10-44}$$

$$I_R = \frac{V_{in} - V'}{R} = \frac{V_{in}}{R} \tag{2-10-45}$$

$$I_D = I_s \exp\left(\frac{q}{kT}(V' - V_{out})\right) = I_s \exp\left(\frac{q}{kT}(-V_{out})\right) \tag{2-10-46}$$

(2-10-45)，(2-10-46)式→(2-10-44)式

$$\frac{V_{in}}{R} = I_s \exp\left(\frac{q}{kT}(-V_{out})\right)$$

$$\log\frac{V_{in}}{RI_s} = \frac{q}{kT}(-V_{out})$$

以上の式をまとめると以下の式を得ることができる．

$$V_{out} = -\frac{kT}{q}\left(\log\frac{V_{in}}{R} - \log I_s\right)$$

(2) 演図 2-10-30 は等価回路である．等価回路より，

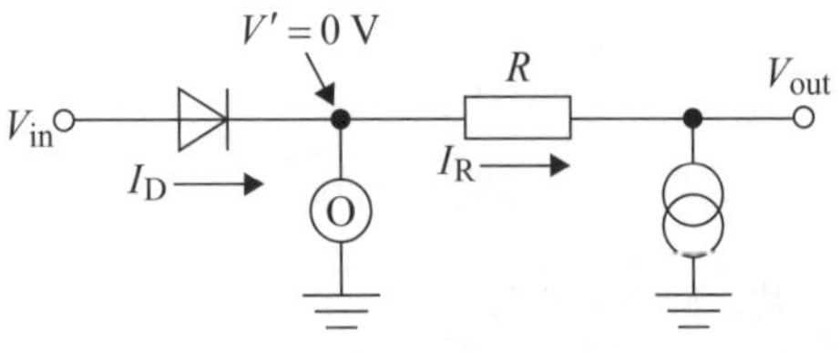

演図 2-10-30

$$I_{\mathrm{D}} = I_{\mathrm{R}} \tag{2-10-47}$$

$$I_D = I_{\mathrm{s}} \exp\left(\frac{q}{kT}(V_{\mathrm{in}} - V')\right) = I_{\mathrm{s}} \exp\left(\frac{q}{kT} V_{\mathrm{in}}\right) \tag{2-10-48}$$

$$I_{\mathrm{R}} = \frac{V' - V_{\mathrm{out}}}{R} = -\frac{V_{\mathrm{out}}}{R} \tag{2-10-49}$$

(2-10-48), (2-10-49)式→(2-10-47)式

$$I_{\mathrm{s}} \exp\left(\frac{q}{kT} V_{\mathrm{in}}\right) = -\frac{V_{\mathrm{out}}}{R}$$

以上の式をまとめると以下の式を得ることができる.

$$V_{\mathrm{out}} = -I_{\mathrm{s}} R \exp\left(\frac{q}{kT} V_{\mathrm{in}}\right)$$

(3) 演図 2-10-31 にブロック図を示す.

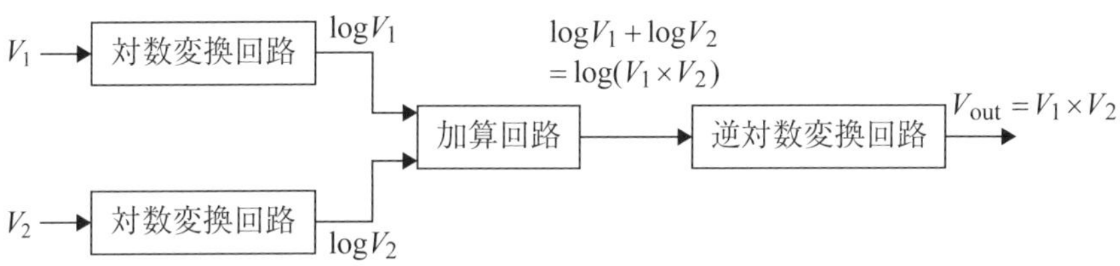

演図 2-10-31

(4) 演図 2-10-32 にブロック図を示す.

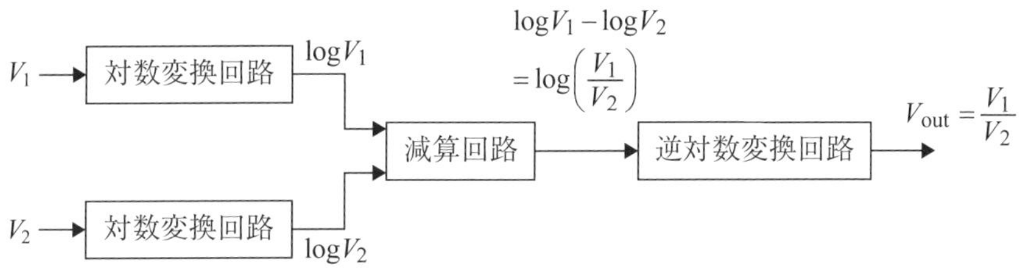

演図 2-10-32

2-11　CMOS基本回路

■要点■

[1] MOSトランジスタにはnチャネルMOSトランジスタ(nMOSトランジスタ)とpチャネルMOSトランジスタ(pMOSトランジスタ)がある．なお，nMOSとpMOSの両方をまとめてCMOSという．

[2] nMOSトランジスタの構造を図2-11-1(a)に示す．図2-11-1(b)にシンボルを示す．ドレイン電圧V_Dをソース電圧V_Sより大きい値に設定する．なお，V_Sおよび基板の電圧V_Bは0 V(GND)に設定して用いることが多い．ゲート電圧$V_G=0$のとき，ドレイン電流I_{DS}は0になる．V_Gを大きくすることで，図2-11-2に示すように少数キャリアの電子がゲート側に引きつけられる．V_Gがしきい値電圧V_{th}に達すると電子が流れる道(チャネル)ができ，I_{DS}が流れる．以上をまとめた特性がnMOSトランジスタのV_{GS}-I_{DS}特性であり，図2-11-3に示す．V_{GS}がしきい値電圧V_{th}を超えると急激に電流が流れる．$V_{GS}>V_{th}$の領域を強反転領域と呼ぶ．

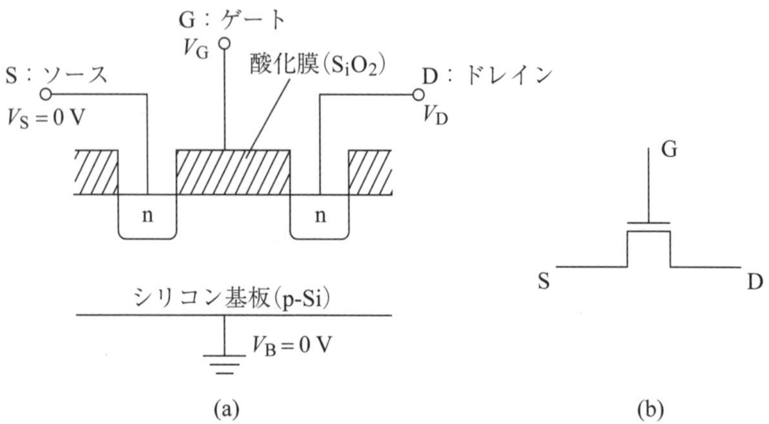

図2-11-1　nMOSトランジスタの構造およびシンボル

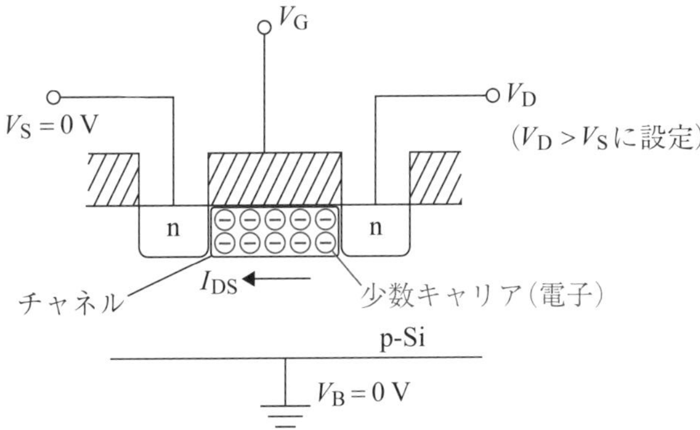

図 2-11-2　$V_{GS} \geqq V_{th}$ のときの様子

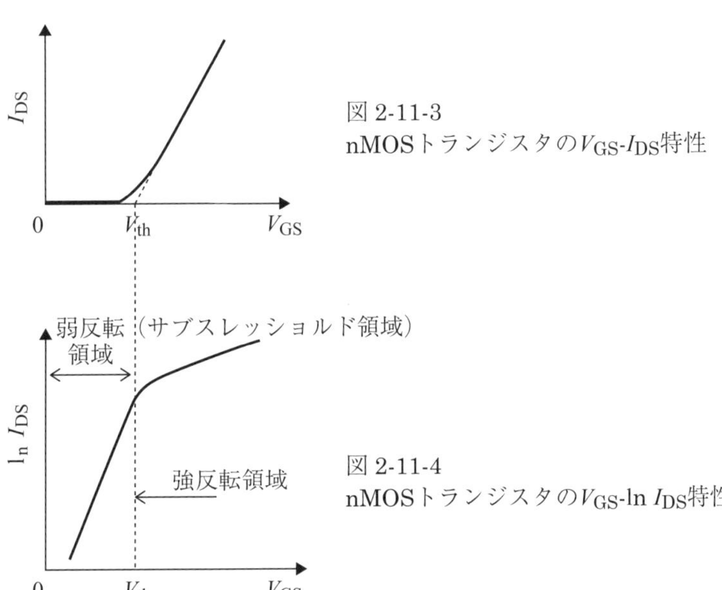

図 2-11-3
nMOSトランジスタのV_{GS}-I_{DS}特性

図 2-11-4
nMOSトランジスタのV_{GS}-ln I_{DS}特性

V_{GS} がしきい値電圧以下でも電流が流れていると考えられる．縦軸を log I_{DS} としたグラフを描くと図 2-11-4 のような特性になる．$V_{GS} < V_{th}$ の領域を弱反転領域(サブスレッショルド領域)と呼ぶ．

V_{GS} を一定に設定して，V_{DS} を変化させると図 2-11-5 の特性(V_{DS}-I_{DS})特性を得ることができる．I_{DS} が上昇している領域($V_{DS} < V_{GS} - V_{th}$ のとき)を線形領域と呼ぶ．I_{DS} が一定になった領域($V_{DS} \geqq V_{GS} - V_{th}$ のとき)を飽和領域と呼ぶ．

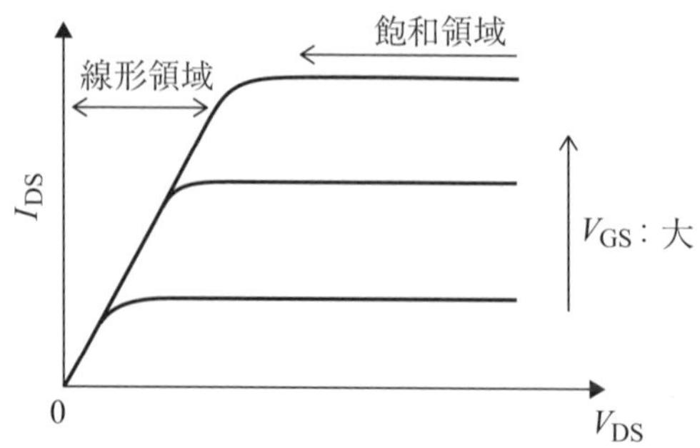

図 2-11-5　nMOS トランジスタの V_{DS}-I_{DS} 特性

各領域における電流の式を以下に示す.

弱反転領域($V_{GS} < V_{th}$)の飽和領域の式

$$I_{DS} = I_0 \exp\left(\frac{\kappa V_G - V_S}{U_T}\right) \tag{2-11-1}$$

I_0 は暗電流と呼ばれる一定電流(定数)である. κ はゲート電位効果と呼ばれる定数であり, 理想的には 1 である. U_T は熱に関する定数である.

強反転領域の線形領域($V_{DS} < V_{GS} - V_{th}$)の式

$$I_{DS} = \beta_n \left\{(V_{GS} - V_{th})V_{DS} - \frac{1}{2}V_{DS}{}^2\right\} \tag{2-11-2}$$

β_n は次式で表され, 電流利得と呼ぶ.

$$\beta_n = \mu_n C_{ox}\frac{W}{L} \tag{2-11-3}$$

μ_n は電子の移動度, C_{ox} は酸化膜容量, L はチャネル長(ゲートの長さ), W はチャネル幅(ゲートの幅)である.

強反転領域の飽和領域($V_{DS} \geqq V_{GS} - V_{th}$)の式

$$I_{DS} = \frac{\beta}{2}(V_{GS} - V_{th})^2 \tag{2-11-4}$$

式(2-11-4)は式(2-11-2)に $V_{DS} = V_{GS} - V_{th}$ を代入することで導出することができる.

[3] pMOS トランジスタの構造を図 2-11-6(a) に示す. 図 2-11 6(b) にシンボルを示す. ソース電圧 V_S をドレイン電圧 V_D より大きい値に設定する. なお, V_S および基板の電圧 V_B は電源電圧 V_{DD} に設定して用いることが多い. ゲート電圧 $V_G = V_{DD}$

のとき，ドレイン電流 I_{DS} は 0 になる．V_G を小さくする（$|V_{GS}|$ を大きくする）ことで，図 2-11-7 に示すように少数キャリアの正孔がゲート側に引きつけられる．V_{GS} がしきい値電圧 V_{th} に達すると正孔が流れる道（チャネル）ができ，I_{DS} が流れる．以上をまとめた特性が pMOS トランジスタの V_{GS}-I_{DS} 特性であり，図 2-11-8 に示す．なお，V_{GS} は負の値になるため，絶対値で示している．$|V_{GS}|$ がしきい値電圧 $|V_{th}|$ を超えると急激に電流が流れる．nMOS トランジスタと同様に，$|V_{GS}|>|V_{th}|$ の領域を強反転領域と呼ぶ．

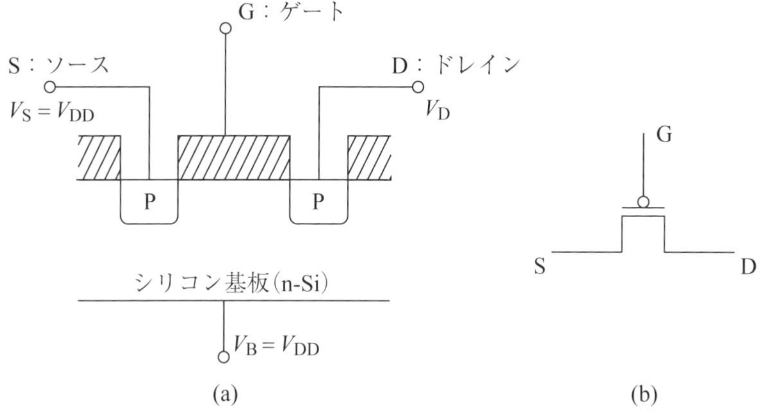

図 2-11-6　pMOS トランジスタの構造およびシンボル

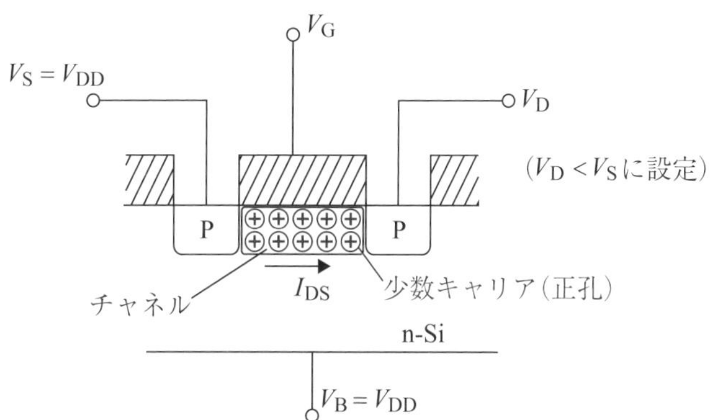

図 2-11-7　$|V_{GS}| \geqq |V_{th}|$ のときの様子

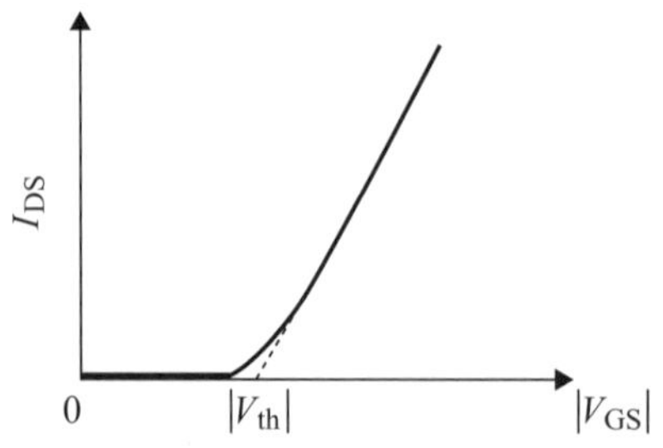

図 2-11-8　pMOS トランジスタの V_{GS}- I_{DS} 特性

pMOSトランジスタもnMOSトランジスタと同様な特性を持つことになる．よって，$|V_{GS}|<|V_{th}|$ の領域を弱反転領域と呼び，図 2-11-4 に示したnMOS トランジスタの特性と同様な特性になる．また，pMOS トランジスタも nMOS トランジスタと同様に，$|V_{DS}|$-$|I_{DS}|$ 特性を得ることができ，線形領域（$|V_{DS}|<|V_{GS}|-|V_{th}|$ のとき）と飽和領域（$|V_{DS}|\geqq|V_{GS}|-|V_{th}|$ のとき）が存在する．

pMOS トランジスタの各領域における電流の式を以下に示す．nMOS トランジスタとほぼ同様の式であるが，電圧が負の値になるため，絶対値をつけておくと理解しやすい．

弱反転領域（$V_{GS}<V_{th}$）の飽和領域の式

$$I_{DS}=I_0\exp\left(\frac{|kV_G-V_S|}{U_T}\right) \tag{2-11-5}$$

I_0 は暗電流と呼ばれる一定電流（定数）である．κ はゲート電位効果と呼ばれる定数であり，理想的には 1 である．U_T は熱に関する定数である．

強反転領域の線形領域（$|V_{DS}|<|V_{GS}|-|V_{th}|$）の式

$$I_{DS}=\beta_p\left\{\left(|V_{GS}|-|V_{th}|\right)|V_{DS}|-\frac{1}{2}V_{DS}{}^2\right\} \tag{2-11-6}$$

β_p は次式で表され，電流利得と呼ぶ．

$$\beta_p=\mu_p C_{ox}\frac{W}{L} \tag{2-11-7}$$

μ_p は正孔の移動度，C_{ox} は酸化膜容量，L はチャネル長（ゲートの長さ），W はチャネル幅（ゲートの幅）である．

強反転領域の飽和領域（$|V_{DS}| \geqq |V_{GS}| - |V_{th}|$）の式

$$I_{DS} = \frac{\beta}{2}\left(|V_{GS}| - |V_{th}|\right)^2 \tag{2-11-8}$$

［4］図 2-11-9 に nMOS トランジスタを示す．このトランジスタが飽和領域で動作しているとき，この回路を流れる電流 I_{dn} は，次式で表すことができる．

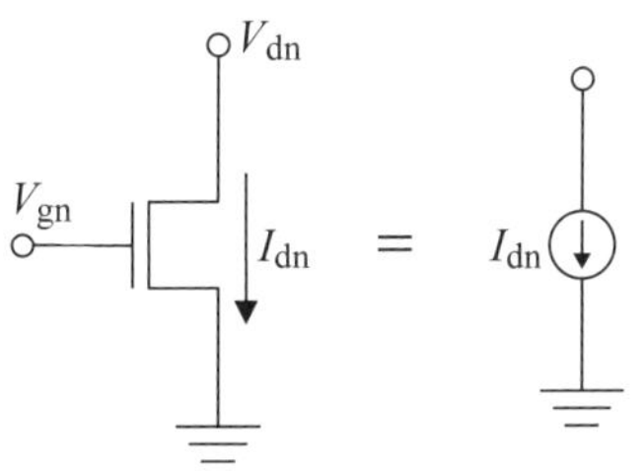

図 2-11-9　nMOS トランジスタ

$$I_{dn} = \frac{\beta_n}{2}(V_{gn} - V_{thn})^2 \tag{2-11-9}$$

β_n は電流利得，V_{thn} はしきい値電圧である．V_{gn} を変化させることで電流 I_{dn} を変化することができる．なお，V_{gn} を一定に設定することで，一定値の電流源として考えることができる．

図 2-11-10 ドレインとゲートを接続した nMOS トランジスタを示す．この回路の電圧 V_{dn} は(2-11-9)式を変形すると次式で表すことができる．

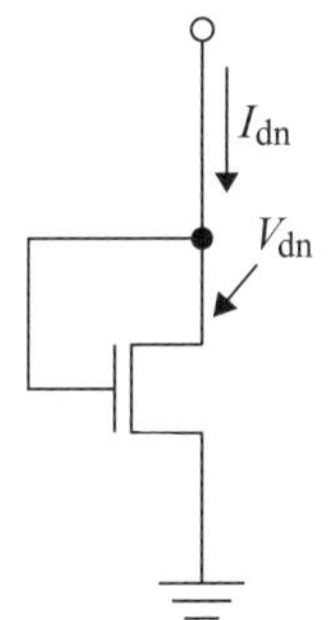

図 2-11-10　nMOS トランジスタ

$$V_{dn} = \sqrt{\frac{2I_{dn}}{\beta_n}} + V_{thn} \tag{2-11-10}$$

電流 I_{dn} を電圧 V_{dn} に変換することができる．なお，この接続をダイオード接続という．ダイオード接続をしたMOSトランジスタは，飽和領域で動作する．

[5] 図2-11-11にpMOSトランジスタを示す．このトランジスタが飽和領域で動作しているとき，この回路を流れる電流I_{dp}は，次式で表すことができる．

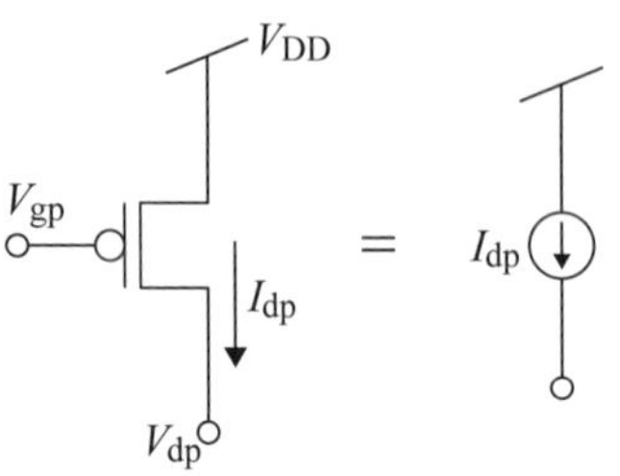

図2-11-11　pMOSトランジスタ

$$I_{dp}=\frac{\beta_p}{2}\left(\left|V_{gp}-V_{DD}\right|-\left|V_{thp}\right|\right)^2 \tag{2-11-11}$$

β_pは電流利得，V_{thp}はしきい値電圧である．V_{gp}を変化させることで電流I_{dp}を変化することができる．なお，V_{gp}を一定に設定することで，一定値の電流源として考えることができる．

図2-11-12ドレインとゲートを接続したpMOSトランジスタを示す．この接続をダイオード接続という．この回路の電圧V_{dp}は(2-11-11)式を変形すると次式で表すことができる．

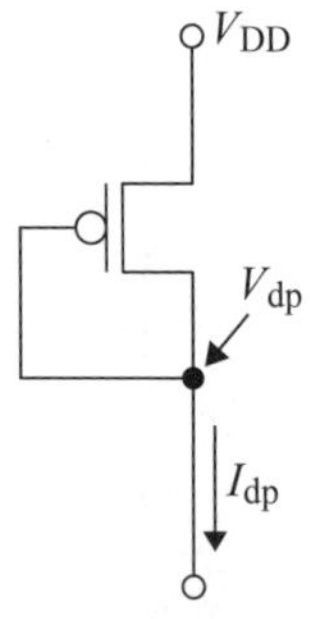

図2-11-12　pMOSトランジスタのダイオード接続

$$V_{dp}=\sqrt{\frac{2I_{dp}}{\beta_p}}+V_{DD}+V_{thp} \tag{2-11-12}$$

電流I_{dp}を電圧V_{dp}に変換することができる．

[6] 図 2-11-13 に nMOS カレントミラー回路を示す．この回路は，電流を転写（コピー）するための回路である．入力電流 I_{in} を電圧 V_d に変換する．変換は(2-11-10)式のように行われる．M_1 を流れる電流 I_{in} の式は次式となる．

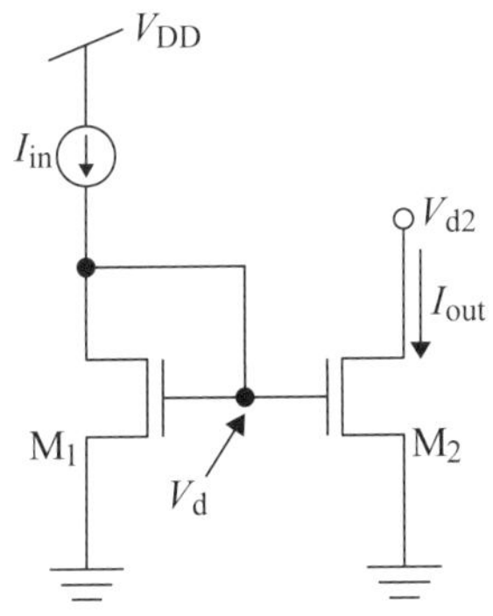

図 2-11-13　nMOS カレントミラー回路

$$I_{in} = \frac{\beta_{n1}}{2}(V_d - V_{thn1})^2 \tag{2-11-13}$$

M_2 を流れる電流 I_{out} は V_{d2} が大きく設定されて，M_2 が飽和領域で動作していると仮定すると，次式となる．

$$I_{out} = \frac{\beta_{n2}}{2}(V_d - V_{thn2})^2 \tag{2-11-14}$$

ここで，トランジスタの構造が同じであると考えると $\beta_{n1} = \beta_{n2}$，$V_{thn1} = V_{thn2}$ となる．よって，

$$I_{out} \cong I_{in} \tag{2-11-15}$$

になるため，この回路を用いることで，電流を転写することができる．

(2-11-9)式より，トランジスタのゲート - ソース間の電圧で電流が決定する．つまり，ゲートを各トランジスタで共通に接続しておき，各ソースを一定電圧(GND, 0 V)にしておくことで，各トランジスタに同じ電流が流れることになる．図 2-11-13 は，$I_{out} = I_{in}$ より，転写比が 1 の回路である．この回路の転写比を変えることも可能である．トランジスタの β は，

$$\beta \propto \frac{W}{L} \tag{2-11-16}$$

である．よって，転写比を 2 つまり $I_{out}=2\times I_{in}$ のカレントミラー回路を設計する場合は，M_1 と比較して，M_2 のチャネル幅 W を 2 倍に設計するか，チャネル長 L を半分に設計するとよい．

[7] 図 2-11-14 に pMOS カレントミラー回路を示す．この回路は，nMOS カレントミラー回路と同様に電流を転写(コピー)するための回路である．M_1 を流れる電流 I_{in} の式は次式となる．

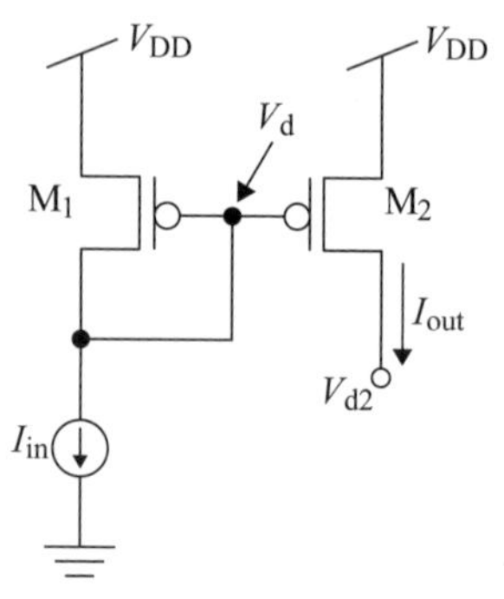

図 2-11-14　pMOS カレントミラー回路

$$I_{in}=\frac{\beta_{p1}}{2}\left(\left|V_d-V_{DD}\right|-\left|V_{thp1}\right|\right)^2 \tag{2-11-17}$$

M_2 を流れる電流 I_{out} は V_{d2} が小さく設定されて，$\left|V_{DD}-V_{d2}\right|$ が大きくなり，M_2 が飽和領域で動作していると仮定すると，次式となる．

$$I_{out}=\frac{\beta_{p2}}{2}\left(\left|V_d-V_{DD}\right|-\left|V_{thp2}\right|\right)^2 \tag{2-11-18}$$

ここで，トランジスタの構造が同じであると考えると $\beta_{p1}=\beta_{p2}$，$V_{thp1}=V_{thp2}$ となる．よって，

$$I_{out}\cong I_{in} \tag{2-11-19}$$

になるため，この回路を用いることで，電流を転写することができる．

この回路も nMOS カレントミラー回路と同様に，ゲートを各トランジスタで共通に接続しておき，各ソースを一定電圧(電源電圧 V_{DD})にしておくことで，各トランジスタに同じ電流が流れることになる．

図 2-11-14 は，$I_{\text{out}} = I_{\text{in}}$ より，転写比が(1 の回路であるが，この回路の転写比も nMOS カレントミラー回路と同様に変えることも可能である．転写比を 2 つまり $I_{\text{out}} = 2 \times I_{\text{in}}$ のカレントミラー回路を設計する場合は，M_1 と比較して，M_2 のチャネル幅 W を 2 倍に設計するか，チャネル長 L を半分に設計するとよい．

[8] 図 2-11-15 に nMOS カレントミラー回路で転写された電流の加算を行う回路を示す．電圧 V_{d} を大きい値に設定することで，カレントミラー回路を正常に動作させる．

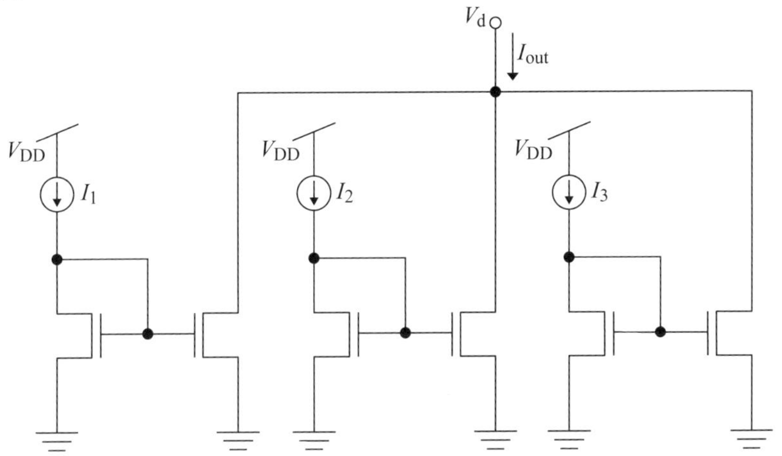

図 2-11-15　nMOS カレントミラー回路を用いた電流加算回路

これにより，出力電流 I_{out} は

$$I_{\text{out}} = I_1 + I_2 + I_3 \tag{2-11-20}$$

となる．

[9] 図 2-11-16 に pMOS カレントミラー回路で転写された電流の加算を行う回路を示す．電圧 V_{d} を小さい値に設定する必要がある．

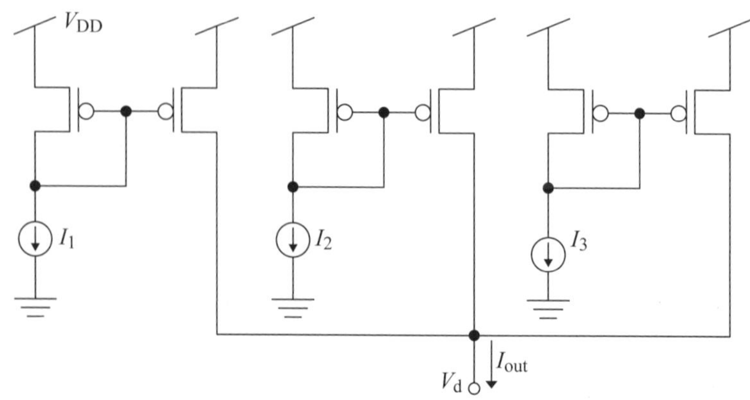

図 2-11-16　pMOS カレントミラー回路を用いた電流加算回路

出力電流 I_{out} は

$$I_{\mathrm{out}} = I_1 + I_2 + I_3 \tag{2-11-21}$$

となる．

[10] 図 2-11-17 にカレントミラー回路で転写された電流の減算を行う回路を示す．電圧 V_{out} を $\frac{V_{\mathrm{DD}}}{2}$ 程度に設定する必要がある．

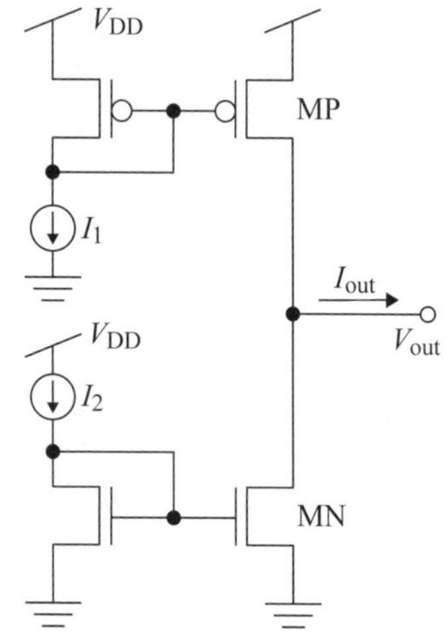

図 2-11-17　電流減算回路

回路の出力電流 I_{out} は

$$I_{\mathrm{out}} = I_1 - I_2 \tag{2-11-22}$$

となる．図 2-11-18 に，$I_1 > I_2$ のときの回路の特性を示す．$V_{\mathrm{out}} = 0\,\mathrm{V}$ に設定すると，トランジスタ MN が動作しないため，I_2 は転写されない．よって，$I_{\mathrm{out}} = I_1$ を示すことになる．$V_{\mathrm{out}} = V_{\mathrm{DD}}$ に設定すると，トランジスタ MP が動作しないため，I_1 は転写されない．よって，$I_{\mathrm{out}} = -I_2$ を示すことになる．$V_{\mathrm{out}} = \frac{V_{\mathrm{DD}}}{2}$ に設定することで，MN および MP の両方が動作し，I_1, I_2 共に転写されるため，減算を行うことができる．

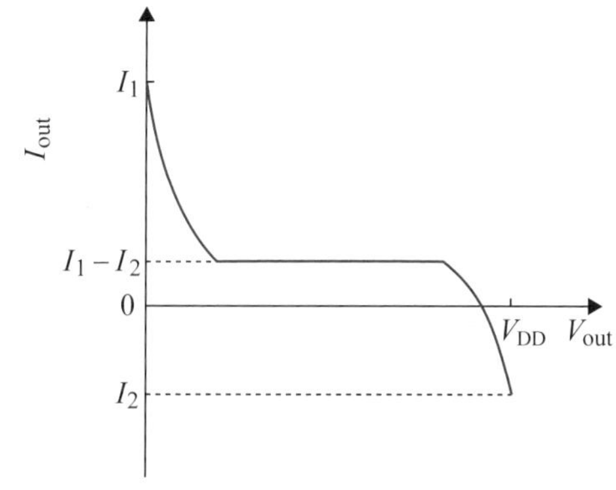

図 2-11-18　減算回路の特性

[11] 図 2-11-19 にカレントミラー回路で転写された電流を電圧に変換する一例を示す．図 2-11-19(a) はトランジスタを用いた方法であり，出力電圧 V_d は(2-11-10)式のように変化する．

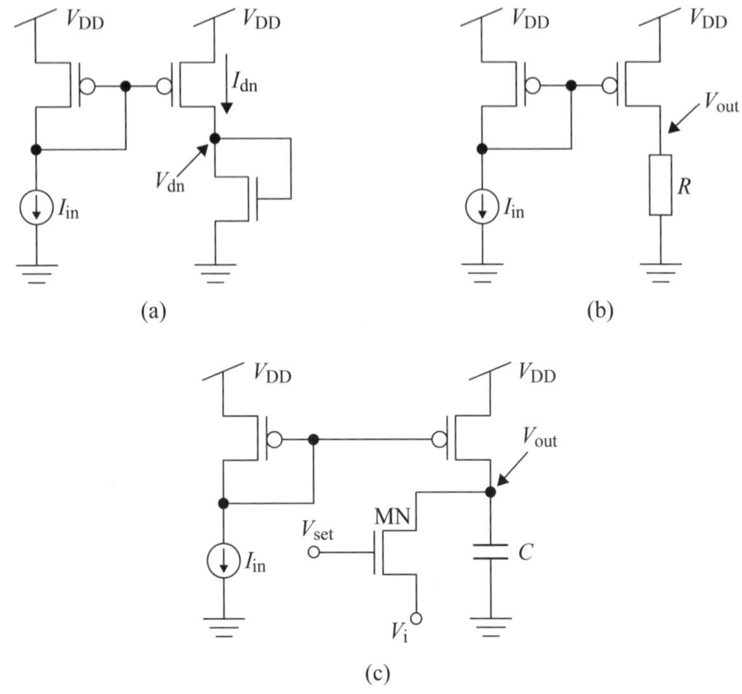

図 2-11-19　電流・電圧変換回路

図 2-11-19(b) は抵抗を用いた方法である．出力電圧 V_{out} は

$$V_{out} = RI_{in} \tag{2-11-23}$$

と表される．

図 2-11-19(c) はキャパシタ C を用いた方法である．トランジスタ MN はスイッチとして動作する．$V_{set} = 0$ のとき，この回路は充電を行う．出力電圧 V_{out} は

$$V_{out} = \frac{I_{in}}{C} t + V_0 \tag{2-11-24}$$

と表される．t は時間，V_0 は初期値である．

$V_{set} = V_{DD}$ に設定すると放電されるため，$V_{out} = V_i$ に近づく．$V_i = 0$ V（GND）に設定しておくと，V_{out} は 0 V に近づく．

[12] 図 2-11-20 にカスコード型カレントミラー回路を示す．図 2-11-20(a) は n 型カレントミラー回路，(b) は p 型カレントミラー回路である．カレントミラー回路と同様に電流を転写することができる．MOS トランジスタのドレイン - ソース間電圧よって生じるチャネル長変調効果の影響を小さくすることができる回路である．

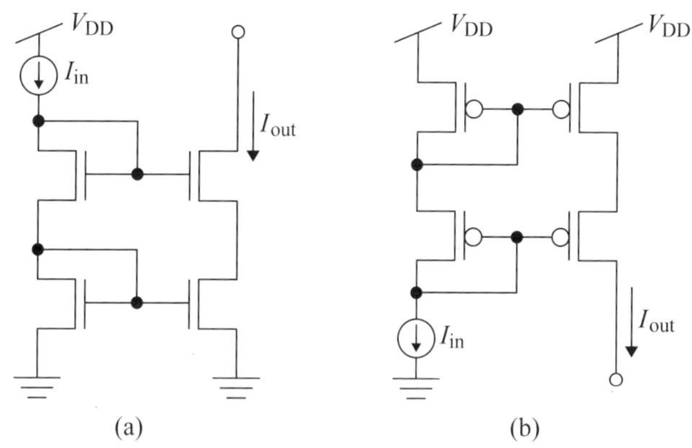

図 2-11-20　カスコード型カレントミラー回路

[13] 図 2-11-21 に差動対と呼ばれる回路を示す．

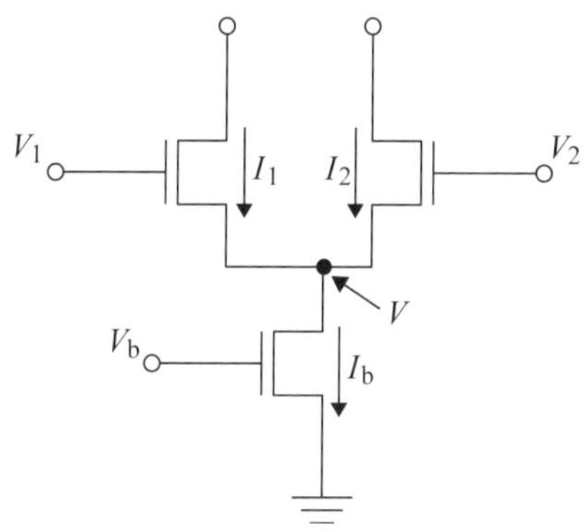

図 2-11-21　差動対

この回路のトランジスタがサブスレッショルド領域で動作しているとすると，電流 I_1, I_2, I_b は以下のように表される．

$$I_1 = I_0 \exp\left(\frac{\kappa V_1 - V}{U_T}\right) \tag{2-11-25}$$

$$I_2 = I_0 \exp\left(\frac{\kappa V_2 - V}{U_\mathrm{T}}\right) \tag{2-11-26}$$

$$I_\mathrm{b} = I_1 + I_2 = I_0 \exp\left(-\frac{V}{U_\mathrm{T}}\right)\left\{\exp\left(\frac{\kappa V_1}{U_\mathrm{T}}\right) + \exp\left(\frac{\kappa V_2}{U_\mathrm{T}}\right)\right\}$$

$$\exp\left(-\frac{V}{U_\mathrm{T}}\right) = \frac{I_\mathrm{b}}{I_0}\frac{1}{\exp\left(\frac{\kappa V_1}{U_\mathrm{T}}\right) + \exp\left(\frac{\kappa V_2}{U_\mathrm{T}}\right)} \tag{2-11-27}$$

(2-11-27)式→(2-11-25)式

$$I_1 = I_\mathrm{b}\frac{\exp\left(\frac{\kappa V_1}{U_\mathrm{T}}\right)}{\exp\left(\frac{\kappa V_1}{U_\mathrm{T}}\right) + \exp\left(\frac{\kappa V_2}{U_\mathrm{T}}\right)} \tag{2-11-28}$$

(2-11-27)式→(2-11-26)式

$$I_2 = I_\mathrm{b}\frac{\exp\left(\frac{\kappa V_2}{U_\mathrm{T}}\right)}{\exp\left(\frac{\kappa V_1}{U_\mathrm{T}}\right) + \exp\left(\frac{\kappa V_2}{U_\mathrm{T}}\right)} \tag{2-11-29}$$

(2-11-28)式より，$V_1 \gg V_2 \to I_1 \cong I_\mathrm{b},\ I_2 \cong 0$

(2-11-29)式より，$V_1 \ll V_2 \to I_1 \cong 0,\ I_2 \cong I_\mathrm{b}$

以上をグラフにすると図 2-11-22(a) になる．トランジスタがサブスレッショルド領域で動作すると仮定したが，直観的に理解しやすい(2-11-28)式と(2-11-29)式を導出するためである．なお，トランジスタが強反転領域で動作しても同様の特性を得ることができることができる．

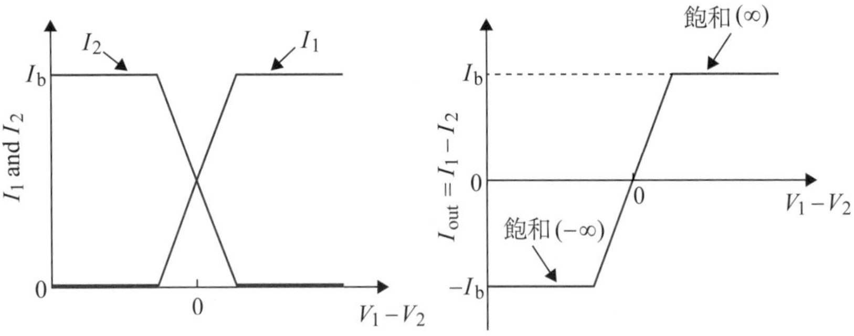

(a) 電流I_1およびI_2　　(b) 出力電流 $I_\mathrm{out} = I_1 - I_2$

図 2-11-22　差動対の特性

仮に，図2-11-21の回路において，I_1-I_2を行うことができた場合のグラフを図2-11-22(b)に示す．V_1-V_2の変化により，出力電流は飽和する．これは，出力信号が大きくなることを意味しており，増幅率が大きくなると考えてよい．また，差動対の構造はトランジスタのゲート端子を入力としており，ここには電流を流さない．よって，入力インピーダンスは大きい(∞)と考えてよい．以上のように，もし，差動対でI_1-I_2を行うことができれば，基本的な演算増幅器を構築することができる．図2-11-23のようにpMOSカレントミラー回路を接続することで，I_1-I_2を行う回路を実現することができる．この回路をトランスコンダクタンス増幅器と呼ぶ．この回路は最も簡単な演算増幅器として使用することができる．

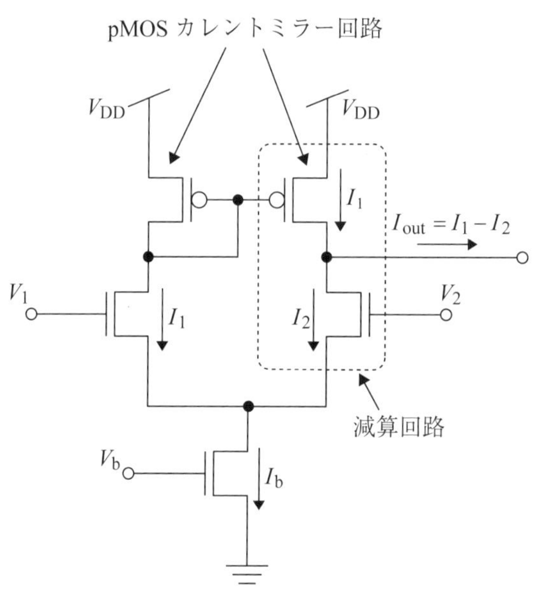

図 2-11-23　差動増幅回路

[14] 図 2-11-24 に電流値の比較回路を示す．図 2-11-23 に示す回路を用いても比較回路を実現できるが，より簡単な構造の比較回路を紹介する．

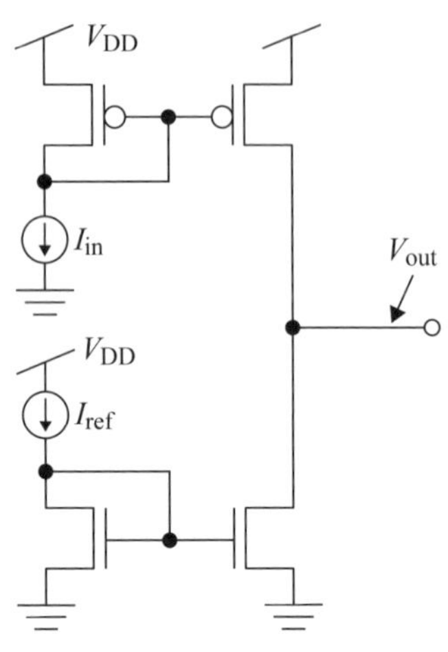

図 2-11-24　比較回路

この回路の出力電圧 V_{out} は，以下のように変化する．

$$I_{in} \ll I_{ref} \rightarrow V_{out} = 0$$

$$I_{in} \gg I_{ref} \rightarrow V_{out} = V_{DD}$$

$$V_{in} = V_{ref} \rightarrow V_{out} = \frac{V_{DD}}{2}$$

これにより，入力電流 I_{in} と設定電流 I_{ref} を比較し，そのときに応じた出力電圧 V_{out} を得ることができる．図 2-11-25 に，比較回路を用いた一定電流を出力する方法を示す．設定電流を I_{con} とする．トランジスタ MS はスイッチとして動作する．

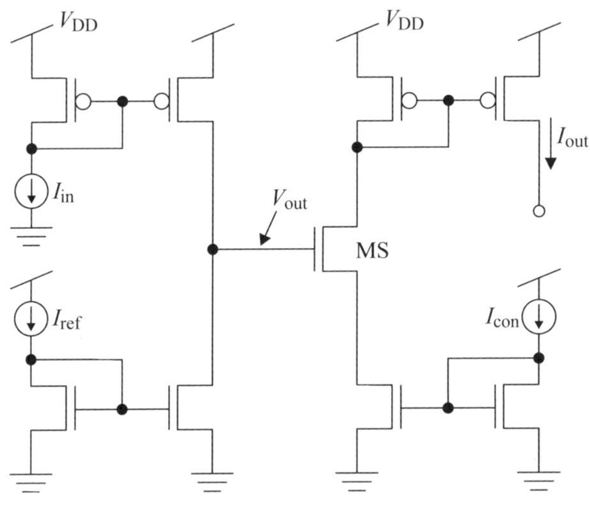

図 2-11-25　比較回路

$$I_{in} \ll I_{ref} \rightarrow V_{out} = 0 \rightarrow \text{スイッチ OFF} \rightarrow I_{out} = 0$$

$$I_{in} \gg I_{ref} \rightarrow V_{out} = V_{DD} \rightarrow \text{スイッチ ON} \rightarrow I_{out} = I_{con}$$

これにより，入力電流 I_{in} と設定電流 I_{ref} を比較し，そのときに応じた出力電流 I_{out} を得ることができる．

[15] 図 2-11-26 に低電流モードで動作する乗除算回路を示す．この回路の MOS トランジスタをサブスレッショルド領域で動作させると以下の出力電流 I_{out} を得ることができる．

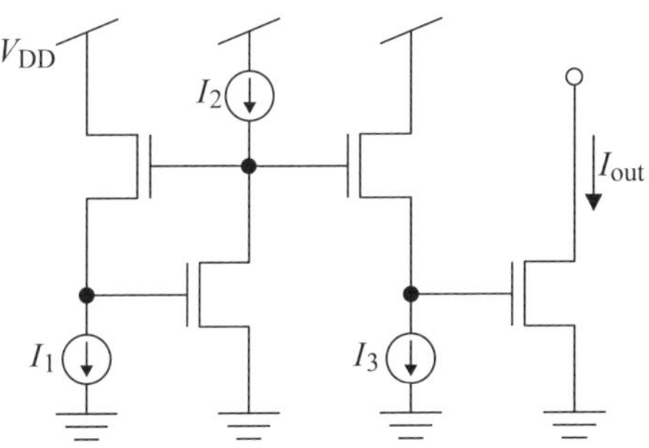

図 2-11-26　乗除算回路

$$I_{\mathrm{out}} \cong \frac{I_1 I_2}{I_3} \tag{2-11-30}$$

I_1 または I_2 を一定値に設定することで，除算回路として用いることができる．また，I_3 を一定値に設定することで，乗算回路として用いることができる．

例題 2-11

1．図 2-11-13 の回路について以下の問に答えよ．ただし，$V_{th1} = V_{th2}$ に設計している．V_{th1} は M_1 のしきい値電圧，V_{th2} は M_2 のしきい値電圧である．また，$V_{DD} = 5$ V に設定している．

(1) $V_{d2} = 5$ V に設定し，$\beta_1 = \beta_2$ になるように回路を設計した．$I_{in} = 1$ mA のとき，I_{out} の値を答えよ．

$\beta_1 : M_1$ の電流利得，$\beta_2 : M_2$ の電流利得

解答

$V_{d2} = 5$ V に設定しているため，M_2 は動作している．$\beta_1 = \beta_2$ より，回路は転写比 1 のカレントミラー回路である．よって，$I_{out} = I_{in}$ になるため，$I_{out} = 1$ mA になる．

(2) $V_{d2} = 5$ V に設定し，$\beta_2 = 2\beta_1$ になるように回路を設計した．$I_{in} = 2$ mA のとき，I_{out} の値を答えよ．

解答

$V_{d2} = 5$ V に設定しているため，M_2 は動作している．$\beta_2 = 2\beta_1$ より，回路は転写比 2 のカレントミラー回路である．よって，$I_{out} = 2I_{in}$ になるため，$I_{out} = 2 \times 2 = 4$ mA になる．

(3) $V_{d2} = 0$ V に設定し，$\beta_1 = \beta_2$ になるように回路を設計した．$I_{in} = 3$ mA のとき，I_{out} の値を答えよ．

解答

$V_{d2} = 0$ V に設定していることから，ドレイン - ソース間に電位差がないため，M_2 は動作しない．よって，$I_{out} = 0$ A になる．

2．図 2-11-27 の回路の出力電流 I_{out} を求めよ．なお，回路に用いたすべての pMOS トランジスタの特性は同じである．

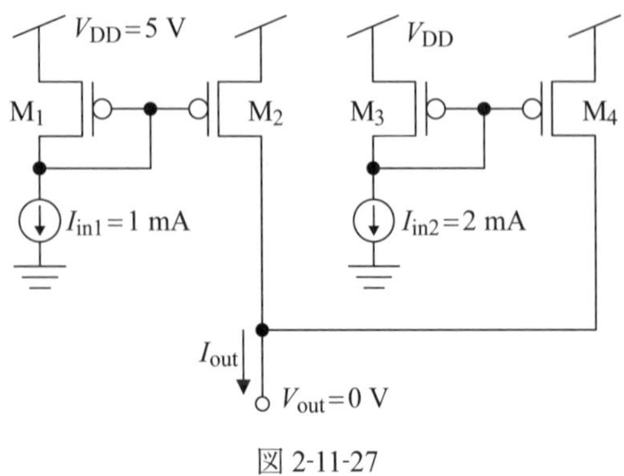

図 2-11-27

解答

M_1 および M_2 で構成されるカレントミラー回路により，M_2 に $I_{in1}=1\,mA$ の電流が流れる．また，M_3 および M_4 で構成されるカレントミラー回路により，M_4 に $I_{in2}=2\,mA$ の電流が流れる．よって，$I_{out}=I_{in1}+I_{in2}$ となるため，$I_{out}=1+2=3\,mA$ になる．

3．図 2-11-28 の回路の出力電流 I_{out} を求めよ．なお，回路に用いたすべての pMOS トランジスタの特性は同じである．また，回路に用いたすべての nMOS トランジスタの特性は同じである．

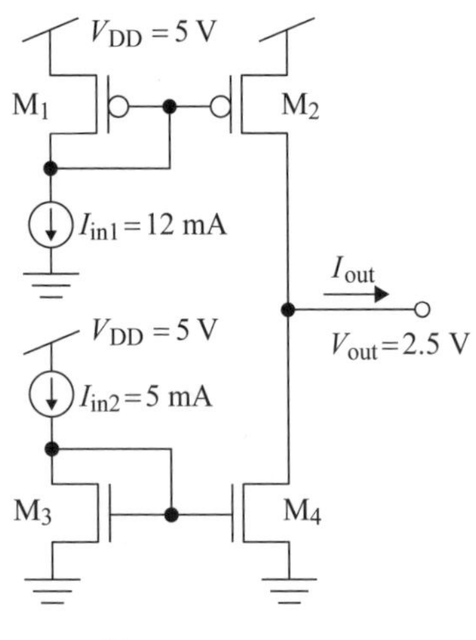

図 2-11-28

解答

M_1およびM_2で構成されるカレントミラー回路により，M_2に$I_{in1}=12$ mA の電流が流れる．また，M_3およびM_4で構成されるカレントミラー回路により，M_4に$I_{in2}=5$ mA の電流が流れる．よって，$I_{out}=I_{in1}-I_{in2}$となるため，$I_{out}=12-5=7$ mA になる．

4．図 2-11-29 の回路の出力電圧 V_{out} を求めよ．なお，回路に用いたすべての pMOS トランジスタの特性は同じである．

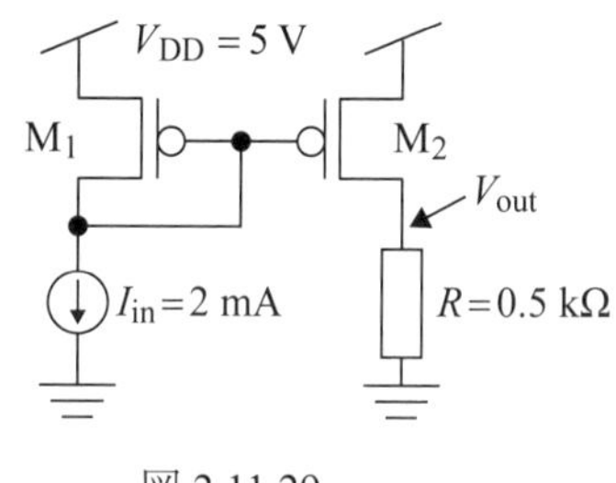

図 2-11-29

解答

M_1 および M_2 で構成されるカレントミラー回路により，M_2 に $I_{in}=2$ mA の電流が流れる．よって，$V_{out}=R\times I_{in}$ となるため，$V_{out}=0.5\times 2=1$ V になる．

5．図 2-11-25 の回路において，$V_{DD}=5$ V, $I_{in}=100$ nA, $I_{ref}=50$ nA, $I_{con}=70$ nA に設定した．出力電流 I_{out} を求めよ．

解答

$I_{in}\gg I_{ref}\rightarrow V_{out}=V_{DD}\rightarrow$スイッチ ON $\rightarrow I_{out}=I_{con}$となる．よって，$I_{out}=70$ nA になる．

6．図 2-11-26 の回路において，$V_{DD}=5$ V, $I_1=100$ nA, $I_2=20$ nA, $I_3=40$ nA に設定した．出力電流 I_{out} を求めよ．

解答

$$I_{out}\cong\frac{I_1I_2}{I_3}=\frac{100\times 20}{40}=50\text{ nA}$$

演習問題２-11

1．nMOS トランジスタの構造を図示し，チャネルの形成と電流が流れるメカニズムを説明せよ．

2．pMOS トランジスタの構造を図示し，チャネルの形成と電流が流れるメカニズムを説明せよ．

3．nMOS トランジスタについて以下の問に答えよ．

(1) nMOS トランジスタのシンボルを描け．

(2) nMOS トランジスタの V_{GS}-I_{DS} 特性を描け．

(3) 縦軸を $\ln I_{DS}$ として，nMOS トランジスタの V_{GS}-I_{DS} 特性を記述せよ．
また，描いたグラフ中に，弱反転領域と強反転領域を記述し，各領域の条件を記述せよ．

(4) nMOS トランジスタの V_{DS}-I_{DS} 特性を記述せよ．
描いたグラフ中に，線形領域と飽和領域を記述し，各領域の条件を記述せよ．

(5) nMOS トランジスタの線形領域の電流の数式を記述せよ．
線形領域の電流の式から，飽和領域の電流の式を導出せよ．

4．pMOS トランジスタについて以下の問に答えよ．

(1) pMOS トランジスタのシンボルを描け．

(2) pMOS トランジスタの V_{GS}-I_{DS} 特性を描け．

(3) 縦軸を $\ln I_{DS}$ として，pMOS トランジスタの V_{GS}-I_{DS} 特性を記述せよ．
また，描いたグラフ中に，弱反転領域と強反転領域を記述し，各領域の条件を記述せよ．

(4) pMOS トランジスタの V_{DS}-I_{DS} 特性を記述せよ．
描いたグラフ中に，線形領域と飽和領域を記述し，各領域の条件を記述せよ．

(5) pMOS トランジスタの線形領域の電流の数式を記述せよ．

線形領域の電流の式から，飽和領域の電流の式を導出せよ．

5．図 2-11-14 の回路について以下の問に答えよ．ただし，$V_{th1} = V_{th2}$ に設計している．V_{th1} は M_1 のしきい値電圧，V_{th2} は M_2 のしきい値電圧である．また，$V_{DD} = 5$ V に設定している．

(1) $V_{d2} = 0$ V に設定し，$\beta_1 = \beta_2$ になるように回路を設計した．$I_{in} = 5$ mA のとき，I_{out} の値を答えよ．

β_1 : M_1 の電流利得，β_2 : M_2 の電流利得

(2) $V_{d2} = 0$ V に設定し，$\beta_2 = 2\beta_1$ になるように回路を設計した．$I_{in} = 5$ mA のとき，I_{out} の値を答えよ．

(3) $V_{d2} = 5$ V に設定し，$\beta_1 = \beta_2$ になるように回路を設計した．$I_{in} = 5$ mA のとき，I_{out} の値を答えよ．

6．演図 2-11-1 の回路の入力電流 I_{in} と電圧 V_{out} を演図 2-11-2 のグラフように変化させた．出力電流 I_{out} の波形を描け．ただし，この回路の転写比は 1 に設計されている．

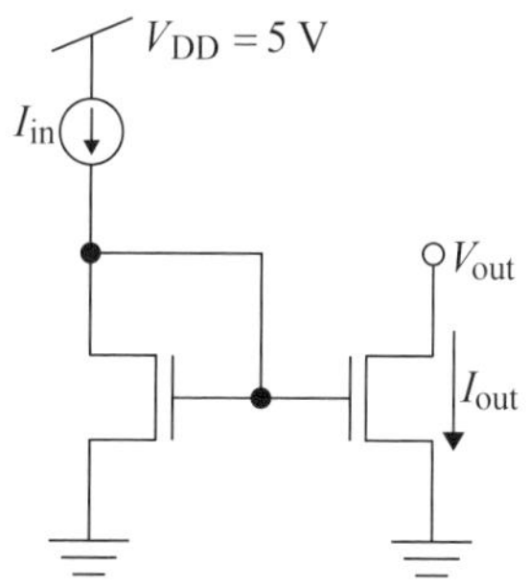

演図 2-11-1

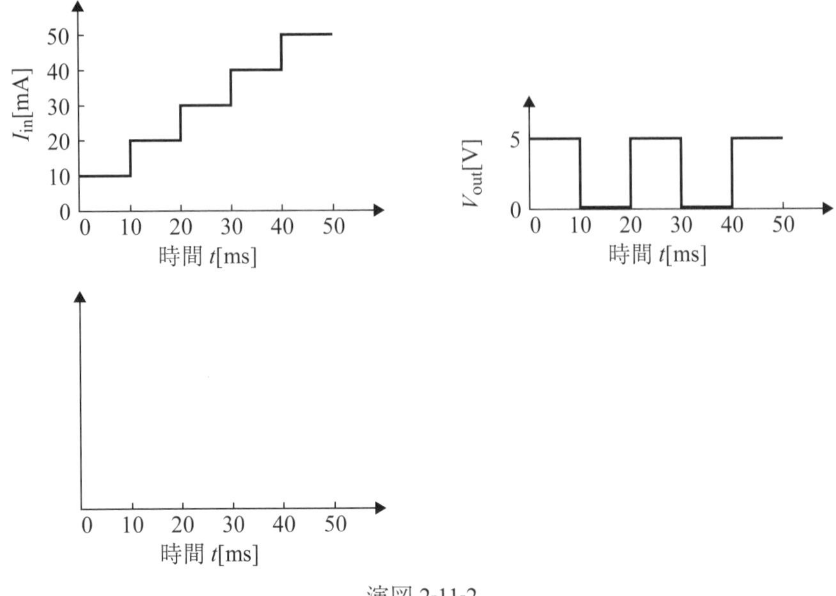

演図 2-11-2

7．演図 2-11-3 の回路において，出力電流 I_{out1}, I_{out2}, I_{out3} の値を答えよ．また，出力電圧 V_{out3} の値を答えよ．なお，回路に用いたすべての pMOS トランジスタの特性は同じである．また，回路に用いたすべての nMOS トランジスタの特性は同じである．

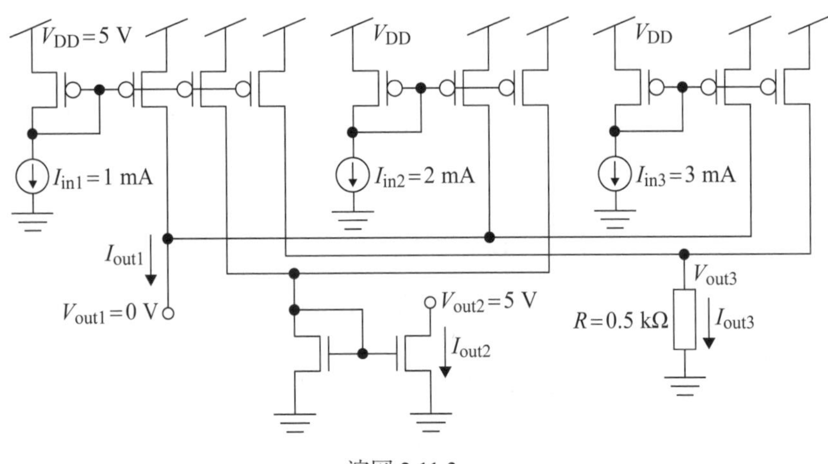

演図 2-11-3

8．演図 2-11-4 の回路について，以下の問に答えよ．なお，回路に用いたすべての pMOS トランジスタの特性は同じである．また，回路に用いたすべての nMOS トランジスタの特性は同じである．

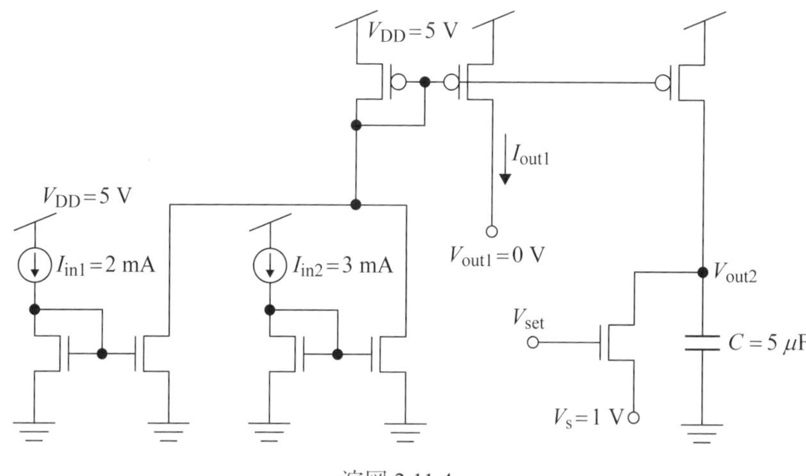

演図 2-11-4

(1) 出力電流 I_{out1} の値を求めよ．

(2) 電圧 V_{set} を演図 2-11-5 のグラフのように変化させた．出力電圧 V_{out2} の時間変化を記述せよ．

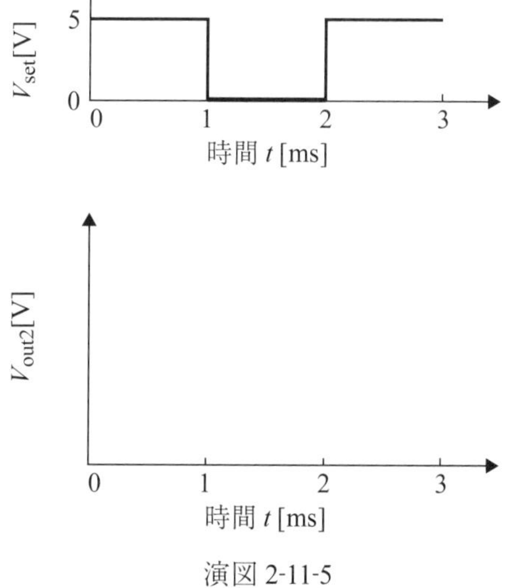

演図 2-11-5

9．演図 2-11-6 の回路において，入力電流 I_{in1} を 0 から 10 mA まで変化させた．出力電流 I_{out1}，I_{out2}，I_{out3} の変化を演図 2-11-7 のグラフ中に描け．なお，回路に用いたすべての pMOS トランジスタの特性は同じである．また，回路に用いたすべての nMOS トランジスタの特性は同じである．

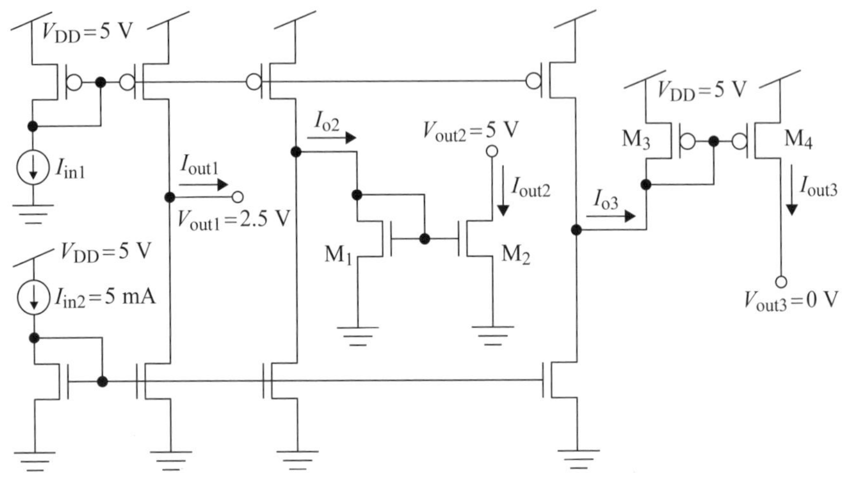

演図 2-11-6

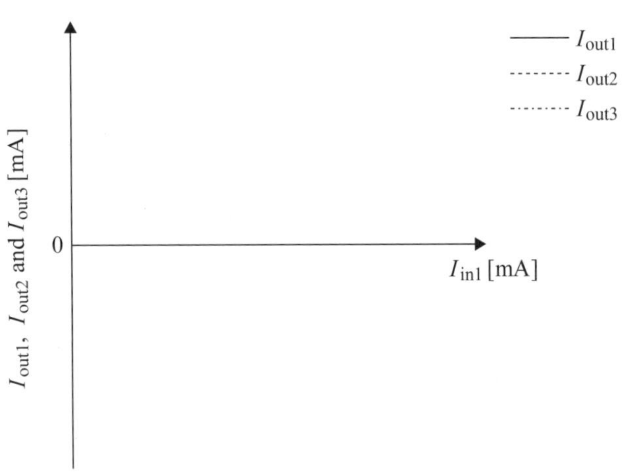

演図 2-11-7

10. 演図 2-11-8 の回路について，以下の問に答えよ．なお，回路に用いたすべての pMOS トランジスタの特性は同じである．また，回路に用いたすべての nMOS トランジスタの特性は同じである．

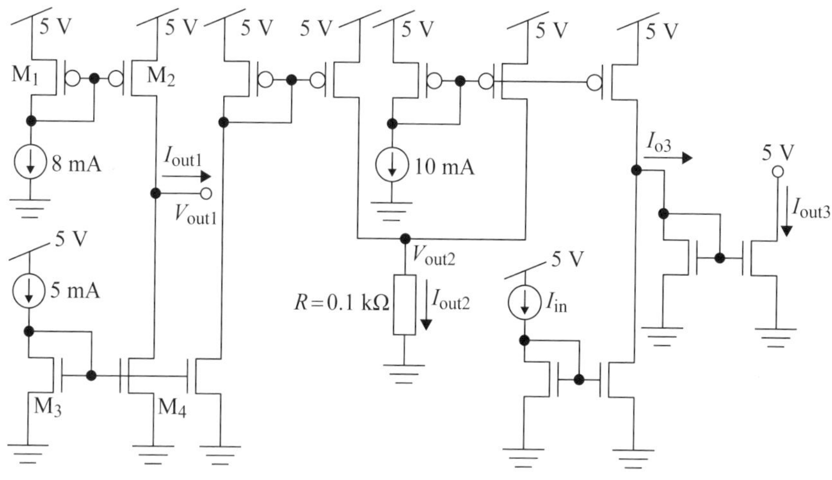

演図 2-11-8

(1) 電圧 V_{out1} を 0 V に設定したとき，出力電流 I_{out1} はいくらになるか答えよ．

(2) V_{out1} を 2.5 V に設定したとき，I_{out1} はいくらになるか答えよ．

(3) V_{out1} を 5 V に設定したとき，I_{out1} はいくらになるか答えよ．

(4) 出力電流 I_{out2} はいくらになるか答えよ．

(5) 出力電圧 V_{out2} はいくらになるか答えよ．

(6) 入力電流 I_{in} を 0 から 20 mA まで変化させた．I_{out3}-I_{in} 特性を描け．

11. MOS トランジスタで構成されたトランスコンダクタンス増幅器を描け．この増幅器について，横軸を V_a-V_b として，出力電流のグラフを描け．

12. MOS トランジスタで構成された電圧フォロアを描け．設計した電圧フォロアの入出力電圧の関係を答えよ．

13. 演図 2-11-9 の回路について，以下の問に答えよ．なお，回路に用いたすべての nMOS トランジスタの特性は同じである．

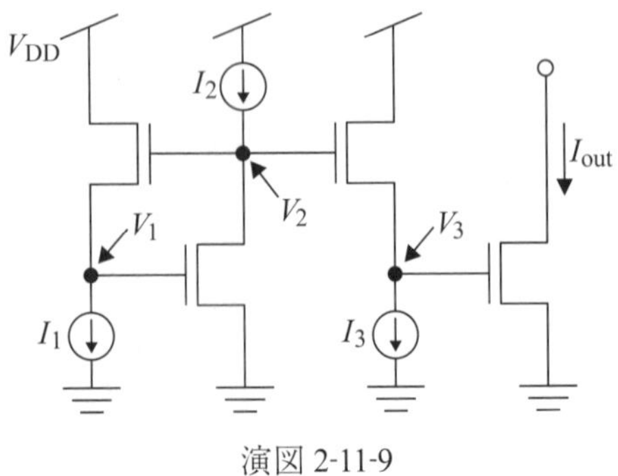

演図 2-11-9

(1) 出力電流 I_{out} の式を導出せよ．ただし，すべての MOS トランジスタはサブスレショルド領域で動作しているとする．

(2) $I_1 = 100$ nA および $I_3 = 100$ nA に設定した．I_2 を 0 から 100 nA まで変化したとき，横軸を I_2 として I_{out} のグラフを描け．

(3) $I_2 = 50$ nA および $I_3 = 100$ nA に設定した．I_1 を 0 から 100 nA まで変化したとき，横軸を I_1 として I_{out} のグラフを描け．

14. 演図 2-11-10 の回路について，以下の問に答えよ．なお，回路に用いたすべての nMOS トランジスタの特性は同じである．

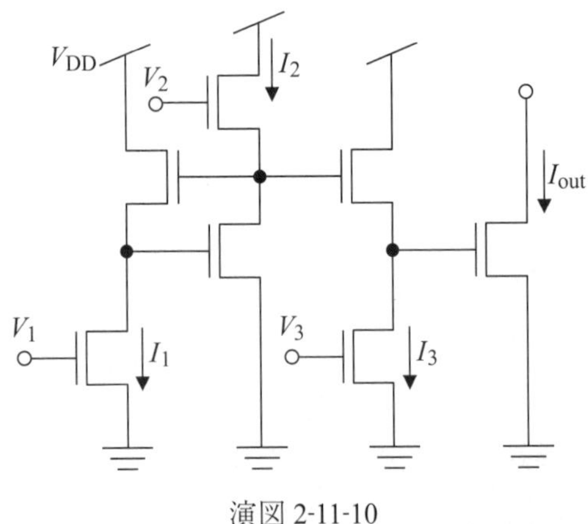

演図 2-11-10

(1) $I_1 = 10$ nA および $I_3 = 10$ nA に設定した．I_2 を 0 から 10 nA まで変化したとき，横軸を I_2 として I_{out} のグラフを描け．

(2) $I_2 = 5$ nA および $I_3 = 10$ nA に設定した．I_1 を 0 から 10 nA まで変化したとき，横軸を I_1 として I_{out} のグラフを描け．

15. 演図 2-11-11 の回路について，以下の問に答えよ．なお，回路に用いたすべての pMOS トランジスタの特性は同じである．また，回路に用いたすべての nMOS トランジスタの特性は同じである．

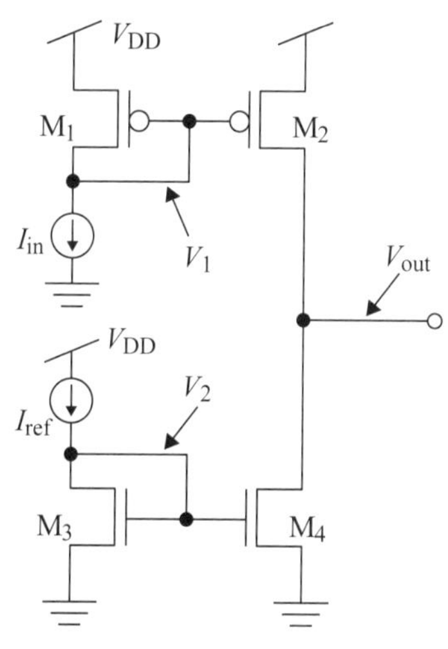

演図 2-11-11

(1) 出力電圧 V_{out} の式を導出せよ．ただし，すべての MOS トランジスタはサブスレショルド領域で動作しているとする．

(2) $V_{DD} = 5$ V, $I_{ref} = 50$ nA に設定した．I_{in} を 0 から 100 nA まで変化したとき，横軸を I_{in} として V_{out} のグラフを描け．

16. 演図 2-11-12 の回路について，以下の問に答えよ．なお，回路に用いたすべての pMOS トランジスタの特性は同じである．また，回路に用いたすべての nMOS トランジスタの特性は同じである．$V_{DD} = 5$ V に設定している．

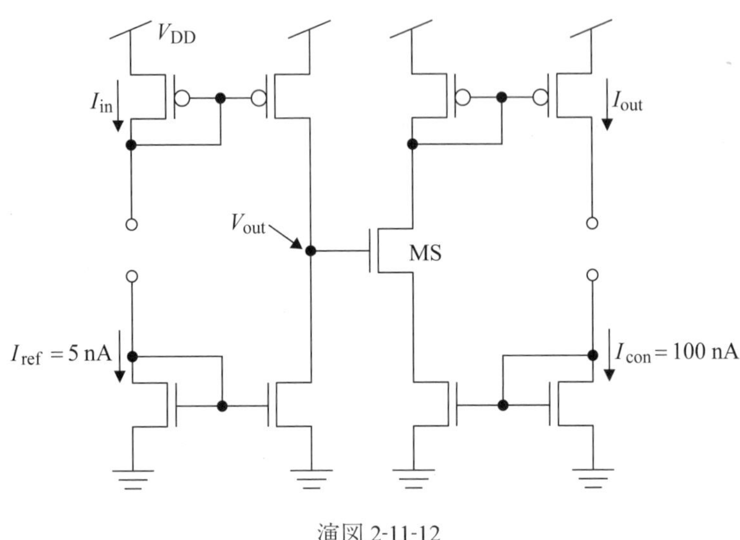

演図 2-11-12

(1) I_{in} を 0 から 10 nA まで変化したとき，横軸を I_{in} として I_{out} のグラフを描け．

(2) I_{in} を演図 2-11-13 のように変化したときの I_{out} を描け．

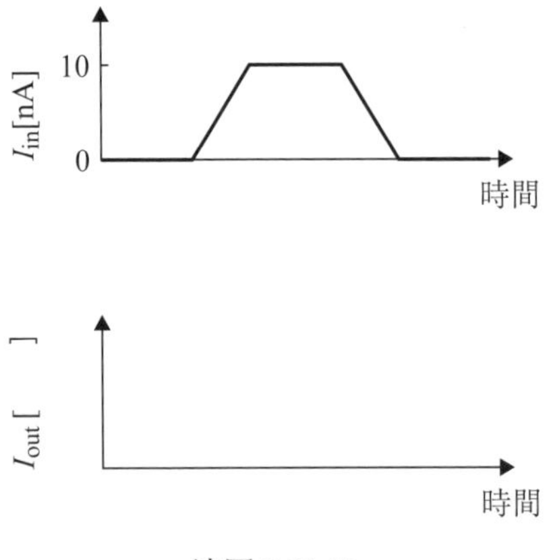

演図 2-11-13

 演習問題 2-11　解答

1．構造を図 2-11-2 に示す．

説明

V_G を大きくすることで，図 2-11-2 に示すように少数キャリアの電子がゲート側に引きつけられる．V_G がしきい値電圧 V_{th} に達すると電子が流れる道（チャネル）ができ，I_{DS} が流れる．

2．構造を図 2-11-7 に示す．

説明

V_G を小さくする（$|V_{GS}|$ を大きくする）ことで，図 2-11-7 に示すように少数キャリアの正孔がゲート側に引きつけられる．V_{GS} がしきい値電圧 V_{th} に達すると正孔が流れる道（チャネル）ができ，I_{DS} が流れる．

3．

(1) 図 2-11-1(b) にシンボルを示す．

(2) 図 2-11-3 に V_{GS}-I_{DS} 特性を示す．

(3) 図 2-11-4 に V_{GS}-ln I_{DS} 特性を示し，各領域も示している．

(4) 図 2-11-5 に V_{DS}-I_{DS} 特性を示し，各領域も示している．

(5) (2-11-2)式から(2-11-4)式を導出する．

飽和領域になる条件 $V_{DS} = V_{GS} - V_{th}$ を(2-11-2)式に代入すると，(2-11-4)式を得ることができる．

4．

(1) 図 2-11-6(b) にシンボルを示す．

(2) 図 2-11-8 に V_{GS}-I_{DS} 特性を示す．

(3) 図 2-11-4 に nMOS トランジスタの V_{GS}-ln I_{DS} 特性を示し，各領域を示している．pMOSトランジスタも同じ特性になる．ただし，V_{GS} が負の値になるため，横軸の V_{GS} を $|V_{GS}|$ にしておく必要がある．

⑷ 図 2-11-5 に nMOS トランジスタの V_{DS}-I_{DS} 特性を示し，各領域も示している．pMOS トランジスタも同じ特性になる．ただし，V_{DS} が負の値になるため，横軸の V_{DS} を $|V_{DS}|$ にしておく必要がある．

⑸ (2-11-6)式から(2-11-8)式を導出する．
飽和領域になる条件 $|V_{DS}|=|V_{GS}|-|V_{th}|$ を(2-11-6)式に代入すると，(2-11-8)式を得ることができる．

5．

⑴ $V_{d2}=0$ V に設定しているため，M_2 は動作している．$\beta_1=\beta_2$ より，回路は転写比 1 のカレントミラー回路である．よって，$I_{out}=I_{in}$ になるため，$I_{out}=5$ mA になる．

⑵ $V_{d2}=0$ V に設定しているため，M_2 は動作している．$\beta_2=2\beta_1$ より，回路は転写比 2 のカレントミラー回路である．よって，$I_{out}=2I_{in}$ になるため，$I_{out}=2\times5=10$ mA になる．

⑶ $V_{d2}=5$ V に設定していることから，ドレイン - ソース間に電位差がないため，M_2 は動作しない．よって，$I_{out}=0$ A になる．

6．

$V_{out}=0$ V のとき $I_{out}=0$ A になる．

10 ms $<t<$ 20 ms のとき $I_{out}=0$ A

$V_{out}=5$ V のときカレントミラー回路が動作し，$I_{out}=I_{in}$ となる．

0 s $<t<$ 10 ms のとき $I_{out}=I_{in}=10$ mA

20 ms $<t<$ 30 ms のとき $I_{out}=I_{in}=30$ mA

40 ms $<t<$ 50 ms のとき $I_{out}=I_{in}=50$ mA

以上をまとめると，演図 2-11-14 のグラフのようになる．

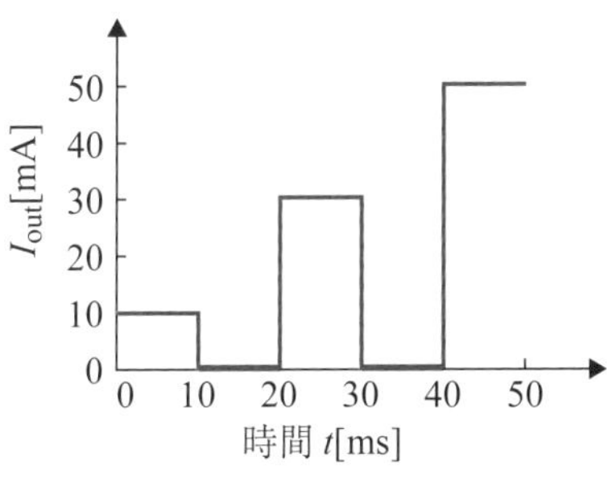

演図 2-11-14

7．

$$I_{out1} = I_{in1} + I_{in2} + I_{in3} = 1 + 2 + 3 = 6\ \text{mA}$$

$$I_{out2} = I_{in1} + I_{in2} = 1 + 2 = 3\ \text{mA}$$

$$I_{out3} = I_{in1} + I_{in3} = 1 + 3 = 4\ \text{mA}$$

$$V_{out3} = R \times I_{out3} = 0.5 \times 4 = 2\ \text{V}$$

8．

(1) $I_{out1} = I_{in1} + I_{in2} = 2 + 3 = 5\ \text{mA}$

(2) $V_{set} = 5\ \text{V}$ の間（$0\ \text{s} < t < 1\ \text{ms}$，$2\ \text{ms} < t < 3\ \text{ms}$ のとき），電荷が放電され，V_{out2} は V_s に近づく．よって，$V_{out2} = V_s = 1\ \text{V}$ になる．

$V_{set} = 0\ \text{V}$ の間，V_{out2} は(2-11-16)式より，次式になる．

$$V_{out2} = \frac{I_{in}}{C} t_s + V_0 = \frac{5 \times 10^{-3}}{5 \times 10^{-6}} t_s + 1 = 1000 t_s + 1$$

グラフ中の $t = 1\ \text{ms}$ のとき $t_s = 0$ を代入して解くとよい．このとき $V_{out2} = 1\ \text{V}$

グラフ中の $t = 2\ \text{ms}$ のとき $t_s = 1\ \text{ms}$ を代入して解くとよい．このとき $V_{out2} = 2\ \text{V}$

以上をまとめると，演図 2-11-15 のようなグラフを得ることができる．

なお，$t = 2\ \text{ms}$ 後の放電時間に関しては，詳細な計算が必要である．ここでは，V_{out2} が 1 V に近づくように記述してあれば，正解とする．

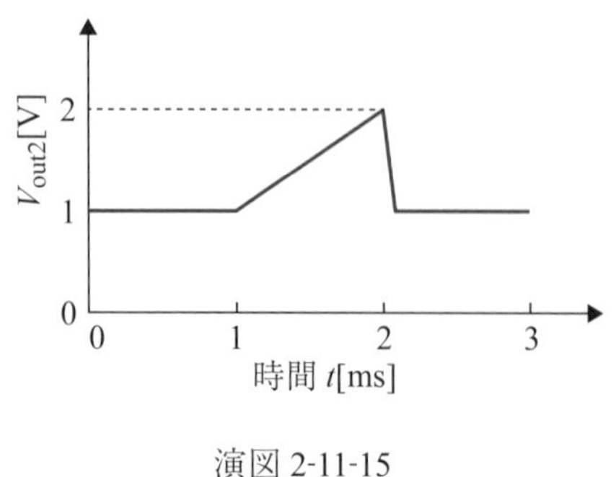

演図 2-11-15

9．

$I_{out1}=I_{in1}-I_{in2}=I_{in1}-5$ mA で表すことができる．

M_1 および M_2 で構成された nMOS カレントミラーが接続されており，I_{o2} の正の電流のみを出力することができる．I_{out1} と I_{o2} は，ほぼ同じ電流である．よって，I_{out1} の波形の正の部分が I_{out2} になる．

M_3 および M_4 で構成された pMOS カレントミラーが接続されており，I_{o3} の負の電流のみを出力することができる．I_{out1} と I_{o3} は，ほぼ同じ電流である．よって，I_{out1} の波形の負の部分が I_{out3} になる．ただし，電流の向きが演図 2-11-6 のように定義されているため，グラフ中では正値にとる必要がある．

以上をまとめると演図 2-11-16 のようなグラフを得ることができる．

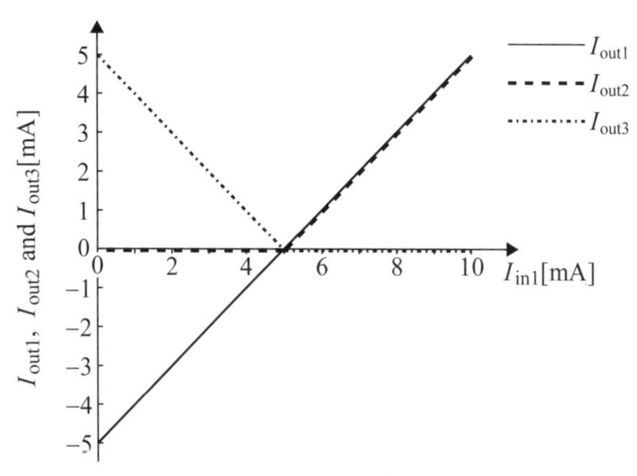

演図 2-11-16

10.

(1) $V_{out1}=0$ Vのとき, M_1 および M_2 で構成されたカレントミラー回路は動作する. M_3 および M_4 で構成されたカレントミラー回路は, M_4 のドレイン - ソース間の電位差が 0 のため, 動作しない. これにより, M_2 に 8 mA の電流のみが転写される. よって, $I_{out1}=8$ mA になる.

(2) $I_{out1}=8-5=3$ mA

(3) $V_{out1}=5$ V のとき, M_1 および M_2 で構成されたカレントミラー回路は, M_2 のドレイン - ソース間の電位差が 0 のため, 動作しない. M_3 および M_4 で構成されたカレントミラー回路は動作する. これにより, M_4 に 5 mA の電流のみが転写される. よって, $I_{out1}=-5$ mA になる. (電流の方向に注意すること)

(4) $I_{out2}=15$ mA

(5) $V_{out2}=0.1\times 15=1.5$ V

(6) $I_{o3}=10\text{ mA}-I_{in}$ となる. I_{out3} は I_{o3} の正の電流である. I_{o3} が負のときは, I_{out3} は 0 を示す. 以上をまとめると演図 2-11-17 のグラフを得ることができる.

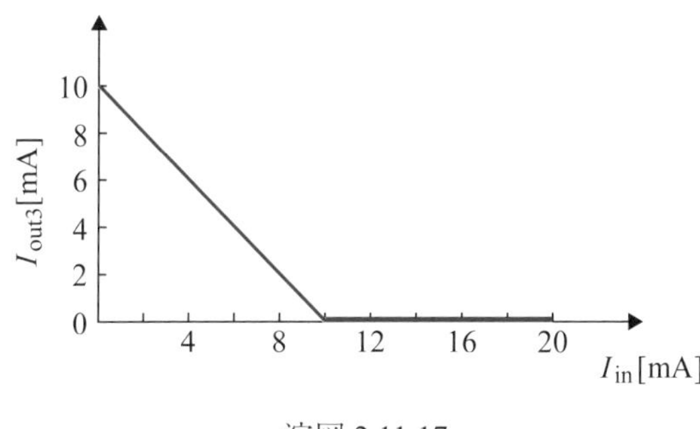

演図 2-11-17

11.

演図 2-11-18 にトランスコンダクタンス増幅器を示す．演図 2-11-19 に出力電流のグラフを示す．

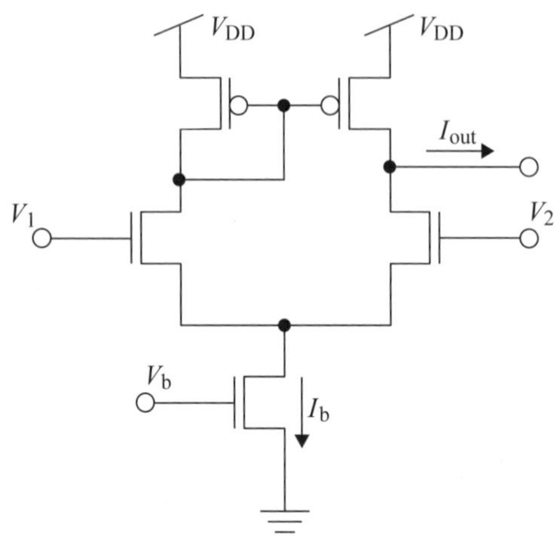

演図 2-11-18

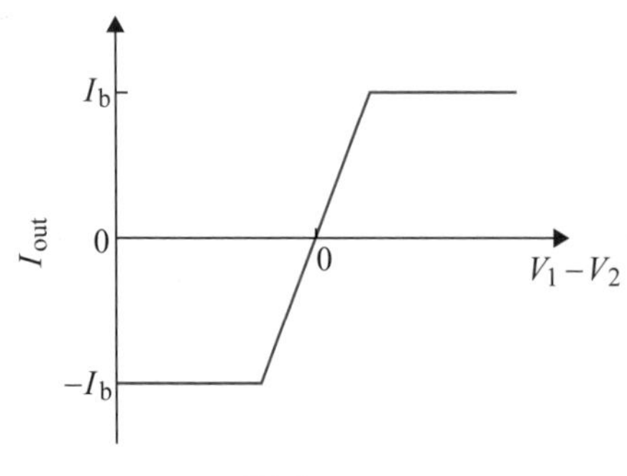

演図 2-11-19

12.

演図 2-11-20 に電圧フォロアを示す．2-10 節の演算増幅器で示したように，－側の入力端子と出力端子を接続することで，電圧フォロアを設計することができる．入出力電圧の関係は，$V_{out} = V_{in}$ である．

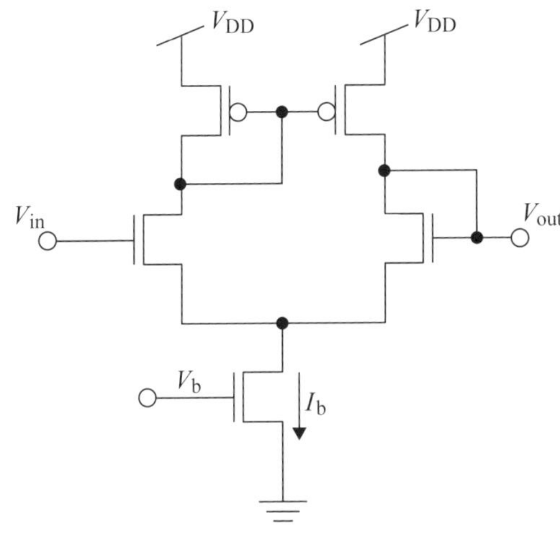

演図 2-11-20

13.

(1) 回路より，

$$I_1 = I_0 \exp\left(\frac{\kappa V_2 - V_1}{U_T}\right) \cong I_0 \exp\left(\frac{V_2 - V_1}{U_T}\right) \quad (2\text{-}11\text{-}31)$$

$$I_2 = I_0 \exp\left(\frac{\kappa V_1}{U_T}\right) \cong I_0 \exp\left(\frac{V_1}{U_T}\right) \quad (2\text{-}11\text{-}32)$$

$$I_3 = I_0 \exp\left(\frac{\kappa V_2 - V_3}{U_T}\right) \cong I_0 \exp\left(\frac{V_2 - V_3}{U_T}\right) \quad (2\text{-}11\text{-}33)$$

$$I_3 = I_0 \exp\left(\frac{\kappa V_2 - V_3}{U_T}\right) \cong I_0 \exp\left(\frac{V_2 - V_3}{U_T}\right) \quad (2\text{-}11\text{-}34)$$

I_0 は暗電流と言われる定数である．κ はゲート電位効果と言われる定数であり，理想的には $\kappa = 1$ である．

以上の式を解くことにより，次式を導出することができる．

$$I_{out} \cong \frac{I_1 I_2}{I_3}$$

(2) 数値を(2-11-31)式で導出した式に代入する．

$$I_{out} \cong \frac{100 I_2}{100} = I_2$$

以上の式から，グラフを描くと演図 2-11-21 のようになる．

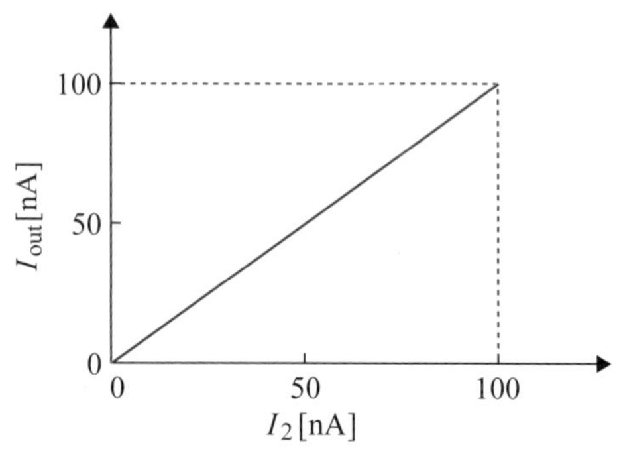

演図 2-11-21

(3) 数値を(2-11-31)式で導出した式に代入する．

$$I_{out} \cong \frac{50 I_1}{100} = \frac{1}{2} I_1$$

以上の式から，グラフを描くと演図 2-11-22 のようになる．

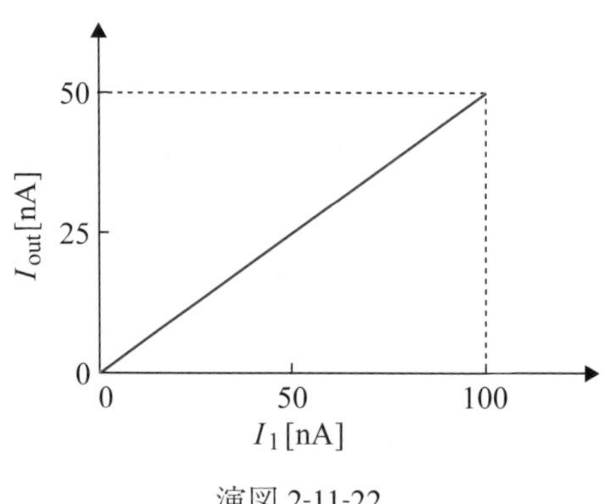

演図 2-11-22

14.

(1) 回路より出力電流は次式となる.

$$I_{out} \cong \frac{I_1 I_2}{I_3}$$

数値を上式に代入する.

$$I_{out} \cong \frac{10 I_2}{10} = I_2$$

以上の式から，グラフを描くと演図 2-11-23 のようになる.

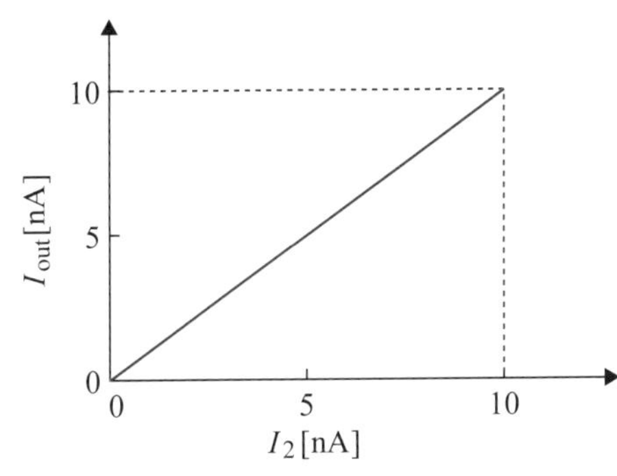

演図 2-11-23

(2) 数値を上式に代入する.

$$I_{out} \cong \frac{5 I_1}{10} = \frac{1}{2} I_1$$

以上の式から，グラフを描くと演図 2-11-24 のようになる.

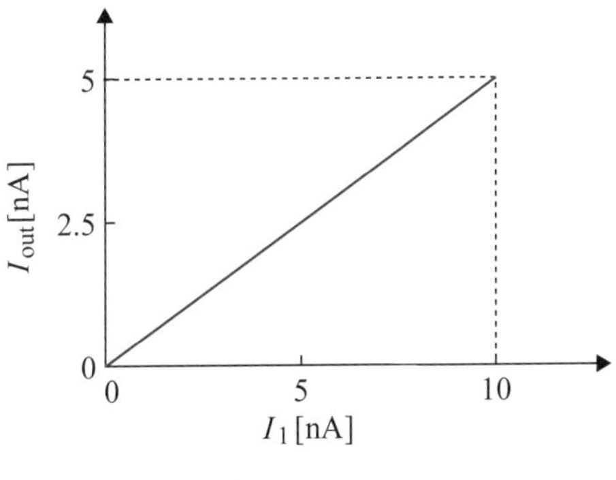

演図 2-11-24

15.

(1) M_1 に流れる電流 I_{in} は次式で与えられる．

$$I_{in} = I_0 \exp\left(\frac{V_{DD} - \kappa V_1}{U_T}\right) \tag{2-11-35}$$

M_2 に流れる電流を I と置くと，I は次式で与えられる．

$$I \cong I_0 \exp\left(\frac{V_{DD} - \kappa V_1}{U_T}\right) \times \frac{V_{DD} - V_{out}}{U_T} \tag{2-11-36}$$

M_3 に流れる電流 I_{ref} は次式で与えられる．

$$I_{ref} = I_0 \exp\left(\frac{\kappa V_2}{U_T}\right) \tag{2-11-37}$$

M_4 に流れる電流は，M_2 に流れる電流と同じであるため，M_4 に流れる電流も I と置くことができる．I は次式で与えられる．

$$I \cong I_0 \exp\left(\frac{\kappa V_2}{U_T}\right) \times \frac{V_{out}}{U_T} \tag{2-11-38}$$

(2-11-35)式→(2-11-36)式

$$I \cong I_{in} \times \frac{V_{DD} - V_{out}}{U_T} \tag{2-11-39}$$

(2-11-37)式→(2-11-38)式

$$I \cong I_{ref} \times \frac{V_{out}}{U_T} \tag{2-11-40}$$

(2-11-39)，(2-11-40)式より

$$I_{in} \times \frac{V_{DD} - V_{out}}{U_T} = I_{ref} \times \frac{V_{out}}{U_T}$$

以上をまとめると次式を得ることができる．

$$V_{out} \cong \frac{I_{in}}{I_{in} + I_{ref}} V_{DD}$$

(2-11-36)，(2-11-35)式で得た式より，

$I_{in} \ll I_{ref}$ のとき $V_{out} = 0\ \mathrm{V}$

$I_{in} \gg I_{ref}$ のとき $V_{out} = V_{DD} = 5\ \mathrm{V}$

$I_{in} = I_{ref}$ のとき $V_{out} = \dfrac{V_{DD}}{2} = 2.5\ \mathrm{V}$

以上より，演図 2-11-25 のグラフを得ることができる．

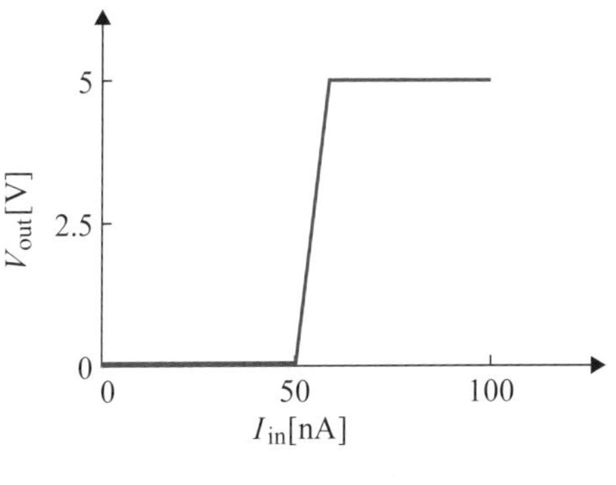

演図 2-11-25

(2-11-35)式で得た式に数値を代入して, グラフを描くことはできない. (2-11-26)式で得た式は近似式のため注意して, 特性を描く必要がある.

16.

(1) $I_{in} \ll I_{ref} = 5\ \mathrm{nA}$ のとき $V_{out} = 0 \rightarrow$ スイッチMS OFF $\rightarrow I_{out} = 0$

$I_{in} \gg I_{ref} = 5\ \mathrm{nA}$ のとき $V_{out} = V_{DD} \rightarrow$ スイッチON $\rightarrow I_{out} = I_{con} = 100\ \mathrm{nA}$

以上をまとめると, 演図 2-11-26 のグラフを得ることができる.

(2-11-36), (2-11-35)式と同様に考えると, 演図 2-11-27 のグラフを得ることができる.

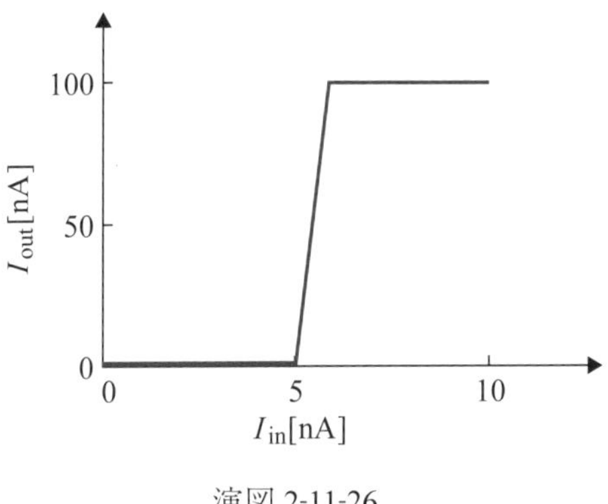

演図 2-11-26

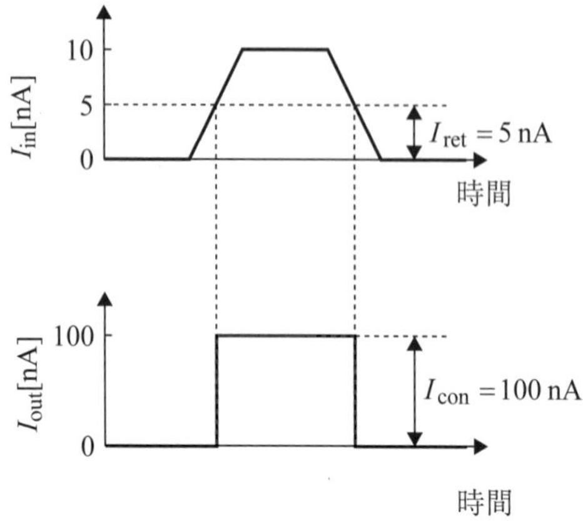

演図 2-11-27

第3章 電気・電子回路の応用および発展

3-1 電気回路(交流)

3-1-1 交流の基礎

■要点■

[1] 図 3-1-1(a) のように電圧の大きさおよびその方向が時間的に一定なものを直流電圧という．一方図 3-1-1(b) のように電圧の大きさと方向が時間とともに周期的に変化するものを交流電圧という．これは電流に対しても同じく，直流電流および交流電流と呼ぶ．

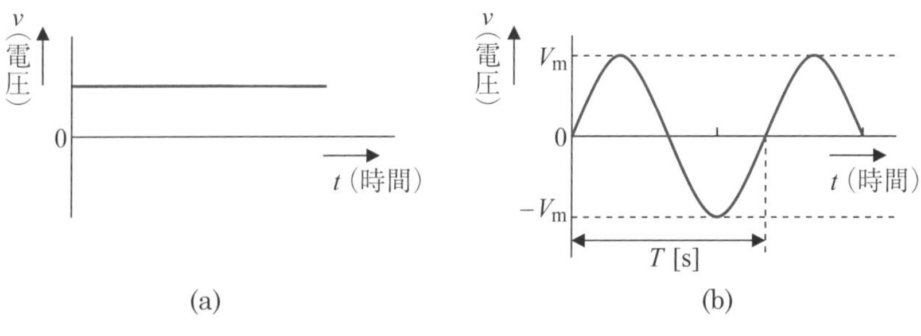

図3-1-1

[2] 交流においては図 3-1-1(b) のように一つの変化をして完全に元の状態に戻るまでの時間 T を 1 周期といい，単位は秒 [s] である．交流の 1 秒間に繰り返される周期の回数を周波数と呼び，単位としてはヘルツ [Hz] を用いる．したがって周波数と周期には次の関係が成り立つ．

$$f = \frac{1}{T}\,[\mathrm{Hz}] \tag{3-1-1}$$

また交流が波として媒質中を伝搬していく際，その波の 1 周期に相当する波の長さを波長 λ といい，周波数との間には次の関係が成り立つ．

$$\lambda = \frac{c}{f} \tag{3-1-2}$$

ここに c は光の速度で $c = 3 \times 10^8$ m/s である．

さらに周波数を 1 秒間に変化する電気角で表したものを角周波数 ω といい，次の関係で表される．

$$\omega = 2\pi f \,[\mathrm{rad/s}] \tag{3-1-3}$$

［3］ 図 3-1-1(b) の正弦波交流は

$$v = V_{\mathrm{m}} \sin \omega t \tag{3-1-4}$$

で表されるが，一般には $t = 0$ において v は必ずしも 0 ではなく図 3-1-2 の形をしている．すなわち $t = 0$ においても電気角 θ 分だけ電圧が発生している．これを式で表すと

$$v = V_{\mathrm{m}} \sin(\omega t + \theta) \tag{3-1-5}$$

となる．(3-1-5) 式が交流電圧の一般式である．この式において $(\omega t + \theta)$ を時間 t における位相角といい，θ を初位相角と呼ぶ．

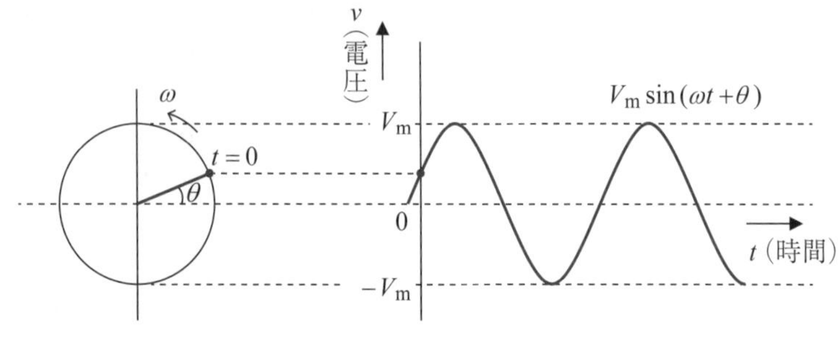

図3-1-2

［4］ 交流の大きさを，その交流と同じ熱エネルギーを発生する直流の値で表したものをその交流の実効値という．正弦波交流の実効値は交流の最大値を $\sqrt{2}$ で割った値になる．すなわち

$$\text{実効値} = \frac{\text{最大値}}{\sqrt{2}} \tag{3-1-6}$$

となる．図 3-1-2 の電圧波形ではその実効値 V は

$$V = \frac{V_{\mathrm{m}}}{\sqrt{2}} \tag{3-1-7}$$

である．

[5] 抵抗 R だけの回路に電圧 $v = V_{\mathrm{m}} \sin \omega t$ を印加した場合，流れる電流 i は

$$i = \frac{v}{R} = \frac{V_{\mathrm{m}}}{R} \sin \omega t = I_{\mathrm{m}} \sin \omega t \tag{3-1-8}$$

となり，v と同位相となる．

[6] 自己インダクタンス L [H] に電圧 $v = V_{\mathrm{m}} \sin \omega t$ を印加すると，流れる電流 i は

$$i = \frac{V_{\mathrm{m}}}{\omega L} \sin\left(\omega t - \frac{\pi}{2}\right) = I_{\mathrm{m}} \sin\left(\omega t - \frac{\pi}{2}\right) \tag{3-1-9}$$

すなわち電流は電圧に対して位相で 90° 遅れる．

これを図で表すと，図 3-1-3 のようになる．

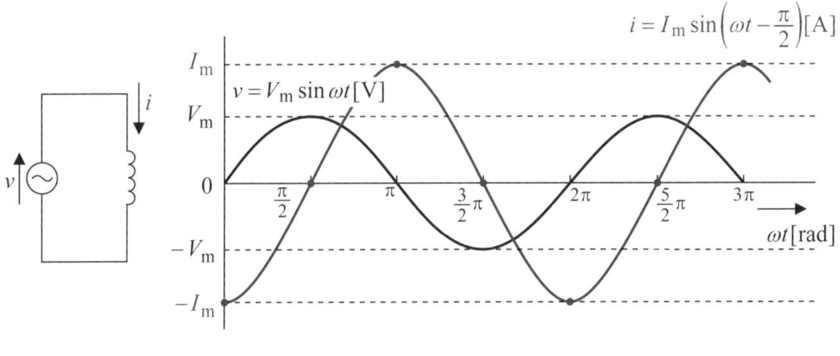

図3-1-3

[7] 静電容量 C [F] に電圧 $v = V_{\mathrm{in}} \sin \omega t$ を印加すると流れる電流 i は

$$i = \omega C V_{\mathrm{m}} \sin\left(\omega t + \frac{\pi}{2}\right) \tag{3-1-10}$$

すなわち電流 i は電圧 v に対して位相で 90° 進む．

これを図で表すと，図 3-1-4 のようになる．

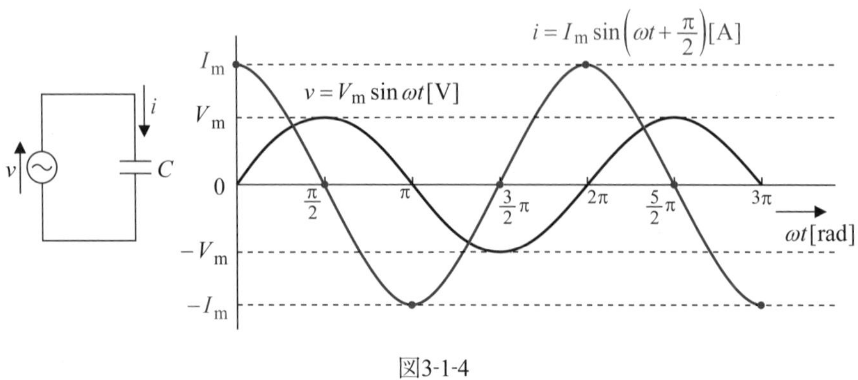

$i = I_m \sin\left(\omega t + \frac{\pi}{2}\right)$[A]
$v = V_m \sin \omega t$[V]
I_m
V_m
0
$-V_m$
$-I_m$
$\frac{\pi}{2}$
π
$\frac{3}{2}\pi$
2π
$\frac{5}{2}\pi$
3π
ωt[rad]
i
v
C

図3-1-4

例題 3-1-1

1．周波数 60 Hz の正弦波交流の周期，波長および角周波数を求めよ．

解答

周期　$T=\dfrac{1}{f}=\dfrac{1}{60}=0.017\ \mathrm{s}$

波長　$\lambda=\dfrac{c}{f}=\dfrac{3\times10^{\circ}}{60}=5\times10^{6}\ \mathrm{m}$

角周波数　$\omega=2\pi f=2\pi\times60=120\pi=376.8\ \mathrm{rad/s}$

2．$v_1=200\sin\left(\omega t+\dfrac{\pi}{4}\right)$ [V] と $v_2=100\sin\left(\omega t+\dfrac{\pi}{6}\right)$ [V] の交流の位相差を求めよ．

解答

v_1 の初位相角は $\dfrac{\pi}{4}$　　v_2 の初位相角は $\dfrac{\pi}{6}$

位相差 $=\dfrac{\pi}{4}-\dfrac{\pi}{6}=\dfrac{\pi}{12}\ \mathrm{rad}$

3．実効値が 100 V の正弦波交流の最大値はいくらか．

解答

最大値 $=\sqrt{2}\times$ 実効値 $=\sqrt{2}\times100=141.4\ \mathrm{V}$

4．自己インダクタンスが 10 mH のコイルに，最大値 10 V，20 kHz の電圧を印加したとき，コイルに流れる電流の最大値および実効値を求めよ．

解答

(3-1-9) 式より

最大値　$I_\mathrm{m}=\dfrac{V_\mathrm{m}}{\omega L}=\dfrac{V_\mathrm{m}}{2\pi fL}=\dfrac{10}{2\pi\times20\times10^{3}\times10\times10^{-3}}=\dfrac{1}{40\pi}$

$=0.00\,796\ \mathrm{A}=7.96\times10^{-3}\ \mathrm{A}=7.96\ \mathrm{mA}$

実効値　$I=\dfrac{I_\mathrm{m}}{\sqrt{2}}=0.00\,563\ \mathrm{A}=5.63\times10^{-3}\ \mathrm{A}=5.63\ \mathrm{mA}$

3-1-2　複素数による交流表示

■要点■

[1] 交流はベクトルで表示できる．これは，交流は複素数で表示できることを意味している．

[2] 複素数表示では虚数単位としてjを使う．すなわち $j^2=-1$ である．複素数は $a+jb$ で表される．ここで a, b は実数である．複素数 $a+jb$ の共役複素数は $a-jb$ である．

[3] 図3-1-5のように平面上に直角座標をとりX軸を実軸に，Y軸を虚軸にとった平面を複素平面という．複素平面上の点P$(a,\ b)$ は複素数 $z=a+jb$ に対応する．複素平面上で原点(0, 0)を始点として点P$(a,\ b)$ を終点として結んだベクトルは複素数 $z=a+jb$ に等しいとする．これを(3-1-11)式のように表示する．

$$\dot{Z}=\overrightarrow{OP}=a+jb=(a,\ b) \qquad (3\text{-}1\text{-}11)$$

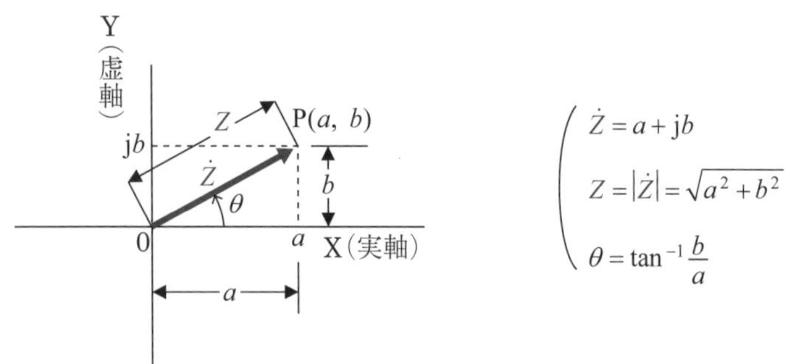

図3-1-5

[4] ベクトル $\dot{Z}$ の大きさ Z は距離OPの長さに等しい．したがって

$$Z=\left|\dot{Z}\right|=\sqrt{a^2+b^2} \qquad (3\text{-}1\text{-}12)$$

ベクトル $\dot{Z}$ と正のX軸とのなす角を θ とするとベクトル $\dot{Z}$ は次の指数関数表示でも表される．

$$\dot{Z}=Z\angle\theta \qquad (3\text{-}1\text{-}13)$$

ここに Z を $\dot{Z}$ の複素数の絶対値，θ を $\dot{Z}$ の偏角という．

[5] 複素数を三角関数で表示すると次のようになる．

$$\dot{Z} = Z(\cos\theta + \mathrm{j}\sin\theta) \tag{3-1-14}$$

$$\theta = \tan^{-1}\frac{b}{a} \tag{3-1-15}$$

[6] 複素数の積および商は次のようになる．

$$\dot{Z}_1\dot{Z}_2 = Z_1\angle\theta_1 \cdot Z_2\angle\theta_2 = Z_1Z_2\angle(\theta_1+\theta_2) \tag{3-1-16}$$

$$\frac{\dot{Z}_1}{\dot{Z}_2} = \frac{Z_1\angle\theta_1}{Z_2\angle\theta_2} = \frac{Z_1}{Z_2}\angle(\theta_1-\theta_2) \tag{3-1-17}$$

[7] 複素数 $\dot{Z}$ に j を掛けるとベクトルは 90° 進み，−j を掛けるとベクトルは 90° 遅れる．すなわち

$$\mathrm{j}\dot{Z} = Z\angle\theta \cdot \angle 90° = Z\angle(\theta+90°) \tag{3-1-18}$$

$$-\mathrm{j}\dot{Z} = Z\angle\theta \cdot \angle -90° = Z\angle(\theta-90°) \tag{3-1-19}$$

これを図示すると図 3-1-6 のようになる．

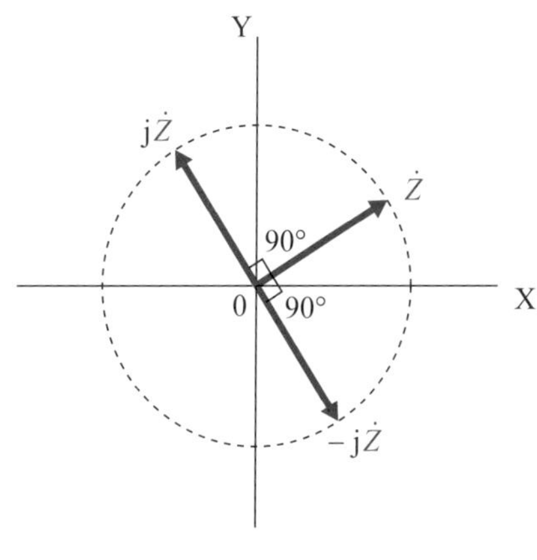

図3-1-6

例題３-１-２

1．次の複素数に対応するベクトルを図示せよ．またその絶対値と偏角を求め，(3-1-13)式の形で表せ．

(1) $\dot{Z}_1 = 1 + \mathrm{j}$　　　(2) $\dot{Z}_2 = 1 - \mathrm{j}\sqrt{3}$

解答

(1) 絶対値　$Z_1 = \sqrt{1^2 + 1^2} = \sqrt{2}$

偏角　$\theta = \tan^{-1}\dfrac{1}{1} = \tan^{-1} 1 = 45°$

$\dot{Z}_1 = \sqrt{2}\angle 45°$

(2) 絶対値　$Z_2 = \sqrt{1^2 + (\sqrt{3})^2} = 2$

偏角　$\theta = \tan^{-1}\dfrac{-\sqrt{3}}{1} = \tan^{-1} - \sqrt{3} = -60°$

$Z_2 = 2\angle - 60°$

これらを図示すると図 3-1-7 のようになる．

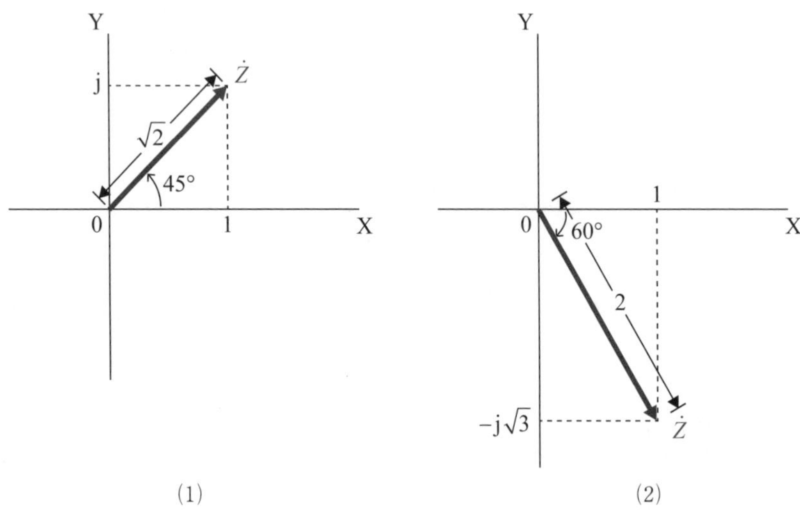

図3-1-7

3-1-3　インピーダンスの複素数表示

■要点■

[1] 正弦波交流は一般に次式で表される．

$$v = V_{\mathrm{m}} \sin(2\pi ft + \theta) \qquad (3\text{-}1\text{-}20)$$

ここに V_{m} は交流電圧の最大値，f は周波数，t は時間，θ は位相角である．

これをベクトルで表示すると，図 3-1-8 のようになり，複素数で表示すると

$$\dot{V} = V\angle\theta = V(\cos\theta + \mathrm{j}\sin\theta) \qquad V = \frac{V_{\mathrm{m}}}{\sqrt{2}} \qquad (3\text{-}1\text{-}21)$$

となる．すなわち複素数表示あるいはベクトル表示では電圧は最大値 V_{m} で表すのでなく実効値 V で表すことに注意する必要がある．

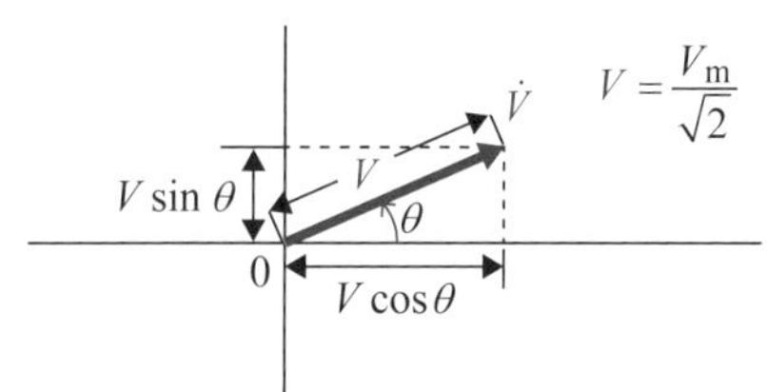

図3-1-8

[2] 交流回路においてもオームの法則が成り立つ．すなわち，図 3-1-9 に示すように負荷 $\dot{Z}$ に交流電圧 $\dot{V}$ を印加したとき，回路に流れる電流を $\dot{I}$ とすると次式が成立する．

$$\dot{V} = \dot{Z}\dot{I} \qquad (3\text{-}1\text{-}22)$$

この負荷 $\dot{Z}$ のことを複素インピーダンスといい，単位は直流の場合と同様オーム [Ω] である．

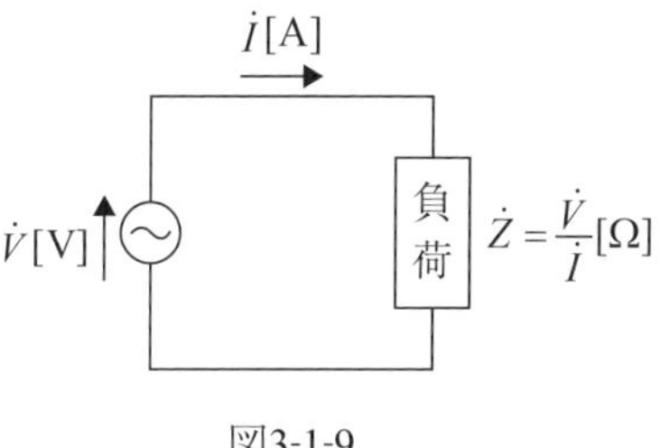

図3-1-9

[3] インピーダンスとしては抵抗 R [Ω]，インダクタンス L [H]，静電容量 C [F] がある．これらは交流回路の計算においてはその位相を考慮してインピーダンスとしては

$$\dot{Z}_{\mathrm{R}} = R\,[\Omega]$$

$$\dot{Z}_{\mathrm{L}} = \mathrm{j}\omega L = \mathrm{j}X_{\mathrm{L}}\,[\Omega]$$

$$\dot{Z}_{\mathrm{C}} = -\mathrm{j}\frac{1}{\omega C} = -\mathrm{j}X_{\mathrm{C}}\,[\Omega] \qquad (3\text{-}1\text{-}23)$$

として計算する．ここに ω は角周波数 $\omega = 2\pi f$ である．

[4] 自己インダクタンス L に電圧 $\dot{V}$ を印加したときに流れる電流 $\dot{I}$ は(3-1-23)式を用いて

$$\dot{I} = \frac{\dot{V}}{\mathrm{j}\omega L} = -\mathrm{j}\frac{\dot{V}}{\omega L} \qquad (3\text{-}1\text{-}24)$$

となり，電流は電圧に対して位相が 90° 遅れ(3-1-9)式と同じ結果となる．

静電容量 C に電圧 $\dot{V}$ を印加したときに流れる電流 $\dot{I}$ は(3-1-23)式を用いて

$$\dot{I} = \frac{\dot{V}}{-\mathrm{j}\dfrac{1}{\omega C}} = \mathrm{j}\omega C\dot{V}$$

となり，電流は電圧に対して位相が 90° 進み(3-1-10)式と同じ結果となる．

[5] 交流回路においてもインピーダンス $\dot{Z}$ の逆数をアドミタンス $\dot{Y}$ といい，単位はジーメンス [S] である．

$$\dot{Y} = \frac{1}{\dot{Z}} = G - \mathrm{j}B \qquad (3\text{-}1\text{-}25)$$

ここで G をコンダクタンス，B をサセプタンスという．

[6] 交流回路においてもテブナンの定理やブリッジの平衡条件は成り立つ．

例題 3-1-3

1．

(1) 図 3-1-10(a) のように抵抗 $R=10\,\Omega$ に電圧 $\dot{V}=100\,\mathrm{V}$ を印加したときの電流 $\dot{I}$ を複素数を用いて表し，この関係をベクトル図を用いて示せ．

(2) 図 3-1-10(b) のように $X_C=50\,\Omega$ のコンデンサに電圧 $\dot{V}=100\,\mathrm{V}$ を印加したときの電流 $\dot{I}$ を複素数を用いて表し，この関係をベクトル図を用いて示せ．

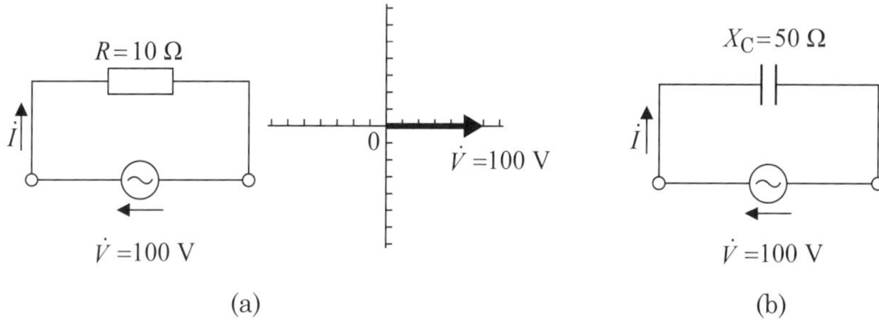

図3-1-10

解答

(1) $\dot{I}=\dfrac{\dot{V}}{\dot{Z}_R}=\dfrac{100}{10}=10\,\mathrm{A}$　ベクトル図を図 3-1-10(c) 解に示す．

(2) $\dot{I}=\dfrac{\dot{V}}{\dot{Z}_C}=\dfrac{\dot{V}}{-\mathrm{j}X_C}=\dfrac{\mathrm{j}\dot{V}}{X_C}=\dfrac{\mathrm{j}100}{50}=\mathrm{j}2\,\mathrm{A}$　ベクトル図を図 3-1-10(d) 解に示す．

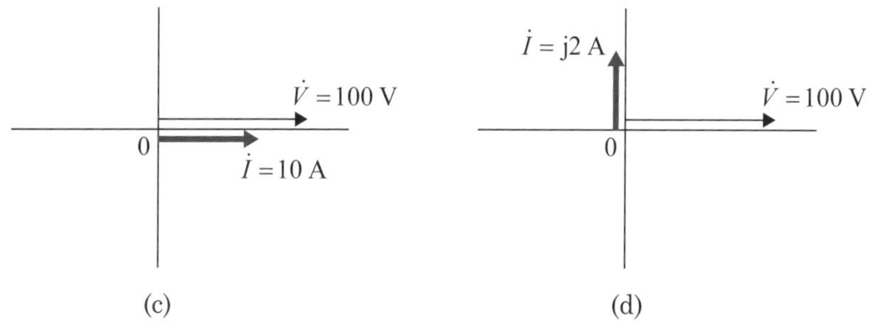

図3-1-10

2.

図 3-1-11(a) のように 3 Ω の抵抗と 4 Ω の容量リアクタンスの直列回路に 50 V の正弦波交流電圧を印加したとき次の値を求めよ.

(1) 電流のベクトル表示とベクトル図

(2) 電流の大きさ

(3) 電流の電圧に対する位相角

(4) V_R および V_C の大きさ

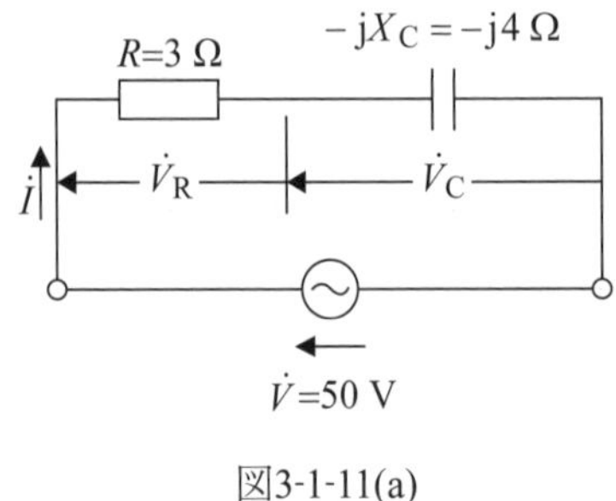

図3-1-11(a)

解答

(1) $\dot{I} = \dfrac{50}{3-j4} = \dfrac{50(3+j4)}{(3-j4)(3+j4)} = \dfrac{50}{25}(3+j4) = 6+j8\text{ A}$

ベクトル図は図 3-1-11(b) 解に示す.

(2) $I = \sqrt{6^2+8^2} = 10\text{ A}$

(3) $\theta = \tan^{-1}\dfrac{8}{6} = \tan^{-1}1.333 = 53.1°$

(4) $V_R = |\dot{V}_R| = R|\dot{I}| = 3\times 10 = 30\text{ V}$

$V_C = |\dot{V}_C| = |-jX_C\dot{I}| = 4\times 10 = 40\text{ V}$

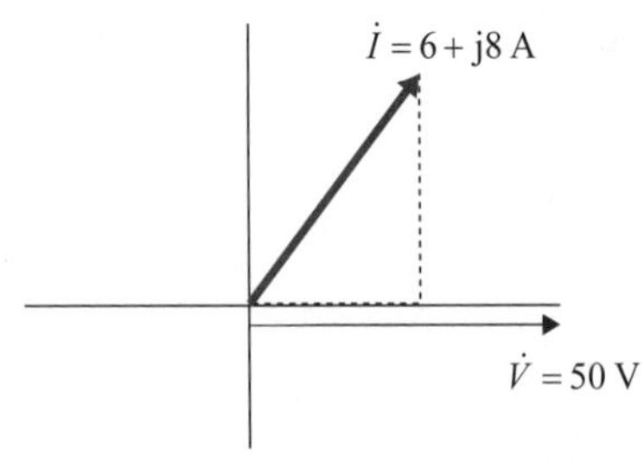

図3-1-11(b)

3-1-4　共振回路

■要点■

[1] 図 3-1-12 の回路においてはその合成インピーダンス $\dot{Z}$ は

$$\dot{Z} = R + \mathrm{j}\left(\omega L - \frac{1}{\omega C}\right) \tag{3-1-26}$$

となるが，ここでその虚数部がゼロとなる場合を直列共振という．したがって共振条件は

$$\omega_{\mathrm{r}} L - \frac{1}{\omega_{\mathrm{r}} C} = 0 \tag{3-1-27}$$

となり，共振周波数 f_{r} は $\omega_{\mathrm{r}} = 2\pi f_{\mathrm{r}}$ なので

$$f_{\mathrm{r}} = \frac{1}{2\pi\sqrt{LC}} \tag{3-1-28}$$

となる．

このとき流れる電流 $\dot{I}$ は

$$\dot{I} = \frac{\dot{V}}{R} \tag{3-1-29}$$

となり，最大となる．

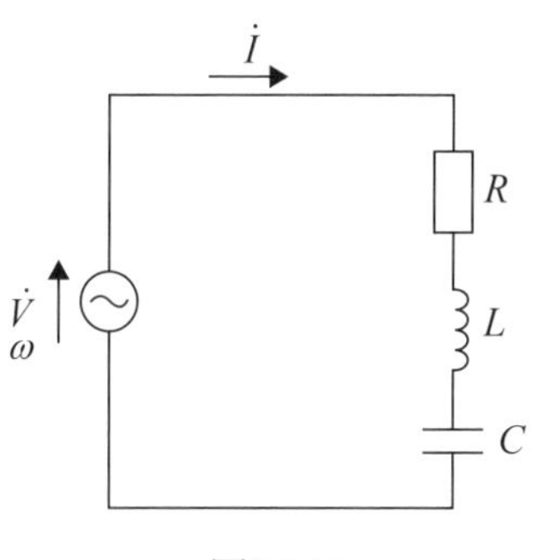

図3-1-12

[2] 図 3-1-13 のように L-C の並列回路に電圧 $\dot{V}$ を加えた場合，回路に流れる全電流 $\dot{I}$ は

$$\dot{I} = \dot{I}_{\mathrm{C}} + \dot{I}_{\mathrm{L}} = \mathrm{j}\omega C\dot{V} + \frac{\dot{V}}{\mathrm{j}\omega L} = \mathrm{j}\left(\omega C - \frac{1}{\omega L}\right)\dot{V} \tag{3-1-30}$$

となる．ここで虚数部がゼロとなる条件は

$$\omega_r L - \frac{1}{\omega_r C} = 0 \qquad (3\text{-}1\text{-}31)$$

となり，このとき全電流 $\dot{I}$ はゼロとなる．これを並列共振という．その共振周波数は

$$f_r = \frac{1}{2\pi\sqrt{LC}} \qquad (3\text{-}1\text{-}32)$$

となる．

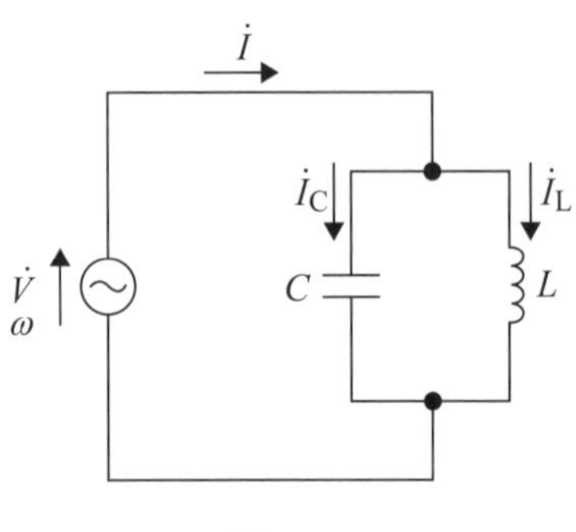

図3-1-13

[3] 実際のコイルとコンデンサの並列共振回路においては，コイルの抵抗 R も考える必要があり，その回路図は図 3-1-14 のようになるが，この場合も $R \ll \omega L$ が成り立つほどの高周波の場合は(3-1-32)式が成り立つ．

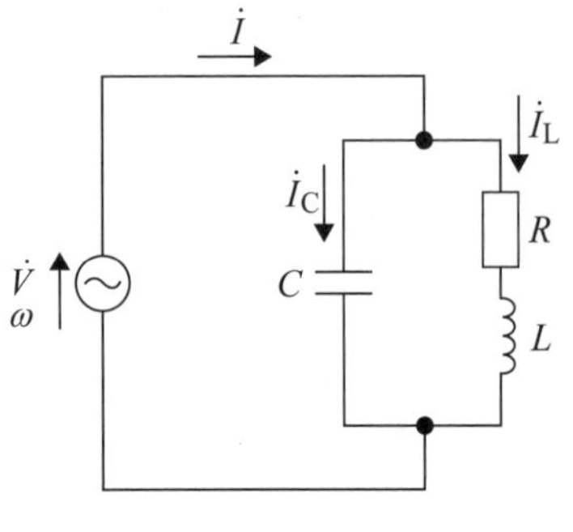

図3-1-14

例題 3-1-4

図 3-1-14（前頁）の回路で，$R=100\ \Omega$, $L=50\ \mathrm{mH}$, $C=25\ \mathrm{pF}$ としたときの共振周波数を求めよ．

解答

共振周波数は（3-1-32）式より

$$f_{\mathrm{r}}=\frac{1}{2\pi\sqrt{50\times10^{-3}\times25\times10^{-12}}}=142.4\times10^{3}\ \mathrm{Hz}=142.4\ \mathrm{kHz}$$

$$\omega L=2\pi\times142.4\times10^{3}\times50\times10^{-3}=44700$$

となり，$\omega L\gg R$ が成り立っているのがわかる．

演習問題３-１

1．周波数 50 MHz の正弦波交流の周期，波長および角周波数を計算せよ．

2．$v_1 = 100\sin\left(\omega t + \frac{\pi}{6}\right)$ V の起電力の位相角および初位相角を求めよ．また実効値はいくらか．

3．10 μF のコンデンサに 50 Hz, 200 V の電圧を印加したときに流れる電流を求めよ．また電圧を基準にしてベクトル図を描け．

4．$\dot{A} = 100\angle 60°$　$\dot{B} = 20\angle 90°$ で表される複素数について次の計算をして $Z\angle\theta$ の形式および $a + \mathrm{j}b$ の両方の形で表せ．

(1)　$\dot{A}\cdot\dot{B}$　　　　(2)　$\dot{A}/\dot{B}$

5．複素数 $\dot{Z} = 4 - \mathrm{j}3$ の位相を 90° 進ませた複素数 $\dot{Z}_1$，90° 遅らせた複素数 $\dot{Z}_2$ を $a + \mathrm{j}b$ の形式で表し，かつ $\dot{Z}$, $\dot{Z}_1$, $\dot{Z}_2$ をベクトル図で示せ．

6．演図 3-1-1 のように $X_L = 20\,\Omega$ のコイルに電圧 $\dot{V} = 100$ V を印加したときの電流 $\dot{I}$ を複素数を用いて表し，この関係をベクトル図を用いて示せ．

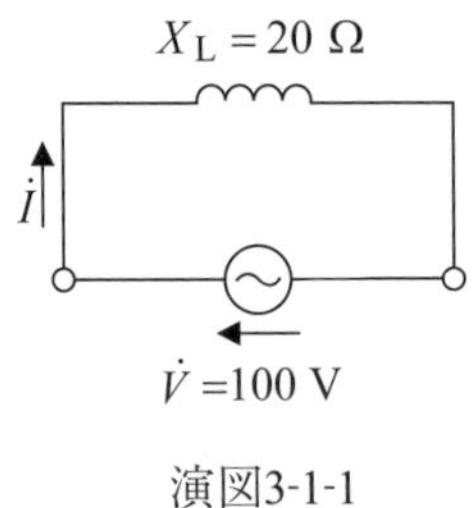

演図3-1-1

7．演図 3-1-2 のように 6 Ω の抵抗と 誘導リアクタンス 9 Ω のコイル，および容量リアクタンス 1 Ω のコンデンサを直列に接続した回路に正弦波交流電圧 $\dot{V}$ を印加したとき回路に 10 A の電流が流れた．次の各値をもとめよ．

(1) 回路インピーダンス $\dot{Z}$ とその大きさ

(2) 電圧 $\dot{V}_R$, $\dot{V}_L$, $\dot{V}_C$ とそれらの大きさ

(3) 電圧 $\dot{V}$, $\dot{V}_{RL}$ とそれらの大きさ，および $\dot{I}$ を基準としたベクトル表示

(4) $\dot{V}$ と $\dot{I}$ の位相角

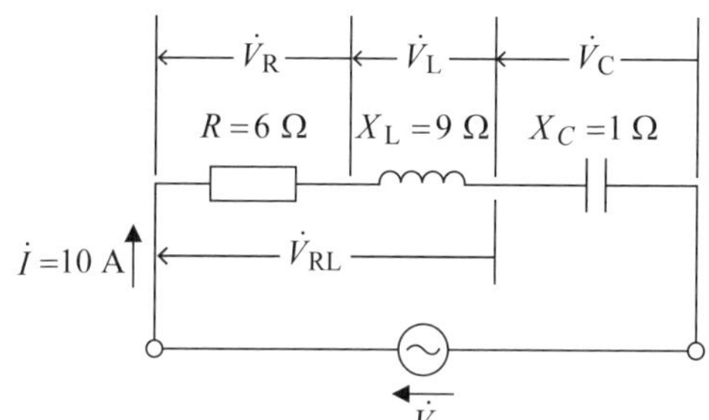

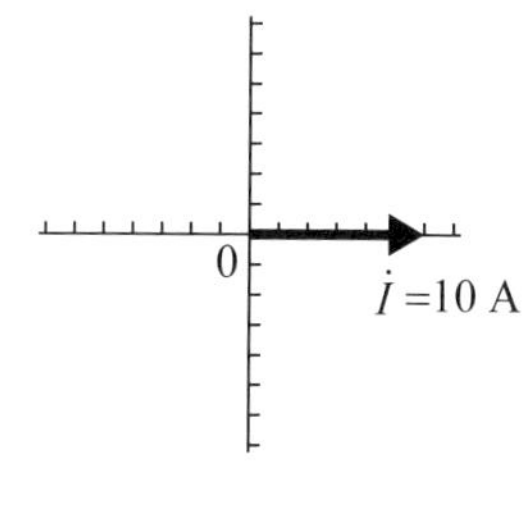

演図3-1-2

8．演図 3-1-3 のような並列回路において次の値を求めよ．

(1) 電流 $\dot{I}$, $\dot{I}_1$, $\dot{I}_2$ とそれらの大きさ

(2) 合成アドミタンスと合成インピーダンス

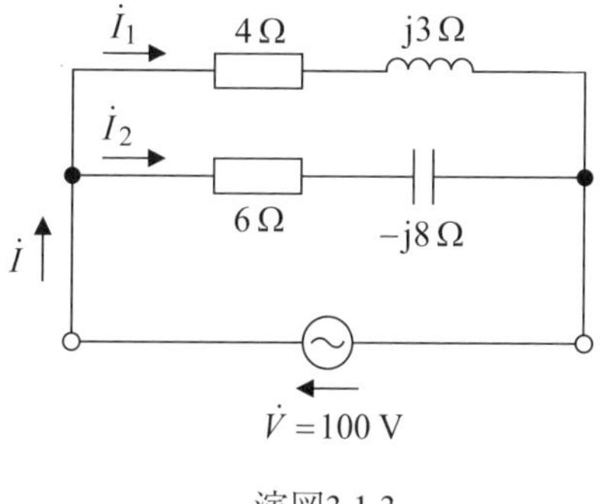

演図3-1-3

9．演図 3-1-4 のような並列回路において電流 $\dot{I}$ およびその大きさ I，および合成アドミタンス $\dot{Y}$ を求めよ．ただし $\dot{V}=60$ V，R=3 Ω，$L=$ j6 Ω，$C=-$j2 Ω である．

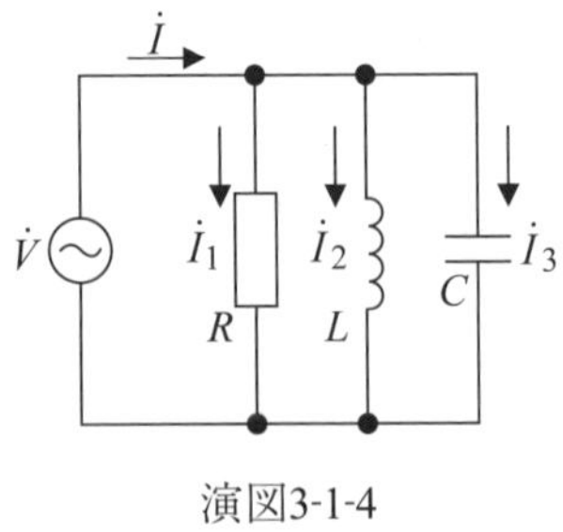

演図3-1-4

10. 演図 3-1-5 の回路においてコンデンサに流れる電流 $\dot{I}_C$ をテブナンの定理を用いて求めよ．ただし $\dot{V}=100$ V，$R=15$ Ω，$L=$ j45 Ω，$C=-$ j15 Ω である．

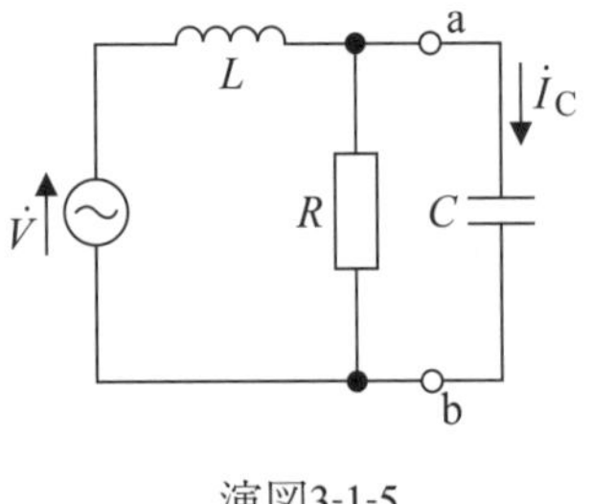

演図3-1-5

11. 演図 3-1-6 のブリッジ回路において図の値で平衡した．このとき自己インダクタンス L はいくらになるか．

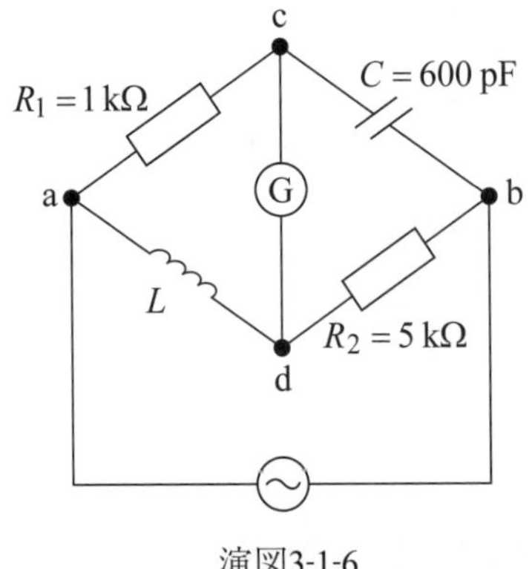

演図3-1-6

12. 演図 3-1-7 のような直列回路がある．次の値を求めよ．ただし $\pi=3.1416$ で計算せよ．

(1) 合成インピーダンス $\dot{Z}$

(2) 電流 $\dot{I}$ の大きさと，電圧 $\dot{V}$ に対する $\dot{I}$ の位相角

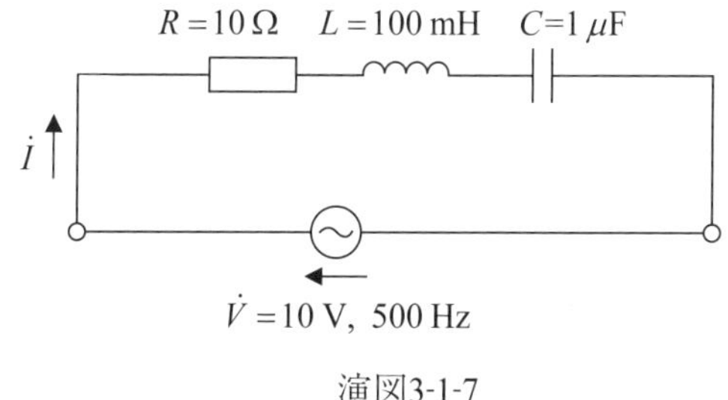

演図3-1-7

13. 直列共振回路において，コイルのインダクタンスを一定にして，コンデンサの静電容量を $\frac{1}{9}$ に落とすと，共振周波数は何倍になるか．

14. 図 3-1-14 の並列共振回路で，$R=100\,\Omega$，$L=40$ mH，$C=400$ pF としたときの共振周波数を求めよ．

15. 図 3-1-13 の回路において 1 MHz において共振させるには，C の値をいくらにすればよいか．ただし，$L=10\,\mu$H とする．

演習問題３-１　解答

1．

周期　$T=\dfrac{1}{f}=\dfrac{1}{50\times10^{6}}=0.02\times10^{-6}\ \mathrm{s}=0.02\ \mu\mathrm{s}$

波長　$\lambda=\dfrac{c}{f}=\dfrac{3\times10^{8}}{50\times10^{6}}=6.0\ \mathrm{m}$

角周波数　$\omega=2\pi f=2\pi\times50\times10^{6}=\pi\times10^{8}=3.14\times10^{8}\ \mathrm{rad/s}$

2．

位相角 $=\omega t+\dfrac{\pi}{6}$

初位相角 $=\dfrac{\pi}{6}$

実効値 $=\dfrac{100}{\sqrt{2}}=70.72\ \mathrm{V}$

3．

$$I=\omega CV=2\pi fCV=2\pi\times50\times10\times10^{-6}\times200=0.2\pi=0.628\ \mathrm{A}$$

ベクトル図は演図 3-1-8 に示す．

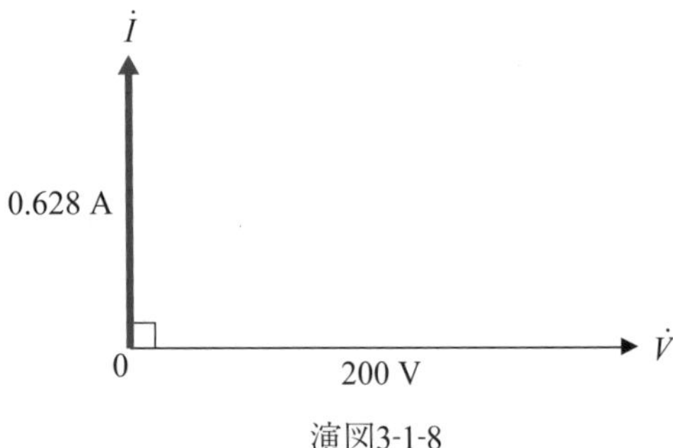

演図3-1-8

4．

(1) $\dot{A}\dot{B} = 100\angle 60° \cdot 20\angle 90° = 2000\angle 150°$

$$= 2000(\cos 150° + \mathrm{j}\sin 150°) = 2000\left(-\frac{\sqrt{3}}{2} + \mathrm{j}\frac{1}{2}\right) = -1000\sqrt{3} + \mathrm{j}1000$$

(2) $\dot{A}/\dot{B} = 100\angle 60° / 20\angle 90° = 5\angle -30°$

$$= 5(\cos 30° - \mathrm{j}\sin 30°) = 5\left(\frac{\sqrt{3}}{2} - \mathrm{j}\frac{1}{2}\right) = \frac{5\sqrt{3}}{2} - \mathrm{j}\frac{5}{2}$$

5．

位相を 90° 進ませるとは j をかけることである．したがって

$$\dot{Z}_1 = \mathrm{j}(4 - \mathrm{j}3) = \mathrm{j}4 + 3 = 3 + \mathrm{j}4$$

位相を 90° 遅らせるとは −j をかけることである．したがって

$$\dot{Z}_2 = -\mathrm{j}(4 - \mathrm{j}3) = -3 - \mathrm{j}4$$

これらを図示すると演図 3-1-9 のようになる．

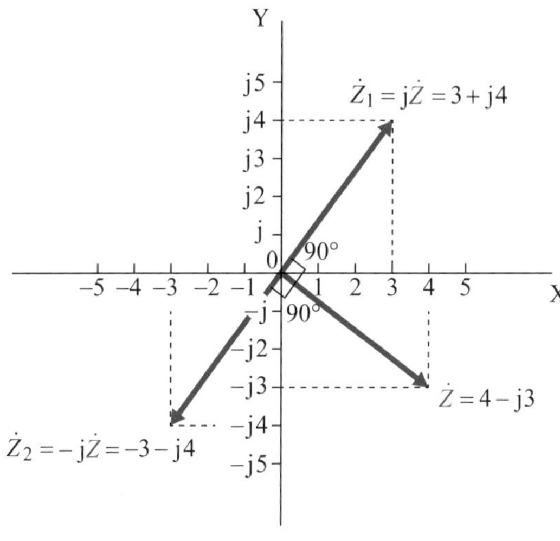

演図3-1-9

6．

$$\dot{I}=\frac{\dot{V}}{\dot{Z}_{L}}=\frac{\dot{V}}{jX_{L}}=\frac{100}{j20}=-j5\ A$$

ベクトル図を演図 3-1-10 に示す．

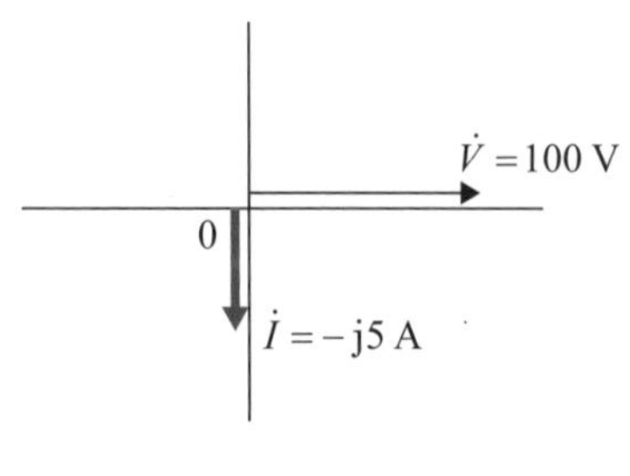

演図3-1-10

7．

(1) $\dot{Z}=R+jX_{L}-jX_{C}=6+j9-j1=6+j8\ \Omega$

$Z=|\dot{Z}|=\sqrt{6^2+8^2}=10\ \Omega$

(2) $\dot{V}_{R}=V_{R}=RI=6\times10=60\ V$

$\dot{V}_{L}=jX_{L}I=j9\times10=j90\ V \qquad V_{L}=|\dot{V}_{L}|=90\ V$

$\dot{V}_{C}=-jX_{C}I=-j1\times10=-j10\ V \qquad V_{C}=|\dot{V}_{C}|=10\ V$

(3) $\dot{V}=\dot{V}_{R}+\dot{V}_{L}+V_{C}=60+j90-j10=60+j80\ V$

$V=|\dot{V}|=\sqrt{60^2+80^2}=100\ V$

$\dot{V}_{RL}=V_{R}+V_{L}=60+j90\ V$

$V_{RL}=|\dot{V}_{RL}|=\sqrt{60^2+90^2}=108\ V$

$\dot{V}$ および $\dot{V}_{RL}$ のベクトル表示を右に示す．

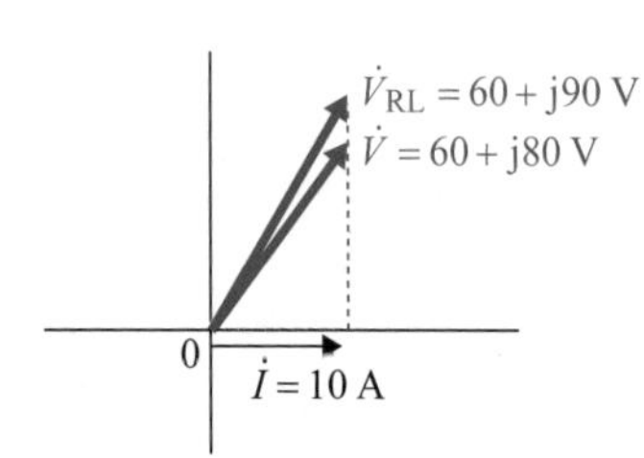

(4)　$\theta = \tan^{-1}\dfrac{80}{60} = \tan^{-1}1.333 = 53.1°$

8.

(1)　$\dot{I}_1 = \dfrac{100}{4+\mathrm{j}3} = 16 - \mathrm{j}12\ \mathrm{A}$　大きさ $I_1 = \sqrt{16^2+12^2} = 20\ \mathrm{A}$

$\dot{I}_2 = \dfrac{100}{6-\mathrm{j}8} = 6 + \mathrm{j}8\ \mathrm{A}$　大きさ $I_2 = \sqrt{6^2+8^2} = 10\ \mathrm{A}$

$\dot{I} = I_1 + I_2 = \dot{2}2 - \mathrm{j}4\ \mathrm{A}$　大きさ $I = \sqrt{22^2+4^2} = 22.36\ \mathrm{A}$

(2)　$\dot{Y} = \dfrac{\dot{I}}{\dot{V}} = \dfrac{22-\mathrm{j}4}{100} = 0.22 - \mathrm{j}0.04\ \mathrm{S}$

$\dot{Z} = \dfrac{\dot{V}}{\dot{I}} = \dfrac{100}{22-\mathrm{j}4} = \dfrac{100(22+\mathrm{j}4)}{(22-\mathrm{j}4)(22+\mathrm{j}4)} = 4.4 + \mathrm{j}0.8\ \Omega$

9.

$\dot{I}_1 = \dfrac{60}{3} = 20\ \mathrm{A}$

$\dot{I}_2 = \dfrac{60}{\mathrm{j}6} = -\mathrm{j}10\ \mathrm{A}$

$\dot{I}_3 = \dfrac{60}{-\mathrm{j}2} = \mathrm{j}30\ \mathrm{A}$

$\dot{I} = \dot{I}_1 + \dot{I}_2 + \dot{I}_3 = 20 + 20\ \mathrm{A}$　大きさ $I = \sqrt{20^2+20^2} = 28.3\ \mathrm{A}$

$\dot{Y} = \dfrac{\dot{I}}{\dot{V}} = \dfrac{20+\mathrm{j}20}{60} = 0.33 + \mathrm{j}0.33\ \mathrm{S}$

10.

まずコンデンサ回路を端子 a-b で切り離し，端子 a-b 間の電圧 $\dot{V}_0$ を求める．演図 3-1-11(a) より

$\dot{I}' = \dfrac{100}{15+\mathrm{j}45}\ \mathrm{A}$

$\dot{V}_0 = R\dot{I}' = 15 \times \dfrac{100}{15+\mathrm{j}45} = \dfrac{100}{1+\mathrm{j}3}\ \mathrm{V}$

次に電源を取り除いて短絡し，a-b 間より回路側を見たインピーダンス $\dot{Z}_0$ を求める．演図 3-1-11(b) より

$$\dot{Z}_0 = \frac{15\times \mathrm{j}45}{15+\mathrm{j}45} = \frac{\mathrm{j}45}{1+\mathrm{j}3}\,\Omega$$

したがってテブナンの定理より演図 3-1-11(c) の回路図が描ける．これより

$$\dot{I}_C = \frac{\dot{V}_0}{\dot{Z}_0 - \mathrm{j}15} = \frac{\dfrac{100}{1+\mathrm{j}3}}{\dfrac{\mathrm{j}45}{1+\mathrm{j}3} - \mathrm{j}15} = \frac{100}{\mathrm{j}45 - \mathrm{j}15(1+\mathrm{j}3)} = 1.54 - \mathrm{j}1.03\ \mathrm{A}$$

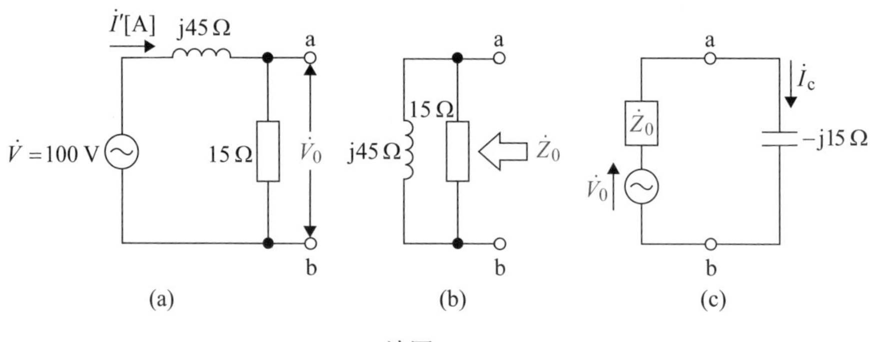

演図3-1-11

11.

ブリッジの平衡条件より

$$R_1R_2 = \mathrm{j}\omega L\frac{1}{\mathrm{j}\omega C}$$

これより $L = CR_1R_2 = 600\times10^{-12}\times1\times10^3\times5\times10^3 = 3\times10^{-3}$ H=3 mH

12.

(1) $\dot{Z} = R + \mathrm{j}\omega L - \mathrm{j}\dfrac{1}{\omega C} = 10 + \mathrm{j}2\pi\times500\times100\times10^{-3} - \mathrm{j}\dfrac{1}{2\pi\times500\times10^{-6}}$

$= 10 + \mathrm{j}314.16 - \mathrm{j}318.31 = 10 - \mathrm{j}4.15\,\Omega$

(2) $\dot{I} = \dfrac{\dot{V}}{\dot{Z}} = \dfrac{10}{10-\mathrm{j}4.15} = 0.853 + \mathrm{j}0.354\ \mathrm{A}$　大きさ $I = \sqrt{0.853^2 + 0.854^2} = 0.924\ \mathrm{A}$

$\dot{I}$ と $\dot{V}$ の位相角 $\theta = \tan^{-1}\dfrac{0.354}{0.853} = \tan^{-1}0.415 = 22.54°$

13.

共振周波数は(3-1-27)式で求まる．C の代わりに $\frac{1}{9}C$ を代入すると

$$f_r' = \frac{1}{2\pi\sqrt{\frac{CL}{9}}} = 3\frac{1}{2\pi\sqrt{LC}}$$

となり，共振周波数は3倍となる．

14.

(3-1-32)式より

$$f_r = \frac{1}{2\pi\sqrt{40\times10^{-3}\times400\times10^{-12}}} = 3.98\times10^4\ \text{Hz} = 39.8\ \text{kHz}$$

この場合 $R \ll \omega L$ が成り立っている．

15.

(3-1-31)式より

$$C = \frac{1}{(2\pi f_r)^2 L} = \frac{1}{(2\pi\times10^6)^2\times10\times10^{-6}} = 2536\ \text{pF}$$

となる．

3-2　電子回路

3-2-1　負帰還増幅回路

■要点■

[1] 帰還とは，増幅回路の出力の一部を入力へ戻すことである．出力信号の一部を入力信号と同位相で戻して入力へ加えることを正帰還という．出力信号の一部を入力信号と逆位相で戻して入力へ加えることを負帰還(フィードバック)という．負帰還により，波形のひずみや雑音などの改善を行うことが可能である．

[2] 図 3-2-1 に負帰還増幅回路の概略図を示す．入力電圧 v_i, 出力電圧 v_o, 帰還電圧 v_f とする．β を帰還率と呼び，次式のようにおく．

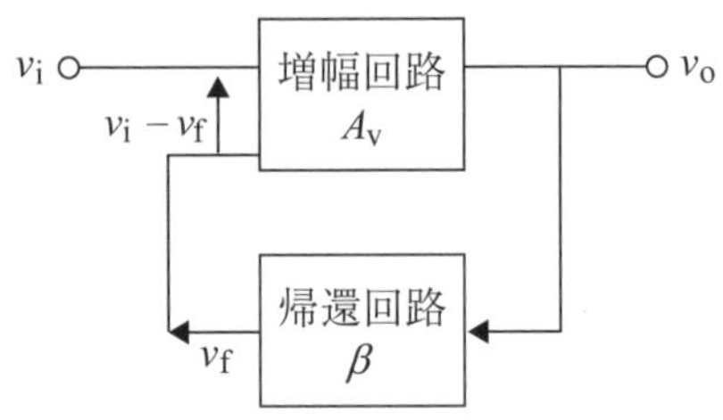

図3-2-1 負帰還増幅回路の概略図

$$\beta = \frac{v_f}{v_o} \tag{3-2-1}$$

$$v_f = \beta v_o \tag{3-2-2}$$

負帰還をかけていないときの増幅回路の電圧増幅度を A_v とする．負帰還をかけていないとき，v_i, v_o および A_v には次式の関係がある．

$$v_o = A_v v_i \tag{3-2-3}$$

出力電圧 v_o の β 倍の電圧 v_f を入力側に帰還しているため，次式が成り立つ．

$$v_o = A_v(v_i - v_f) \tag{3-2-4}$$

(3-2-2)式を(3-2-4)式に代入してまとめると v_i の式を得ることができる．

$$v_o = A_v(v_i - \beta v_o) \tag{3-2-5}$$

$$v_i = \beta v_o + \frac{v_o}{A_v} \tag{3-2-6}$$

負帰還増幅回路の電圧増幅度を A_{vf} とおく．A_{vf} は，次式で表される．

$$A_{vf}=\frac{v_o}{v_i} \tag{3-2-7}$$

(3-2-7)式に(3-2-6)式を代入すると A_{vf}, A_v および β の関係を得ることができる．

$$A_{vf}=\frac{v_o}{\beta v_o+\dfrac{v_o}{A_v}}=\frac{A_v}{1+A_v\beta} \tag{3-2-8}$$

ここで，$A_v\beta$ をループゲインと呼ぶ．また，$1+A_v\beta$ を帰還量と呼ぶ．次式を使うことで，帰還量の単位はデシベル [dB] になる．

$$F=20\log(1+A_v\beta) \tag{3-2-9}$$

[3] 負帰還回路の電圧増幅度 A_{vf} は(3-2-8)式で表される．負帰還をかけていないときの電圧増幅度 A_v が比較的大きいと考えると，ループゲイン $A_v\beta$ も大きくなる．これにより，$A_v\beta\gg 1$ の関係になる．この関係を(3-2-8)式に適用すると次式を得ることができる．

$$A_{vf}=\frac{A_v}{A_v\beta}=\frac{1}{\beta} \tag{3-2-10}$$

(3-2-10)式から，A_{vf} は β のみで決定する．A_{vf} は A_v とは無関係になる．全体の利得は帰還回路の特性で決定することになる．負帰還をかけていないときの増幅回路の利得が安定しなくても，帰還回路の特性で，安定した特性を得ることができる．

回路全体として，帰還回路の影響を大きく受けるため，増幅回路の内部で発生するひずみや雑音を減少することができる．

[4] 帰還回路に抵抗など周波数特性を持たない素子を利用した場合，図 3-2-2 のような特性を得ることができる．負帰還を与えた場合，利得は低下するが，帯域幅が広がり，周波数特性を改善することができる．

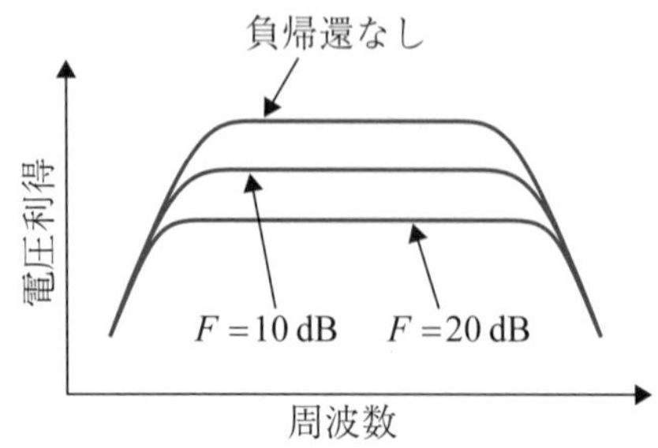

図3-2-2 負帰還増幅回路の電圧利得と周波数の関係

[5] 2-9 節で紹介したコレクタ接地増幅回路（エミッタフォロア）も負帰還増幅回路である．出力電圧 v_o の一部を入力信号 v_i に戻した構造になっている．

[6] 負帰還回路の一つである電流帰還直列注入形負帰還増幅回路を図 3-2-3 に示す．この回路は図 3-2-4 の等価回路に置き換えることができる．本回路の電圧増幅度 A_{vf} は次式のようになる．

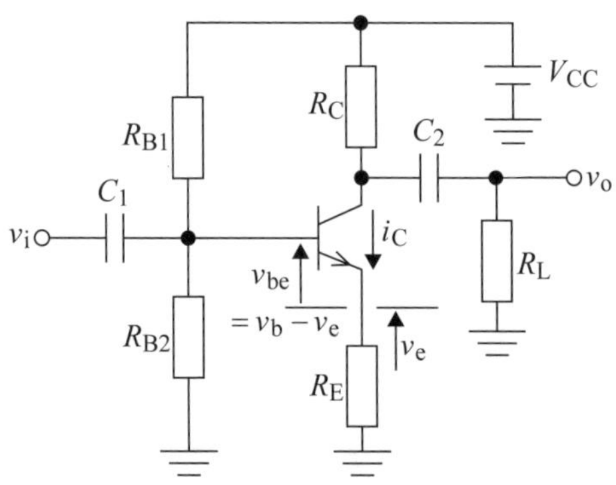

図3-2-3 電流帰還直列注入形負帰還増幅回路

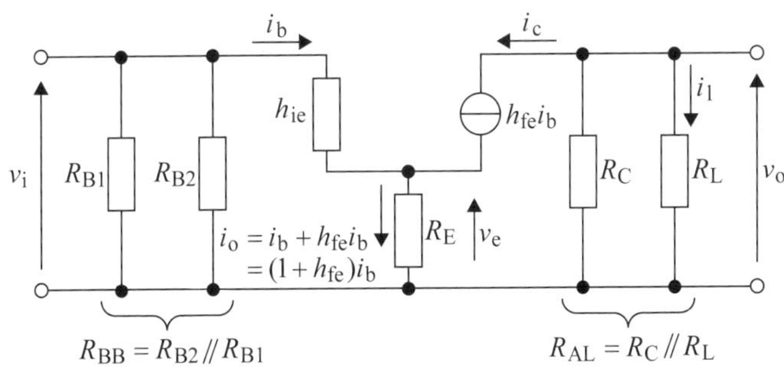

図3-2-4 電流帰還直列注入形負帰還増幅回路の簡易等価回路

$$A_{vf} = \frac{v_o}{v_i} \tag{3-2-11}$$

入力電圧 v_i および v_o の式を導出して，(3-2-11)式に代入することで，電圧増幅度 A_{vf} の式を得ることができる．等価回路より，

$$v_e = R_E(i_b + h_{fe}i_b) = R_E(1+h_{fe})i_b \tag{3-2-12}$$

$$v_i = h_{ie}i_b + v_e \tag{3-2-13}$$

(3-2-12)式を(3-2-13)式に代入すると

$$v_i = h_{ie}i_b + R_E(1+h_{fe})i_b = \{h_{ie} + R_E(1+h_{fe})\}i_b \tag{3-2-14}$$

$h_{fe} \gg 1$ とすると，(3-2-14)式は次式になる．

$$v_i \cong (h_{ie} + h_{fe}R_E)i_b \tag{3-2-15}$$

等価回路より，出力電圧 v_o は

$$v_o = R_L i_l = -h_{fe}i_b \times \frac{R_C R_L}{R_C + R_L} = -h_{fe}i_b R_{AL} \tag{3-2-16}$$

(3-2-15)式および(3-2-16)式を(3-2-11)式に代入すると

$$A_{vf} = -\frac{h_{fe}i_b R_{AL}}{(h_{ie} + h_{fe}R_E)i_b} = -\frac{h_{fe}R_{AL}}{h_{ie}\left(1+\dfrac{h_{fe}}{h_{ie}}R_E\right)} \tag{3-2-17}$$

トランジスタには2-5節の(2-5-28)式のような関係がある．よって，負帰還をかけていないときの増幅度 A_v は次式のようになる．

$$A_v = -\frac{h_{fe}}{h_{ie}}R_{AL} \tag{3-2-18}$$

また，帰還率 β は次式のように置かれる．

$$\beta=\frac{R_{\mathrm{E}}}{R_{\mathrm{AL}}} \tag{3-2-19}$$

(3-2-18)式および(3-2-19)式を(3-2-17)式に代入すると

$$A_{\mathrm{vf}}=\frac{A_{\mathrm{v}}}{1-\dfrac{R_{\mathrm{E}}}{R_{\mathrm{AL}}}A_{\mathrm{v}}}=\frac{A_{\mathrm{v}}}{1-\beta A_{\mathrm{v}}} \tag{3-2-20}$$

ループゲイン βA_{v} が大きいため，$\beta A_{\mathrm{v}} \gg 1$ の関係が成り立つとすると

$$A_{\mathrm{vf}}=\frac{A_{\mathrm{v}}}{-\beta A_{\mathrm{v}}}=\frac{1}{-\beta}=-\frac{R_{\mathrm{AL}}}{R_{\mathrm{E}}}=-\frac{R_{\mathrm{C}}/\!/R_{\mathrm{L}}}{R_{\mathrm{E}}} \tag{3-2-21}$$

以上より，電圧増幅度 A_{vf} を抵抗比で求めることができる．

次に入力抵抗 R_{i} を求める．R_{i} は次式で表される．

$$R_{\mathrm{i}}=\frac{v_{\mathrm{i}}}{i_{\mathrm{b}}} \tag{3-2-22}$$

(3-2-15)式を(3-2-22)式に代入する．

$$R_{\mathrm{i}}=\frac{(h_{\mathrm{ie}}+h_{\mathrm{fe}}R_{\mathrm{E}})i_{\mathrm{b}}}{i_{\mathrm{b}}}=h_{\mathrm{ie}}+h_{\mathrm{fe}}R_{\mathrm{E}}=h_{\mathrm{ie}}\left(1+\frac{h_{\mathrm{fe}}}{h_{\mathrm{ie}}}R_{\mathrm{E}}\right) \tag{3-2-23}$$

(3-2-18)式および(3-2-19)式を(3-2-23)式に代入すると

$$R_{\mathrm{i}}=h_{\mathrm{ie}}\left(1-A_{\mathrm{v}}\frac{R_{\mathrm{E}}}{R_{\mathrm{AL}}}\right)=h_{\mathrm{ie}}(1-\beta A_{\mathrm{v}}) \tag{3-2-24}$$

を得ることができる．

[7] 負帰還回路の一つである電圧帰還並列注入形負帰還増幅回路を図 3-2-5 に示す．この回路は図 3-2-6 の等価回路に置き換えることができる．本回路の電圧増幅度 A_{vf} は次式のようになる．

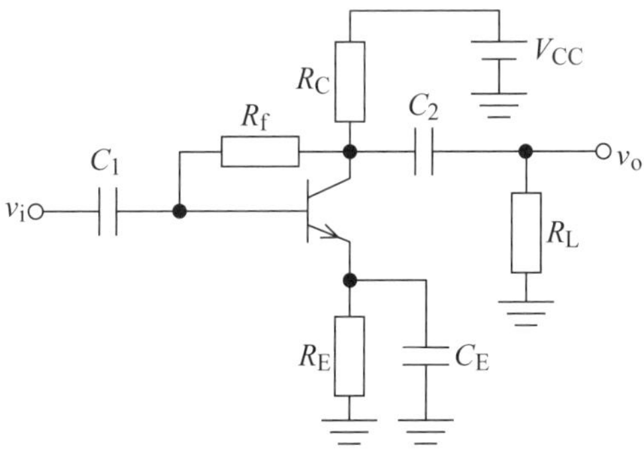

図3-2-5 電圧帰還並列注入形負帰還増幅回路

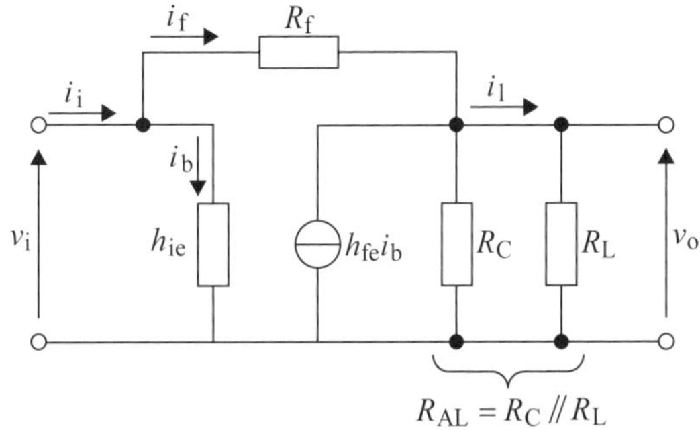

図3-2-6 電圧帰還並列注入形負帰還増幅回路の簡易等価回路

$$A_{vf} = \frac{v_o}{v_i} \tag{3-2-25}$$

出力電圧 v_o の式を導出して，(3-2-25)式に代入することで，電圧増幅度 A_{vf} の式を得ることができる．等価回路より，

$$(i_f - h_{fe}i_b) \times \frac{R_C R_L}{R_C + R_L} = i_l R_L = v_o$$

$$i_l = (i_f - h_{fe}i_b) \times \frac{R_C}{R_C + R_L} = \frac{v_o}{R_L} \tag{3-2-26}$$

抵抗 R_f に関して，オームの法則を適用すると

$$i_f = \frac{v_i - v_o}{R_f} \tag{3-2-27}$$

$|v_o|>|v_i|$ の条件を(3-2-27)式に適用する．

$$i_{\mathrm{f}} = -\frac{v_{\mathrm{o}}}{R_{\mathrm{f}}} \tag{3-2-28}$$

等価回路より

$$i_{\mathrm{b}} = \frac{v_{\mathrm{i}}}{h_{\mathrm{ie}}} \tag{3-2-29}$$

(3-2-28)式および(3-2-29)式を(3-2-26)式に代入する．

$$\left(-\frac{v_{\mathrm{o}}}{R_{\mathrm{f}}} - h_{\mathrm{fe}}\frac{v_{\mathrm{i}}}{h_{\mathrm{ie}}}\right) \times \frac{R_{\mathrm{C}}}{R_{\mathrm{C}} + R_{\mathrm{L}}} = \frac{v_{\mathrm{o}}}{R_{\mathrm{L}}} \tag{3-2-30}$$

(3-2-30)式をまとめることで，v_{o} の式を得ることができる．

$$v_{\mathrm{o}} = \frac{-\dfrac{h_{\mathrm{fe}}}{h_{\mathrm{ie}}}\dfrac{R_{\mathrm{C}}}{R_{\mathrm{C}} + R_{\mathrm{L}}}v_{\mathrm{i}}}{\dfrac{1}{R_{\mathrm{L}}} + \dfrac{R_{\mathrm{C}}}{R_{\mathrm{f}}(R_{\mathrm{C}} + R_{\mathrm{L}})}} \tag{3-2-31}$$

(3-2-31)式を(3-2-25)式に代入する．

$$A_{\mathrm{vf}} = \frac{v_{\mathrm{o}}}{v_{\mathrm{i}}} = \frac{-\dfrac{h_{\mathrm{fe}}}{h_{\mathrm{ie}}}\dfrac{R_{\mathrm{C}}}{R_{\mathrm{C}} + R_{\mathrm{L}}}}{\dfrac{1}{R_{\mathrm{L}}} + \dfrac{R_{\mathrm{C}}}{R_{\mathrm{f}}(R_{\mathrm{C}} + R_{\mathrm{L}})}} = \frac{-\dfrac{h_{\mathrm{fe}}}{h_{\mathrm{ie}}}\dfrac{R_{\mathrm{C}}R_{\mathrm{L}}}{R_{\mathrm{C}} + R_{\mathrm{L}}}}{1 + \dfrac{1}{R_{\mathrm{f}}}\dfrac{R_{\mathrm{C}}R_{\mathrm{L}}}{R_{\mathrm{C}} + R_{\mathrm{L}}}} \tag{3-2-32}$$

$$R_{\mathrm{AL}} = R_{\mathrm{C}} /\!/ R_{\mathrm{L}} = \frac{R_{\mathrm{C}}R_{\mathrm{L}}}{R_{\mathrm{C}} + R_{\mathrm{L}}} \tag{3-2-33}$$

と置くと，(3-2-32)式は次式になる．

$$A_{\mathrm{vf}} = \frac{-\dfrac{h_{\mathrm{fe}}}{h_{\mathrm{ie}}}R_{\mathrm{AL}}}{1 + \dfrac{R_{\mathrm{AL}}}{R_{\mathrm{f}}}} \tag{3-2-34}$$

負帰還をかけていないときの増幅度 A_{v} は次式となる．

$$A_{\mathrm{v}} = -\frac{h_{\mathrm{fe}}}{h_{\mathrm{ie}}}R_{\mathrm{AL}} \tag{3-2-35}$$

また，帰還率を次式のように置く．

$$\beta = \frac{R_{\mathrm{AL}}}{R_{\mathrm{f}}} \tag{3-2-36}$$

(3-2-35)式および(3-2-36)式を(3-2-34)式に代入すると，増幅度 A_{vf} の式を得ることができる．

$$A_{\mathrm{vf}} = \frac{A_{\mathrm{v}}}{1+\beta} \tag{3-2-37}$$

$\beta \ll 1$ より，$A_{\mathrm{vf}} = A_{\mathrm{v}}$ となる．よって，本回路は負帰還をかけても増幅度にほとんど変化がない．

次に入力抵抗 R_{i} を求める．R_{i} は次式で表される．

$$R_{\mathrm{i}} = \frac{v_{\mathrm{i}}}{i_{\mathrm{i}}} \tag{3-2-38}$$

電流 i_{i} は次式で表される．

$$i_{\mathrm{i}} = i_{\mathrm{b}} + i_{\mathrm{f}} = \frac{v_{\mathrm{i}}}{h_{\mathrm{ie}}} - \frac{v_{\mathrm{o}}}{R_{\mathrm{f}}} = \frac{v_{\mathrm{i}}}{h_{\mathrm{ie}}} - \frac{v_{\mathrm{i}} A_{\mathrm{vf}}}{R_{\mathrm{f}}} \tag{3-2-39}$$

(3-2-39)式を(3-2-38)式に代入すると R_{i} の式を得ることができる．

$$R_{\mathrm{i}} = \frac{1}{\dfrac{1}{h_{\mathrm{ie}}} - \dfrac{A_{\mathrm{vf}}}{R_{\mathrm{f}}}} \tag{3-2-40}$$

3-2-2　発振回路

■要点■

[1] 発振回路は増幅回路と正帰還回路を組み合わせた構成であり，その回路構成は図 3-2-7 に示される．正帰還回路では，帰還電圧の位相と入力電圧の位相が同じである．図 3-2-7 より，回路内で生じた電気信号が増幅・正帰還の循環を繰り返すことになる．これにより，外部から入力信号が与えられなくても，回路の共振周波数と等しい周波数をもつ出力信号を得ることができる．このことを回路が発振するという．

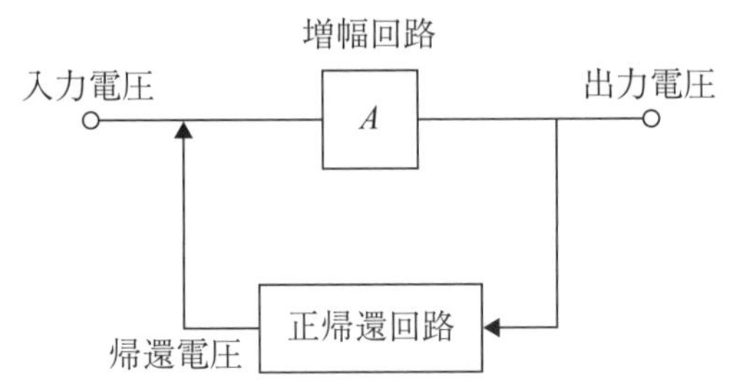

図3-2-7　発振回路の構成

[2] 図 3-2-8 に発振回路の原理を示す．増幅器として，エミッタ接地増幅器などが用いられる．エミッタ接地増幅器は，信号は増幅されるが，その信号は反転される．よって，変成器などにより，信号を反転させる必要がある．これにより，入力電圧と同相の増幅信号を得ることができる．そして，この信号を入力にもどす（正帰還）．この循環を繰り返すことで，出力電圧は増大し，最終的には飽和するため，一定振幅の電圧を得ることができる．

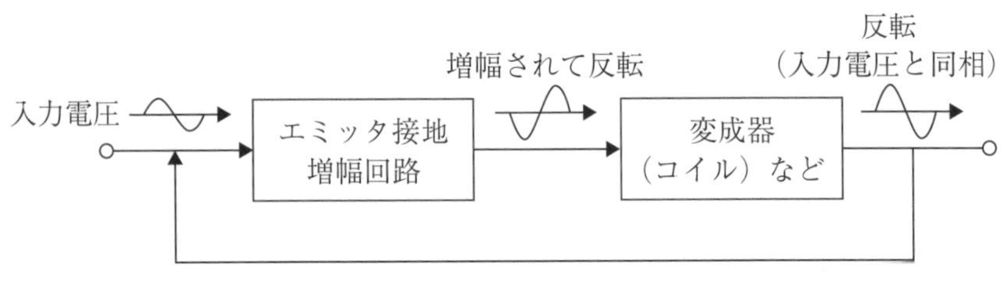

図3-2-8　発振回路の原理

[3] 発振の条件を得るための回路を図 3-2-9 に示す．増幅回路の電圧増幅度を A とする．帰還回路の電圧帰還率を β とする．図 3-2-9 より，

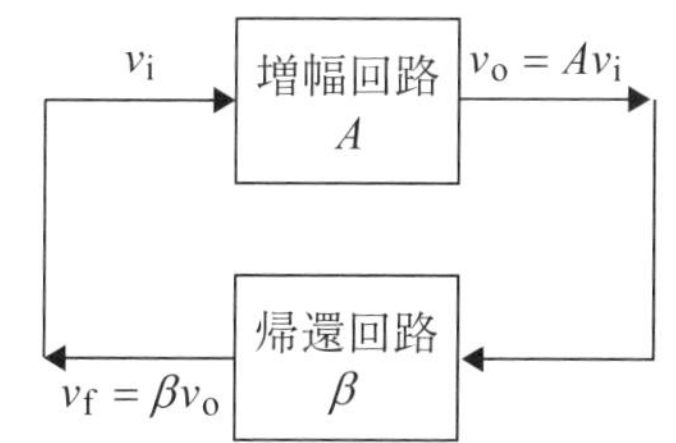

図3-2-9 発振条件を得るための回路

$$v_o = Av_i \tag{3-2-41}$$

$$v_f = \beta v_o \tag{3-2-42}$$

(3-2-42)式を(3-2-41)式に代入する．

$$v_f = A\beta v_i \quad (3\text{-}2\text{-}42)$$

(3-2-42)式より，以下の二つが発振の条件になる．

① v_f と v_i が同相である．

　$A\beta$ の位相角は 0 である必要があるため，虚数部は 0 になる．

② $v_f \geqq v_i$ ある．($v_f < v_i$ は，増幅回路で信号を増幅できていないことを意味するため)

そのため，次式が成立する．

$$|A\beta| \geqq 1 \tag{3-2-43}$$

[4] 図 3-2-10 に発振回路の最も基本である三素子形発振回路を示す．その等価回路を図 3-2-11 に示す．等価回路より，

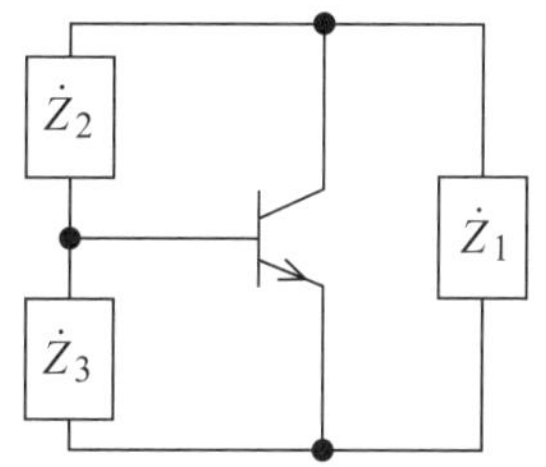

図3-2-10　三素子形発振回路

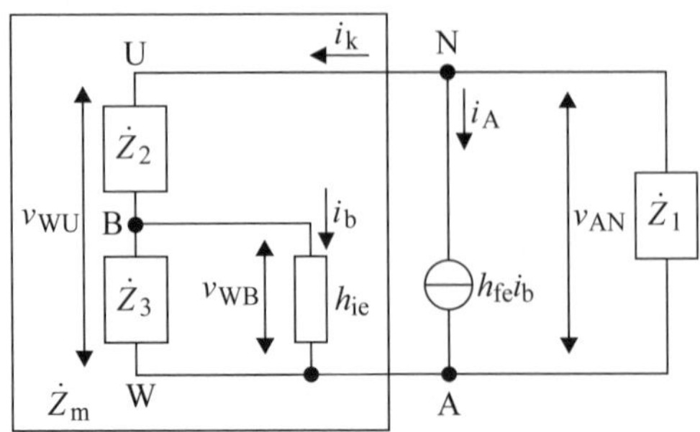

図3-2-11　三素子形発振回路の等価回路

$$\dot{V}_{AN} = -\dot{I}_A \times \frac{\dot{Z}_1\dot{Z}_m}{\dot{Z}_1 + \dot{Z}_m} \tag{3-2-44}$$

$$\dot{V}_{WU} = \dot{I}_k \times \dot{Z}_m \tag{3-2-45}$$

$\dot{V}_{AN} = \dot{V}_{WU}$ のため，(3-2-44)式および(3-2-45)式より，次式が成立する．

$$-\dot{I}_A \times \frac{\dot{Z}_1\dot{Z}_m}{\dot{Z}_1 + \dot{Z}_m} = \dot{I}_k \times \dot{Z}_m$$

$$\dot{I}_k = -\dot{I}_A \times \frac{\dot{Z}_1}{\dot{Z}_1 + \dot{Z}_m} \tag{3-2-46}$$

ここで，$\dot{Z}_m$ は，等価回路から次式のように表される．

$$\dot{Z}_m = \dot{Z}_2 + \frac{\dot{Z}_3 h_{ie}}{\dot{Z}_3 + h_{ie}} \tag{3-2-47}$$

(3-2-47)式を(3-2-46)式に代入する．

$$\dot{I}_k = -\dot{I}_A \times \frac{\dot{Z}_1}{\dot{Z}_1 + \dot{Z}_2 + \dfrac{\dot{Z}_3 h_{ie}}{\dot{Z}_3 + h_{ie}}} \tag{3-2-48}$$

等価回路の接点 B-W より

$$\dot{I}_b h_{ie} = \dot{I}_k \times \frac{\dot{Z}_3 h_{ie}}{\dot{Z}_3 + h_{ie}}$$

$$\dot{I}_b = \dot{I}_k \times \frac{\dot{Z}_3}{\dot{Z}_3 + h_{ie}} \tag{3-2-49}$$

(3-2-48)式を(3-2-49)式に代入する．

$$\dot{I}_{\mathrm{b}}=-\dot{I}_{\mathrm{A}}\times\frac{\dot{Z}_1}{\dot{Z}_1+\dot{Z}_2+\dfrac{\dot{Z}_3h_{\mathrm{ie}}}{\dot{Z}_3+h_{\mathrm{ie}}}}\times\frac{\dot{Z}_3}{\dot{Z}_3+h_{\mathrm{ie}}} \tag{3-2-50}$$

ここで，本回路の電流帰還率 F_{i} は，次式で表される．

$$F_{\mathrm{i}}=\frac{\dot{I}_{\mathrm{b}}}{\dot{I}_{\mathrm{A}}} \tag{3-2-51}$$

(3-2-50)式を(3-2-51)式に代入する．

$$F_{\mathrm{i}}=-\frac{\dot{Z}_1}{\dot{Z}_1+\dot{Z}_2+\dfrac{\dot{Z}_3h_{\mathrm{ie}}}{\dot{Z}_3+h_{\mathrm{ie}}}}\times\frac{\dot{Z}_3}{\dot{Z}_3+h_{\mathrm{ie}}}=-\frac{\dot{Z}_1\dot{Z}_3}{h_{\mathrm{ie}}(\dot{Z}_1+\dot{Z}_2+\dot{Z}_3)+\dot{Z}_3(\dot{Z}_1+\dot{Z}_2)} \tag{3-2-52}$$

ここで，電流増幅度 $A_{\mathrm{i}}=h_{\mathrm{fe}}$ である．また，発振回路の発振条件は次式で与えられる．

$$h_{\mathrm{fe}}F_{\mathrm{i}}=1 \tag{3-2-53}$$

(3-2-52)式および(3-2-53)式より

$$-h_{\mathrm{fe}}\frac{\dot{Z}_1\dot{Z}_3}{h_{\mathrm{ie}}(\dot{Z}_1+\dot{Z}_2+\dot{Z}_3)+\dot{Z}_3(\dot{Z}_1+\dot{Z}_2)}=1 \tag{3-2-54}$$

$$h_{\mathrm{ie}}(\dot{Z}_1+\dot{Z}_2+\dot{Z}_3)+\dot{Z}_3(\dot{Z}_1+\dot{Z}_2)=-h_{\mathrm{fe}}\dot{Z}_1\dot{Z}_3 \tag{3-2-55}$$

ここで，$\dot{Z}_1$, $\dot{Z}_2$, $\dot{Z}_3$ を純リアクタンスとすると，次式が成り立つ．

$$\dot{Z}_1=\mathrm{j}X_1 \tag{3-2-56}$$

$$\dot{Z}_2=\mathrm{j}X_2 \tag{3-2-57}$$

$$\dot{Z}_3=\mathrm{j}X_3 \tag{3-2-58}$$

(3-2-56)式から(3-2-58)式を(3-2-55)式に代入する．

$$h_{\mathrm{ie}}(\mathrm{j}X_1+\mathrm{j}X_2+\mathrm{j}X_3)+\mathrm{j}X_3(\mathrm{j}X_1+\mathrm{j}X_2)=-h_{\mathrm{fe}}\mathrm{j}X_1\mathrm{j}X_3$$

$$-X_1X_3-X_2X_3+\mathrm{j}h_{\mathrm{ie}}(X_1+X_2+X_3)=h_{\mathrm{fe}}X_1X_3 \tag{3-2-59}$$

(3-2-59)式より，(左辺の虚数部 ＝ 右辺の虚数部)

$$X_1+X_2+X_3=0 \tag{3-2-60}$$

(3-2-60)式より，(左辺の実数部 ＝ 右辺の実数部)

$$-X_1X_3-X_2X_3=h_{\mathrm{fe}}X_1X_3$$

$$h_{\mathrm{fe}} = -\frac{X_1 + X_2}{X_1} \tag{3-2-61}$$

(3-2-60)式および(3-2-61)式より，次式が成り立つ．

$$h_{\mathrm{fe}} = \frac{X_3}{X_1} \tag{3-2-62}$$

$h_{\mathrm{fe}} > 0$ より，(3-2-62)式から X_1 と X_3 は同符号のリアクタンス素子となる．また，(3-2-60)式から X_2 は X_1 と X_3 とは異符号のリアクタンス素子となる．以上をまとめると以下のようになる．

① $\dot{Z}_1$, $\dot{Z}_3$ がインダクタンスであれば，$\dot{Z}_2$ はキャパシタンスである．

$X_1 = \omega L_1 \quad X_3 = \omega L_3 \quad X_2 = -\dfrac{1}{\omega C_2}$ となる．

この回路をハートレー回路と呼ぶ．

② $\dot{Z}_1$, $\dot{Z}_3$ がキャパシタンスであれば，$\dot{Z}_2$ はインダクタンスである．

$X_1 = -\dfrac{1}{\omega C_1} \quad X_3 = -\dfrac{1}{\omega C_3} \quad X_2 = \omega L_2$ となる．

この回路をコルピッツ回路と呼ぶ．

[5] ハートレー形発振回路を図 3-2-12 に示す．この回路の入力信号は $\dot{V}_1(\dot{I}_1)$ であり，出力信号は $\dot{V}_{\mathrm{C}}$ である．$\dot{V}_1$ と $\dot{V}_{\mathrm{C}}$ が同相であれば，発振回路といえる．回路図から

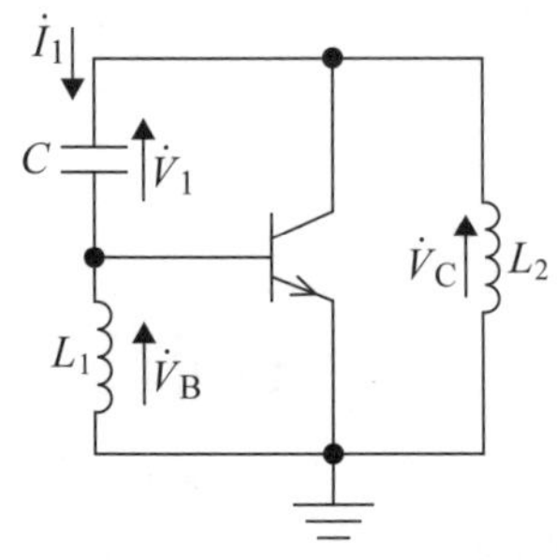

図3-2-12　ハートレー形発振回路

$$\left|\dot{V}_1\right| = \frac{1}{\omega C} I_1 \tag{3-2-63}$$

$$\left|\dot{V}_{\mathrm{B}}\right| = \omega L_1 I_1 \tag{3-2-64}$$

(3-2-63)式および(3-2-64)式より $\dfrac{1}{\omega C} > \omega L_1$ のとき，次式が得られる．

$$|\dot{V}_1| > |\dot{V}_{\mathrm{B}}| \qquad (3\text{-}2\text{-}65)$$

(3-2-63)式および(3-2-64)式より，$\dot{V}_1$ と $\dot{V}_{\mathrm{B}}$ は逆位相である．

ベース電圧とコレクタ電圧の関係から，$\dot{V}_{\mathrm{C}}$ と $\dot{V}_{\mathrm{B}}$ も逆位相である．

図 3-2-12 より次式が成立する．

$$\dot{V}_{\mathrm{C}} = \dot{V}_1 + \dot{V}_{\mathrm{B}} \qquad (3\text{-}2\text{-}66)$$

(3-2-65)式の条件を(3-2-66)式に適用すると，$\dot{V}_{\mathrm{C}}$ と $\dot{V}_1$ は同相になる．よって，この回路は発振回路になる．

ハートレー形発振回路の発振周波数 f_{o} の式を導出する．周波数条件は式(3-2-60)より

$$X_1 + X_2 + X_3 = \omega L_1 + \omega L_2 - \frac{1}{\omega C} = 0$$

$$\omega^2 C(L_1 + L_2) = 1 \qquad (3\text{-}2\text{-}67)$$

ここで，$\omega = 2\pi f_{\mathrm{o}}$ とおき，(3-2-67)式に代入する．

$$(2\pi f_{\mathrm{o}})^2 C(L_1 + L_2) = 1$$

$$f_{\mathrm{o}} = \frac{1}{2\pi\sqrt{C(L_1 + L_2)}} \qquad (3\text{-}2\text{-}68)$$

なお，L_1 および L_2 には結合がある場合の回路図を図 3-2-13 に示す．このとき，相互インダクタンス M が現れる．このときの発振周波数 f_{o} は次式で表される．

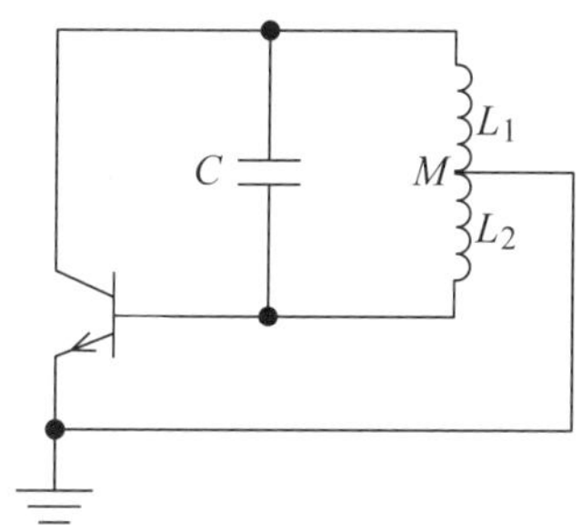

図3-2-13　L_1 および L_2 には結合がある場合のハートレー形発振回路

$$f_{\mathrm{o}} = \frac{1}{2\pi\sqrt{C(L_1 + L_2 + 2M)}} \qquad (3\text{-}2\text{-}69)$$

[6] コルピッツ形発振回路を図 3-2-14 に示す．この回路の入力信号は $\dot{V}_1(\dot{I}_1)$ であり，出力信号は $\dot{V}_C$ である．$\dot{V}_1$ と $\dot{V}_C$ が同相であれば，発振回路といえる．回路図から

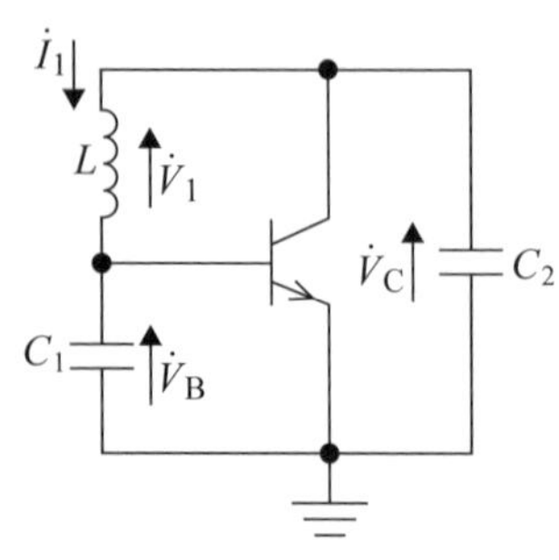

図3-2-14　コルピッツ形発振回路

$$\left|\dot{V}_1\right| = \omega L I_1 \tag{3-2-70}$$

$$\left|\dot{V}_B\right| = \frac{1}{\omega C_1} I_1 \tag{3-2-71}$$

(3-2-70)式および(3-2-71)式より $\omega L > \dfrac{1}{\omega C_1}$ のとき，次式が得られる．

$$\left|\dot{V}_1\right| > \left|\dot{V}_B\right| \tag{3-2-72}$$

(3-2-70)式および(3-2-71)式より，$\dot{V}_1$ と $\dot{V}_B$ は逆位相である．

ベース電圧をコレクタ電圧の関係から，$\dot{V}_C$ と $\dot{V}_B$ も逆位相である．

図 3-2-14 より次式が成立する．

$$\dot{V}_C = \dot{V}_1 + \dot{V}_B \tag{3-2-73}$$

(3-2-70)式の条件を(3-2-71)式に適用すると，$\dot{V}_C$ と $\dot{V}_1$ は同相になる．よって，この回路は発振回路になる．

コルピッツ形発振回路の発振周波数 f_0 の式を導出する．周波数条件は(3-2-60)式より

$$X_1 + X_2 + X_3 = -\frac{1}{\omega C_1} - \frac{1}{\omega C_2} + \omega L = 0$$

$$\omega^2 L = \frac{1}{C_1} + \frac{1}{C_2} \tag{3 2-74}$$

ここで，$\omega = 2\pi f_0$ とおき，(3-2-74)式に代入する．

$$(2\pi f_0)^2 = \frac{1}{L}\left(\frac{1}{C_1} + \frac{1}{C_2}\right)$$

$$f_0 = \frac{1}{2\pi}\sqrt{\frac{1}{L}\left(\frac{1}{C_1} + \frac{1}{C_2}\right)} \qquad (3\text{-}2\text{-}75)$$

[7] その他の発振回路を紹介する．図 3-2-15 に同調形 LC 発振回路を示す．この回路の発振周波数 f_0 は次式で表される．

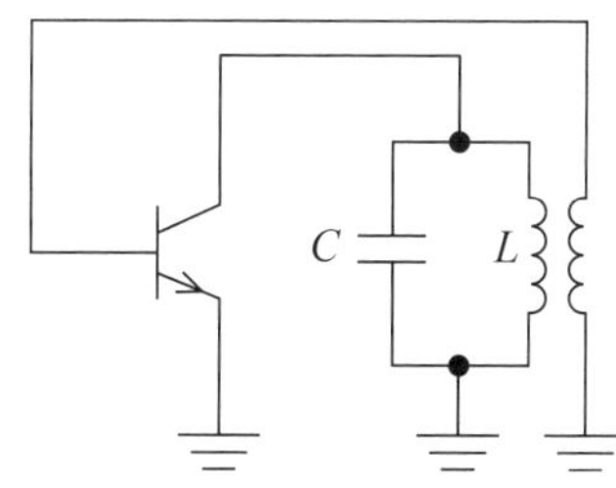

図3-2-15　同調形LC発振回路

$$f_0 = \frac{1}{2\pi\sqrt{LC}} \qquad (3\text{-}2\text{-}76)$$

[8] 図 3-2-16 に CR 発振回路を示す．この回路の発振周波数 f_0 は次式で表される．

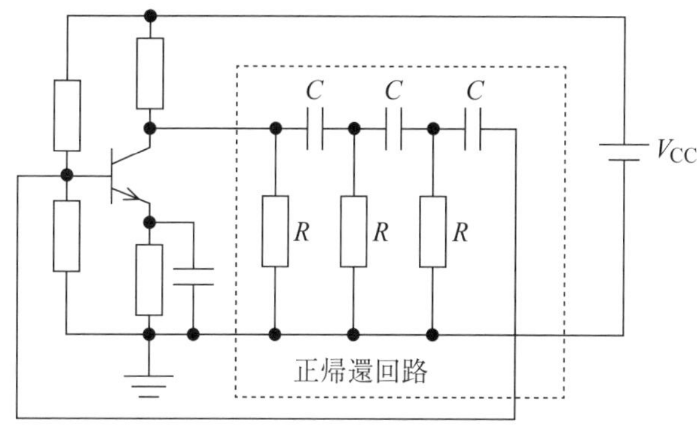

図3-2-16　CR 発振回路

$$f_0 = \frac{1}{2\pi\sqrt{6}CR} \qquad (3\text{-}2\text{-}77)$$

例題3－2

1. $A_{\mathrm{v}}=990$ の増幅回路に，$\beta=0.1$ の負帰還をかけたときの電圧増幅度 A_{vf} と帰還量 F を求めよ．

解答

(3-2-8) 式より

$$A_{\mathrm{vf}}=\frac{A_{\mathrm{v}}}{1+A_{\mathrm{v}}\beta}=\frac{990}{1+990\times 0.1}=9.9$$

(3-2-9) 式より

$$F=20\log(1+A_{\mathrm{v}}\beta)=20\log(1+990\times 0.1)=40\ \mathrm{dB}$$

2. 図3-2-5の回路において，$R_{\mathrm{E}}=1\ \mathrm{k\Omega}$, $R_{\mathrm{f}}=400\ \mathrm{k\Omega}$, $R_{\mathrm{C}}=4\ \mathrm{k\Omega}$, $R_{\mathrm{L}}=1\ \mathrm{k\Omega}$ に設定した．$h_{\mathrm{fe}}=200$, $h_{\mathrm{ie}}=2\ \mathrm{k\Omega}$ のトランジスタを用いた．この回路の電圧増幅度 A_{vf} および入力抵抗 R_{i} を求めよ．

解答

(3-2-35) 式より

$$A_{\mathrm{v}}=-\frac{h_{\mathrm{fe}}}{h_{\mathrm{ie}}}R_{\mathrm{AL}}=-\frac{h_{\mathrm{fe}}}{h_{\mathrm{ie}}}\frac{R_{\mathrm{C}}R_{\mathrm{L}}}{R_{\mathrm{C}}+R_{\mathrm{L}}}=-\frac{200}{2\times 10^{3}}\frac{4\times 10^{3}\times 1\times 10^{3}}{4\times 10^{3}+1\times 10^{3}}=-80$$

(3-2-36) 式より

$$\beta=\frac{R_{\mathrm{AL}}}{R_{\mathrm{f}}}=\frac{0.8\times 10^{3}}{400\times 10^{3}}=2\times 10^{-3}$$

(3-2-37) 式より

$$A_{\mathrm{vf}}=\frac{A_{\mathrm{v}}}{1+\beta}=\frac{-80}{1+2\times 10^{-3}}=-80$$

(3-2-40) 式より

$$R_{\mathrm{i}}=\frac{1}{\dfrac{1}{h_{\mathrm{ie}}}-\dfrac{A_{\mathrm{vf}}}{R_{\mathrm{f}}}}=\frac{1}{\dfrac{1}{2}-\dfrac{-80}{400}}=1.43\ \mathrm{k\Omega}$$

3. 図3-2-12の回路において，$C = 200$ pF, $L_1 = 150\ \mu$H, $L_2 = 50\ \mu$H に設定した．発振周波数f_0を求めよ．

解答

(3-2-68)式より

$$f_0 = \frac{1}{2\pi\sqrt{C(L_1 + L_2)}} = \frac{1}{2\pi\sqrt{200\times10^{-12}(150\times10^{-6} + 50\times10^{-6})}} = 796\ \text{kHz}$$

演習問題３-２

1. $A_{\mathrm{v}}=2000$ の増幅回路に，$\beta=0.02$ の負帰還をかけたときの電圧増幅度 A_{vf} と帰還量 F を求めよ．

2. 負帰還の特長を3つ挙げよ．

3. 図3-2-3の回路において，$R_{\mathrm{E}}=1\ \mathrm{k\Omega}$，$R_{\mathrm{C}}=4.7\ \mathrm{k\Omega}$，$R_{\mathrm{L}}=4.7\ \mathrm{k\Omega}$ に設定した．トランジスタは2SC1815Y($h_{\mathrm{fe}}=160$，$h_{\mathrm{ie}}=3.5\ \mathrm{k\Omega}$) を用いた．この回路の電圧増幅度 A_{vf} および入力抵抗 R_{i} を求めよ．

4. 図3-2-5の回路において，$R_{\mathrm{E}}=1\ \mathrm{k\Omega}$，$R_{\mathrm{f}}=470\ \mathrm{k\Omega}$，$R_{\mathrm{C}}=5.1\ \mathrm{k\Omega}$，$R_{\mathrm{L}}=3.9\ \mathrm{k\Omega}$ に設定した．トランジスタは2SC1815Y($h_{\mathrm{fe}}=160$，$h_{\mathrm{ie}}=3.5\ \mathrm{k\Omega}$) を用いた．この回路の電圧増幅度 A_{vf} および入力抵抗 R_{i} を求めよ．

5. 図3-2-10の三素子形発振回路について，以下の問に答えよ．
   (1) ハートレー回路が得られる条件を示せ．
   (2) コルピッツ回路が得られる条件を示せ．

6. 図3-2-12の回路において，$C=300\ \mathrm{pF}$，$L_1=250\ \mu\mathrm{H}$，$L_2=50\ \mu\mathrm{H}$ に設定した．発振周波数 f_{o} を求めよ．

7. 図3-2-14の回路において，$C_1=100\ \mathrm{pF}$，$C_2=200\ \mathrm{pF}$，$L=500\ \mu\mathrm{H}$ に設定した．発振周波数 f_{o} を求めよ．

8. 図3-2-15の回路において，$C=50\ \mathrm{pF}$，$L=800\ \mu\mathrm{H}$ に設定した．発振周波数 f_{o} を求めよ．

9 図3-2-16の回路において，$C=1.62\ \mathrm{nF}$，$R=10\ \mathrm{k\Omega}$ に設定した．発振周波数 f_{o} を求めよ．

演習問題 3-2　解答

1.

(3-2-8)式より

$$A_{vf} = \frac{A_v}{1 + A_v\beta} = \frac{2000}{1 + 2000 \times 0.02} = 48.8$$

(3-2-9)式より

$$F = 20\log(1 + A_v\beta) = 20\log(1 + 2000 \times 0.02) = 32.3\ \mathrm{dB}$$

2.

(1) 増幅回路の利得が安定する.

(2) 増幅回路の内部で発生するひずみや雑音が減少する.

(3) 利得は低下するが帯域幅を広げることが可能である.（周波数特性を改善することができる.）

3.

(3-2-18)式より

$$A_v = -\frac{h_{fe}}{h_{ie}}R_{AL} = -\frac{h_{fe}}{h_{ie}}\frac{R_C R_L}{R_C + R_L} = -\frac{160}{3.5 \times 10^3}\frac{4.7 \times 10^3 \times 4.7 \times 10^3}{4.7 \times 10^3 + 4.7 \times 10^3}$$

$$= -0.0457 \times 2350 = -107.4$$

(3-2-19)式より

$$\beta = \frac{R_E}{R_{AL}} = \frac{1 \times 10^3}{2.35 \times 10^3} = 0.426$$

(3-2-20)式より

$$A_{vf} = \frac{A_v}{1 - \beta A_v} = \frac{-107.4}{1 + 0.426 \times 107.4} = -2.3$$

(3-2-24)式より

$$R_i = h_{ie}(1 - \beta A_v) = 3.5 \times (1 + 0.426 \times 107.4) = 163.6\ \mathrm{k\Omega}$$

4.

(3-2-35)式より

$$A_{\mathrm{v}} = -\frac{h_{\mathrm{fe}}}{h_{\mathrm{ie}}} R_{\mathrm{AL}} = -\frac{h_{\mathrm{fe}}}{h_{\mathrm{ie}}} \frac{R_{\mathrm{C}} R_{\mathrm{L}}}{R_{\mathrm{C}} + R_{\mathrm{L}}} = -\frac{160}{3.5\times10^3} \frac{5.1\times10^3 \times 3.9\times10^3}{5.1\times10^3 + 3.9\times10^3}$$

$$= -0.0457 \times 2210 = -101$$

(3-2-36)式より

$$\beta = \frac{R_{\mathrm{AL}}}{R_{\mathrm{f}}} = \frac{2.21\times10^3}{470\times10^3} = 4.7\times10^{-3}$$

(3-2-37)式より

$$A_{\mathrm{vf}} = \frac{A_{\mathrm{v}}}{1+\beta} = \frac{-101}{1+4.7\times10^{-3}} = -101$$

(3-2-40)式より

$$R_{\mathrm{i}} = \frac{1}{\dfrac{1}{h_{\mathrm{ie}}} - \dfrac{A_{\mathrm{vf}}}{R_{\mathrm{f}}}} = \frac{1}{\dfrac{1}{3.5} - \dfrac{-101}{470}} = 2\,\mathrm{k\Omega}$$

5.

(1) $\dot{Z}_1$, $\dot{Z}_3$ をインダクタにして，$\dot{Z}_2$ をキャパシタにするとハートレー回路が得られる．

(2) $\dot{Z}_1$, $\dot{Z}_3$ をキャパシタにして，$\dot{Z}_2$ をインダクタにするとコルピッツ回路が得られる．

6.

(3-2-68)式より

$$f_{\mathrm{o}} = \frac{1}{2\pi\sqrt{C(L_1+L_2)}} = \frac{1}{2\pi\sqrt{300\times10^{-12}\left(250\times10^{-6}+50\times10^{-6}\right)}} = 531\,\mathrm{kHz}$$

7.

(3-2-75)式より

$$f_{\mathrm{o}} = \frac{1}{2\pi}\sqrt{\frac{1}{L}\left(\frac{1}{C_1}+\frac{1}{C_2}\right)} = \frac{1}{2\pi}\sqrt{\frac{1}{500\times10^{-6}}\left(\frac{1}{100\times10^{-12}}+\frac{1}{200\times10^{-12}}\right)} = 872\,\mathrm{kHz}$$

8.

(3-2-76)式より

$$f_0 = \frac{1}{2\pi\sqrt{LC}} = \frac{1}{2\pi\sqrt{800\times10^{-6}\times50\times10^{-12}}} = 796\ \text{kHz}$$

9.

(3-2-77)式より

$$f_0 = \frac{1}{2\pi\sqrt{6}CR} = \frac{1}{2\pi\sqrt{6}\times1.62\times10^{-9}\times10\times10^{3}} = 4\ \text{kHz}$$

3-3　ディジタル電子回路

3-3-1　10進数と２進数

■要点■

[1] アナログ回路では，ある情報を電圧，電流の値で表現することができる．つまり，10 進数が用いられる．ディジタル回路はある情報を 1 または 0 で表現する．つまり，2 進数が用いられる．アナログおよびディジタル信号の関係を図 3-3-1 に示す．ディジタル回路の一例を図 3-3-2 に示す．

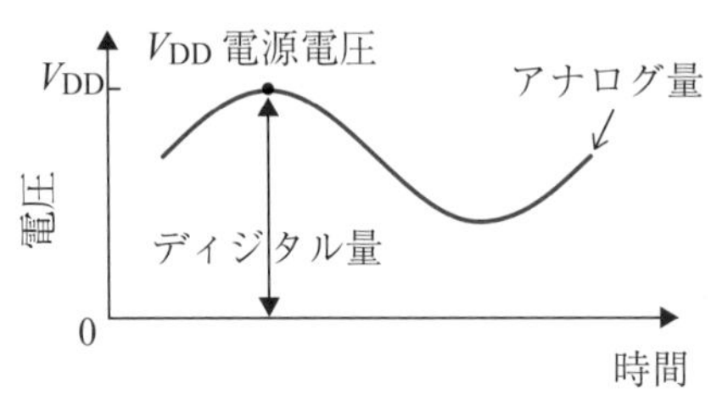

図3-3-1　アナログ信号とディジタル信号

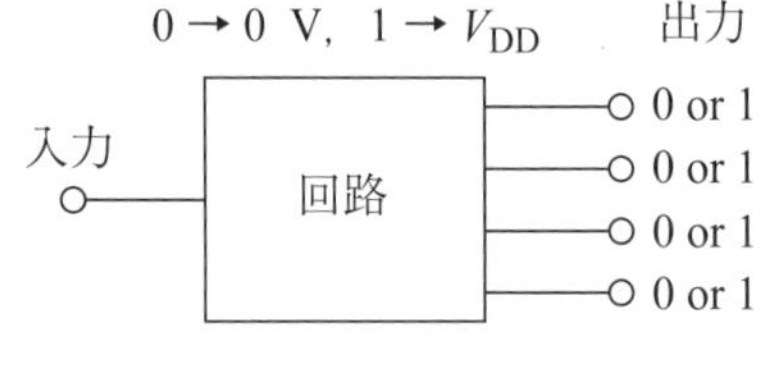

図3-3-2　ディジタル回路

[2] 10 進数

例

$$124_{10} = 1\times10^2 + 2\times10^1 + 4\times10^0$$

124 に添えている 10 は 10 進数を意味する．各桁の 10^2，10^1，10^0 のような重みをもっている．重みの基本となる 10 を基数という．10 進数で用いられる数字は 0 ～ 9 までの 10 種類である．

[3] 2 進数はコンピュータ内部などで用いられる数である．基数は 2 である．2 進数で用いられる数字は 0 と 1 の 2 種類である．

例

$$1111100_2 = 1\times2^6 + 1\times2^5 + 1\times2^4 + 1\times2^3 + 1\times2^2 + 0\times2^1 + 0\times2^0 = 124_{10}$$

1111100 に添えている 2 は 2 進数を意味する．2 進数の各桁をビットと呼ぶ．1111100 は 7 ビットである．1111100 の最上位桁（一番左の桁）を MSB（Most Significant Bit）と呼び，最下位桁（一番右の桁）を LSB（Least Significant Bit）と呼ぶ．2 進数と 10 進数の関係を表 3-3-1 に示す．

表3-3-1 2進数と10進数の関係

2^n	10進数
2^0	1
2^1	2
2^2	4
2^3	8
2^4	16
2^5	32
2^6	64
2^7	128
2^8	256
2^9	512
2^{10}	1024（1 K）
2^{11}	2048（2 K）
2^{12}	4096（4 K）
2^{13}	8192（8 K）
2^{14}	16384（16 K）
2^{15}	32768（32 K）
2^{16}	65536（64 K）
2^{17}	131072（128 K）
2^{18}	262144（256 K）
2^{19}	524288（512 K）
2^{20}	1048576（1 M）

[4] 10 進数を 2 進数に変換することができる．その方法の例を図 3-3-3 に示す．

除数	商	余り	桁
2)	124		
2)	62	0	2^0 (LSB)
2)	31	0	2^1
2)	15	1	2^2
2)	7	1	2^3
2)	3	1	2^4
2)	1	1	2^5
	0	1	2^6 (MSB)

$124_{10} = 1111100_2$

(a)

除数	商	余り	桁
2)	40		
2)	20	0	2^0 (LSB)
2)	10	0	2^1
2)	5	0	2^2
2)	2	1	2^3
2)	1	0	2^4
	0	1	2^5 (MSB)

$40_{10} = 101000_2$

(b)

図3-3-3　10進数を2進数に変換する方法

[5] 2 進数はコンピュータ内部で用いられるが，桁数が多くてわかりにくくなる可能性がある．$2^{20} = 1$ M 程度であるが，このときの桁数は 21 である．桁数を少なくして，わかりやすくするために，8 進数や 16 進数が用いられる．8 進数で用いられる数字は 0 ～ 7 までの 8 種類である．基数は 8 である．

例

$$174_8 = 1\times8^2 + 7\times8^1 + 4\times8^0 = 124_{10}$$

174 に添えている 8 は 8 進数を意味する．

16 進数で用いられる数字は 0 ～ 15 までの 16 種類である．基数は 16 である．なお，10 → A，11 → B，12 → C，13 → D，14 → E，15 → F が用いられる．

例

$$7C_{16} = 7 \times 16^1 + 12 \times 16^0 = 124_{10}$$

7C に添えている 16 は 16 進数を意味する．

[6] 10 進数を 8 進数および 16 進数に変換することができる．その方法を図 3-3-4(a) に示す．

図 3-3-4(a) の方法だけでなく，10 進数を 2 進数に変換した方法と同様に，10 進数を 8 で割って余りを記述し，それらを並べると 8 進数になる（図 3-3-4(b)）．また，10 進数を 16 で割って余りを記述し，それらを並べると 16 進数になる．

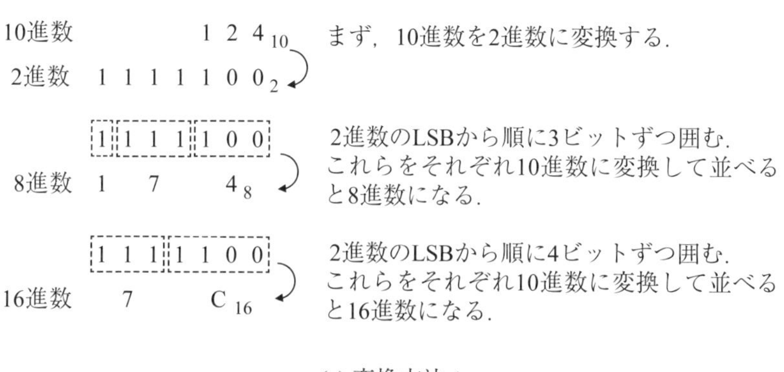

(a) 変換方法 1

```
8)1 2 4
8)  1 5 ・・・ 4 ↑
8)    8 ・・・ 7 │   1 2 4₁₀ = 1 7 4₈
      0 ・・・ 1 │
```

$$124_{10} = 174_8$$

(b) 変換方法 2

図3-3-4 10進数を8進数および16進数に変換する方法

[7] 2 進数の負の数を表現するとき，10 進数のように − 符号をつけることができない．0 か 1 によって正と負を表現する必要がある．コンピュータ内部では 2 の補数で負の数を表現する場合が多い．2 の補数は MSB が 0 のとき正の数を意味し，MSB が 1 のとき負の数を意味する．2 の補数を用いることで，減算する場合で

も加算回路を用いて，計算することが可能になる．2 の補数にする方法を図 3-3-5 に示す．

－1 2 4 の 2 の補数

① 124 を 2 進数で表現する．　0 1 1 1 1 1 0 0　＋1 2 4

② 1 と 0 を反転する．　1 0 0 0 0 0 1 1　1 の補数

③ LSB に 1 を加算する．　＋　　1

　1 0 0 0 0 1 0 0　2 の補数

$$-124_{10} = 10000100$$

図3-3-5 2の補数に変換する方法進数に変換する方法

[8] 2 の補数で負の数を表現すると，n ビットの 2 進数で表現できる数 N は次式で示される．

$$-2^{n-1} \leqq N \leqq 2^{n-1}-1$$

よって，$n=8$(8 ビット)の場合は，$-128 \leqq N \leqq 127$ となる．表 3-3-2 に 10 進数と 2 進数の関係を示す．なお，8 ビットは 1 バイトと呼ぶことがある．

表3-3-2 10進数と2進数の関係

10進数	2進数
127	0 1 1 1 1 1 1 1
⋮	⋮
1	0 0 0 0 0 0 0 1
0	0 0 0 0 0 0 0 0
−1	1 1 1 1 1 1 1 1
⋮	⋮
−127	1 0 0 0 0 0 0 1
−128	1 0 0 0 0 0 0 0

符号ビット

3-3-2　ディジタル演算回路の基礎

■要点■

[1] ディジタル回路を設計するためにブール代数と論理式が用いられる．ブール代数で用いられる変数は，0か1の値(2値)である．基本論理演算は，否定(NOT)，論理積(AND)，論理和(OR)である．基本論理演算を表3-3-3に示す．また，真理値表を表3-3-4に示す．基本法則をまとめると以下の(1)～(4)のとおりである．

(1) 変数 A は0でなければ1である．

(2) 否定　$\overline{0}=1$　$\overline{1}=0$

(3) 論理積　$0\cdot 0=0$，　$0\cdot 1=0$，　$1\cdot 1=1$

(4) 論理和　$0+0=0$，　$0+1=1$，　$1+1=1$

表3-3-3 基本論理演算

NOT	AND	OR
$\overline{0}=1$	$0\cdot 0=0$	$0+0=0$
$\overline{1}=0$	$0\cdot 1=0$	$0+1=1$
	$1\cdot 0=0$	$1+0=1$
	$1\cdot 1=1$	$1+1=1$

表3-3-4 真理値表1

否定(NOT)

A	$\overline{\text{A}}$
0	1
1	0

論理積(AND)

A	B	A·B
0	0	0
0	1	0
1	0	0
1	1	1

論理和(OR)

A	B	A+B
0	0	0
0	1	1
1	0	1
1	1	1

[2] 基本定理をまとめると以下のとおりである．

(1) 二重否定　$\overline{\overline{A}}=A$

(2) 論理和に関する定理　$A+0=A$，　$A+1=1$，　$A+\overline{A}=1$

(3) 論理積に関する定理　$A\cdot 0=0$，　$A\cdot 1=A$，　$A\cdot\overline{A}=0$

(4) べき等則　$A+A=A$，　$A\cdot A=A$

(5) 交換則　$A+B=B+A$，　$A\cdot B=B\cdot A$

(6) 結合則　$A+(B+C)=(A+B)+C$，　$A\cdot(B\cdot C)=(A\cdot B)\cdot C$

(7) 分配則　$A\cdot(B+C)=A\cdot B+A\cdot C$，　$A+B\cdot C=(A+B)\cdot(A+C)$

(8) 吸収則　$A+A\cdot B=A$，　$A\cdot(A+B)=A$，　$A+\overline{A}\cdot B=A+B$

(9) ド・モルガンの定理　$\overline{A+B}=\overline{A}\cdot\overline{B}$，　$\overline{A\cdot B}=\overline{A}+\overline{B}$

(1)～(3)をまとめた真理値表を表3-3-5に示す．(7)の分配則の2式目は直感的に理解しにくい．そのため，この式を証明するための真理値表を表 3-3-6 に示す．(8)の吸収則を証明するための真理値表を表 3-3-7 に示す．(9)のド・モルガンの定理を証明するための真理値表を表 3-3-8 に示す．

表3-3-5 真理値表2

A	$\overline{A}$	$\overline{\overline{A}}$	$A+\overline{A}$	$A\cdot\overline{A}$
0	1	0	1	0
1	0	1	1	0

表3-3-6 分配則の真理値表

A	B	C	A+B·C	(A+B)·(A+C)
0	0	0	0+0·0=0	(0+0)·(0+0)=0
0	0	1	0+0·1=0	(0+0)·(0+1)=0
0	1	0	0+1·0=0	(0+1)·(0+0)=0
0	1	1	0+1·1=1	(0+1)·(0+1)=1
1	0	0	1+0·0=1	(1+0)·(1+0)=1
1	0	1	1+0·1=1	(1+0)·(1+1)=1
1	1	0	1+1·0=1	(1+1)·(1+0)=1
1	1	1	1+1·1=1	(1+1)·(1+1)=1

表3-3-7 吸収則の真理値表

A	B	A+A·B	A·(A+B)	$A+\overline{A}\cdot B$	A+B
0	0	0+0·0=0	0·(0+0)=0	0+1·0=0	0
0	1	0+0·1=0	0·(0+1)=0	0+1·1=1	1
1	0	1+1·0=1	1·(1+0)=1	1+0·0=1	1
1	1	1+1·1=1	1·(1+1)=1	1+0·1=1	1

(8)の吸収則は以下のように証明できる．

（証明）　$A+A\cdot B=A\cdot 1+A\cdot B=A\cdot(1+B)=A$

（証明）　$A\cdot(A+B)=A\cdot A+A\cdot B=A+A\cdot B=A\cdot(1+B)=A$

（証明）　$A+\overline{A}\cdot B=\left(A+\overline{A}\right)\cdot(A+B)=A+B$

表3-3-8 ド・モルガンの法則の真理値表

A	B	$\overline{A}$	$\overline{B}$	A+B	$\overline{A+B}$	$\overline{A}\cdot\overline{B}$	A·B	$\overline{A\cdot B}$	$\overline{A}+\overline{B}$
0	0	1	1	0	1	1	0	1	1
0	1	1	0	1	0	0	0	1	1
1	0	0	1	1	0	0	0	1	1
1	1	0	0	1	0	0	1	0	0

また，ド・モルガンの定理は変数の数に関係なく，以下のように成立する．

$$\overline{A+B+C+D+\cdots}=\overline{A}\cdot\overline{B}\cdot\overline{C}\cdot\overline{D}\cdots,\quad \overline{A\cdot B\cdot C\cdot D\cdots}=\overline{A}+\overline{B}+\overline{C}+\overline{D}\cdots$$

[3] 真理値表から論理式を導くことができる．この論理式から，ディジタル回路を設計することができる．例として，表3-3-9を考える．出力fが1になる部分に着目する．そのときの入力A，B，Cの状態に着目する．Aが0なら$\overline{A}$，Bが0なら$\overline{B}$，Cが0なら$\overline{C}$と記述する．Aが1ならA，Bが1ならB，Cが1ならCと記述する．ANDで結合した論理積の項とする．この例では出力fが1になる部分が3つのため，3つの項になる．全論理積の項をORで結合する．

表3-3-9 真理値表3

A	B	C	f	
0	0	0	0	
0	0	1	1	→ $\overline{A}\cdot\overline{B}\cdot C$
0	1	0	0	
0	1	1	1	→ $\overline{A}\cdot B\cdot C$
1	0	0	0	
1	0	1	0	
1	1	0	1	→ $A\cdot B\cdot\overline{C}$
1	1	1	0	

$$f=\overline{A}\overline{B}C+\overline{A}BC+AB\overline{C}$$

このような式を加法標準形という．

出力fが0になる項に着目して論理式を導く方法がある．この方法では，以下のような式になる．

$$\overline{f}=\overline{A}\overline{B}\overline{C}+\overline{A}B\overline{C}+A\overline{B}\overline{C}+A\overline{B}C+ABC$$

fを導くために両辺を否定する．

$$f=\overline{\overline{f}}=\overline{\overline{A}\overline{B}\overline{C}+\overline{A}B\overline{C}+A\overline{B}\overline{C}+A\overline{B}C+ABC}$$

ド・モルガンの定理より

$$f=\left(\overline{\bar{A}\bar{B}\bar{C}}\right)\cdot\left(\overline{\bar{A}B\bar{C}}\right)\cdot\left(\overline{A\bar{B}\bar{C}}\right)\cdot\left(\overline{A\bar{B}C}\right)\cdot\left(\overline{ABC}\right)$$

$$=\left(A+B+C\right)\cdot\left(A+\bar{B}+C\right)\cdot\left(\bar{A}+B+C\right)\cdot\left(\bar{A}+B+\bar{C}\right)\cdot\left(\bar{A}+\bar{B}+\bar{C}\right)$$

このような式を乗法標準形という．

[4] 基本論理素子を図 3-3-6 に示す．図中には論理式と真理値表も示す．図 3-3-6(a) は 2 入力 OR 回路である．図 3-3-6(b) は 2 入力 AND 回路である．図 3-3-6(c) は NOT 回路である．NOT 回路は入力が反転されて出力されるため，インバータと呼ばれる．以上の 3 つの回路は基本的な論理回路であり，ゲート回路と呼ぶことがある．

その他の基本的な論理回路を図 3-3-7 に示す．図中には論理式と真理値表も示す．図 3-3-7(a) は 2 入力 NOR 回路である．図 3-3-7(b) は 2 入力 NAND 回路である．図 3-3-7(c) は EXCLUSIVE-OR（EX-OR，XOR）回路である．

多入力の基本論理素子を図 3-3-8 に示す．例として，3 入力 OR 回路，3 入力 AND 回路，8 入力 OR 回路，9 入力 AND 回路が示される．

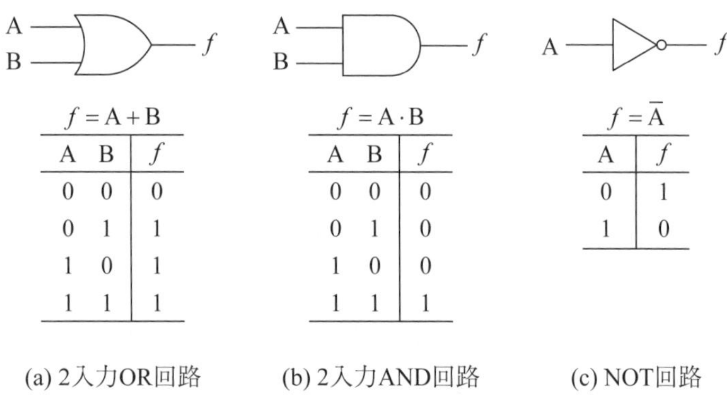

$f=\mathrm{A}+\mathrm{B}$

A	B	f
0	0	0
0	1	1
1	0	1
1	1	1

(a) 2入力OR回路

$f=\mathrm{A}\cdot\mathrm{B}$

A	B	f
0	0	0
0	1	0
1	0	0
1	1	1

(b) 2入力AND回路

$f=\bar{\mathrm{A}}$

A	f
0	1
1	0

(c) NOT回路

図3-3-6　基本論理素子 1

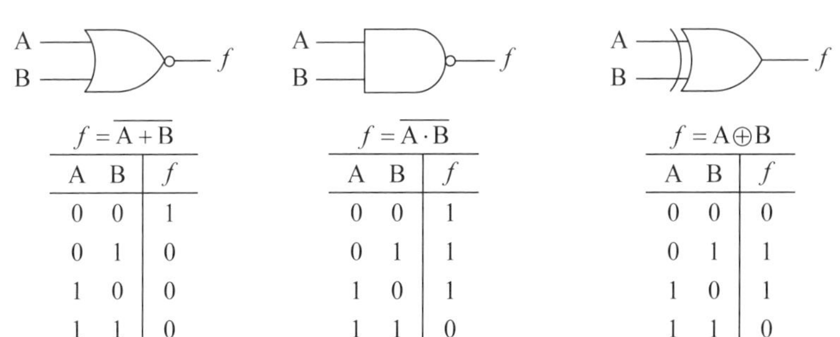

$f = \overline{A + B}$

A	B	f
0	0	1
0	1	0
1	0	0
1	1	0

$f = \overline{A \cdot B}$

A	B	f
0	0	1
0	1	1
1	0	1
1	1	0

$f = A \oplus B$

A	B	f
0	0	0
0	1	1
1	0	1
1	1	0

(a) 2入力NOR回路　(b) 2入力NAND回路　(c) EXCLUSIVE-OR (EX-OR, XOR)

図3-3-7 基本論理素子2

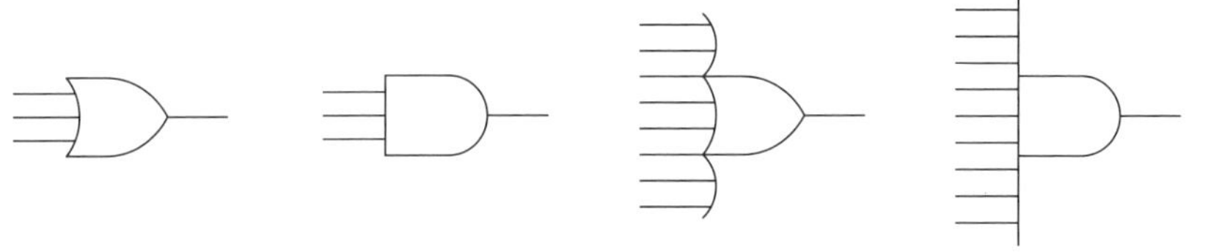

(a) 3入力OR回路　(b) 3入力AND回路　(c) 8入力OR回路　(d) 9入力AND回路

図3-3-8 基本論理素子3

[5] 論理式からディジタル回路化することができる．論理式と回路化の関係を表 3-3-10 に示す．一例として，次式の回路化の方法を図 3-3-9 に示す．

$$f = A \cdot \overline{B} + \overline{A} \cdot B$$

表3-3-10

機能	論理式	論理回路
否定	−	○
OR	+	
AND	·	

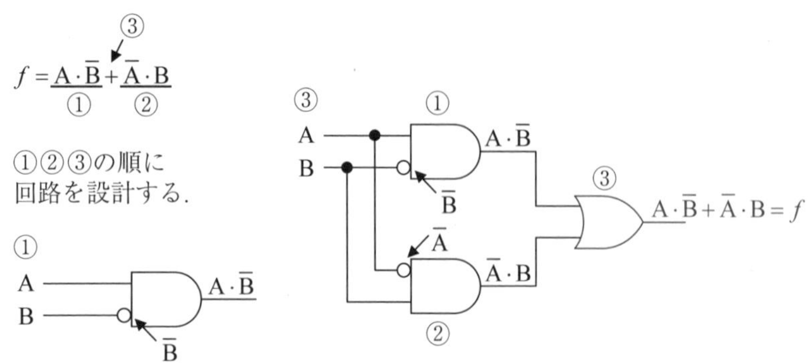

最後にNOT回路を導入すると以下の回路になる.

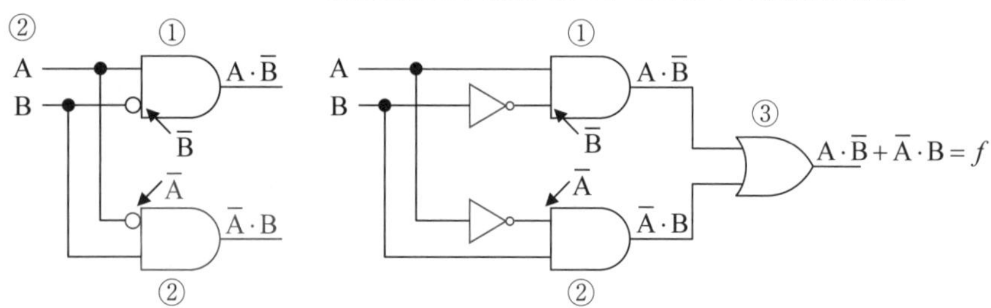

図3-3-9 論理式から回路化の方法例

3-3-3 CMOS 基本回路

■要点■

[1] ディジタル回路の基本素子はトランジスタによって実現される．まずは，MOSトランジスタを用いたスイッチを理解する必要がある．ディジタル回路において，0は0 V，1はV_{DD}（電源電圧）が使われる．図3-3-10はnMOSトランジスタを用いたスイッチである．ゲート電圧$V_{in} = 0$ Vのとき$V_1 \neq V_2$となる．つまり，スイッチとしてはOFFになる．$V_{in} = V_{DD}$のとき$V_1 = V_2$になる．つまり，スイッチとしては，ONになる．

図3-3-11はpMOSトランジスタを用いたスイッチである．ゲート電圧$V_{in} = 0$ Vのとき$V_1 = V_2$となる．つまり，スイッチとしてはONになる．$V_{in} = V_{DD}$のとき$V_1 \neq V_2$になる．つまり，スイッチとしては，OFFになる．

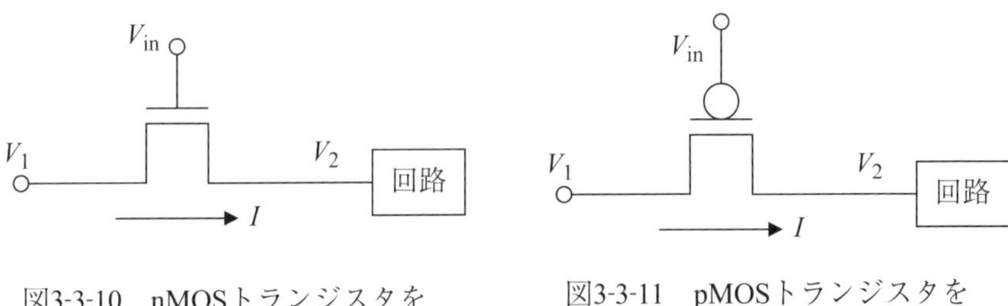

図3-3-10 nMOSトランジスタを用いたスイッチ

図3-3-11 pMOSトランジスタを用いたスイッチ

[2] nMOSトランジスタをスイッチとして用いた場合，$V_{GS} = V_{in}\text{-}V_2$になる．$V_{in} = V_{DD}$のとき，ゲート - ソース間の電位差が大きくなり，電流Iが流れる．これにより，V_2が上昇し，$V_1 = V_2$になる．入力電圧V_1が大きい場合，例えば$V_1 = V_{DD}$のようなときを考えてみる．V_2が上昇すると，$V_{GS} = V_{in}\text{-}V_2$は小さくなる．$V_{GS}$が小さくなり，トランジスタのしきい値電圧$V_{thn}$に達すると電流が流れなくなる．これ以降，$V_2$の上昇はなくなる．つまり，$V_2$は$V_{DD}\text{-}V_{thn}$までしか上昇することができない．以上のことから，$V_{in} = V_{DD}$のとき，転送できる電圧$V_1$の範囲が0～$V_{DD}\text{-}V_{thn}$までとなる．

なお，nMOSトランジスタを抵抗と等価とみなすことができる．$V_{in} = V_{DD}$のときのnMOSトランジスタはONと考えているため，この抵抗をON抵抗R_{on}と呼ぶ．電流が流れている間の ON 抵抗の値は小さく，電流が流れていないときの ON 抵抗の値は大きくなる．

pMOS トランジスタをスイッチとして用いた場合，$V_{GS} = |V_1 - V_{in}|$ になる．$V_{in} = 0$ V のとき，ゲート - ソース間の電位差が大きくなり，電流 I が流れる．これにより，V_2 が上昇し，$V_1 = V_2$ になる．ただし，入力電圧 V_1 が 0 ～ $|V_{thp}|$ までは，たとえ $V_{in} = 0$ V でも電流 I は流れない．以上のことから，$V_{in} = 0$ V のとき，転送できる電圧 V_1 の範囲は $|V_{thp}|$ ～ V_{DD} までとなる．なお，pMOS トランジスタを抵抗と等価とみなすことができる．$V_{in} = 0$ V ときの pMOS トランジスタは ON と考えているため，この抵抗を ON 抵抗 R_{on} と呼ぶ．電流が流れている間の ON 抵抗の値は小さく，電流が流れていないときの ON 抵抗の値は大きくなる．

以上の nMOS トランジスタと pMOS トランジスタの ON 抵抗についてまとめると図 3-3-12 のようになる．

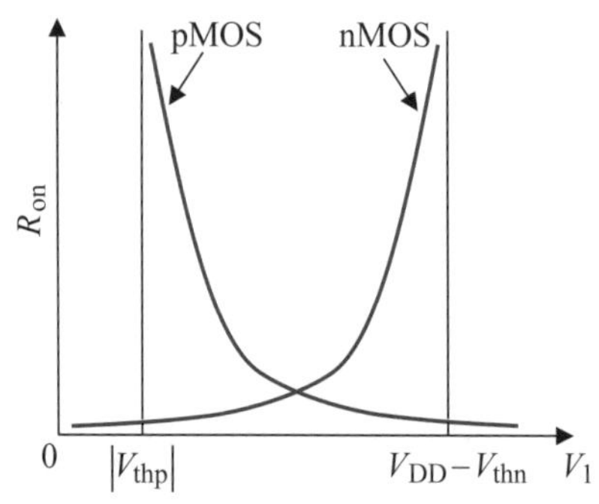

図3-3-12 ON抵抗

[3] 各トランジスタのスイッチでは，転送できる電圧が制限されている．これらの欠点を補ったスイッチが CMOS トランスミッションゲート（アナログスイッチ）であり，図 3-3-13 に示される．これは nMOS トランジスタと pMOS トランジスタを両方用いたスイッチであり，0 V から V_{DD} までの電圧を転送することができる．それは，V_1 が 0 V から V_{DD} においても以下のように I_1 または I_2 のどちらかが流れるからである．

$V_1 = 0 \sim |V_{\mathrm{thp}}|$ のとき I_1 のみが流れる．

$V_1 = |V_{\mathrm{thp}}| \sim V_{\mathrm{DD}} - V_{\mathrm{thn}}$ のとき I_1 および I_2 が流れる．

$V_1 = V_{\mathrm{DD}} - V_{\mathrm{thn}} \sim V_{\mathrm{DD}}$ のとき I_2 のみが流れる．

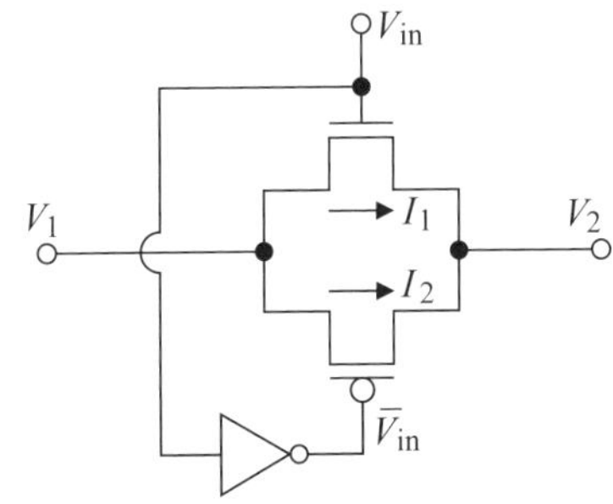

図3-3-13 CMOSトランスミッションゲート（アナログスイッチ）

[4] 図 3-3-14(a) に NOT 回路の概念図を示す．入力電圧 V_{in} でスイッチ S_1 および S_2 を制御し，出力電圧 V_{out} を変化させる．図 3-3-14(b) は $V_{\mathrm{in}} = 0$ V（ディジタル信号として 0）のときの回路の様子を示す．$V_{\mathrm{in}} = 0$ V のとき，S_1 を ON，S_2 を OFF する．これにより，$V_{\mathrm{out}} = V_{\mathrm{DD}}$（ディジタル信号として 1）にする．図 3-3-14(c) は $V_{\mathrm{in}} = V_{\mathrm{DD}}$（ディジタル信号として 1）のときの回路の様子を示す．$V_{\mathrm{in}} = V_{\mathrm{DD}}$ のとき，S_1 を OFF，S_2 を ON する．これにより，$V_{\mathrm{out}} = 0$ V（ディジタル信号として 0）にする．

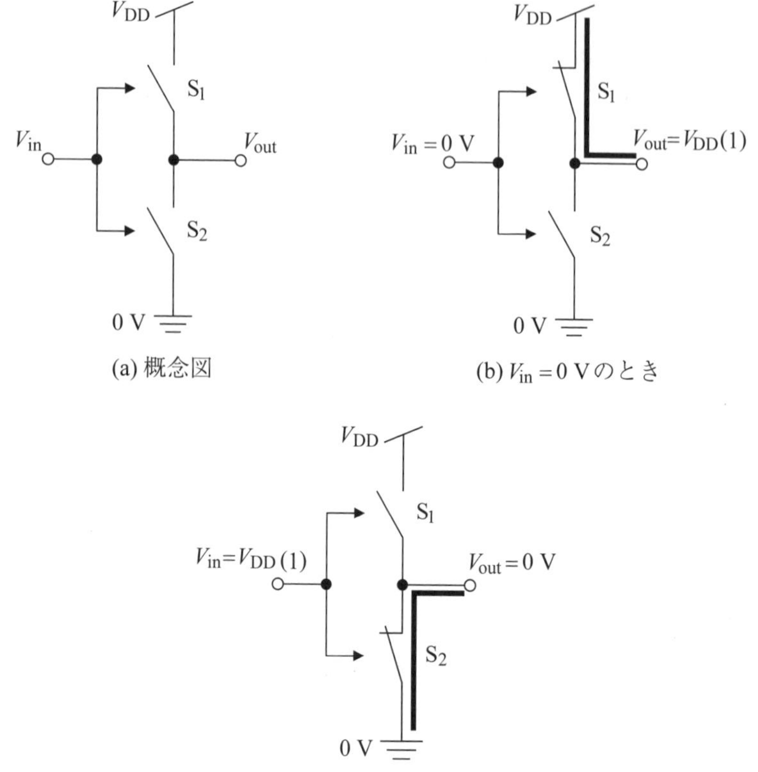

図3-3-14 NOT回路の概念図

[5] 図3-3-14の概念を回路化すると図3-3-15のようになる．図3-3-15の回路をCMOSインバータと呼び，NOT回路の動作をする．スイッチS_1として，pMOSトランジスタが用いられる．スイッチS_2として，nMOSトランジスタが用いられる．

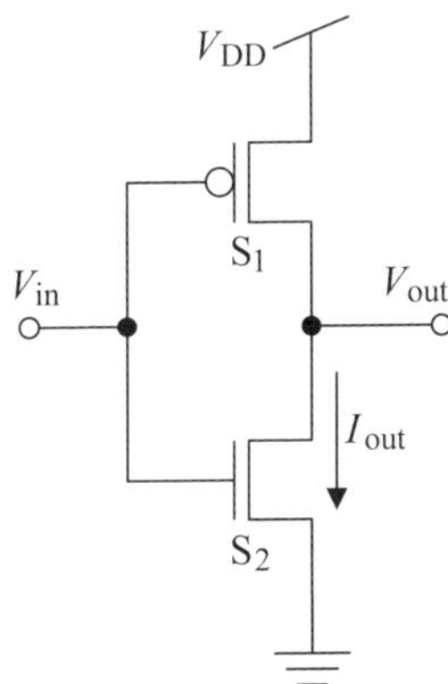

図3-3-15 CMOSインバータ（NOT回路）

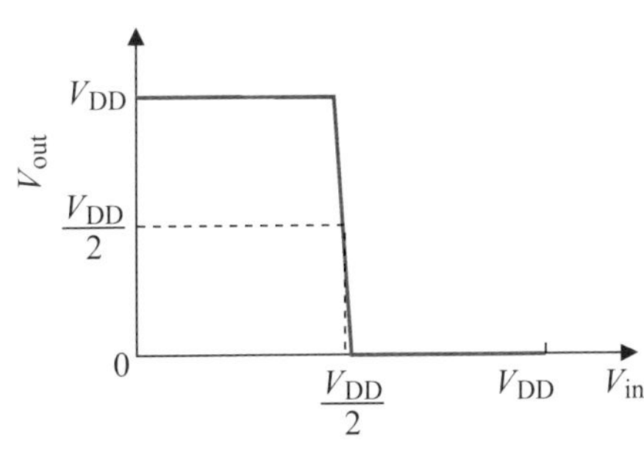

図3-3-16 CMOSインバータの入出力特性

この回路の理想的な入出力特性が図 3-3-16 に示される．$V_{in}=0\ \mathrm{V}$ とき，$V_{out}=V_{DD}$ を示す．$V_{in}=V_{DD}$ のとき $V_{out}=0\ \mathrm{V}$ を示す．

理想的には，$V_{in}=\frac{V_{DD}}{2}$ のとき，$V_{out}=\frac{V_{DD}}{2}$ になる．$V_{in}=V_{out}$ になる入力電圧 V_{inv} を論理しきい値という．論理しきい値 V_{inv} は次式で表される．

$$V_{inv}=\frac{V_{DD}-|V_{thp}|+\sqrt{\frac{\beta_n}{\beta_p}}V_{thn}}{1+\sqrt{\frac{\beta_n}{\beta_p}}}$$

理想的に，$\beta_n=\beta_p$，$V_{thn}=|V_{thp}|$ である．よって，理想的に，$V_{inv}=\frac{V_{DD}}{2}$ になる．

図 3-3-17 に CMOS インバータをオン抵抗で示した回路（等価回路）を示す．この回路の出力電圧 V_{out} は次式で表される．

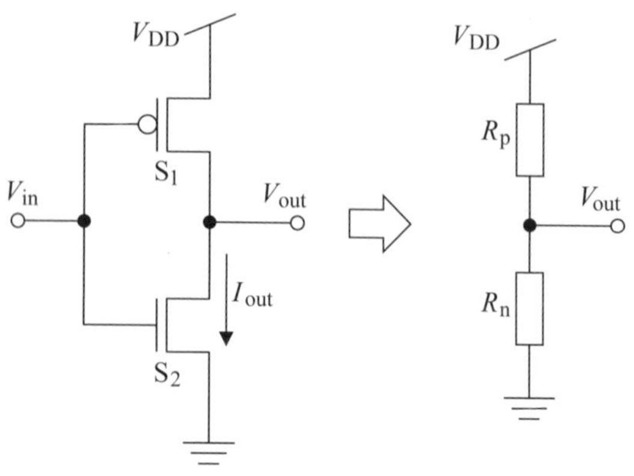

図3-3-17 CMOSインバータの等価回路

$$V_{out} = \frac{R_n}{R_p + R_n} V_{DD}$$

$V_{in} = 0$ V のとき R_p は小さく，R_n は大きくなる．よって，$V_{out} = V_{DD}$ になる．$V_{in} = V_{DD}$ のとき R_p は大きくなり，R_n は小さくなる．よって，$V_{out} = 0$ V になる．$V_{in} = \frac{V_{DD}}{2}$ のとき $R_p = R_n$ になる．よって，$V_{out} = \frac{V_{DD}}{2}$ になる．

図 3-3-18 に CMOS インバータの入力電圧 V_{in} と出力電流 I_{out} の関係を示す．$V_{in} = 0$ V のとき $V_{out} = V_{DD}$ になる．pMOS トランジスタのドレイン - ソース間の電位差が 0 V になる．また，nMOS トランジスタのゲート - ソース間の電位差も 0 V である．よって，両方のトランジスタが動作しないため，$I_{out} = 0$ A になる．

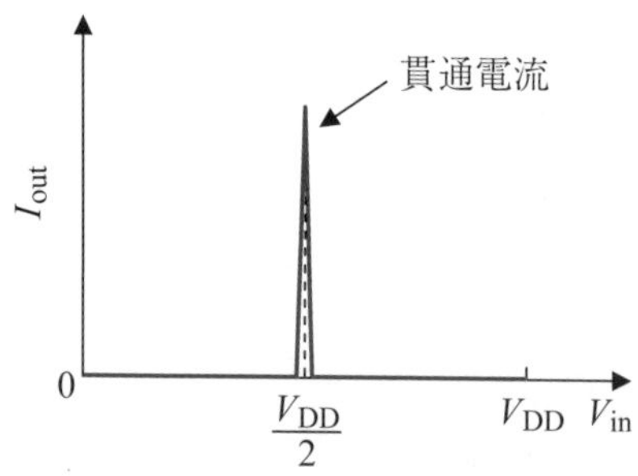

図3-3-18 CMOSインバータの出力電流

$V_{\text{in}}=\dfrac{V_{\text{DD}}}{2}$ のとき $V_{\text{out}}=\dfrac{V_{\text{DD}}}{2}$ になる．nMOS トランジスタのドレイン - ソース間の電位差が 0 V になる．また，pMOS トランジスタのゲート - ソース間の電位差も 0 V である．よって，両方のトランジスタが動作しないため，$I_{\text{out}}=0$ A になる．

$V_{\text{in}}=\dfrac{V_{\text{DD}}}{2}$ のとき $V_{\text{out}}=\dfrac{V_{\text{DD}}}{2}$ になる．nMOS トランジスタおよび pMOS トランジスタのドレイン - ソース間の電位差が $\dfrac{V_{\text{DD}}}{2}$ になる．また，nMOS トランジスタおよび pMOS トランジスタのゲート - ソース間の電位差も $\dfrac{V_{\text{DD}}}{2}$ である．よって，$V_{\text{in}}=\dfrac{V_{\text{DD}}}{2}$ のとき，I_{out} は理想的には次式のようになる．

$$I_{\text{out}}=\frac{\beta_{\text{n}}}{2}\left(\frac{V_{\text{DD}}}{2}-V_{\text{thn}}\right)^2=\frac{\beta_{\text{p}}}{2}\left(\frac{V_{\text{DD}}}{2}-\left|V_{\text{thp}}\right|\right)^2$$

以上より，出力電圧 V_{out} に変化があるとき（入力電圧 V_{in} に変化があるとき）に，I_{out} が流れる．この電流を貫通電流と呼ぶ．これは，電力消費の原因になる．電力消費を抑えるために，電源電圧を低くするほかに，電流を小さくする必要がある．

[6] 論理回路は 2 入力 OR 回路および 2 入力 AND 回路が基本回路になるが，回路設計では 2 入力 NOR 回路および 2 入力 NAND 回路が基本回路になる．図 3-3-19 に 2入力NOR 回路を示す．図中には，論理回路と真理値表も示す．この回路も CMOS インバータと同様に，出力電圧 V_{out} に変化があるときに，電流が流れる．

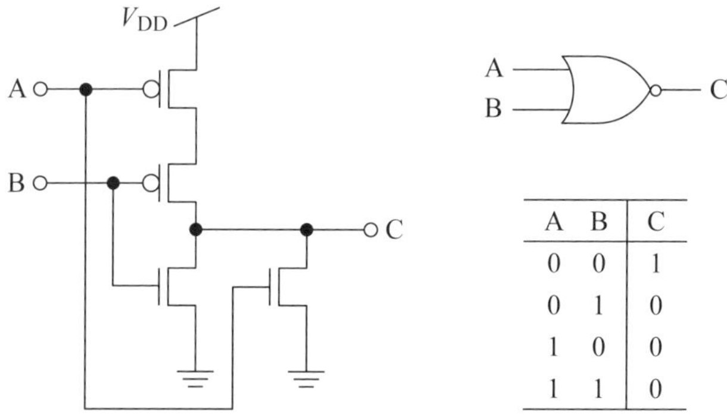

A	B	C
0	0	1
0	1	0
1	0	0
1	1	0

図3-3-19　2入力NOR回路

[7] 図 3-3-20 に 2 入力 NAND 回路を示す．図中には，論理回路と真理値表も示す．この回路も CMOS インバータと同様に，出力電圧 V_{out} に変化があるときに，電流が流れる．

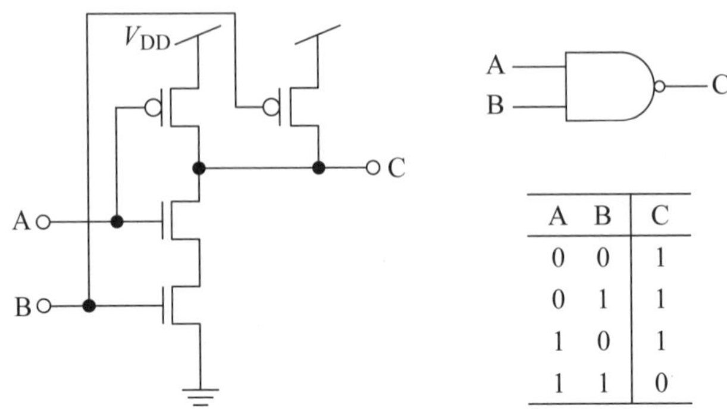

A	B	C
0	0	1
0	1	1
1	0	1
1	1	0

図3-3-20 2入力NAND回路

[8] 図 3-3-21 に XOR 回路を示す．図中には，論理回路と真理値表も示す．

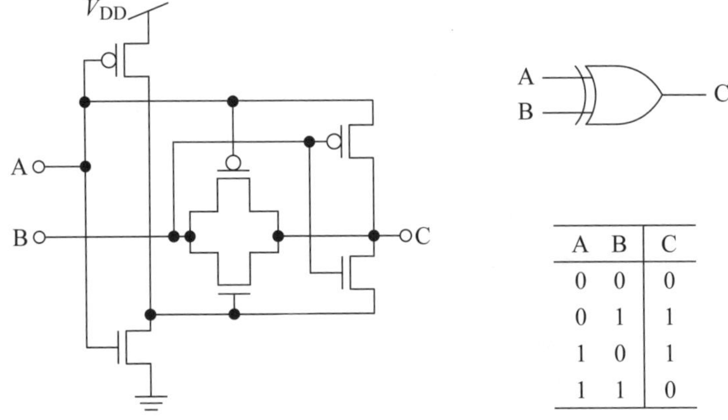

A	B	C
0	0	0
0	1	1
1	0	1
1	1	0

図3-3-21 XOR回路

演習問題 3-3

1．次の 10 進数を 8 ビットの 2 進数に変換せよ．

(1) 125　(2) 88　(3) 73　(4) 48　(5) 115

2．次の 2 進数を 10 進数に変換せよ．

(1) 11100111　(2) 10101010　(3) 01010101

(4) 11001100　(5) 10010011

3．次の 10 進数を 8 進数および 16 進数に変換せよ．

(1) 435　(2) 189　(3) 273　(4) 348　(5) 225

4．次の 8 進数を 10 進数に変換せよ．

(1) 265　(2) 371　(3) 156　(4) 447　(5) 104

5．次の 16 進数を 10 進数に変換せよ．

(1) 55　(2) FF　(3) DC　(4) FA　(5) 3EB

6．次の 10 進数を 2 の補数で表現せよ．

(1) −125　(2) −88　(3) −73　(4) −48　(5) −115

7．2 の補数で負の数を表現するとき，以下のビットの 2 進数で表現できる数 N はどのようになるか答えよ．

(1) 5　(2) 6　(3) 7　(4) 9　(5) 10

8．次の論理式を簡単化せよ．

(1) $AAB+A\overline{A}B$　(2) $A+\overline{A}+B$

(3) $1+A+B$　(4) $A\overline{A}+B$

(5) $(A+B)(\overline{A+B})$　　(6) $(A+\bar{A}+B)(C+D)$

(7) $A\bar{B}\bar{C}+A\bar{B}C+AB\bar{C}+ABC$

9．次の論理式を証明せよ．

(1) $A+AB=A$　　(2) $A+\bar{A}B=A+B$

(3) $AB+\bar{B}=A+\bar{B}$　　(4) $(A+B)(A+\bar{B})=A$

(5) $A+BC=(A+B)(A+C)$　　(6) $AB+\bar{A}BC=AB+BC$

(7) $(A+B+C)(\bar{A}+B)=B+C\bar{A}$　　(8) $(\bar{A}+B+C)(AB+\bar{B}C+\bar{C}A)=AB+\bar{B}C$

10．次の論理式をド・モルガンの定理を用いて OR ⇔ AND 変換せよ．

(1) $\overline{A\cdot B}$　　(2) $\overline{A+\bar{B}+C}$　　(3) $\overline{\bar{A}\cdot\bar{B}\cdot C}$

11．演表 3-3-1 の真理値表から論理式(加法標準形)を求めよ．また，$f=0$ になる項に着目して，論理式を示し，ド・モルガンの定理を用いて OR → AND 変換して，論理式を乗法標準形で示せ．

演表3-3-1　演習問題11の真理値表

(1)

A	B	C	f
0	0	0	0
0	0	1	1
0	1	0	1
0	1	1	0
1	0	0	0
1	0	1	1
1	1	0	1
1	1	1	0

(2)

A	B	C	f
0	0	0	0
0	0	1	0
0	1	0	0
0	1	1	1
1	0	0	0
1	0	1	0
1	1	0	1
1	1	1	1

(3)

A	B	C	f
0	0	0	1
0	0	1	1
0	1	0	0
0	1	1	1
1	0	0	1
1	0	1	0
1	1	0	0
1	1	1	1

(4)

A	B	C	f
0	0	0	0
0	0	1	0
0	1	0	1
0	1	1	1
1	0	0	0
1	0	1	1
1	1	0	0
1	1	1	1

12. 次の論理式を回路化せよ．

(1) $f = A\overline{B} + \overline{A}B$

(2) $f = \overline{A\overline{B} + \overline{A}B}$

(3) $f = \overline{\overline{A}\overline{B} + AB}$

(4) $f = \left(A + \overline{B}\right)\left(\overline{A} + B\right)$

(5) $f = \overline{\left(A + \overline{B}\right)\left(\overline{A} + B\right)}$

(6) $f = \left(\overline{A} + \overline{B}\right)\left(A + B\right)$

(7) $f = \left(A + \overline{B}\right)\left(\overline{A} + B\right)\left(\overline{B}C\right)$

(8) $f = \overline{\left(A\overline{B} + \overline{A}B\right)\overline{C}}$

(9) $f = \left(\overline{A} + \overline{C}\right)\left(B + C\right)\left(A + \overline{D}\right)$

13. 演図 3-3-1 の回路の論理式を求めよ．

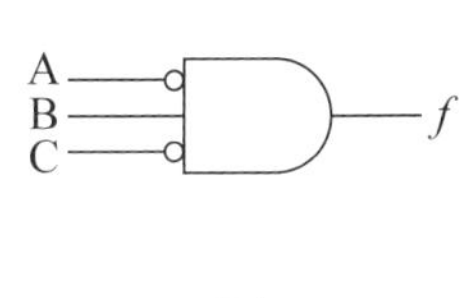

(1)

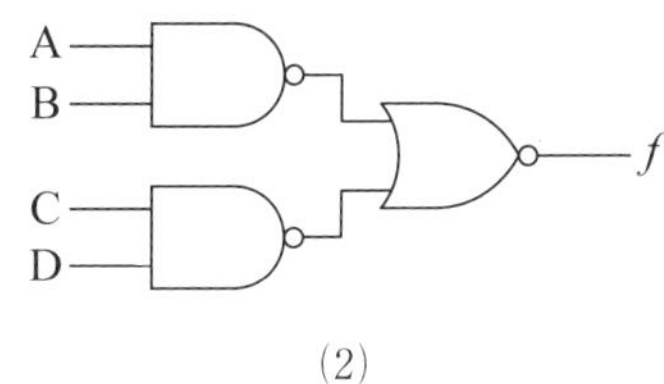

(2)

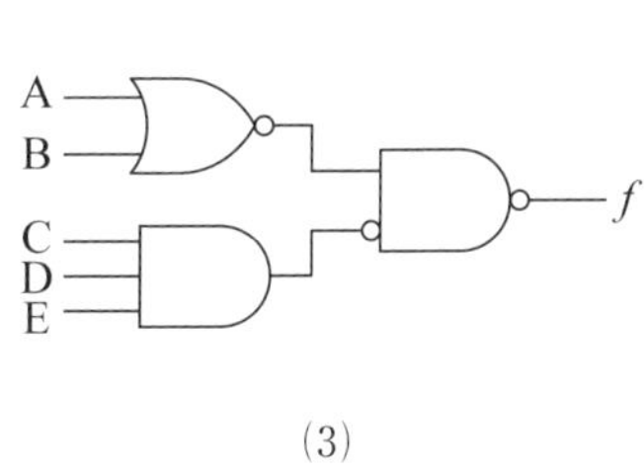

(3)

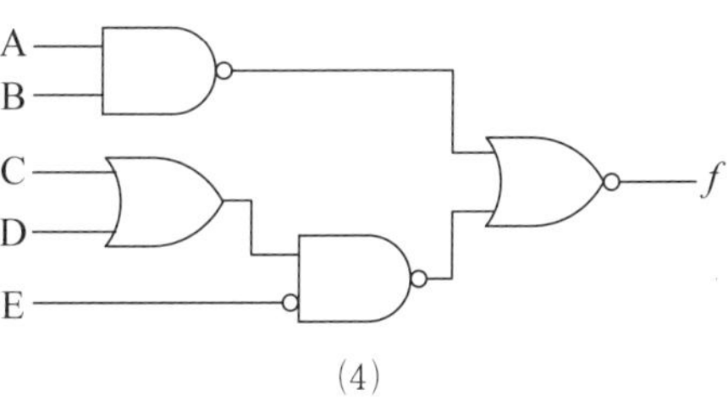

(4)

演図 3-3-1　演習問題 13 の回路

14. nMOS スイッチおよび pMOS スイッチの ON 抵抗のグラフを描け．また，各スイッチの入力電圧を転送できる範囲を記述せよ．

15. CMOS トランスミッションゲート（アナログスイッチ）を描いて，動作原理を説明せよ．また，nMOS および pMOS スイッチと比較して，アナログスイッチの利点を記述せよ．

16. 演図 3-3-2 の回路において，入力電圧 $V_{\mathrm{in1}} = 5\ \mathrm{V}$，$V_{\mathrm{in2}} = 2.5\ \mathrm{V}$，$V_{\mathrm{in3}} = 0\ \mathrm{V}$ に設定した．演図 3-3-3 に示す電圧が与えられたとして，出力電圧 V_{out} の時間変化を描け．なお，NOT 回路の電源電圧は 5 V とする．

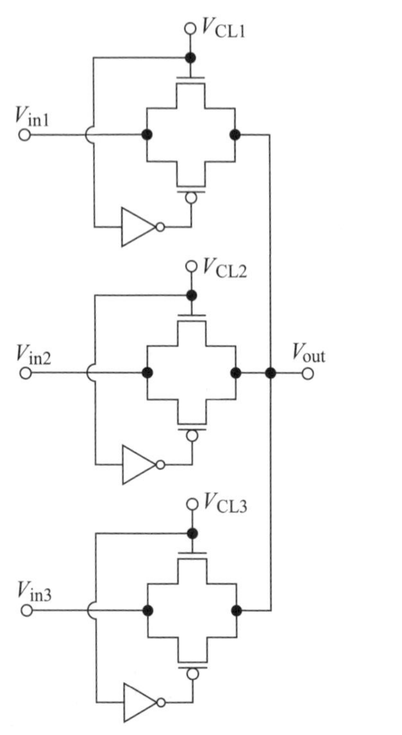

演図3-3-2　演習問題16の回路

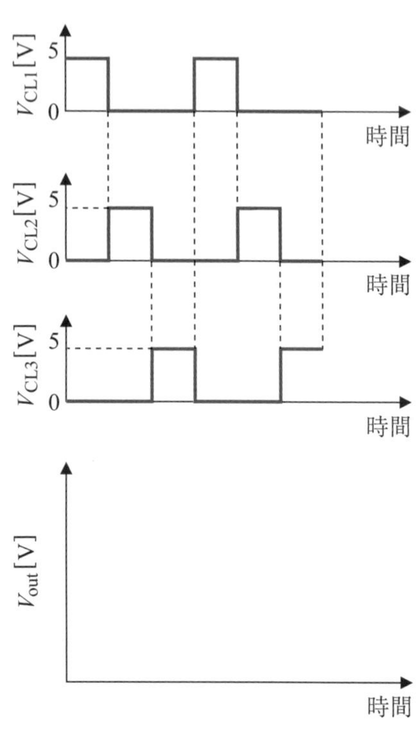

演図3-3-3　演習問題16のグラフ

17. CMOS インバータの論理しきい値に関する式が次式になることを導出せよ．

$$V_{\mathrm{inv}} = \frac{V_{\mathrm{DD}} - |V_{\mathrm{thp}}| + \sqrt{\dfrac{\beta_{\mathrm{n}}}{\beta_{\mathrm{p}}}} V_{\mathrm{thn}}}{1 + \sqrt{\dfrac{\beta_{\mathrm{n}}}{\beta_{\mathrm{p}}}}}$$

18. 演図 3-3-4 の回路について，以下の問に答えよ．ただし，回路に用いた MOS トランジスタの各パラメータは以下の通りである．

$$|V_{\mathrm{thp}}| = V_{\mathrm{thn}} = 1.5\ \mathrm{V} \qquad \beta_{\mathrm{p}} = \beta_{\mathrm{n}} = 60 \times 10^{-6}\ \mathrm{A/V^2}$$

V_{thp}：MP のしきい値電圧，V_{thn}：MN のしきい値電圧，β_{p}：MP の電流利得，β_{n}：MN の電流利得

(1) V_{out}-V_{in} 特性および I-V_{in} 特性を描け．

(2) V_{in} を演図 3-3-5 のように変化させた．V_{out} および I の時間変化を下図に記述せよ．

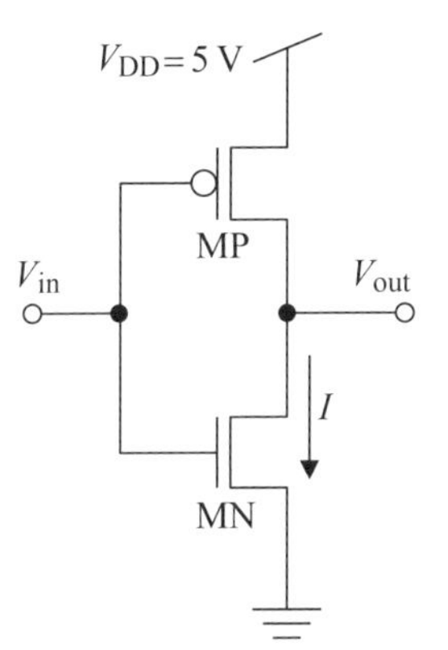

演図3-3-4　演習問題18の回路

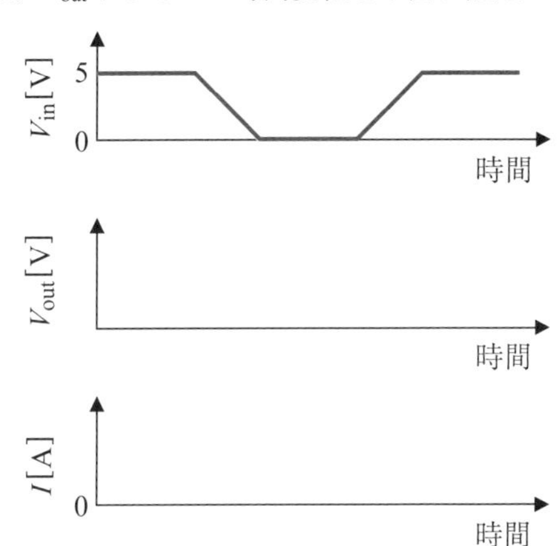

演図3-3-5　演習問題18のグラフ

19. 演図 3-3-6 の 2 入力 NAND 回路について，以下の問に答えよ．

(1) この回路の真理値表を記述せよ．

(2) この回路において，電力消費が発生する条件を述べよ．

ただし，回路に用いた MOS トランジスタの各パラメータは以下の通りである．

$$|V_{\mathrm{thp}}| = V_{\mathrm{thn}} \qquad \beta_{\mathrm{p}} = \beta_{\mathrm{n}}$$

V_{thp}：MP のしきい値電圧，V_{thn}：MN のしきい値電圧，β_{p}：MP の電流利得，β_{n}：MN の電流利得

(3) 2 入力 AND 回路を MOS トランジスタを用いて描け．

(4) 3 入力 NAND 回路を MOS トランジスタを用いて描け．

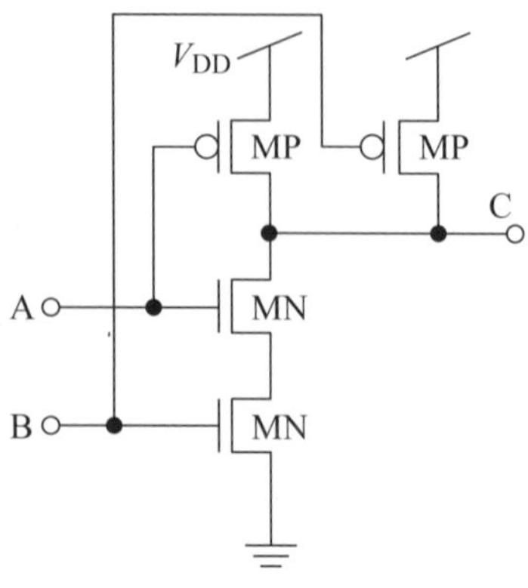

演図 3-3-6　演習問題 19 の回路

20. 演図 3-3-7 の 2 入力 NAND 回路について，以下の問に答えよ．回路に用いた MOS トランジスタの各パラメータは以下の通りである．

$$|V_{thp}| = V_{thn} = 1.5\ \mathrm{V} \qquad \beta_p = \beta_n = 60 \times 10^{-6}\ \mathrm{A/V^2}$$

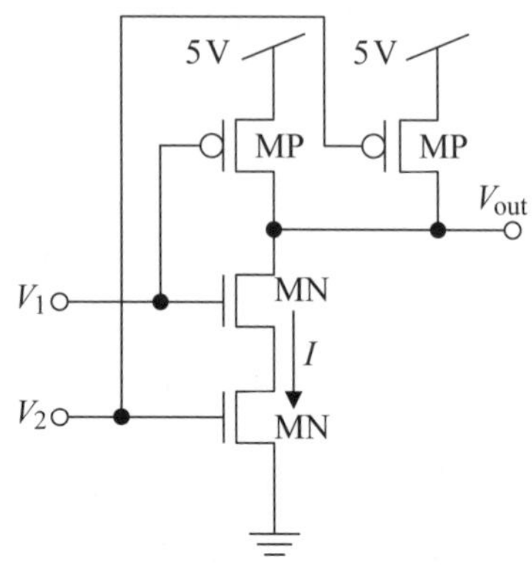

演図 3-3-7　演習問題 20 の回路

V_{thp} : MP のしきい値電圧，V_{thn} : MN のしきい値電圧，β_p : MP の電流利得，β_n : MN の電流利得

(1) $V_1 = 5$ V に設定したときの V_{out} V_2 特性および I-V_2 特性を描け．

(2) $V_1 = 0$ V に設定したときの V_{out}-V_2 特性および I-V_2 特性を描け．

(3) $V_2 = 5$ V に設定したときの V_{out}-V_1 特性および I-V_1 特性を描け.

(4) $V_2 = 0$ V に設定したときの V_{out}-V_1 特性および I-V_1 特性を描け.

(5) $V_1 = 5$ V に設定し，V_2 を演図 3-3-8 のように変化させた．V_{out} および I の時間変化を記述せよ.

(6) $V_2 = 5$ V に設定し，V_1 を演図 3-3-9 のように変化させた．V_{out} および I の時間変化を記述せよ.

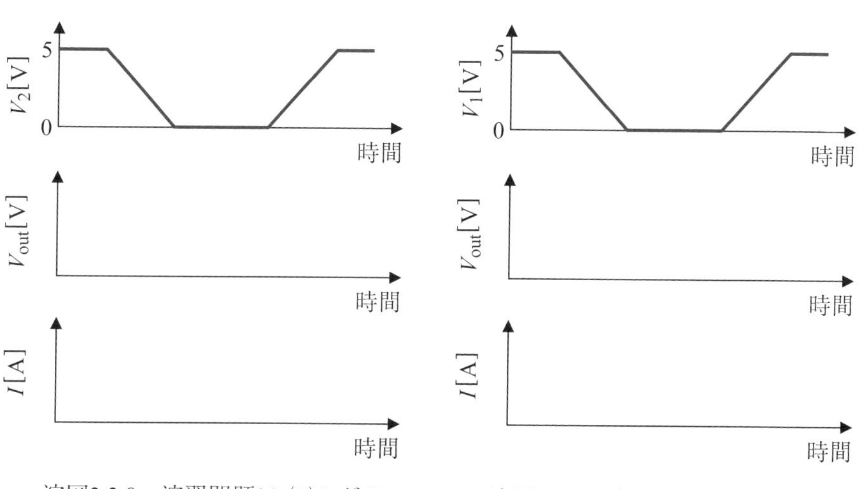

演図3-3-8　演習問題20-(5)のグラフ　　演図3-3-9　演習問題20-(6)のグラフ

21. 演図 3-3-10 の 2 入力 NOR 回路について，以下の問に答えよ.

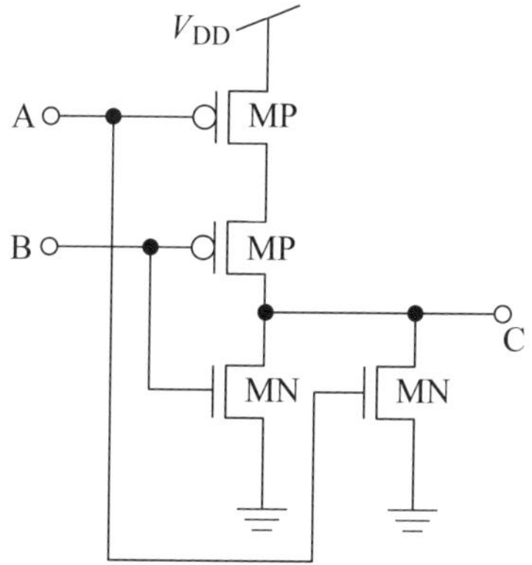

演図 3-3-10　演習問題 21 の回路

(1) この回路の真理値表を記述せよ．

(2) この回路において，電力消費が発生する条件を述べよ．ただし，回路に用いたMOSトランジスタの各パラメータは以下の通りである．

$$|V_{\mathrm{thp}}| = V_{\mathrm{thn}} \qquad \beta_{\mathrm{p}} = \beta_{\mathrm{n}}$$

V_{thp}：MPのしきい値電圧，V_{thn}：MNのしきい値電圧，

β_{p}：MPの電流利得，β_{n}：MNの電流利得

(3) 2入力OR回路をMOSトランジスタを用いて描け．

(4) 3入力NOR回路をMOSトランジスタを用いて描け．

22. 演図3-3-11の2入力NOR回路について，以下の問に答えよ．

回路に用いたMOSトランジスタの各パラメータは以下の通りである．

$$|V_{\mathrm{thp}}| = V_{\mathrm{thn}} = 1.5\ \mathrm{V}$$

$$\beta_{\mathrm{p}} = \beta_{\mathrm{n}} = 60 \times 10^{-6}\ \mathrm{A/V^2}$$

V_{thp}：MPのしきい値電圧，V_{thn}：MNのしきい値電圧，

β_{p}：MPの電流利得，β_{n}：MNの電流利得

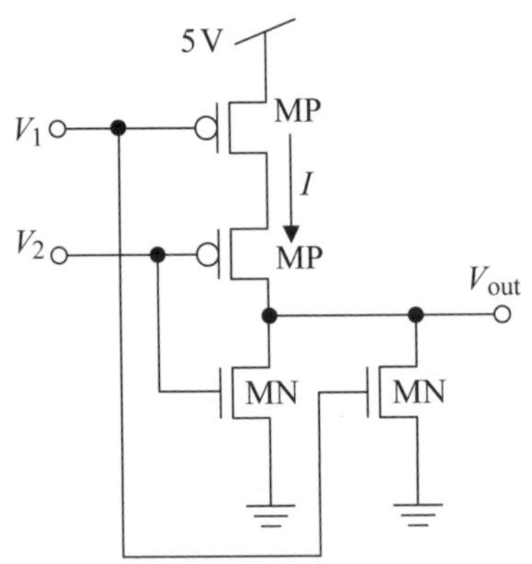

演図3-3-11　演習問題22の回路

(1) $V_1 = 5\ \mathrm{V}$に設定したときのV_{out}-V_2特性およびI-V_2特性を描け．

(2) $V_1 = 0\ \mathrm{V}$に設定したときのV_{out}-V_2特性およびI-V_2特性を描け．

(3) $V_2 = 5\ \mathrm{V}$に設定したときのV_{out}-V_1特性およびI-V_1特性を描け．

(4) $V_2 = 0$ V に設定したときの V_{out}-V_1 特性および I-V_1 特性を描け．

(5) $V_1 = 0$ V に設定し，V_2 を演図 3-3-12 のように変化させた．V_{out} および I の時間変化を記述せよ．

(6) $V_2 = 0$ V に設定し，V_1 を演図 3-3-13 のように変化させた．V_{out} および I の時間変化を記述せよ．

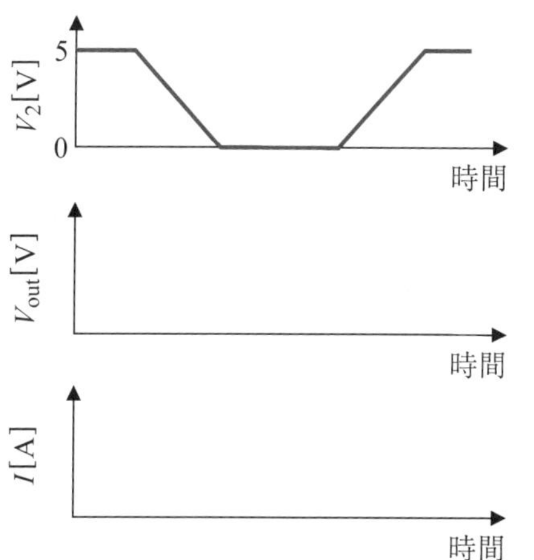

演図3-3-12　演習問題22-(5)のグラフ

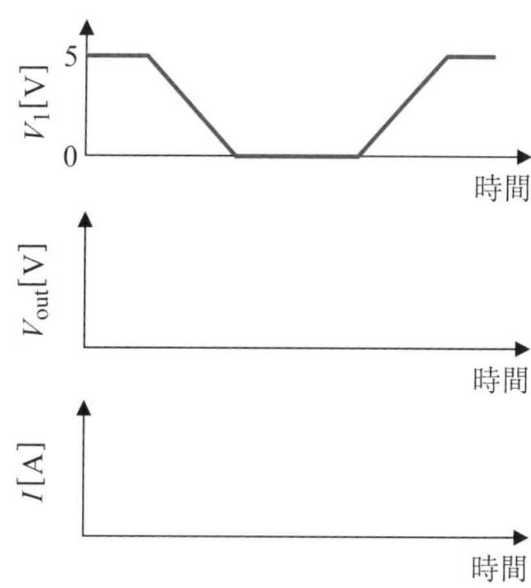

演図3-3-13　演習問題22-(6)のグラフ

演習問題３-３　解答

1．

演図 3-3-14 に(1)～(5)の解答を示す．

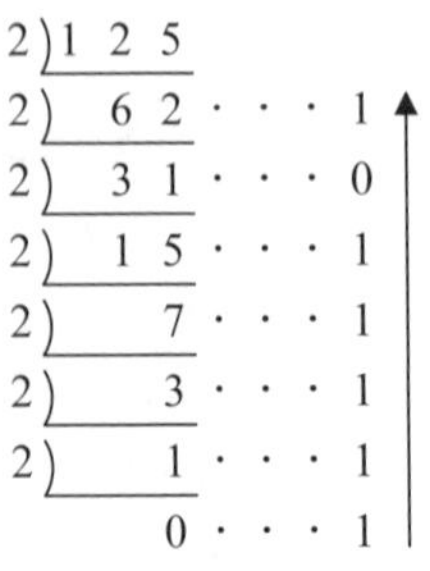

$125_{10} = 01111101_2$

8 ビットにするためここに
0 をつける必要がある．

(1)　125

2)88
2)44・・・0
2)22・・・0
2)11・・・0
2)5・・・1
2)2・・・1
2)1・・・0
0・・・1

$88_{10} = 01011000_2$

(2)　88

2)73
2)36・・・1
2)18・・・0
2)9・・・0
2)4・・・1
2)2・・・0
2)1・・・0
0・・・1

$73_{10} = 01001001_2$

(3)　73

2)48
2)24・・・0
2)12・・・0
2)6・・・0
2)3・・・0
2)1・・・1
0・・・1

$48_{10} = 00110000_2$

(4)　48

2)115
2)57・・・1
2)28・・・1
2)14・・・0
2)7・・・0
2)3・・・1
2)1・・・1
0・・・1

$115_{10} = 01110011_2$

(5)　115

演図3-3-14　演習問題1の解答

2．

(1) $11100111_2 = 1\times2^7 + 1\times2^6 + 1\times2^5 + 0\times2^4 + 0\times2^3 + 1\times2^2 + 1\times2^1 + 1\times2^0$

$= 128 + 64 + 32 + 4 + 2 + 1 = 231_{10}$

(2) $10101010_2 = 1\times2^7 + 0\times2^6 + 1\times2^5 + 0\times2^4 + 1\times2^3 + 0\times2^2 + 1\times2^1 + 0\times2^0$

$= 170_{10}$

(3) $01010101_2 = 0\times2^7 + 1\times2^6 + 0\times2^5 + 1\times2^4 + 0\times2^3 + 1\times2^2 + 0\times2^1 + 1\times2^0$

$= 85_{10}$

(4) $11001100_2 = 1\times2^7 + 1\times2^6 + 0\times2^5 + 0\times2^4 + 1\times2^3 + 1\times2^2 + 0\times2^1 + 0\times2^0$

$= 204_{10}$

(5) $10010011_2 = 1\times2^7 + 0\times2^6 + 0\times2^5 + 1\times2^4 + 0\times2^3 + 0\times2^2 + 1\times2^1 + 1\times2^0$

$= 147_{10}$

3．

演図 3-3-15 に(1)～(5)の解答を示す．

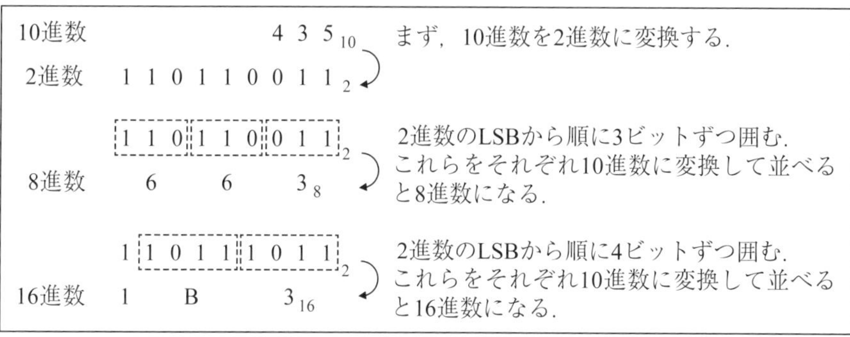

(1)　435

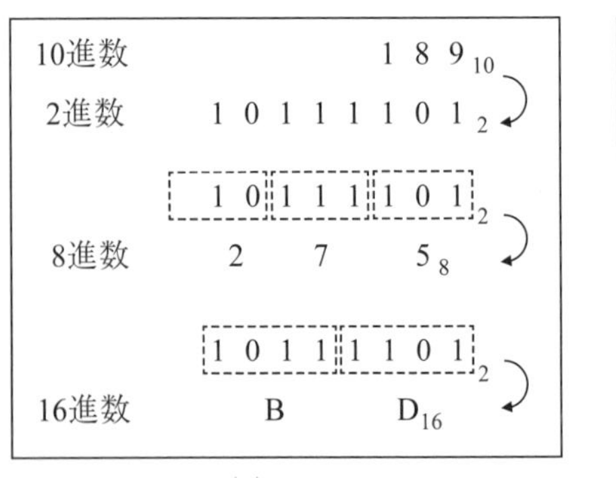

(2)　189

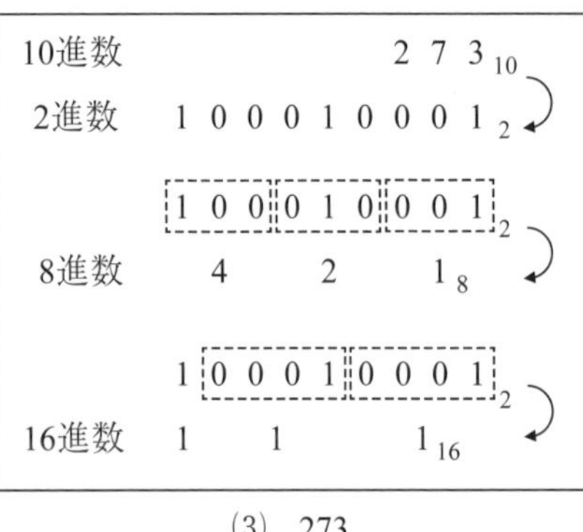

(3)　273

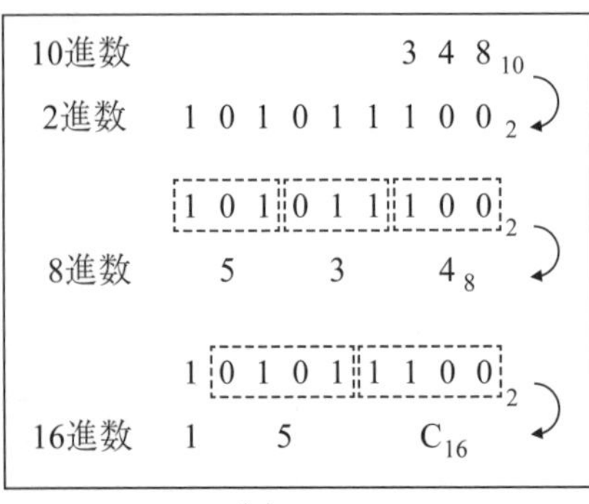

(4)　348

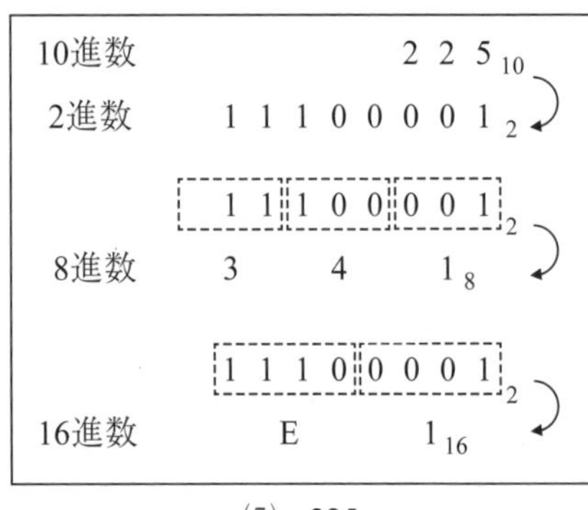

(5)　225

演図3-3-15 演習問題3の解答

4．

(1)　$265_8 = 2\times8^2 + 6\times8^1 + 5\times8^0 = 128 + 48 + 5 = 181_{10}$

(2)　$371_8 = 3\times8^2 + 7\times8^1 + 1\times8^0 = 192 + 56 + 1 = 249_{10}$

(3)　$156_8 = 1\times8^2 + 5\times8^1 + 6\times8^0 = 64 + 40 + 6 = 110_{10}$

(4)　$447_8 = 4\times8^2 + 4\times8^1 + 7\times8^0 = 256 + 32 + 7 = 295_{10}$

(5)　$104_8 = 1\times8^2 + 0\times8^1 + 4\times8^0 = 64 + 4 = 68_{10}$

5.

(1) $55_{16}=5\times16^1+5\times16^0=85_{10}$

(2) $FF_{16}=15\times16^1+15\times16^0=255_{10}$

(3) $DC_{16}=13\times16^1+12\times16^0=220_{10}$

(4) $FA_{16}=15\times16^1+10\times16^0=250_{10}$

(5) $3EB_{16}=3\times16^2+14\times16^1+11\times16^0=1003_{10}$

6.

演図 3-3-16 に(1)〜(5)の解答を示す.

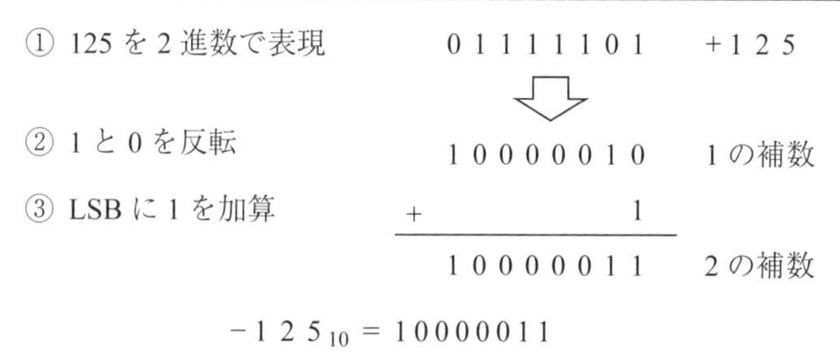

(1) 125

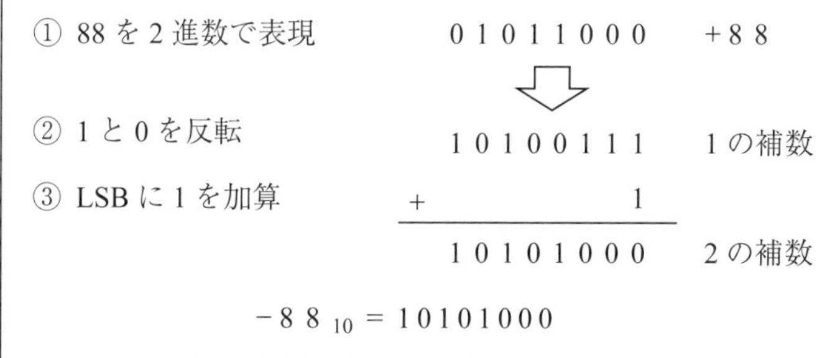

(2) −88

① 73 を 2 進数で表現　　0 1 0 0 1 0 0 1　　+7 3

② 1 と 0 を反転　　1 0 1 1 0 1 1 0　　1 の補数

③ LSB に 1 を加算　　+　　　　　1

　　1 0 1 1 0 1 1 1　　2 の補数

$-73_{10} = 10110111$

(3)　−73

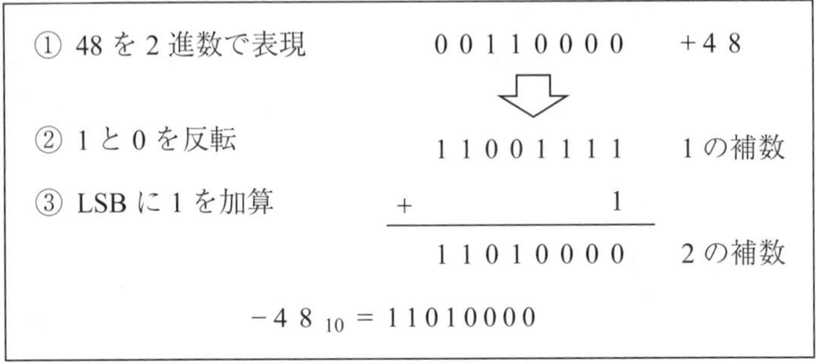

(4)　−48

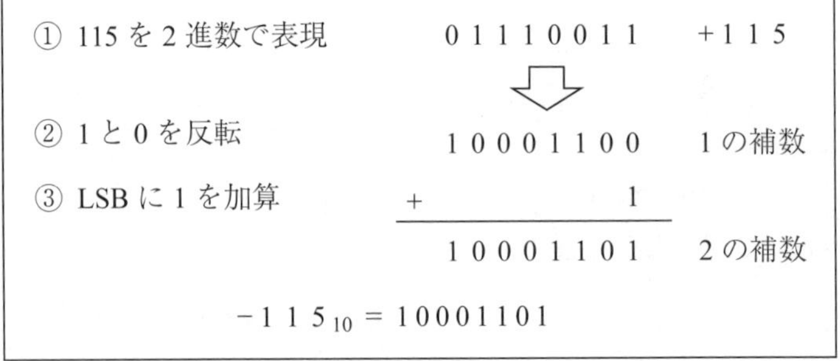

(5)　−115

演図3-3-16　演習問題6の解答

7.

(1)　$-2^{5-1} \leqq N \leqq 2^{5-1}-1 \quad \rightarrow \quad -16 \leqq N \leqq 15$

(2)　$-2^{6-1} \leqq N \leqq 2^{6-1}-1 \quad \rightarrow \quad -32 \leqq N \leqq 31$

(3)　$-2^{7-1} \leqq N \leqq 2^{7-1}-1 \quad \rightarrow \quad -64 \leqq N \leqq 63$

(4)　$-2^{9-1} \leqq N \leqq 2^{9-1}-1 \quad \rightarrow \quad -256 \leqq N \leqq 255$

(5)　$-2^{10-1} \leqq N \leqq 2^{10-1}-1 \quad \rightarrow \quad -512 \leqq N \leqq 511$

8.

(1)　$AAB + A\overline{A}B = AB\left(A + \overline{A}\right) = AB$

(2)　$A + \overline{A} + B = 1 + B = 1$

(3)　$1 + A + B = 1$

(4)　$A\overline{A} + B = 0 + B = B$

(5)　$(A+B)\left(\overline{A+B}\right) = 0$

(6)　$\left(A + \overline{A} + B\right)(C+D) = (1+B)(C+D) = 1 \cdot (C+D) = C + D$

(7)　$A\overline{B}\overline{C} + A\overline{B}C + AB\overline{C} + ABC = A\overline{C}\left(B + \overline{B}\right) + AC\left(B + \overline{B}\right)$

$$= A\overline{C} + AC = A\left(C + \overline{C}\right) = A$$

9.

(1)　$A + AB = A(1+B) = A$

(2)　$A + \overline{A}B = A\left(B + \overline{B}\right) + \overline{A}B = AB + A\overline{B} + \overline{A}B = AB + A\overline{B} + \overline{A}B + AB$

$$= A\left(B + \overline{B}\right) + B\left(A + \overline{A}\right) = A + B$$

（別解：分配則を用いる）　$A + \overline{A}B = \left(A + \overline{A}\right)(A+B) = A + B$

(3)　$AB + \overline{B} = AB + \overline{B}\left(A + \overline{A}\right) = AB + A\overline{B} + \overline{A}\overline{B} = AB + A\overline{B} + \overline{A}\overline{B} + A\overline{B}$

$$= A\left(B + \overline{B}\right) + \overline{B}\left(A + \overline{A}\right) = A + \overline{B}$$

(4) $(A+B)(A+\overline{B}) = AA + A\overline{B} + AB + B\overline{B} = A + A\overline{B} + AB = A(1+B+\overline{B}) = A$

(5) $(A+B)(A+C) = AA + AC + AB + BC = A + AC + AB + BC$

$$= A(1+C+B) + BC = A + BC$$

(6) $AB + \overline{A}BC = AB(C+\overline{C}) + \overline{A}BC = ABC + AB\overline{C} + \overline{A}BC + ABC$

$$= AB(C+\overline{C}) + BC(A+\overline{A}) = AB + BC$$

(7) $(A+B+C)(\overline{A}+B) = \{(A+B)+C\}(\overline{A}+B)$

$$= (A+B)A + (A+B)B + C\overline{A} + BC$$

$$= A\overline{A} + \overline{A}B + AB + BB + C\overline{A} + BC$$

$$= 0 + \overline{A}B + AB + B + C\overline{A} + BC$$

$$= B(\overline{A} + A + 1 + C) + C\overline{A} = B + C\overline{A}$$

(8) $(\overline{A}+B+C)(AB+\overline{B}C+\overline{C}A)$

$$= \{(\overline{A}+B)+C\}\{(AB+\overline{B}C)+\overline{C}A\}$$

$$= (\overline{A}+B)(AB+\overline{B}C) + (\overline{A}+B)\overline{C}A + C(AB+\overline{B}C) + C\overline{C}A$$

$$= A\overline{A}B + \overline{A}\overline{B}C + ABB + B\overline{B}C + A\overline{A}\overline{C} + AB\overline{C} + ABC + \overline{B}CC$$

$$= 0 + \overline{A}\overline{B}C + AB + 0 + 0 + AB\overline{C} + ABC + \overline{B}C$$

$$= \overline{A}\overline{B}C + AB + AB\overline{C} + ABC + \overline{B}C = AB(1+C+\overline{C}) + \overline{B}C(\overline{A}+1)$$

$$= AB + \overline{B}C$$

10.

(1) $\overline{A \cdot B} = \overline{A} + \overline{B}$

(2) $\overline{A + \overline{B} + C} = \overline{A} \cdot B \cdot \overline{C}$

(3) $\overline{\overline{A} \cdot \overline{B} \cdot C} = A + B + \overline{C}$

11.

(1) $f = \overline{A}\overline{B}C + \overline{A}B\overline{C} + A\overline{B}C + AB\overline{C}$ ：加法標準形

$\overline{f} = \overline{A}\overline{B}\overline{C} + \overline{A}BC + A\overline{B}\overline{C} + ABC$

$f = \overline{\overline{A}\overline{B}\overline{C} + \overline{A}BC + A\overline{B}\overline{C} + ABC} = \left(\overline{\overline{A}\overline{B}\overline{C}}\right) \cdot \left(\overline{\overline{A}BC}\right) \cdot \left(\overline{A\overline{B}\overline{C}}\right) \cdot \left(\overline{ABC}\right)$

$= \left(A + B + C\right) \cdot \left(A + \overline{B} + \overline{C}\right) \cdot \left(\overline{A} + B + C\right) \cdot \left(\overline{A} + \overline{B} + \overline{C}\right)$ ：乗法標準形

(2) $f = \overline{A}BC + AB\overline{C} + ABC$ ：加法標準形

$\overline{f} = \overline{A}\overline{B}\overline{C} + \overline{A}\overline{B}C + \overline{A}B\overline{C} + A\overline{B}\overline{C} + A\overline{B}C$

$f = \overline{\overline{A}\overline{B}\overline{C} + \overline{A}\overline{B}C + \overline{A}B\overline{C} + A\overline{B}\overline{C} + A\overline{B}C}$

$= \left(\overline{\overline{A}\overline{B}\overline{C}}\right) \cdot \left(\overline{\overline{A}\overline{B}C}\right) \cdot \left(\overline{\overline{A}B\overline{C}}\right) \cdot \left(\overline{A\overline{B}\overline{C}}\right) \cdot \left(\overline{A\overline{B}C}\right)$

$= \left(A + B + C\right) \cdot \left(A + B + \overline{C}\right) \cdot \left(A + \overline{B} + C\right) \cdot \left(\overline{A} + B + C\right) \cdot \left(\overline{A} + B + \overline{C}\right)$ ：乗法標準形

(3) $f = \overline{A}\overline{B}\overline{C} + \overline{A}\overline{B}C + \overline{A}BC + A\overline{B}\overline{C} + ABC$ ：加法標準形

$\overline{f} = \overline{A}B\overline{C} + A\overline{B}C + AB\overline{C}$

$f = \overline{\overline{A}B\overline{C} + A\overline{B}C + AB\overline{C}} = \left(\overline{\overline{A}B\overline{C}}\right) \cdot \left(\overline{A\overline{B}C}\right) \cdot \left(\overline{AB\overline{C}}\right)$

$= \left(A + \overline{B} + C\right) \cdot \left(\overline{A} + B + \overline{C}\right) \cdot \left(\overline{A} + \overline{B} + C\right)$ ：乗法標準形

(4) $f = \overline{A}B\overline{C} + \overline{A}BC + A\overline{B}C + ABC$ ：加法標準形

$\overline{f} = \overline{A}\overline{B}\overline{C} + \overline{A}BC + A\overline{B}\overline{C} + AB\overline{C}$

$f = \overline{\overline{A}\overline{B}\overline{C} + \overline{A}BC + A\overline{B}\overline{C} + AB\overline{C}} = \left(\overline{\overline{A}\overline{B}\overline{C}}\right) \cdot \left(\overline{\overline{A}BC}\right) \cdot \left(\overline{A\overline{B}\overline{C}}\right) \cdot \left(\overline{AB\overline{C}}\right)$

$= \left(A + B + C\right) \cdot \left(A + B + \overline{C}\right) \cdot \left(\overline{A} + B + C\right) \cdot \left(\overline{A} + \overline{B} + C\right)$ ：乗法標準形

12.

演図 3-3-17 に(1)〜(9)の解答を示す．

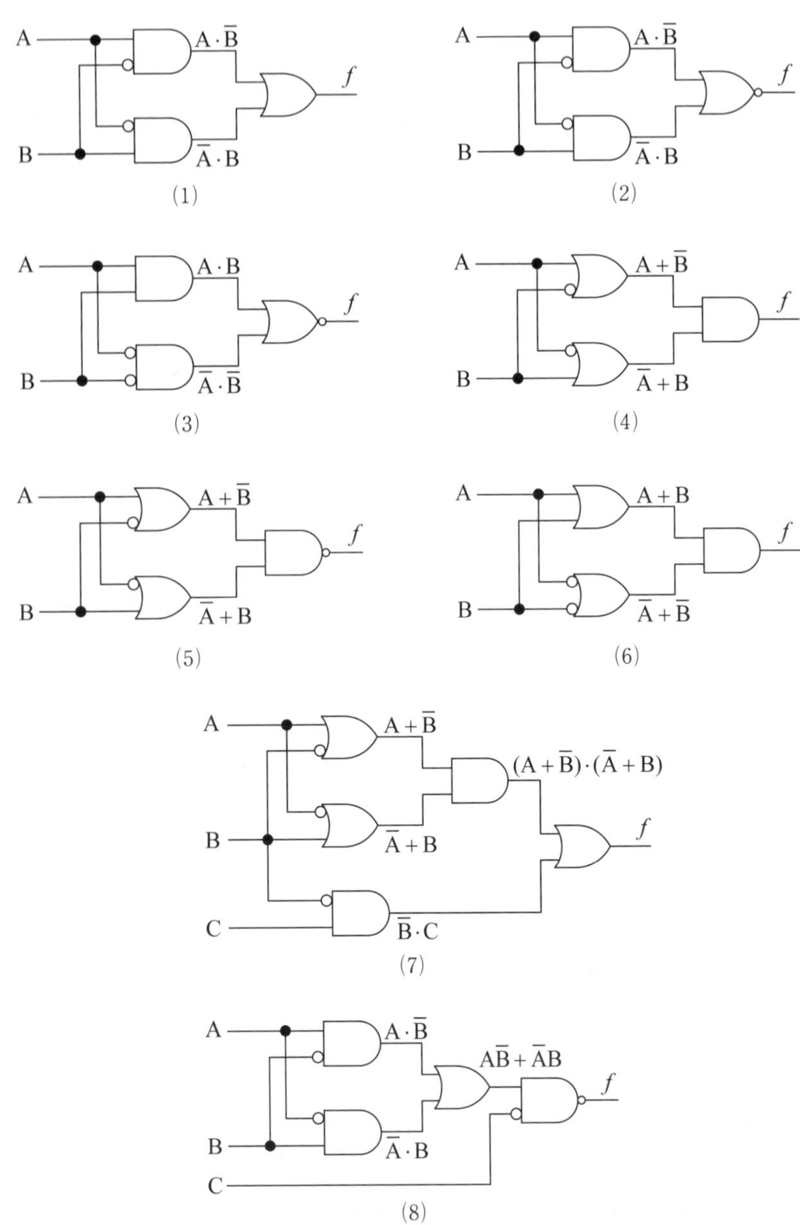

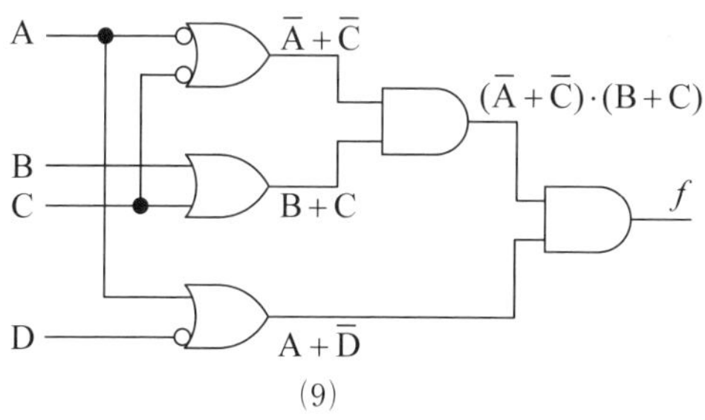

(9)

演図3-3-17 演習問題12の解答

13.

(1) $f=\overline{A}\cdot B\cdot\overline{C}$　　(2) $f=\overline{\overline{A\cdot B}+\overline{C\cdot D}}$

(3) $f=\overline{\left(\overline{A+B}\right)\cdot\left(\overline{C\cdot D\cdot E}\right)}$　　(4) $f=\overline{\left(\overline{A\cdot B}\right)+\left(\overline{(C+D)\cdot\overline{E}}\right)}$

演図 3-3-18 の回路中に(2)〜(4)の途中の式を示す.

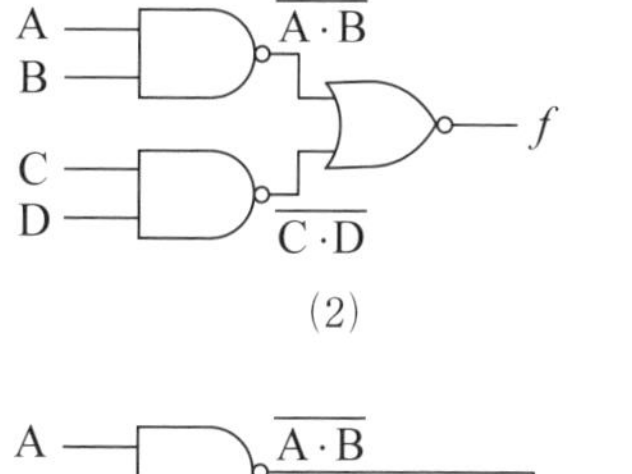

(2)

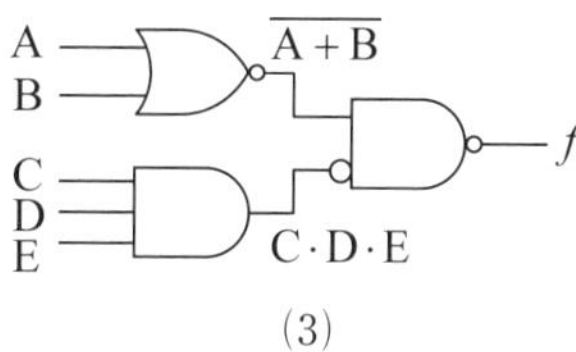

(3)

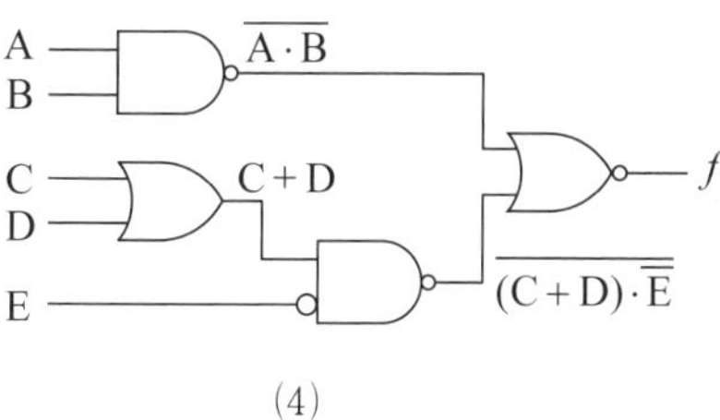

(4)

演図3-3-18 演習問題13の途中の式

14.

要点の図 3-3-12 に解答を示す.

転送できる範囲は，3-3-3 項の要点 [2] に示す.

15.

動作原理は，3-3-3 項の要点 [3] に示す．

(利点)転送できる範囲に制限がない．つまり，0 V ～ 電源電圧 V_{DD} まで転送できる．

16.

演図 3-3-19 に解答を示す．

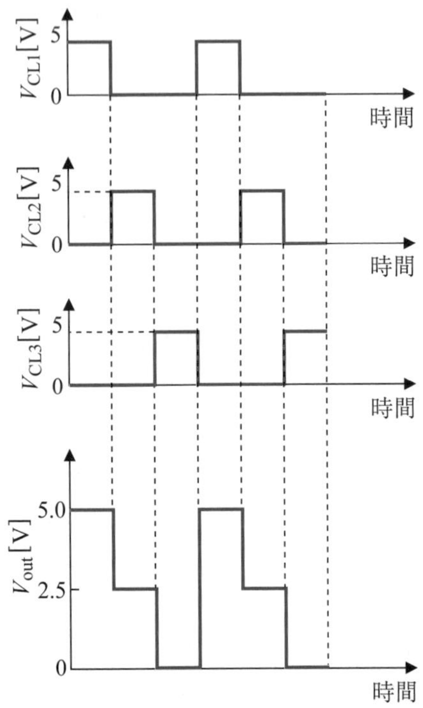

演図3-3-19 演習問題16の解答

17.

3-3-3 項の図 3-3-15 の回路を考える．CMOS インバータにおいて，$V_{in} = V_{out}$ になるとき（論理しきい値のとき），各 MOS トランジスタは強反転領域の飽和領域で動作していると考えることができる．よって，各トランジスタに流れる電流は次式で表すことができる．

$$\text{nMOS}：I_{out} = \frac{\beta_n}{2}(V_{in} - V_{thn})^2 \tag{1}$$

$$\text{pMOS}：I_{out} = \frac{\beta_p}{2}\left(|V_{in} - V_{DD}| - |V_{thp}|\right)^2 \tag{2}$$

(1)＝(2)として，V_{in} について解くと次式になる．なお，入力電圧 V_{in} を論理しきい値 V_{inv} とおく．

$$\beta_n (V_{inv} - V_{thn})^2 = \beta_p \left(|V_{inv} - V_{DD}| - |V_{thp}|\right)^2$$

$$\sqrt{\frac{\beta_n}{\beta_p}} V_{inv} - \sqrt{\frac{\beta_n}{\beta_p}} V_{thn} = V_{DD} - V_{inv} - |V_{thp}|$$

$$\left(1 + \sqrt{\frac{\beta_n}{\beta_p}}\right) V_{inv} = V_{DD} - |V_{thp}| + \sqrt{\frac{\beta_n}{\beta_p}} V_{thn}$$

$$\therefore V_{inv} = \frac{V_{DD} - |V_{thp}| + \sqrt{\frac{\beta_n}{\beta_p}} V_{thn}}{1 + \sqrt{\frac{\beta_n}{\beta_p}}}$$

18.

(1) 演図 3-3-20 に解答を示す．

V_{out}-V_{in} 特性→ $|V_{thp}| = V_{thn}$，$\beta_p = \beta_n$ のため，論理しきい値は $V_{DD}/2 = 2.5$ V になる．論理しきい値が 2.5 V になるように特性を描く必要がある．

I-V_{in} 特性→電流 I は $V_{in} = 2.5$ V のとき最大値を示し，その値は以下のようになる．

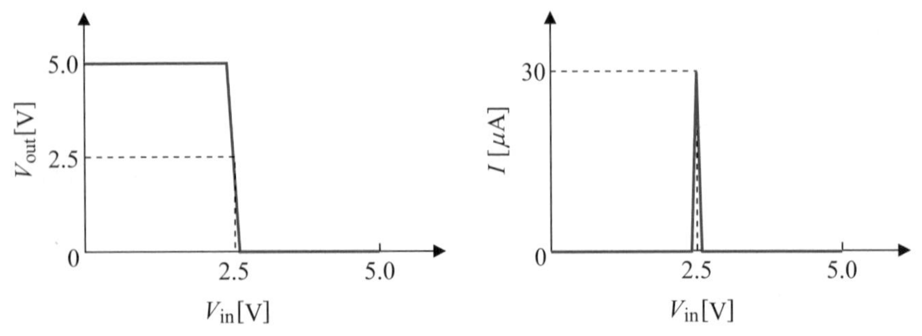

演図3-3-20　演習問題18(1)の解答

$$I=\frac{\beta_n}{2}(V_{in}-V_{thn})^2=\frac{60\times10^{-6}}{2}(2.5-1.5)^2=30\,\mu\text{A}$$

(2) 演図 3-3-21 に解答を示す．

電流 I は $V_{in}=2.5$ V のとき最大値を示し，その値は(1)と同様に 30 μA になる．

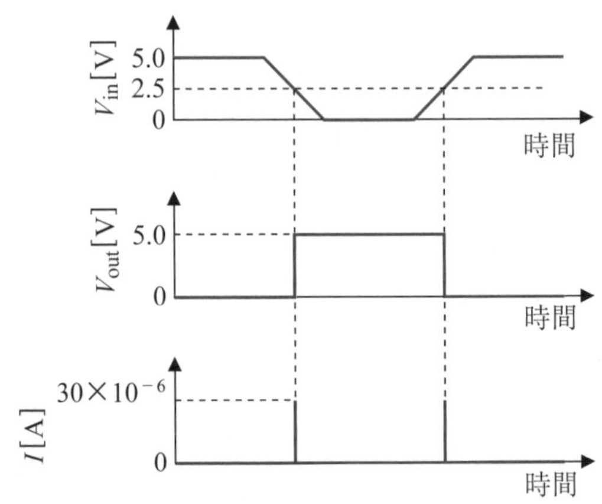

演図3-3-21　演習問題18(2)の解答

19.

(1) 演表 3-3-2 に真理値表を示す．

(2) 出力電圧 V_{out} に変化があるときに，電流が流れるため，このときに電力消費が発生する．

(3) 演図 3-3-22 に解答を示す．2 入力 NAND 回路の出力端子に NOT 回路を接続することで AND 回路を実現することができる．

(4) 演図 3-3-23 に解答を示す．

演表3-3-2　演習問題19 (1)の解答

A	B	C
0	0	1
0	1	1
1	0	1
1	1	0

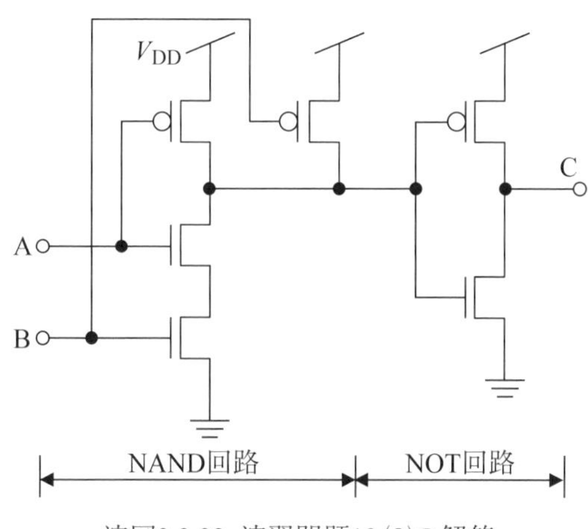

演図3-3-22 演習問題19 (3)の解答

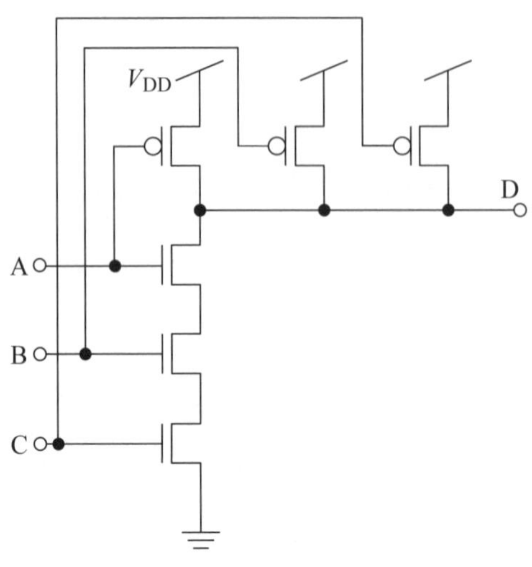

演図3-3-23　演習問題19 (4)の解答

20.

(1) 演図 3-3-24 に解答を示す．電流 I は $V_2 = 2.5$ V のとき最大値を示し，その値は以下のようになる．

$$I = \frac{\beta_{\mathrm{n}}}{2}\left(V_{\mathrm{in}} - V_{\mathrm{thn}}\right)^2 = \frac{60 \times 10^{-6}}{2}\left(2.5 - 1.5\right)^2 = 30\,\mu\mathrm{A}$$

(2) 演図 3-3-25 に解答を示す．

(3) 演図 3-3-26 に解答を示す．

(4) 演図 3-3-27 に解答を示す．

(5) 演図 3-3-28 に解答を示す．

(6) 演図 3-3-29 に解答を示す．

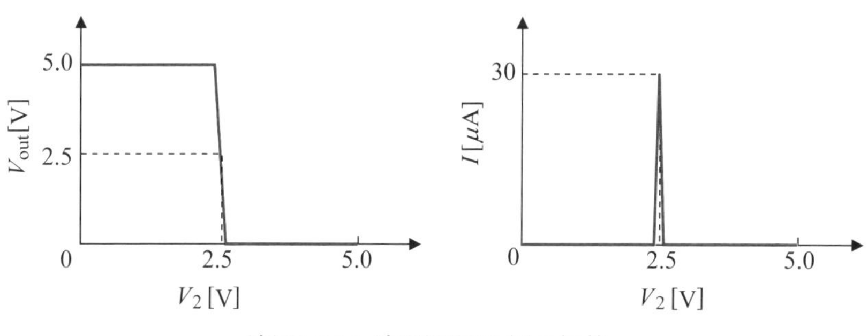

演図3-3-24 演習問題20 (1)の解答

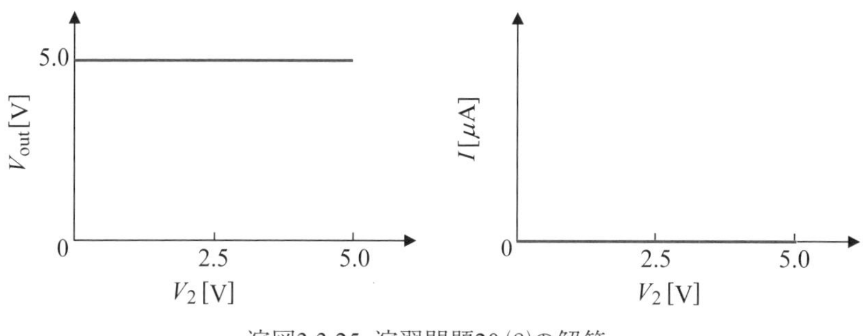

演図3-3-25 演習問題20 (2)の解答

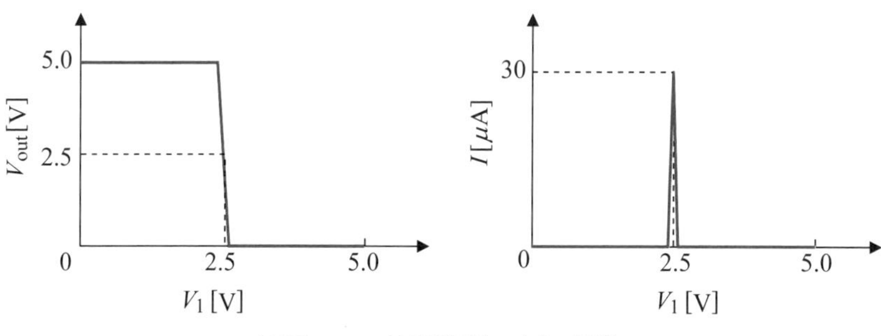

演図3-3-26 演習問題20 (3)の解答

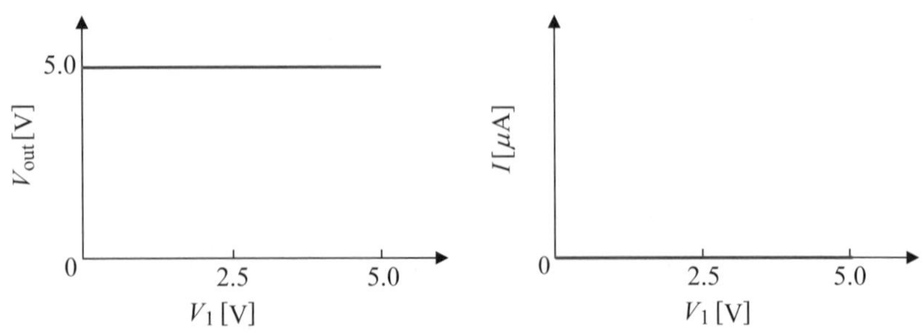

演図3-3-27 演習問題20 (4)の解答

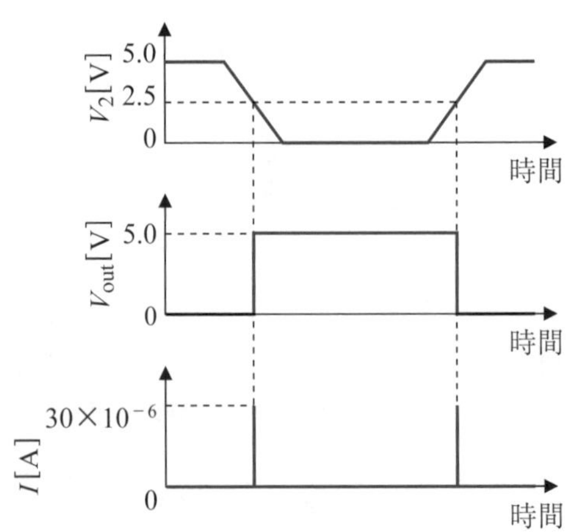

演図3-3-28 演習問題20 (5)の解答

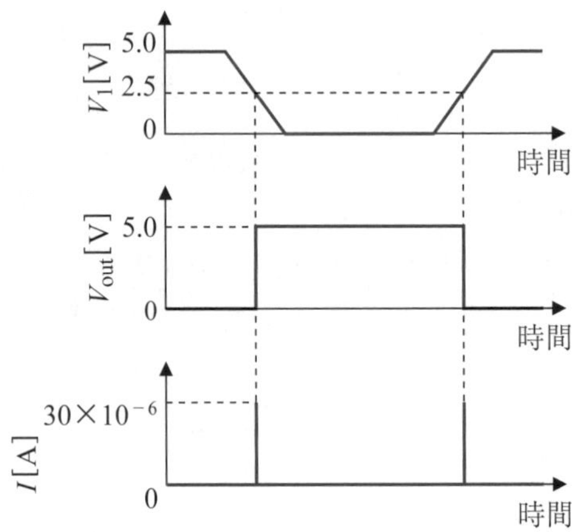

演図3-3-29 演習問題20 (6)の解答

21.

⑴ 演表 3-3-3 に真理値表を示す.

演表3-3-3　演習問題21⑴の解答

A	B	C
0	0	1
0	1	0
1	0	0
1	1	0

⑵ 出力電圧 V_{out} に変化があるときに，電流が流れるため，このときに電力消費が発生する.

⑶ 演図 3-3-30 に解答を示す．2 入力 NOR 回路の出力端子に NOT 回路を接続することで OR 回路を実現することができる.

⑷ 演図 3-3-31 に解答を示す.

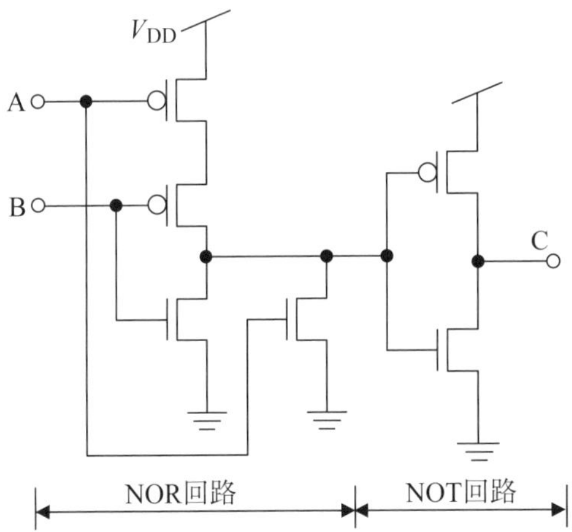

演図3-3-30 演習問題21⑶の解答

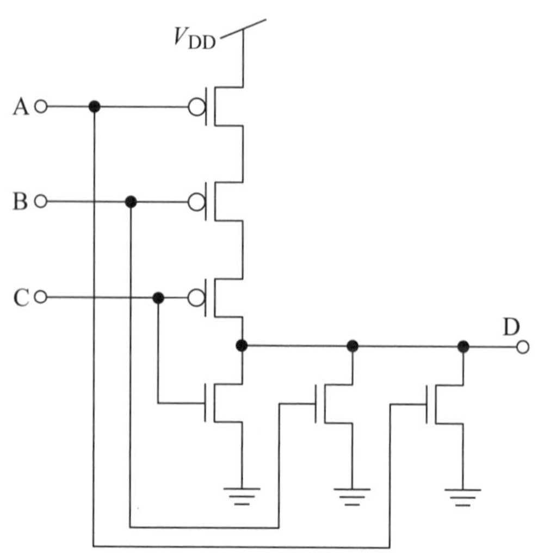

演図3-3-31　演習問題21 (4)の解答

22.

(1) 演図 3-3-32 に解答を示す.

(2) 演図 3-3-33 に解答を示す.

(3) 演図 3-3-34 に解答を示す.

(4) 演図 3-3-35 に解答を示す.

(5) 演図 3-3-36 に解答を示す.

(6) 演図 3-3-37 に解答を示す.

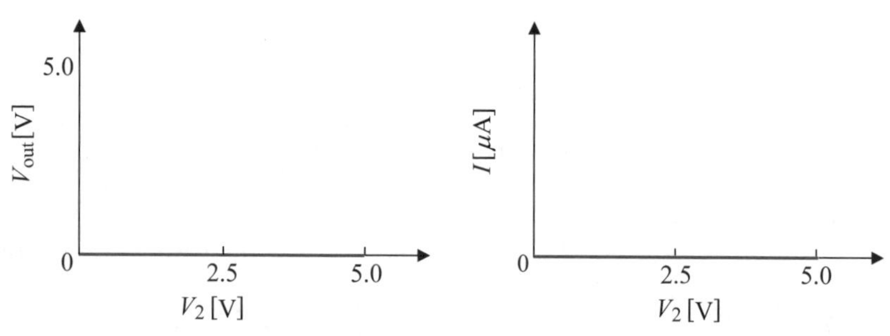

演図3-3-32　演習問題22 (1)の解答

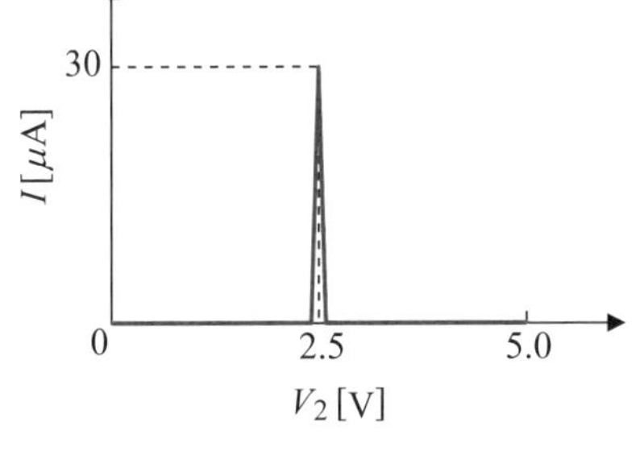

演図3-3-33　演習問題22(2)の解答

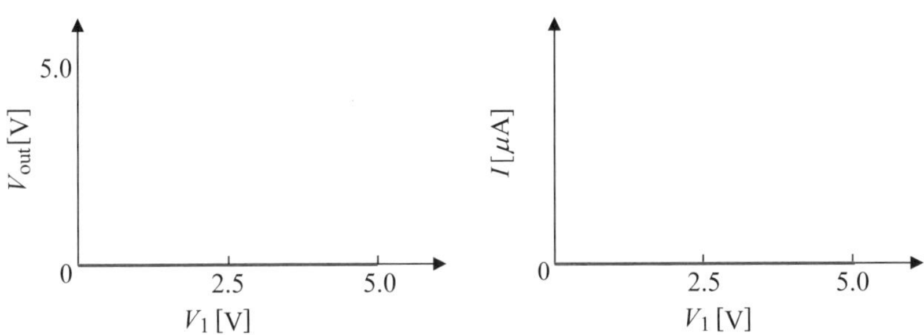

演図3-3-34　演習問題22(3)の解答

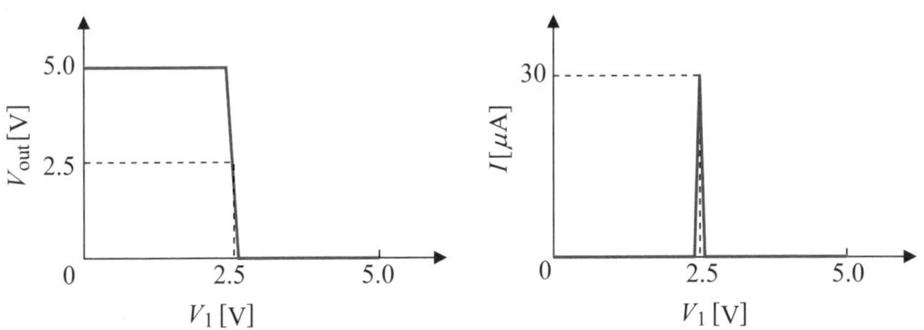

演図3-3-35　演習問題22(4)の解答

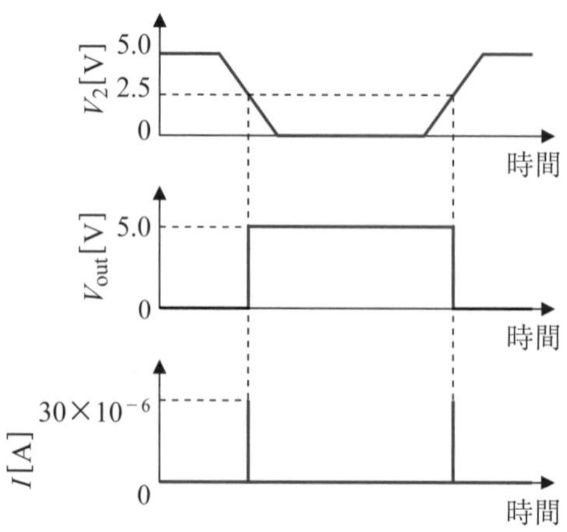

演図3-3-36　演習問題22(5)の解答

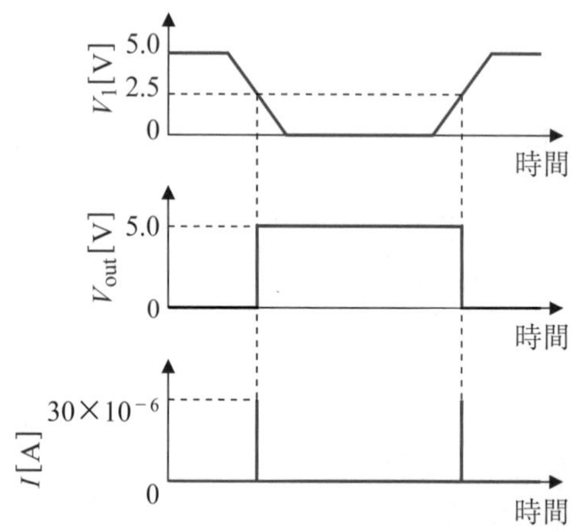

演図3-3-37　演習問題22(6)の解答

付　録

電気における単位

単位		基本単位への倍数	[例] 電圧（基本は V）	
T	テラ	10^{12}	TV	テラボルト
G	ギガ	10^{9}	GV	ギガボルト
M	メガ	10^{6}	MV	メガボルト
k	キロ	10^{3}	kV	キロボルト
h	ヘクト	10^{2}	hV	ヘクトボルト
c	センチ	10^{-2}	cV	センチボルト
m	ミリ	10^{-3}	mV	ミリボルト
μ	マイクロ	10^{-6}	μV	マイクロボルト
n	ナノ	10^{-9}	nV	ナノボルト
p	ピコ	10^{-12}	pV	ピコボルト
f	フェムト	10^{-15}	fV	フェムトボルト

参考文献

1）家村道雄 監修，『入門電子回路 アナログ編』，オーム社 (2006).

2）藤井信生 著，『アナログ電子回路－集積回路化時代の－』，昭晃堂 (1984).

3）Behzad Razavi 著，黒田忠広 監訳，『アナログ CMOS 集積回路の設計 基礎編』，丸善 (2003).

4）Carver Mead 著，『Analog VLSI and Neural Systems』，Addison-Wesley Publishing Company (1989).

5）伊原充博，若海弘夫，吉沢昌純 著，『ディジタル回路』，コロナ社 (1999).

6）荒井英輔 編著，『集積回路 A』，オーム社 (1998).

7）荒井英輔 編著，『集積回路 B』，オーム社 (1998).

8）津村栄一，宮崎登，菊池諒 共著，『電気基礎（上）（下）』，東京電機大学出版局 (2004).

9）西巻正郎，森武昭，新井俊彦 共著 ,『電気回路の基礎』，森北出版 (2010).

10）職業能力開発教材委員会 編著，『半導体基礎講座 2　プログラム学習による半導体回路Ⅱ』，廣済堂出版 (1990).

11）松下電器工学院 編著，『電気基礎講座 6　プログラム学習による電子回路編Ⅱ』，廣済堂出版 (1976).

12）大下眞二郎 著，『詳解　電気回路演習上』，共立出版 (1979).

索引

こ

さ

し

す

せ

そ

た

ち

て

と

な

に

の

は

ひ

ふ

へ

ほ

む

ゆ

よ

り

る

れ

ろ

わ

――著　者　紹　介――

山本　伸一（やまもと　しんいち）　龍谷大学　教授
京都大学大学院　工学研究科　修了
博士（工学）、博士（理学）

伊藤　國雄（いとう　くにお）　津山工業高等専門学校名誉教授
京都大学大学院　工学研究科　修了
工学博士

西尾　公裕（にしお　きみひろ）　津山工業高等専門学校　教授
豊橋技術科学大学大学院　工学研究科　修了
博士（工学）

改訂新版　電気電子回路基礎

2017年 9月15日　　第1版第1刷発行
2020年10月12日　改訂第1版第1刷発行
2024年 2月 8日　改訂第1版第2刷発行

編　著　山本伸一（やまもと しんいち）
著　者　伊藤國雄（いとう くにお）
　　　　西尾公裕（にしお きみひろ）
発行者　田中　聡

発行所
株式会社　電気書院
ホームページ　www.denkishoin.co.jp
（振替口座　00190-5-18837）
〒101-0051　東京都千代田区神田神保町1-3ミヤタビル2F
電話(03)5259-9160／FAX(03)5259-9162

印刷　中央精版印刷株式会社　DTP　Mayumi Yanagihara
Printed in Japan／ISBN978-4-485-30115-9